T0135528

Robert Resel

Reise zum Mittelpunkt der Mathematik

Logos Verlag Berlin

λογος

Dr. Robert Resel
AHS Heustadelgasse
Heustadelgasse 4
A-1220 Wien

Bibliografische Information der Deutschen Nationalbibliothek

Die Deutsche Nationalbibliothek verzeichnet diese Publikation in der Deutschen Nationalbibliografie; detaillierte bibliografische Daten sind im Internet über http://dnb.d-nb.de abrufbar.

ISBN 978-3-8325-3672-5

Logos Verlag Berlin GmbH
Comeniushof, Gubener Str. 47,
10243 Berlin
Tel.:   +49 (0)30 / 42 85 10 90
Fax: +49 (0)30 / 42 85 10 92
http://www.logos-verlag.de

Inhaltsverzeichnis

$\mu\eta\delta\varepsilon\iota\varsigma\ \alpha\gamma\varepsilon\omega\mu\varepsilon\tau\rho\iota\kappa\text{o}\varsigma\ \varepsilon\iota\sigma\iota\tau\text{o}.$
(Kein der Geometrie Unkundiger möge hier eintreten.)

1 Einleitung

Das angeführte Zitat stammt von niemand Geringerem als dem griechischen Philosophen PLATON selbst und war über dem Eingang seiner *Akademia* (*der* Schule in der Antike!) angebracht, um den Stellenwert zu betonen, den die Geometrie in der (nicht nur damaligen) Welt hatte **und auch heute immer noch hat**. Sieht man sich in der Welt, wie sie sich uns im ausgehenden 21. Jahrhundert zeigt, etwas genauer um, so kann kein von der Vernunft geleiteter Mensch ernsthaft abstreiten, dass der Beitrag der Mathematik zu unserem modernen Weltbild ein äußerst enormer ist, der in so gut wie alle Bereiche (Technik, Naturwissenschaft, Medizin, Kommunikation) wirkt. Dadurch kommt dieser hochinteressanten **Grundlagenwissenschaft** mittlerweile eine **universelle Bedeutung** zu, die **gegenwärtig** (und wohl auch in Zukunft) **stärker denn je** ist, wobei ihre immense Relevanz sich in zweierlei Hinsicht manifestiert:

- Da wäre die (in unserem Zeitalter zuweilen überbetonte!) Anwendbarkeit ihrer Resultate auf diverse Bereiche des Lebens (siehe oben!), was nicht selten auch auf jene Bereiche der Mathematik zutrifft, in welchen auf den ersten Blick keinerlei Anwendungsmöglichkeiten auch nur zu erahnen sind [Beispiel: Zahlentheorie und deren (mathematikhistorisch betrachtet doch sehr späte!) Anwendung auf Probleme der Kryptographie]. Ob dieser Aspekt der sogenannten **Angewandten Mathematik** nun der wichtigere ist, bleibt dem Leser zu beurteilen, obgleich schon zu bedenken ist, dass von dieser Art der oder Haltung zur Mathematik (Auch hier bleibt ein breiter Interpretationsspielraum![1]) im Endeffekt **alle Menschen** (ungeachtet ihrer Haltung zur Mathematik im Allgemeinen) profitieren, wenn sie die Vorzüge moderner Technik im Alltag mehr oder minder voll auskosten.

- Auf der anderen Seite existiert die Mathematik aber auch vollkommen losgelöst von ihren mannigfachen Anwendungen als reine **Musik des Verstandes**, die man abseits aller Nützlichkeitserwägungen einfach aus Freude am puren logischen Denken und Analysieren betreiben kann, was im Gegensatz zu anderen teuren Hobbies bis auf zum Teil wirklich enormen Einsatz der eigenen kognitiven Fähigkeiten mit keinerlei Kostenaufwand verbunden ist (abgesehen von Papier und Bleistift, den Rest erledigt die Phantasie). In diesem Zusammenhang unterläge man einer fatalen Fehleinschätzung, wenn man die Anzahl jener Menschen auf dieser Welt weitaus zu gering einschätzte, die sich genau dieser denkintensiven und kostenextensiven (Freizeit-)Beschäftigung nur all zu gerne widmen, ja geradezu hingeben. Der geschätzte Leser dieser Zeilen ist ja wohl schon einmal über jeden Verdacht erhaben, **nicht** zu dieser Gruppe zu gehören. Ob es nun das Lösen von Kreuzworträtseln oder Sudokus, Schach oder eben Mathematik ist, in jedem Fall steht die Lust auf das Entdecken von Neuem, das Erkennen von Zusammenhängen u.v.a.m. bei diesen

---

[1]Näheres dazu entnehme man [14], [33] und [75], aber insbesondere [32]!

Tätigkeiten im Vordergrund, ja bildet den Motor für unentwegtes Schaffen im jeweiligen Bereich. Nun ist der Autor dieser Zeilen als passionierter (halb)professioneller Mathematik(lehr)er davon überzeugt, dass es noch weitaus mehr **erkenntnishungrige Menschen** gibt, die, wenn sie ihre eventuell im Laufe der Schulzeit erworbene Abneigung gegenüber dem *Schulfach Mathematik* (welches deutlich von der Mathematik als Wissenschaft zu unterscheiden ist) einmal ablegen würden, **lustvoll auf zahlreiche interessante mathematische Schauplätze geführt werden könnten**, wobei die Intensität der Lust umso höher liegen wird, je mehr Investition an kognitivem Eigenkapital involviert ist (Man spricht dann in der Mathematik von einer *direkten Proportionalität.*).

Eine **Möglichkeit dazu** (zu welcher dieses Vorwort einlädt) bestünde nun darin, der Reise zum (freilich subjektiven vom Autor gewählten) Mittelpunkt der Mathematik in diesem Buch zu folgen, wobei an dieser Stelle nicht verhehlt werden soll, dass dazu ohne Frage sehr **viel von obig genanntem kognitivem Eigenkapital bereitzustellen** ist, um in wahrhaft intellektuell-hedonistischer Manier den Erkenntnisgewinn in seiner vollen Bandbreite auszukosten. Wer global betrachtet **dazu** bereit ist und überdies bezüglich der (eigentlich nicht so wichtigen) Details inhaltlicher Natur subjektiv interessante Themen im Inhaltsverzeichnis findet, deren geistige Durchdringung eine Bereicherung des persönlichen Erfahrungshorizonts zu erwarten lässt, möge dieses Buch nun nicht mehr (all zu lange) aus der Hand legen, um sich __weit__ über dieses Vorwort hinaus zu einer aufregenden Reise an viele unterschiedliche mathematische Schauplätze aufzumachen, und dies (wie schon bemerkt) nicht nur als - metaphorisch formuliert - Repräsentant des Massentourismus (ergo: reiner **Leser**), sondern als wahrhafter Entdecker [also viel mehr **Löser** (mathematischer Problemstellungen, ja Herausforderungen!)] namens **Mathematiana Jones**, auf den sich der Autor im weiteren Text (da selbiger ja abseits allen Engagements freilich *auch* gelesen werden wird) immer als L $\overset{e}{\underset{\ddot{o}}{}}$ ser beziehen wird.

Bevor wir im zweiten Kapitel mit dem Eintauchen in wahrhaft schöne und/oder wichtige Sätze der Geometrie beginnen, soll ebenjenes wie auch die darauffolgenden Kapitel kurz umrissen werden, um bezüglich der obig angesprochenen Details etwas konkreter zu werden (damit der werte L $\overset{e}{\underset{\ddot{o}}{}}$ ser auch weiß, was ihn erwartet, wenngleich bei vorhandenem allgemeinen Wissensdurst die Auswahl der Schauplätze eher sekundärer Natur ist):

- Im zweiten Kapitel (nach der doch sehr langen Einleitung, i.e. erstes Kapitel) tauchen wir in schöne und/oder wichtige Sätze der Geometrie ein, welche neben Vertretern der *mathematischen Folklore* (also *Evergreens*) wie in den letzten drei[2] Abschnitten vor allem auf Schauplätze führen, die nicht zu den mathematischen Massentourismus-Städten zählen und es mehr als nur wert sind, forschend durchdrungen zu werden, wie etwa dutzendweise Zugänge zum berühmten skalaren sowie vektoriellen Produkt in den ersten beiden Abschnitten, eine systematische Untersuchung der mit Parallelprojektionen verwandten perspektiven Affinitäten (samt Motivation sowie innermathematischer Anwendungen) in Abschnitt 3 sowie zwei (zu Unrecht stiefmütterlich behandelte) Sätze des großen deutschen Mathematikers GAUSS in den Abschnitten 4 und 5 dieses Kapitels. Ferner laden (abseits des Kegel-

---

[2]Für *Connaisseurs* der projektiven Geometrie sind es gar die letzten vier Abschnitte!

schnittskapitels) die Abschnitte 6 und 7 den L$\frac{e}{\ddot{o}}$ser dazu ein, weitaus mehr über die Ellipse herauszufinden, als dies üblicherweise im Schulfach Mathematik (oder Geometrischem Zeichnen bzw. Darstellender Geometrie) der Fall ist und erweitern die darauffolgenden fünf Abschnitte den (raum-)geometrischen Horizont enorm, der sich für den L$\frac{e}{\ddot{o}}$ser in mannigfacher Weise erschließt, indem unterschiedlich(st!)e Abbildungsverfahren teils anschaulich, teils analytisch entdeckt werden können. Nach einem Rendez-vous mit einem etwas anderen merkwürdigen Punkt(epaar) aus der Dreiecksgeometrie (Aber Achtung: Selbiges entfaltet sich erst dann in seiner vollen Pracht, wenn man es mit eigenem Engagement durchzieht! Eigentlich nicht anders als bei einem nicht-mathematischen Rendez-vous ...) in Abschnitt 13 führen die folgenden sieben Abschnitte 14 bis 20 (Die abschließenden vier Abschnitte wurden schon erwähnt.) mit jeweils unterschiedlichem Aspekt in äußerst ungewohnter Art und Weise in faszinierende Phänomene der Raumgeometrie (und teilweise darüber hinaus!) ein, die zu entdecken der werte L$\frac{e}{\ddot{o}}$ser im nachhinein wohl nicht wird missen wollen.

- Kapitel 3 enthält (vgl. Titel!) sowohl vermischte als auch extra ausgewählte Themen, für die es keinen sinnvollen Sammelnamen gibt, die aber bei keiner Erkundungstour durch die Mathematik fehlen sollten, wie etwa in den ersten drei Abschnitten die algebraischen Gleichungen der Grade 2 bis 4 [welche abgesehen vom trivialen Fall des Grades 1 nach Niels Henrik ABEL $(1802-1829)$ und Evariste GALOIS $(1811-1832)$ die einzigen Fälle algebraischer Gleichungen repräsentieren, welche sich durch Radikale (ergo: verschachtelte Wurzelausdrücke) lösen lassen[3]] sowie in den beiden nächsten Abschnitten die faszinierende Sprache der Differentialgleichungen, in der ja de facto die Natur (aber auch die Technik sowie die Wirtschaft) zu uns "spricht". An einer singulären Stelle unternehmen wir auch einen (kognitionspsychologisch motivierten) Exkurs in die *Wahrscheinlichkeitstheorie*, welche ja neben der *Algebra* (vgl. Abschnitte 3.1 bis 3.3 sowie 3.9), der *Geometrie* (welche weite Etappen dieser Reise ausmacht) und der *Analysis* (vgl. Abschnitte 3.4, 3.5, 3.7 und 3.8) einen der Eckpfeiler mathematischer Allgemeinbildung ausmacht (wobei die *Statistik* die Wahrscheinlichkeitsrechnung noch zur *Stochastik* ergänzt). Die Abschnitte 7 und 8 dieses Kapitels dringen in sehr tiefliegender Weise (ähnlich wie in 3.4 und 3.5, aber noch ein wenig intensiver und auch schon mit äußerst elaboriertem mathematischen Werkzeug) in die Materie der mathematischen Analysis ein, wovon man sich (freilich relativ betrachtet!) im Abschnitt 3.9, in dem wir uns in fast schon spielerischer Weise auf die Entdeckungsreise nach zwei speziellen Summenformeln machen werden, wieder erholen kann. Der zehnte und vorletzte Abschnitt führt uns in faszinierender und eindringlicher Weise vor Augen, dass übereilte Verallgemeinerungen in der Mathematik mit äußerster Vorsicht zu genießen sind und macht uns außerdem mit dem diskretes Analogon zur Differentiation sowie Integration reeller Funktionen bekannt. Im abschließenden Abschnitt 11 wird noch eine technische Unterstützung/Entlastung beim Lösen spezieller Optimierungsaufgaben erarbeitet.

---

[3]Für geeignete Darstellungen der hinter dieser Andeutung steckenden *Galoistheorie* sei auf die mitunter äußerst unterschiedlichen Werke [4], [5], [13], [19], [37], [47], [65], [67], [68], [76] sowie [81] verwiesen!

- Das vierte Kapitel widmet sich zwar nicht in einer für ein Lehrbuch (welches das vorliegende Buch eindeutig **nicht** ist!) typischen Systematik, aber dennoch unter Einhaltung einer gewissen Ordnung einem äußerst wichtigen Teilgebiet der Geometrie, nämlich den faszinierenden Kegelschnitten (deren detaillierte Analyse begonnen in der Antike bei APOLLONIUS bis hin zu KEPLER und nicht zuletzt DANDELIN unser Weltbild entscheidend geprägt hat), wo neben einem (technisch) kaum bekannten Zugang zur Ellipse ferner ebenso nahezu unbekannte kinematische Kegelschnittskonstruktionen, Tangentenkonstruktionen, die exorbitant interessante **direkte Achsenkonstruktion** (deretwegen es auch die Theorie der **perspektiven Kollineationen** - auch als Kontrast zu den im zweiten Kapitel behandelten perspektiven Affinitäten - zu entdecken gilt, welche aber auch zu anderen wertvollen Erkenntnissen führen wird), der berühmte Satz von PASCAL, die Analyse von Kegelschnitten in allgemeiner Lage (und vor allem deren Klassifikation, die gleichsam einen Bogen über dieses und auch das Abschlusskapitel spannt), die beeindruckende projektive Verwandtschaft zwischen Ellipse und Parabel, die raffinierte Methode "Plückers μ" und last but not least der wunderschöne Satz von IVORY sowie die ästhetische Drei-Punkte-Formel für gleichseitige Hyperbeln mit zu den Koordinatenachsen parallelen Asymptoten durch drei Punkte darauf warten, von uns entdeckt zu werden.

- Das fünfte und letzte Kapitel wartet mit folgenden das Buch gleichermaßen schön abrundenden Ergänzungen auf:

  - Es werden weitere Untersuchungen über die Kegelschnitte aus Kapitel 4 angestellt, wobei das Hauptaugenmerk auf der (schon in Kapitel 4 begonnenen) Klassifikation der Kegelschnitte in allgemeiner Lage liegt (Abschnitt 5.4 und teilweise auch 5.3),

  - aber auch noch Platz für ein wenig Astronomie (Abschnitt 5.1), ein Dessert in puncto Zentralprojektion (nach den Abschnitten 2.9, 2.10, 2.11 und 4.15.1) in Abschnitt 5.3 sowie die Erkundung entarteter Kegelschnitte (in Abschnitt 5.2) bleibt.

  - Weitere raumgeometrische Intermezzi werden im Abschnitt 5.5 (wieder in Verbindung mit den schönen Kegelschnitten) sowie in 5.6 (als Anwendung sowohl des in 2.2 ausführlichst diskutierten vektoriellen Produkts als auch des Spatprodukts aus 2.14) dargeboten, wobei die Anregung zur Verfassung des Abschnitts 5.6 auf meinen geschätzten Kollegen Oswald Redl zurückgeht, dem ich hiefür an dieser Stelle ganz herzlich danken möchte.[4]

  - Dem in der Literatur kaum aufgegriffenen Quadratwurzelziehen aus quadratischen Matrizen (am Spezialfall $\mathbb{R}^{(2,2)}$ behandelt) ist ein eigener Abschnitt gewidmet.

  - Schließlich werden die bereits in früheren Abschnitten aufgegriffenen Termini *vollständiges Vierseit* (2.4) sowie *Doppelverhältnis* (4.15.5 sowie 4.15.6) aus der *projektiven Geometrie* im abschließenden Abschnitt 5.8 noch einer überaus interessanten ergänzenden Betrachtung unterzogen.

Ich wünsche eine (erkenntnis)gewinnbringende und somit denkintensive Reise voller Wissensdurst und Entdeckungsfreude!

Wien, im März 2014.

Robert Resel

---

[4]Diesbezüglich sei auch dezidiert auf die inspirierende Quelle [52] hingewiesen!

2 Schöne und/oder wichtige Sätze der Geometrie

2.1 Das skalare Produkt zweier Vektoren

Für die Einführung des Standardskalarprodukts im $\mathbb{R}^n$ gibt es äußerst unterschiedliche Zugänge, von denen sich manche nur für $n = 2$ eignen, andere wiederum auch für $n > 2$ verallgemeinert werden können. Zwölf verschiedenartige Annäherungen an dieses Thema sollen in diesem Kapitel besprochen werden. Weitere interessante Zugänge findet man etwa in [25]!

2.1.1 Ein Zugang über den Flächeninhalt rechtwinkliger Dreiecke

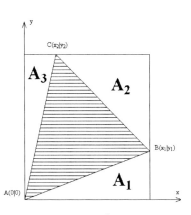

Wir beginnen diesen Zugang mit der Aufgabenstellung, für den Flächeninhalt des Dreiecks $\triangle ABC$ aus den beiden Abbildungen eine einheitliche Flächeninhaltsformel herzuleiten, welche (klarerweise!) die vier vorkommenden Koordinaten x_1, x_2, y_1 und y_2 enthalten muss.[5]

Gemäß der Fußnote seien die Lösungen hier äußerst knapp dargestellt:

Zur oberen Figur:

- $A_1 = \frac{1}{2} \cdot x_1 y_1$
- $A_2 = \frac{1}{2} \cdot (x_1 - x_2)(y_2 - y_1)$
- $A_3 = \frac{1}{2} \cdot x_2 y_2$
- $A_{\triangle ABC} = x_1 y_2 - (A_1 + A_2 + A_3)$

- $A_1 + A_2 + A_3 = \frac{1}{2} \cdot (x_1 y_1 + x_1 y_2 - x_2 y_2 - x_1 y_1 + x_2 y_1 + x_2 y_2) = \frac{1}{2} \cdot (x_1 y_2 + x_2 y_1)$
- $\Rightarrow A_{\triangle ABC} = x_1 y_2 - \frac{1}{2} \cdot (x_1 y_2 + x_2 y_1) = x_1 y_2 - \frac{1}{2} \cdot x_1 y_2 - \frac{1}{2} \cdot x_2 y_1 = \frac{1}{2} \cdot x_1 y_2 - \frac{1}{2} \cdot x_2 y_1 = \frac{1}{2} \cdot (x_1 y_2 - x_2 y_1)$

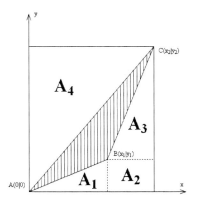

Zur unteren Figur:

- $A_1 = \frac{1}{2} \cdot x_1 y_1$

- $A_2 = (x_2 - x_1) \cdot y_1$

- $A_3 = \frac{1}{2} \cdot (x_2 - x_1)(y_2 - y_1)$

- $A_4 = \frac{1}{2} \cdot x_2 y_2$

- $A_{\triangle ABC} = x_2 y_2 - (A_1 + A_2 + A_3 + A_4)$

- $A_1 + A_2 + A_3 + A_4 = \frac{1}{2} \cdot (x_1 y_1 + 2 x_2 y_1 - 2 x_1 y_1 + x_2 y_2 - x_1 y_2 - x_2 y_1 + x_1 y_1 + x_2 y_2) = \frac{1}{2} \cdot (x_2 y_1 + 2 x_2 y_2 - x_1 y_2)$
- $\Rightarrow A_{\triangle ABC} = x_2 y_2 - \frac{1}{2} \cdot (x_2 y_1 + 2 x_2 y_2 - x_1 y_2) = x_2 y_2 - \frac{1}{2} \cdot x_2 y_1 - x_2 y_2 + \frac{1}{2} \cdot x_1 y_2 = \frac{1}{2} \cdot x_1 y_2 - \frac{1}{2} \cdot x_2 y_1 = \frac{1}{2} \cdot (x_1 y_2 - x_2 y_1)$

---

[5]Der Autor hat dies in der neunten Schulstufe stets als Einstieg in die Vektorrechnung und analytische Geometrie der Ebene verwendet, um darauf aufbauend in genetischer Weise die Begriffe Matrix, Determinante und Vektor zu prägen. Überdies beinhaltet diese Aufgabenstellung reichlich Möglichkeiten für Schülereigenaktivitäten, da es nebst der beiden abgebildeten Konfigurationen noch weitere mögliche Fälle gibt [andere Quadranten(kombinationen)]!

Es lässt sich nun auch für andere gegenseitige Anordnungen der Punkte A und B zeigen, dass der Flächeninhalt $A_{\Delta ABC}$ jedenfalls $A_{\Delta ABC} = \frac{1}{2} \cdot |x_1 y_2 - x_2 y_1|$ beträgt (was eine vorzügliche Übung für den werten L $\overset{e}{\overset{\cdot\cdot}{o}}$ ser ist!) und sich nun für unsere Zwecke folgendermaßen nutzen lässt:

Die Vektoren $\vec{v_1} = \begin{pmatrix} x_1 \\ y_1 \end{pmatrix}$ und $\vec{v_2} = \begin{pmatrix} x_2 \\ y_2 \end{pmatrix}$ stehen genau dann aufeinander normal, wenn sich der Flächeninhalt $A_{\Delta ABC}$ des von ihnen erzeugten Dreiecks $\Delta ABC[A(0|0),\ A(x_1|y_1),\ B(x_2|y_2)]$ sowohl speziell via

$$A_{\Delta ABC} = \frac{1}{2} \cdot \overline{OA} \cdot \overline{OB}$$

als auch allgemein eben durch die zuvor abgeleitete Formel

$$A_{\Delta ABC} = \frac{1}{2} \cdot |x_1 y_2 - x_2 y_1|$$

berechnen lässt, woraus man unmittelbar auf

$$\overline{OA}^2 \cdot \overline{OB}^2 = (x_1 y_2 - x_2 y_1)^2$$

stößt.

Nundenn: Rechnen wir dies aus:

$$(x_1^2 + y_1^2) \cdot (x_2^2 + y_2^2) = (x_1 y_2 - x_2 y_1)^2 \Leftrightarrow x_1^2 x_2^2 + x_2^2 y_1^2 + x_1^2 y_2^2 + y_1^2 y_2^2 = x_1^2 y_2^2 - 2 x_1 x_2 y_1 y_2 + x_2^2 y_1^2 \Leftrightarrow$$

$$\Leftrightarrow \boxed{x_1^2 x_2^2 + 2 x_1 x_2 y_1 y_2 + y_1^2 y_2^2} = 0$$

Im eingerahmten Ausdruck erkennt man nun das Quadrat des Terms $x_1 x_2 + y_1 y_2$, womit die Vektoren $\vec{v_1}$ und $\vec{v_2}$ also genau dann aufeinander normal stehen, wenn dieser Term verschwindet. Aufgrund ebenjener "Machtposition" dieses Terms hat man ihn in der Mathematik mit einem eigenen Begriff ausgestattet, was wir in folgender Definition festhalten:

$\boxed{\text{DEFINITION.}}$ Unter dem **Skalarprodukt** der Vektoren $\vec{v_1} = \begin{pmatrix} x_1 \\ y_1 \end{pmatrix}$ und $\vec{v_2} = \begin{pmatrix} x_2 \\ y_2 \end{pmatrix}$ versteht man die **Zahl** $x_1 x_2 + y_1 y_2$. Für das Skalarprodukt ist auch die Schreibweise $\vec{v_1} \cdot \vec{v_2}$ üblich, womit diese Definition in prägnanter Weise auch so geschrieben werden kann: $\boxed{\vec{v_1} \cdot \vec{v_2} := x_1 x_2 + y_1 y_2}$

Aus den zuletzt angestellten Überlegungen ergibt sich nun unmittelbar folgender fundamentale Satz der (ebenen) Vektorrechnung, welcher [da in der Mathematik anstelle von "Zwei Vektoren stehen aufeinander normal." (auch) die Sprechweise "Zwei Vektoren stehen aufeinander orthogonal." üblich ist] auch als "Orthogonalitätskriterium" bezeichnet wird.

$\boxed{\text{SATZ.}}$ Zwei Vektoren stehen genau dann aufeinander normal, wenn ihr Skalarprodukt verschwindet, symbolisch: $\boxed{\vec{v_1} \perp \vec{v_2} \Leftrightarrow \vec{v_1} \cdot \vec{v_2} = 0}$

2.1.2 Ein geometrischer Zugang auf Grundlage der Trigonometrie

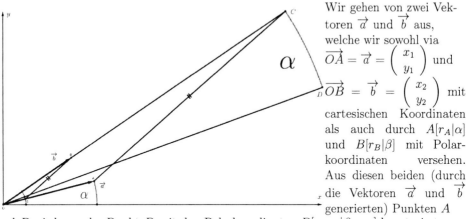

Wir gehen von zwei Vektoren $\vec{a}$ und $\vec{b}$ aus, welche wir sowohl via

$$\overrightarrow{OA} = \vec{a} = \begin{pmatrix} x_1 \\ y_1 \end{pmatrix} \text{ und}$$

$$\overrightarrow{OB} = \vec{b} = \begin{pmatrix} x_2 \\ y_2 \end{pmatrix} \text{ mit}$$

cartesischen Koordinaten als auch durch $A[r_A|\alpha]$ und $B[r_B|\beta]$ mit Polarkoordinaten versehen. Aus diesen beiden (durch die Vektoren $\vec{a}$ und $\vec{b}$ generierten) Punkten A

und B wird nun der Punkt D mit den Polarkoordinaten $D[r_A r_B|\beta - \alpha]$ konstruiert, was unter Verwendung der Hilfspunkte E (wobei $\overline{OE} = 1$ zu beachten ist) und C mit Hilfe des Strahlensatzes geschieht. Und genau über diesen Punkt D definieren wir nun:

DEFINITION. Es sei $D(x_D|y_D)$ jener Punkt mit den Polarkoordinaten $D[r_A r_B|\beta - \alpha]$, der sich aus den Vektoren $\overrightarrow{OA} = \vec{a} = \begin{pmatrix} x_1 \\ y_1 \end{pmatrix}$ und $\overrightarrow{OB} = \vec{b} = \begin{pmatrix} x_2 \\ y_2 \end{pmatrix}$ mit den Polarkoordinaten $A[r_A|\alpha]$ und $B[r_B|\beta]$ ergibt. Dann heißt die durch $\vec{a} \cdot \vec{b} := x_D$ bzw. $\det(\vec{a}, \vec{b}) := y_D$ definierte reelle Zahl **skalares Produkt** bzw. **Determinante** der Vektoren $\vec{a}$ und $\vec{b}$.

Aus dieser Definition können wir bereits einige Folgerungen ziehen (und dies noch, bevor uns dafür Berechnungsmethoden zur Verfügung stehen!):

- Unterscheiden sich α und β um 90° (was zu $\vec{a} \perp \vec{b}$ äquivalent ist), so gilt $x_D = 0$ und es folgt unmittelbar das sogenannte *Orthogonalitätskriterium*: Zwei Vektoren des $\mathbb{R}^2$ stehen genau dann aufeinander normal, wenn ihr skalares Produkt verschwindet.

- Unterscheiden sich α und β um 0° oder um 180° (was zu $\vec{a} \parallel \vec{b}$ äquivalent ist), so gilt $y_D = 0$ und es folgt unmittelbar das sogenannte *Kollinearitätskriterium*: Zwei Vektoren des $\mathbb{R}^2$ liegen genau dann zueinander kollinear, wenn ihre Determinante verschwindet.

- Da eine Vertauschung der Reihenfolge der Vektoren $\vec{a}$ und $\vec{b}$ eine Spiegelung von D an der $x-$Achse bewirkt, ist das skalare Produkt somit kommutativ und die Determinante antikommutativ, d.h. es gilt jeweils $\forall \vec{a}, \vec{b} \in \mathbb{R}^2$ sowohl $\boxed{\vec{a} \cdot \vec{b} = \vec{b} \cdot \vec{a}}$ als auch $\boxed{\det(\vec{a}, \vec{b}) + \det(\vec{b}, \vec{a}) = 0}$.

Um zu tieferliegenden Erkenntnissen gelangen zu können (um die es aber an dieser Stelle bis auf einige wenige Ausnahmen nicht weiter gehen soll), leiten wir jetzt die Koordinatendarstellungen des skalaren Produkts sowie der Determinante her, wozu wir die Summensätze

$$\sin(\beta - \alpha) = \sin\beta\cos\alpha - \cos\beta\sin\alpha \quad \text{und} \quad \cos(\beta - \alpha) = \cos\beta\cos\alpha + \sin\beta\sin\alpha$$

benötigen, was uns zu

$$\vec{a} \cdot \vec{b} = x_D = r_A r_B \cos(\beta - \alpha) = |\vec{a}| \cdot |\vec{b}| \cdot \left(\frac{x_1}{|\vec{a}|} \cdot \frac{x_2}{|\vec{b}|} + \frac{y_1}{|\vec{a}|} \cdot \frac{y_2}{|\vec{b}|} \right) = x_1 x_2 + y_1 y_2$$

sowie

$$\det\left(\vec{a}, \vec{b}\right) = y_D = r_A r_B \sin(\beta - \alpha) = |\vec{a}| \cdot |\vec{b}| \cdot \left(\frac{y_2}{|\vec{b}|} \cdot \frac{x_1}{|\vec{a}|} - \frac{x_2}{|\vec{b}|} \cdot \frac{y_1}{|\vec{a}|} \right) = x_1 y_2 - x_2 y_1$$

führt, d.h. es gilt folgender

$\boxed{\text{SATZ.}}$ $\det\begin{pmatrix} x_1 & x_2 \\ y_1 & y_2 \end{pmatrix} = x_1 y_2 - x_2 y_1, \quad \begin{pmatrix} x_1 \\ y_1 \end{pmatrix} \cdot \begin{pmatrix} x_2 \\ y_2 \end{pmatrix} = x_1 x_2 + y_1 y_2$

Aus diesem Satz können nun schon konsequenzenreichere Folgerungen gezogen werden, nämlich:

- Gilt $|\vec{a}| = |\vec{b}| = 1$ (was äquivalent dazu ist, dass $\vec{a}$ und $\vec{b}$ *Einheitsvektoren* sind, weshalb wir selbige weiter unten mit $\vec{a_0}$ und $\vec{b_0}$ bezeichnen werden), so gilt dies auch für $\vec{d} = \overrightarrow{OD}$ und es folgt aus der Definition des Sinus und des Cosinus am Einheitskreis unmittelbar $\cos\varphi = \vec{a_0} \cdot \vec{b_0}$ sowie $\sin\varphi = \det\left(\vec{a_0}, \vec{b_0}\right)$, wobei $\varphi = \angle(\vec{a}, \vec{b})$.

- Sind $\vec{a}$ und $\vec{b}$ nicht normiert, so kann dies durch kollineare Verformung mit dem Kehrwert der jeweiligen Beträge erreicht werden, was zu $\underline{\cos\varphi = \left(\frac{1}{|\vec{a}|} \cdot \vec{a} \right) \cdot \left(\frac{1}{|\vec{b}|} \cdot \vec{b} \right) = \frac{\vec{a} \cdot \vec{b}}{|\vec{a}| \cdot |\vec{b}|}}$, der sogenannten VW-Formel (Vektor-Winkel-Formel) führt.[6]

---

[6] *Genau genommen* haben wir jetzt stillschweigend ein Rechengesetz für das skalare Produkt verwendet, welches $(\lambda \cdot \vec{a}) \cdot (\mu \cdot \vec{b}) = \lambda \cdot \mu \cdot (\vec{a} \cdot \vec{b})$ lautet (und zu den obig erwähnten tieferliegenden Ergebnissen zählt. Mutatis mutandis *könnte* man in einem nächsten • mittels einer ähnlichen *Homogenitätseigenschaft*, nämlich $\det(\lambda \cdot \vec{a}, \mu \cdot \vec{b}) = \lambda \cdot \mu \cdot \det(\vec{a}, \vec{b})$ mit Hilfe der trigonometrischen Flächeninhaltsformel zeigen, dass $\frac{1}{2} \cdot \left| \det(\vec{a}, \vec{b}) \right|$ den Flächeninhalt des von $\vec{a}$ und $\vec{b}$ aufgespannten Dreiecks angibt (was wir ja in Abschnitt 2.1.1 bereits auf **gänzlich andere Weise** eingesehen haben!).

2.1.3 Grundlagen und entsprechende Situation im $\mathbb{R}^3$

Zunächst definieren wir den Betrag eines 3D-Vektors (um darauf aufbauend zum skalaren Produkt zu gelangen), wozu wir auf den Betrag von $2D-$Vektoren zurückgreifen:

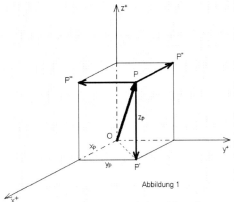

Abbildung 1

Zur Berechnung des Betrags des Vektors $\overrightarrow{OP} = \begin{pmatrix} x_P \\ y_P \\ z_P \end{pmatrix}$ betrachten wir Abbildung 1, in welcher sich der zum Punkt $P(x_P|y_P|z_P)$ zugehörige $\boxed{Koordinatenquader}$ befindet. Um P im $3D-$Koordinatensystem einzumessen, hat man demnach sechs verschiedene Möglichkeiten, sich von O aus entlang der Quaderkanten in Richtung P zu bewegen. Von den acht Eckpunkten des Quaders liegt/liegen einer im Koor-

dinatenursprung, drei auf den Koordinatenachsen und die restlichen vier lauten gemäß der Beschriftung P, P', P'' und P'''. Dabei nennen wir

- P' den Grundriss von P (Ansicht von oben),

- P'' den Aufriss von P (Ansicht von vorne) und schließlich

- P''' den Kreuzriss von P (Ansicht von rechts).

Zur Berechnung des Betrags des Vektors $\overrightarrow{OP}$ stellen wir zunächst den $2D-$Vektor $\overrightarrow{OP'} = \begin{pmatrix} x_P \\ y_P \end{pmatrix}$ auf und wenden im Dreieck $\Delta OP'P$ den Lehrsatz des Pythagoras an, was (mit Vektoren angeschrieben)

$$\left|\overrightarrow{OP'}\right|^2 \;+\; \left|\overrightarrow{P'P}\right|^2 \;=\; \left|\overrightarrow{OP}\right|^2$$

bzw. (mit Koordinaten angeschrieben)

$$x_P{}^2 \;+\; y_P{}^2 \;+\; z_P{}^2 \;=\; \left|\overrightarrow{OP}\right|^2$$

ergibt.

Daraus folgt die für den Beginn der **Analytischen Raumgeometrie** (oder auch **Räumliche Koordinatengeometrie**) grundlegende

$\boxed{\text{Definition 1.}}$ $\left| \begin{pmatrix} x_P \\ y_P \\ z_P \end{pmatrix} \right| = \sqrt{x_P{}^2 + y_P{}^2 + z_P{}^2}$

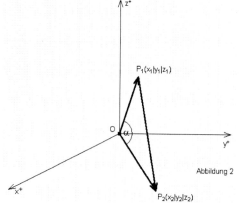

Abbildung 2

Das nächste Analogon zu einem Fachbegriff aus der $2D$–Vektorrechnung ist nun jener des Skalaren Produkts, wozu wir Abbildung 2 betrachten:

Gilt nun $\alpha = 90°$ (d.h. die Vektoren $\overrightarrow{OP_1}$ und $\overrightarrow{OP_2}$ stehen aufeinander normal), dann folgt aufgrund des Lehrsatzes von PYTHAGORAS

$$\left|\overrightarrow{OP_1}\right|^2 + \left|\overrightarrow{OP_2}\right|^2 = \left|\overrightarrow{P_1P_2}\right|^2,$$

was ausgerechnet zu

$$x_1{}^2 + y_1{}^2 + z_1{}^2 + x_2{}^2 + y_2{}^2 + z_2{}^2 = \overbrace{(x_1 - x_2)^2}^{x_1{}^2 - 2x_1x_2 + x_2{}^2} + \overbrace{(y_1 - y_2)^2}^{y_1{}^2 - 2y_1y_2 + y_2{}^2} + \overbrace{(z_1 - z_2)^2}^{z_1{}^2 - 2z_1z_2 + z_2{}^2}$$

bzw. nach Streichen der links wie rechts vorkommenden rein quadratischen Ausdrücke auf

$$0 = -2x_1x_2 - 2y_1y_2 - 2z_1z_2$$

bzw. nach Division durch -2 auf

$$x_1x_2 + y_1y_2 + z_1z_2 = 0$$

führt, was Anlass gibt zur

DEFINITION 2. Die den Vektoren $\overrightarrow{v_1} = \begin{pmatrix} x_1 \\ y_1 \\ z_1 \end{pmatrix}$ und $\overrightarrow{v_2} = \begin{pmatrix} x_2 \\ y_2 \\ z_2 \end{pmatrix}$ zugeordnete reelle Zahl $\boxed{x_1x_2 + y_1y_2 + z_1z_2}$ heißt *Skalares Produkt* von $\overrightarrow{v_1}$ und $\overrightarrow{v_2}$ und wird durch $\overrightarrow{v_1} \cdot \overrightarrow{v_2}$ abgekürzt.

Der Anlass für Definition 2 zieht nach letzterer auch gleich den ersten Satz der $3D$–Vektorrechnung nach sich, der da wäre (wobei die Gültigkeit der Implikationsrichtung $\Leftarrow$ durch Rückwärtslesen der Gleichungskette vor Definition 2 folgt!) :

SATZ (Orthogonalitätskriterium im $\mathbb{R}^3$). Für $\overrightarrow{v_1}$ und $\overrightarrow{v_2}$ aus $\mathbb{R}^3$ gilt: $\overrightarrow{v_1} \perp \overrightarrow{v_2} \Leftrightarrow \overrightarrow{v_1} \cdot \overrightarrow{v_2} = 0$

2.1.4 Ein Zugang über Rechtecke

Stehen zwei Vektoren $\overrightarrow{a} = \begin{pmatrix} x_1 \\ y_1 \\ z_1 \end{pmatrix}$ und $\overrightarrow{b} = \begin{pmatrix} x_2 \\ y_2 \\ z_2 \end{pmatrix}$ des $\mathbb{R}^3$ (Dies lässt sich bei einer entsprechenden Definition des Vektorbetrags auf den $\mathbb{R}^n$ für $n > 3$ verallgemeinern!) aufeinander normal, so bilden diese ein Rechteck, dessen Diagonalen (wie auch bei einem Parallelogramm) durch die Vektoren $\overrightarrow{a} \pm \overrightarrow{b}$ repräsentiert werden können, wobei die beiden Diagonalen (im Gegensatz zum Parallelogramm) gleich lang sind, was sich in

$$\left|\overrightarrow{a} + \overrightarrow{b}\right| = \left|\overrightarrow{a} - \overrightarrow{b}\right|$$

niederschlägt und nach Quadrieren

$$(x_1 + x_2)^2 + (y_1 + y_2)^2 + (z_1 + z_2)^2 = (x_1 - x_2)^2 + (y_1 - y_2)^2 + (z_1 - z_2)^2$$

bzw.

$$2x_1x_2 + 2y_1y_2 + 2z_1z_2 = -2x_1x_2 - 2y_1y_2 - 2z_1z_2 \quad \Leftrightarrow \quad x_1x_2 + y_1y_2 + z_1z_2 = 0$$

ergibt. Dies führt in genetischer Weise auf die folgende Definition:

$\boxed{\text{DEFINITION.}}$ Unter dem **skalaren Produkt** der Vektoren
$\vec{a} = \begin{pmatrix} x_1 \\ y_1 \\ z_1 \end{pmatrix}$ und $\vec{b} = \begin{pmatrix} x_2 \\ y_2 \\ z_2 \end{pmatrix}$ versteht man die reelle Zahl
$\boxed{x_1x_2 + y_1y_2 + z_1z_2}$, was durch $\vec{a} \cdot \vec{b}$ abgekürzt wird.

Daraus ergibt sich unmittelbar der folgende

$\boxed{\text{SATZ (Orthogonalitätskriterium im } \mathbb{R}^3).}$ Für $\vec{a}$ und $\vec{b}$ aus $\mathbb{R}^3$ gilt: $\boxed{\vec{a} \perp \vec{b} \Leftrightarrow \vec{a} \cdot \vec{b} = 0}$

2.1.5 Ein abbildungsgeometrischer Zugang

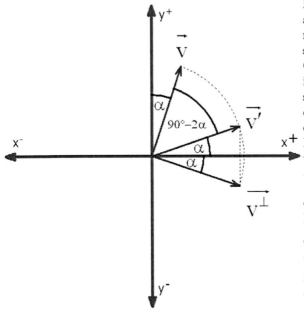

Der auf der linken Abbildung aufbauende Zugang zum skalaren Produkt im $\mathbb{R}^2$ eignet sich sehr gut für Schülerreferate bzw. Gruppenarbeiten, da es hier insgesamt acht Fälle zu unterscheiden/abzuarbeiten gilt, von denen an dieser Stelle (aufgrund der konkreten Figur) "nur" ein Fall $(0 < \alpha < 45°)$ behandelt wird, wobei von einem Vektor $\vec{v} = \begin{pmatrix} x \\ y \end{pmatrix}$ ausgegangen wird, der zunächst an der ersten Mediane gespiegelt wird, was den Vektor $\vec{v'} = \begin{pmatrix} y \\ x \end{pmatrix}$ hervorbringt. Anschließendes Spiegeln an der x–Achse führt auf den Vektor $\vec{v^\perp} = \begin{pmatrix} y \\ -x \end{pmatrix}$. Wie nun der Abbildung zu entnehmen ist (Die Symbolik spricht ja schon deutlich "*Nomen est omen.*"!), gilt $\vec{v^\perp} \perp \vec{v}$. Da jeder andere Normalvektor $\vec{n}$ von $\vec{v}$ via $\vec{n} = t \cdot \vec{v^\perp}$ beschrieben wird, gilt somit in jedem Fall

$$x_{\vec{v}} \cdot x_{\vec{n}} + y_{\vec{v}} \cdot y_{\vec{n}} = x \cdot ty + y \cdot (-tx) = txy - txy = 0,$$

womit zunächst einmal die folgende Definition Sinn macht:

DEFINITION. Unter dem **skalaren Produkt** der Vektoren
$\vec{a} = \begin{pmatrix} x_1 \\ y_1 \end{pmatrix}$ und $\vec{b} = \begin{pmatrix} x_2 \\ y_2 \end{pmatrix}$ versteht man die reelle Zahl
$\boxed{x_1 x_2 + y_1 y_2}$, was durch $\vec{a} \cdot \vec{b}$ beschrieben wird.

Daraus ergibt sich unmittelbar der folgende

SATZ (Orthogonalitätskriterium im $\mathbb{R}^2$). Für $\vec{a}$ und $\vec{b}$ aus $\mathbb{R}^2$ gilt: $\boxed{\vec{a} \perp \vec{b} \Leftrightarrow \vec{a} \cdot \vec{b} = 0}$

2.1.6 Ein (elementar)geometrischer Zugang

Der nun diskutierte Zugang erfordert im Gegensatz zu 2.1.2 keinerlei trigonometrische tools, jedoch ein spezielles Gimmick über lineare Funktionen, das wir als Lemma voranstellen und (in seinem Kern) bereits das Orthogonalitätskriterium in sich trägt (was sich in Abschnitt 2.1.7 noch manifestieren wird):

LEMMA. Das Produkt der Steigungen zweier aufeinander normal stehender Geraden, von denen keine parallel zu einer Koordinatenachse verläuft, beträgt stets -1.

BEWEIS. Wir beziehen uns auf die Abbildung und auf den offensichtlichen Sachverhalt, dass die Vorzeichen der Steigungen zweier aufeinander normal stehender Geraden unterschiedlich sein müssen.[7]

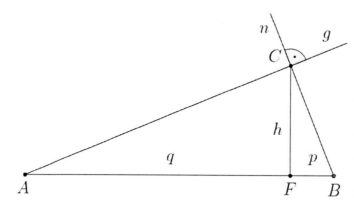

Folglich gelten für die Steigungen k_g und k_n der Gerade g und der zu g normal verlaufenden Gerade n die Darstellungen $k_g = \frac{h}{q}$ sowie $k_n = -\frac{h}{p}$. Da zwischen p, q und h aber bekanntlich die Beziehung $h^2 = pq$ ("Höhensatz") besteht, folgt daraus unmittel-

bar $k_g \cdot k_n = -\frac{h^2}{pq} = -\frac{pq}{pq} = -1$, $\Box$.

Gerüstet mit diesem Lemma geben wir zunächst eine (durch die untere Abbildung auch ikonisch repräsentierte) geometrische Definition des skalaren Produkts zweier Vektoren $\vec{v_1}$ und $\vec{v_2}$:

---

[7]Wären die Vorzeichen etwa beide positiv und die Geraden verlaufen o.B.d.A. durch den Ursprung, so würden beide Geraden ausschließlich durch den ersten und dritten Quadranten verlaufen, wo aber kein Platz für einen rechten Winkel ist (außer zwischen den Koordinatenachsen, die wir aber bewusst ausgenommen haben, da diesfalls ja eine Steigung 0 und die andere nicht definiert ist).

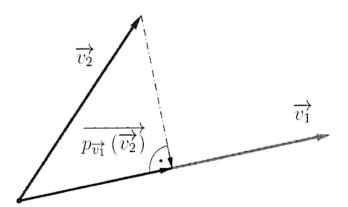

DEFINITION. Unter dem skalaren Produkt $\vec{v_1} \cdot \vec{v_2}$ der Vektoren $\vec{v_1}$ und $\vec{v_2}$ des $\mathbb{R}^2$ verstehen wir das Produkt der Beträge der Vektoren $\vec{v_1}$ und $p_{\vec{v_1}}(\vec{v_2})$, wobei $p_{\vec{v_1}}(\vec{v_2})$ die Normalprojektion von $\vec{v_2}$ auf $\vec{v_1}$ bezeichnet.

Was sich aus dieser Definition bereits ohne weiterer analytischer Untersuchungen (die wir dann aber später noch im Verlauf dieses Abschnitts vornehmen werden) ergibt, sind die folgenden unmittelbar einzusehenden Eigenschaften:

1. Für $\vec{v_1} \neq \vec{o} \wedge \vec{v_2} \neq \vec{o}$ gilt $\vec{v_1} \perp \vec{v_2} \Leftrightarrow \vec{v_1} \cdot \vec{v_2} = 0$

2. Sind $\vec{v_1}$ und $\vec{v_2}$ kollinear, d.h. $\exists \lambda \in \mathbb{R}$, sodass $\vec{v_2} = \lambda \cdot \vec{v_1}$, dann gilt $\vec{v_1} \cdot \vec{v_2} = \lambda \cdot |\vec{v_1}| \cdot |\vec{v_1}| = \lambda \cdot |\vec{v_1}|^2$. Insbesondere gilt für $\lambda = 1$ (ergo $\vec{v_2} = \vec{v_1}$) somit $\vec{v_1} \cdot \vec{v_1} = |\vec{v_1}|^2$, was üblicherweise auch in der Form $\vec{v_1}^2 = |\vec{v_1}|^2$ angeschrieben wird.

3. Die Gleichung $\vec{v_1} \cdot (\lambda \cdot \vec{v_1}) = \lambda \cdot |\vec{v_1}|^2$ aus 2. deutet für $\lambda < 0$ (d.h. $\vec{v_1}$ und $\vec{v_2}$ sind *entgegengesetzt orientiert*) bereits an, dass unsere Definition apriori eine signierte (also mit einem Vorzeichen versehene) Größe liefert (und dies *ganz von selbst*, obwohl dies als Produkt von Längen ursprünglich *nicht* intendiert war, was einmal mehr den *autonomen Aspekt der Mathematik* sehr schön zum Vorschein bringt).[8]

- 1. ist klar, da $p_{\vec{v_1}}(\vec{v_2})$ genau dann zum Nullvektor $\vec{o}$ degeneriert, wenn die (in der Abbildung strichiert-punktierte) Normalprojektionsrichtung mit jener von $\vec{v_2}$ übereinstimmt, ergo $\vec{v_2}$ auf $\vec{v_1}$ normal steht, $\square$.

- 2. hat sich sozusagen schon oben selbst erklärt, ebenso 3.

- Eine gute **Übung** für den werten L$\overset{e}{\underset{ö}{}}$ser wäre es nun, die *Kommutativität* des skalaren Produkts nachzuweisen, noch bevor wir die Koordinatendarstellung abgeleitet haben (Dann ist es ja fast(!) eine Trivialität, die letztlich aber dennoch von der

---

[8]Der Grund, warum man solch eine Definition überhaupt trifft, kann in mehreren Richtungen gesucht werden, etwa geometrisch, um dann via $\boxed{p_{\vec{v_1}}(\vec{v_2}) = \frac{\vec{v_1} \cdot \vec{v_2}}{\vec{v_1}^2} \cdot \vec{v_1}}$ eine $\boxed{\text{Formel für die Normalprojektion eines Vektors } \vec{v_2} \text{ auf einen Vektor } \vec{v_1}}$ zur Verfügung zu haben (wozu dann aber eine Berechnungsmethode erforderlich ist, wie wir sie im Folgenden entwickeln werden) oder zum Beispiel physikalisch über die Formel $W = F \cdot s$ (Work= Force·$s$pace, also Arbeit gleich Kraft mal Weg), wobei F und s Vektoren sind und die Komponente von F (eigentlich $\vec{F}$) längs s (eigentlich $\vec{s}$) relevant ist (womit sich der Kreis zu unserer Definition schließt, wobei hier noch angemerkt sei, dass $\vec{F} \perp \vec{s} \Leftrightarrow \vec{F} \cdot \vec{s} = 0$ sich in diesem *physikalischen Kontext* als scheinbare(!) Trivialität herausstellt, da keine Arbeit verrichtet werden kann, wenn man etwa einen Waggon normal zur Schienenrichtung zieht).

Eigenschaft Gebrauch macht, dass $(\mathbb{R}, \cdot)$ eine ABELsche Gruppe bildet.), dazu folgender Hinweis: Man ergänze die Abbildung neben der Definition durch den Vektor $\overrightarrow{p_{\vec{v_2}}(\vec{v_1})}$ und verwende den Strahlensatz!

Um nun zur Koordinatendarstellung von $\vec{v_1} \cdot \vec{v_2}$ zu gelangen, gehen wir von

$$\vec{v_1} = \begin{pmatrix} x_1 \\ y_1 \end{pmatrix} \quad \text{sowie} \quad \vec{v_2} = \begin{pmatrix} x_2 \\ y_2 \end{pmatrix}$$

aus und legen zunächst durch die Spitze von $\vec{v_2}$ eine Normale n auf die Gerade g durch den gemeinsamen Schaft $(0|0)$ (den wir o.B.d.A. im Ursprung wählen können, da Verschiebungen aufgrund der Definition von $\vec{v_1} \cdot \vec{v_2}$ selbiges nicht ändern, man bezeichnet diese Eigenschaft auch als *Tranlationsinvarianz*) und die Spitze von $\vec{v_1}$, was unter Anwendung unseres Lemmas zu

$$g : y = \frac{y_1}{x_1} \cdot x \quad \text{sowie (mit zunächst(!) unbestimmtem } d) \quad n : y = \frac{-x_1}{y_1} \cdot x + d$$

führt.

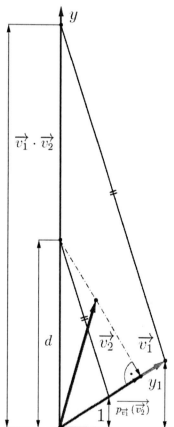

$g \cap n = \{S\}$ liefert uns die Spitze von $\overrightarrow{p_{\vec{v_1}}(\vec{v_2})}$, ergo

$$g \cap n : \left(\frac{y_1}{x_1} + \frac{x_1}{y_1} \right) \cdot x = d \;\Rightarrow\; x = \frac{d x_1 y_1}{x_1^2 + y_1^2}, \; y = \frac{d y_1^2}{x_1^2 + y_1^2}$$

Für $\overrightarrow{p_{\vec{v_1}}(\vec{v_2})}$ gilt somit $\overrightarrow{p_{\vec{v_1}}(\vec{v_2})} = \frac{d y_1}{x_1^2 + y_1^2} \cdot \vec{v_1}$ bzw. $\overrightarrow{p_{\vec{v_1}}(\vec{v_2})} = \frac{d y_1}{|\vec{v_1}|^2} \cdot \vec{v_1}$, was

$$\vec{v_1} \cdot \vec{v_2} = |\vec{v_1}| \cdot |\overrightarrow{p_{\vec{v_1}}(\vec{v_2})}| = |\vec{v_1}| \cdot \frac{d y_1}{|\vec{v_1}|^2} \cdot |\vec{v_1}| = d y_1 \text{ zur}$$

Folge hat.

Noch vor der Berechnung von d lässt sich dadurch in ähnlicher Weise wie im ersten Zugang (nur diesmal leichter!) eine geometrische Interpretation von $\vec{v_1} \cdot \vec{v_2}$ geben, wie die linke Abbildung zeigt.

Die Berechnung von d erfolgt durch Einsetzen der Spitze von $\vec{v_2}$ in die Gleichung von n:

$$(x_2|y_2) \in n \;\Rightarrow\; y_2 = \frac{-x_1}{y_1} \cdot x_2 + d$$

$$\Rightarrow\; d = y_2 + \frac{x_1 x_2}{y_1} \quad \text{bzw. } d = \frac{x_1 x_2 + y_1 y_2}{y_1}$$

bzw. $d y_1 \,(= \vec{v_1} \cdot \vec{v_2}) = x_1 x_2 + y_1 y_2$

Damit haben wir die Koordinatendarstellung des skalaren Produkts hergeleitet:

$$\begin{pmatrix} x_1 \\ y_1 \end{pmatrix} \cdot \begin{pmatrix} x_2 \\ y_2 \end{pmatrix} = x_1 x_2 + y_1 y_2, \;\square$$

2.1.7   Ein Weg über den Höhensatz

Wir betrachten (nochmals[9]) die Abbildung beim Beweis des Lemmas aus dem vorherigen Abschnitt, stellen die Vektoren

$$\overrightarrow{CA} = \begin{pmatrix} -q \\ -h \end{pmatrix} \quad \text{sowie} \quad \overrightarrow{CB} = \begin{pmatrix} p \\ -h \end{pmatrix}$$

auf und beachten, dass *jedes Paar* orthogonaler Vektoren durch ein derartiges Zahlentripel $(h|p|q)$ generiert werden kann, wobei ggf. noch eine kollineare Verformungen via

$$\overrightarrow{CA} \mapsto \overrightarrow{v_1} = \lambda \cdot \overrightarrow{CA}, \quad \text{ergo} \quad \overrightarrow{v_1} = \begin{pmatrix} x_1 \\ y_1 \end{pmatrix} = \begin{pmatrix} -\lambda \cdot q \\ -\lambda \cdot h \end{pmatrix}$$

bzw.

$$\overrightarrow{CB} \mapsto \overrightarrow{v_2} = \mu \cdot \overrightarrow{CB}, \quad \text{ergo} \quad \overrightarrow{v_2} = \begin{pmatrix} x_2 \\ y_2 \end{pmatrix} = \begin{pmatrix} \mu \cdot p \\ -\mu \cdot h \end{pmatrix}$$

vorzunehmen ist. In jedem Fall erhalten wir für den Ausdruck

$$x_1 x_2 + y_1 y_2 \quad \text{somit den Wert} \quad -\lambda \cdot \mu \cdot pq + \lambda \cdot \mu \cdot h^2 = \lambda \cdot \mu \cdot (-pq + h^2).$$

Da nach dem Höhensatz $h^2 = pq$ gilt, ergibt sich somit für den Ausdruck $x_1 x_2 + y_1 y_2$ zweier aufeinander normal stehender Vektoren stets 0, weshalb wir definieren:

| DEFINITION. | Unter dem **skalaren Produkt** der Vektoren $\vec{a} = \begin{pmatrix} x_1 \\ y_1 \end{pmatrix}$ und $\vec{b} = \begin{pmatrix} x_2 \\ y_2 \end{pmatrix}$ versteht man die reelle Zahl $\boxed{x_1 x_2 + y_1 y_2}$, was via $\vec{a} \cdot \vec{b}$ angeschrieben wird.

Daraus ergibt sich unmittelbar der folgende

SATZ (Orthogonalitätskriterium im $\mathbb{R}^2$). Für $\vec{a}$ und $\vec{b}$ aus $\mathbb{R}^2$ gilt: $\boxed{\vec{a} \perp \vec{b} \Leftrightarrow \vec{a} \cdot \vec{b} = 0}$

2.1.8   ... und noch ein abbildungsgeometrischer Zugang

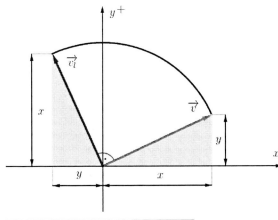

Ausgehend von der linken Abbildung (welche einen von vier möglichen Fällen die Vorzeichenkombinationen der Komponenten von $\vec{v}$ betreffend darstellt[10]) wird der Vektor $\vec{v} = \begin{pmatrix} x \\ y \end{pmatrix}$ um +90° um den Ursprung gedreht, was den Vektor $\vec{v_l}$ erzeugt, dessen Komponenten unmittelbar aus der Abbildung abgelesen werden können, wobei der Index l die Vierteldrehung von $\vec{v}$ nach *links* symbolisiert: $\vec{v_l} = \begin{pmatrix} -y \\ x \end{pmatrix}$

---

[9]Wer den letzten Abschnitt (bislang noch) nicht durchgearbeitet hat, befindet sich dadurch in keinster Weise im Nachteil, möge aber dennoch ebenda die entsprechende Abbildung für unsere momentanen Zwecke betrachten!

Entsprechend ergibt sich der durch eine Vierteldrehung von $\vec{v}$ nach rechts resultierende Vektor $\vec{v_r}$ via $\vec{v_r} = \begin{pmatrix} y \\ -x \end{pmatrix}$, was auch die Relation $\vec{v_r} = (-1) \cdot \vec{v_l}$ beinhaltet, welche einen Spezialfall der Beziehung $v^\perp = \lambda \cdot \vec{v_l}$ für alle auf $\vec{v}$ normal stehende Vektoren $v^\perp$ darstellt. Da somit $\forall \lambda \in \mathbb{R} \backslash \{0\}$ via $\vec{n_\lambda} = \begin{pmatrix} -\lambda \cdot y \\ \lambda \cdot x \end{pmatrix}$ ein Normalvektor von $\vec{v} = \begin{pmatrix} x \\ y \end{pmatrix}$ gegeben ist, ergibt die Summe $x_{\vec{v}} \cdot x_{\vec{n_\lambda}} + y_{\vec{v}} \cdot y_{\vec{n_\lambda}}$ daher

$$x_{\vec{v}} \cdot x_{\vec{n_\lambda}} + y_{\vec{v}} \cdot y_{\vec{n_\lambda}} = -\lambda \cdot xy + \lambda \cdot xy = 0,$$

weshalb wir definieren:

DEFINITION. Unter dem **skalaren Produkt** der Vektoren $\vec{a} = \begin{pmatrix} x_1 \\ y_1 \end{pmatrix}$ und $\vec{b} = \begin{pmatrix} x_2 \\ y_2 \end{pmatrix}$ versteht man die reelle Zahl $x_1 x_2 + y_1 y_2$, was via $\vec{a} \cdot \vec{b}$ angeschrieben wird.

Daraus ergibt sich unmittelbar der folgende

SATZ (Orthogonalitätskriterium im $\mathbb{R}^2$). Für $\vec{a}$ und $\vec{b}$ aus $\mathbb{R}^2$ gilt: $\boxed{\vec{a} \perp \vec{b} \Leftrightarrow \vec{a} \cdot \vec{b} = 0}$

Außerdem ergibt sich nach oben die sogenannte

KIPPREGEL. Ändert man nach Vertauschung der Komponenten des Vektors $\vec{v} = \begin{pmatrix} x \\ y \end{pmatrix}$ in der $\left\{ \begin{array}{c} \text{oberen} \\ \boxed{\textbf{u}}\text{nteren} \end{array} \right\}$ Komponente das Vorzeichen, so ergibt sich das um 90° um den Ursprung gedrehte Bild von $\vec{v}$ im $\left\{ \begin{array}{c} \text{Gegenuhrzeigersinn} \\ \boxed{\textbf{U}}\text{hrzeigersinn} \end{array} \right\}$.

2.1.9 Ein anderer geometrischer Zugang

Betrachten wir (erneut[11]) die Definition aus 2.1.6 samt nebenstehender Abbildung und gehen nun aber von zwei Vektoren $\vec{v_1} = \begin{pmatrix} x_1 \\ y_1 \\ z_1 \end{pmatrix}$ und $\vec{v_2} = \begin{pmatrix} x_2 \\ y_2 \\ z_2 \end{pmatrix}$ des $\mathbb{R}^3$ aus (was das Lemma aus 2.1.6 obsolet macht, weshalb wir auf den Lehrsatz des PYTHAGORAS ausweichen), so bietet sich der Ansatz

$$\overrightarrow{p_{\vec{v_1}}(\vec{v_2})} = \lambda \cdot \vec{v_1}$$

an, welcher unter Anwendung des PYTHAGOReischen Lehrsatzes auf

$$\left| \begin{pmatrix} \lambda \cdot x_1 \\ \lambda \cdot y_1 \\ \lambda \cdot z_1 \end{pmatrix} \right|^2 + \left| \begin{pmatrix} x_2 - \lambda \cdot x_1 \\ y_2 - \lambda \cdot y_1 \\ z_2 - \lambda \cdot z_1 \end{pmatrix} \right|^2 = \left| \begin{pmatrix} x_2 \\ y_2 \\ z_2 \end{pmatrix} \right|^2$$

---

[10]Der Rest sei dem werten L$\overset{e}{\ddot{o}}$ser überlassen.

[11]Wer Abschnitt 2.1.6 (bislang noch) nicht durchgearbeitet hat, befindet sich dadurch in keinster Weise im Nachteil, möge aber dennoch ebenda die entsprechende Definition samt Abbildung für unsere momentanen Zwecke betrachten!

bzw. umgeformt auf

$$2\lambda \cdot [(x_1^2 + y_1^2 + z_1^2) \cdot \lambda - \underbrace{(x_1x_2 + y_1y_2 + z_1z_2)}_{\mathfrak{z}}] = 0$$

und somit auf

$$\lambda = \frac{\mathfrak{z}}{|\overrightarrow{v_1}|^2}$$

führt. Einsetzen in die Definition liefert uns dann

$$\overrightarrow{v_1} \cdot \overrightarrow{v_2} = \lambda \cdot |\overrightarrow{v_1}| \cdot |\overrightarrow{v_1}| = \frac{\mathfrak{z}}{|\overrightarrow{v_1}|^2} \cdot |\overrightarrow{v_1}|^2 = \mathfrak{z} = x_1x_2 + y_1y_2 + z_1z_2,$$

womit wir ein weiteres Mal die Koordinatendarstellung des skalaren Produkts abgeleitet hätten.

2.1.10   Vom $\mathbb{R}^2$ in den $\mathbb{R}^3$ durch eine Drehung

Ausgehend von der Koordinatendarstellung des Skalaren Produkts zweier Vektoren des $\mathbb{R}^2$ (vgl. einige der vorherigen Abschnitte) wollen wir im Folgenden durch eine fundamentale Idee der räumlichen bzw. darstellenden Geometrie, nämlich der Methode des *Drehens einer Ebene ε in eine andere Ebene η* (wobei η in unserem Fall die Koordinatenebene π_1 ist) die Koordinatendarstellung des Skalaren Produkts zweier Vektoren des $\mathbb{R}^3$ ableiten:

Die Idee besteht darin, ausgehend von zwei Vektoren

$$\vec{u} = \begin{pmatrix} a \\ b \\ c \end{pmatrix} \quad \text{und} \quad \vec{v} = \begin{pmatrix} d \\ e \\ f \end{pmatrix}$$

des $\mathbb{R}^3$ deren Skalares Produkt dadurch zu berechnen, dass man die durch die beiden Vektoren aufgespannte Ebene ε in π_1 dreht, wodurch die Vektoren $\vec{u}$ und $\vec{v}$ in die Vektoren $\vec{u}_1$ und $\vec{v}_1$ übergehen, die man dann als Vektoren des $\mathbb{R}^2$ interpretieren kann und entsprechend der bereits bekannten Koordinatendarstellung des Skalaren Produkts ebenjenes für die Vektoren $\vec{u}_1$ und $\vec{v}_1$ berechnen kann, welches jenem der Vektoren $\vec{u}$ und $\vec{v}$ entspricht, da sich das Skalare Produkt aufgrund seiner geometrischen Definition aus 2.1.6 ja durch diese Paralleldrehung nicht ändert (mathematisch ausgedrückt sagt man, dass das Skalare Produkt zweier Vektoren eine Invariante bezüglich dieser Abbildung ist).

Dazu ist zwar nicht allzu viel an Rüstwerkzeug notwendig, jedoch ist der Rechenaufwand nicht unbeträchtlich, was aber m.E. diese Vorgehensweise dennoch rechtfertigt, da es sich bei der *Drehung* einer Ebene in eine spezielle Ebene um ein fundamentales Prinzip der konstruktiven Geometrie handelt. Die technischen Details sehen nun folgendermaßen aus (vgl. Abbildung!):

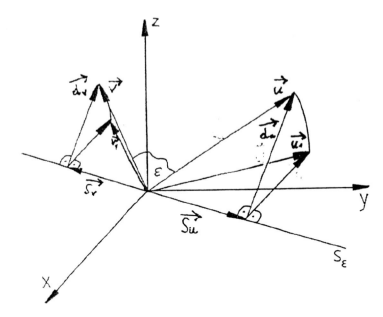

Als Drehachse dieser Paralleldrehung fungiert die Schnittgerade s_ε von ε mit π_1 (allg.: die Schnittgerade der involvierten Ebenen), welche u.a. den Richtungsvektor

$$\vec{s} = \begin{pmatrix} af - cd \\ bf - ce \end{pmatrix}$$

besitzt, was man geeigneterweise durch den Ansatz

$$\vec{s} = f \cdot \vec{u} - c \cdot \vec{v}$$

bewerkstelligt, da dadurch die dritte Komponente

dieses ebenfalls in ε liegenden Vektors (weil er ja eine Linearkombination von $\vec{u}$ und $\vec{v}$ ist!) 0 beträgt, was offenbar das Gewünschte (nämlich einen Stellungsvektor von π_1) liefert.

Mit den Bezeichnungen

$$af - cd := p_3 \quad \text{und} \quad bf - ce := p_2$$

(die bei Kenntnis der Determinantenformel für den Flächeninhalt eines Dreiecks im Koordinatensystem für sich spricht, wenn man die entsprechenden Projektionen in π_2 bzw. π_3 betrachtet!) gibt es nun reelle Parameter g und h, sodass gilt (vgl. abermals die Fig.!):

$$g \cdot \underbrace{\begin{pmatrix} p_3 \\ p_2 \\ 0 \end{pmatrix}}_{\vec{s}_u} + \underbrace{\begin{pmatrix} -h \cdot p_2 \\ h \cdot p_3 \\ c \end{pmatrix}}_{\vec{d}_u} = \begin{pmatrix} a \\ b \\ c \end{pmatrix}$$

Bei der Drehung von $\vec{u}$ bleibt der Anteil $\vec{s}_u$ fix und der Anteil $\vec{d}_u$ geht in ein Vielfaches des Grundrissvektors von $\vec{d}_u$ über, bei welchem es sich (siehe Figur) um einen Normalvektor von $\vec{s}_u$ in π_1 handelt, die Länge dieses gedrehten Vektors (welchen wir — vgl. Figur! — mit $\vec{n}_u$ bezeichnen wollen) wird durch die Bedingung $|\vec{n}_u| = \left|\vec{d}_u\right|$ festgelegt.

Somit erhalten wir für den Vektor $\vec{u}_1$, welcher durch Drehung der Ebene ε, welche durch $\vec{u}$ und $\vec{v}$ aufgespannt wird, in die Ebene π_1 resultiert, folgende Koordinaten:

$$\vec{u}_1 = \begin{pmatrix} g \cdot p_3 - \sqrt{\dfrac{h^2(p_2^2+p_3^2)+c^2}{p_2^2+p_3^2}} \cdot p_2 \\[4mm] g \cdot p_2 + \sqrt{\dfrac{h^2(p_2^2+p_3^2)+c^2}{p_2^2+p_3^2}} \cdot p_3 \end{pmatrix}$$

Durch analoge Vorgehensweise beim Vektor $\vec{v}$ — bei dem es nun reelle Parameter i und j

gibt, sodass (siehe erneut Abbildung!)

$$\underbrace{i \cdot \begin{pmatrix} p_3 \\ p_2 \\ 0 \end{pmatrix}}_{\vec{s}_v} + \underbrace{\begin{pmatrix} -j \cdot p_2 \\ j \cdot p_3 \\ f \end{pmatrix}}_{\vec{d}_v} = \begin{pmatrix} d \\ e \\ f \end{pmatrix}$$

gilt −, erhalten wir für den gedrehten Vektor $\vec{v}_1$ folgende Koordinaten:

$$\vec{v}_1 = \begin{pmatrix} i \cdot p_3 - \sqrt{\frac{j^2(p_2^2+p_3^2)+f^2}{p_2^2+p_3^2}} \cdot p_2 \\ i \cdot p_2 + \sqrt{\frac{j^2(p_2^2+p_3^2)+f^2}{p_2^2+p_3^2}} \cdot p_3 \end{pmatrix}$$

Unter Beachtung, dass g und h bzw. i und j Lösungen des Gleichungssystems

$$\begin{pmatrix} p_3 & -p_2 \\ p_2 & p_3 \end{pmatrix} \cdot \begin{pmatrix} g \\ h \end{pmatrix} = \begin{pmatrix} a \\ b \end{pmatrix} \quad \text{bzw.} \quad \begin{pmatrix} p_3 & -p_2 \\ p_2 & p_3 \end{pmatrix} \cdot \begin{pmatrix} i \\ j \end{pmatrix} = \begin{pmatrix} d \\ e \end{pmatrix}$$

sind, gelangen wir durch Anwendung der CRAMERschen Regel zu

$$g = \frac{ap_3 + bp_2}{p_2^2 + p_3^2}, \quad h = \frac{bp_3 - ap_2}{p_2^2 + p_3^2} \quad \text{sowie} \quad i = \frac{dp_3 + ep_2}{p_2^2 + p_3^2}, \quad j = \frac{ep_3 - dp_2}{p_2^2 + p_3^2}.$$

Somit erhalten wir unter Anwendung der bekannten Koordinatendarstellung des Skalaren Produkts zweier Vektoren des $\mathbb{R}^2$ für das Skalare Produkt der Vektoren $\vec{u}_1$ und $\vec{v}_1$ (welches eben wie schon bemerkt dem Skalaren Produkt der Vektoren $\vec{u}$ und $\vec{v}$ entspricht):

$$\vec{u}_1 \cdot \vec{v}_1 = \begin{pmatrix} g \cdot p_3 - \sqrt{\frac{h^2(p_2^2+p_3^2)+c^2}{p_2^2+p_3^2}} \cdot p_2 \\ g \cdot p_2 + \sqrt{\frac{h^2(p_2^2+p_3^2)+c^2}{p_2^2+p_3^2}} \cdot p_3 \end{pmatrix} \cdot \begin{pmatrix} i \cdot p_3 - \sqrt{\frac{j^2(p_2^2+p_3^2)+f^2}{p_2^2+p_3^2}} \cdot p_2 \\ i \cdot p_2 + \sqrt{\frac{j^2(p_2^2+p_3^2)+f^2}{p_2^2+p_3^2}} \cdot p_3 \end{pmatrix} =$$

$$= gip_3^2 - \left(i \cdot \sqrt{\frac{h^2(p_2^2+p_3^2)+c^2}{p_2^2+p_3^2}} + g \cdot \sqrt{\frac{j^2(p_2^2+p_3^2)+f^2}{p_2^2+p_3^2}} \right) p_2 p_3$$

$$+ \sqrt{\frac{h^2(p_2^2+p_3^2)+c^2}{p_2^2+p_3^2}} \sqrt{\frac{j^2(p_2^2+p_3^2)+f^2}{p_2^2+p_3^2}} \cdot p_2^2$$

$$+ gip_2^2 + \left(i \cdot \sqrt{\frac{h^2(p_2^2+p_3^2)+c^2}{p_2^2+p_3^2}} + g \cdot \sqrt{\frac{j^2(p_2^2+p_3^2)+f^2}{p_2^2+p_3^2}} \right) p_2 p_3$$

$$+ \sqrt{\frac{h^2(p_2^2+p_3^2)+c^2}{p_2^2+p_3^2}} \sqrt{\frac{j^2(p_2^2+p_3^2)+f^2}{p_2^2+p_3^2}} \cdot p_3^2$$

$$\Rightarrow \vec{u} \cdot \vec{v} = \vec{u}_1 \cdot \vec{v}_1 = gi(p_2^2 + p_3^2) + \sqrt{(h^2(p_2^2+p_3^2)+c^2) \cdot (j^2(p_2^2+p_3^2)+f^2)}$$

Setzen wir nun für g, h, i, j, p_2 und p_3 die von a, b, c, d, e und f abhängigen Terme ein (wir wollen ja eine Koordinatendarstellung des Skalaren Produkts der Vektoren $\vec{u}$ und $\vec{v}$ mit den Komponenten a, b, c, d, e und f), so erhalten wir zunächst

$$\vec{u} \cdot \vec{v} = \frac{(ap_3 + bp_2)(dp_3 + ep_2)}{p_2^2 + p_3^2} + \sqrt{\left(\frac{(bp_3 - ap_2)^2}{p_2^2 + p_3^2} + c^2 \right) \left(\frac{(ep_3 - dp_2)^2}{p_2^2 + p_3^2} + f^2 \right)}.$$

Wegen

$$bp_3 - ap_2 = abf - bcd - abf + ace = c(ae - bd)$$

und

$$ep_3 - dp_2 = aef - cde - bdf + cde = f(ae - bd)$$

ergibt sich weiter

$$\vec{u} \cdot \vec{v} = \frac{adp_3^2 + (bd + ae)p_2p_3 + bep_2^2}{p_2^2 + p_3^2} + \underbrace{\sqrt{\frac{c^2f^2(ae - bd)^4}{(p_2^2 + p_3^2)^2} + \frac{2c^2f^2(ae - bd)^2}{p_2^2 + p_3^2} + c^2f^2}}_{\frac{cf(ae-bd)^2}{p_2^2+p_3^2}+cf} =$$

$$= \frac{adp_3^2 + (bd + ae)p_2p_3 + bep_2^2 + cf(ae - bd)^2}{p_2^2 + p_3^2} + cf =$$

$$= cf + \frac{adp_3^2 + bep_2^2}{p_2^2 + p_3^2} + \frac{(bd + ae)p_2p_3 + cf(ae - bd)^2}{p_2^2 + p_3^2}.$$

Wegen

$$(bd + ae)p_2p_3 + cf(ae - bd)^2 =$$

$$= (bd + ae)(abf^2 - bcdf - acef + c^2de) + cf(a^2e^2 - 2abde + b^2d^2) =$$

$$= ab^2df^2 + a^2bef^2 - b^2cd^2f - abcdef - abcdef - a^2ce^2f + bc^2d^2e + ac^2de^2$$

$$+ b^2cd^2f \quad - \quad 2abcdef \quad + \quad a^2ce^2f =$$

$$= ab^2df^2 + a^2bef^2 + bc^2d^2e + ac^2de^2 - 4abcdef =$$

$$= be\underbrace{(a^2f^2 - 2acdf + c^2d^2)}_{(af-cd)^2} + ad\underbrace{(b^2f^2 - 2bcef + c^2e^2)}_{(bf-ce)^2} =$$

$$= bep_3^2 + adp_2^2$$

erhalten wir somit schließlich

$$\vec{u} \cdot \vec{v} = cf + \frac{adp_3^2 + bep_2^2}{p_2^2 + p_3^2} + \frac{bep_3^2 + adp_2^2}{p_2^2 + p_3^2} =$$

$$= cf + \frac{be(p_2^2 + p_3^2) + ad(p_2^2 + p_3^2)}{p_2^2 + p_3^2} = cf + be + ad,$$

also abschließend folgenden Satz:

Satz: $\begin{pmatrix} a \\ b \\ c \end{pmatrix} \cdot \begin{pmatrix} d \\ e \\ f \end{pmatrix} = ad + be + cf$

2.1.11 Ein Zugang über den Cosinussatz

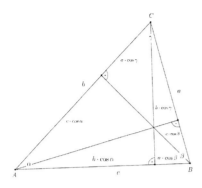

Wiewohl die schönsten Beweise des Cosinus-Satzes sich Mitteln der Vektorrechnung bedienen (Nebst der unbestreitbaren Eleganz bestechen vektorielle Beweise durch die wegfallenden Fallunterscheidungen!), gibt es einen ebenso ästhetischen Beweis, der zwar auch eine Fallunterscheidung erfordert (und hier nur für spitzwinklige Dreiecke geführt wird[12]), jedoch in seiner unerwarteten Verwendung linearer Gleichungssysteme (angeregt durch [3]) aus $\mathbb{R}^{(3,3)}$ besticht:

$$\left\{ \begin{array}{l} \text{I.} \qquad\qquad\qquad c \cdot \cos\beta + b \cdot \cos\gamma = a \\ \text{II.}\ \ c \cdot \cos\alpha \qquad\qquad\quad + a \cdot \cos\gamma = b \\ \text{III.}\ b \cdot \cos\alpha + a \cdot \cos\beta \qquad\qquad = c \end{array} \right\}$$

$-a\cdot$ I. $+b\cdot$ II. $+c\cdot$ III. führt auf $2bc \cdot \cos\alpha = -a^2 + c^2 + b^2$ bzw. $a^2 = b^2 + c^2 - 2bc \cdot \cos\alpha$, $\square$.

In Anlehnung an den Cosinus-Satz betrachten wir nun die Vektoren $\overrightarrow{CA} = \overrightarrow{b}$, $\overrightarrow{AB} = \overrightarrow{c}$ sowie $\overrightarrow{CB} = \overrightarrow{b} + \overrightarrow{c}$, welche wir via $\overrightarrow{b} = \begin{pmatrix} x_1 \\ y_1 \\ z_1 \end{pmatrix}, \overrightarrow{c} = \begin{pmatrix} x_2 \\ y_2 \\ z_2 \end{pmatrix}$ und somit $\overrightarrow{b} + \overrightarrow{c} = \begin{pmatrix} x_1 + x_2 \\ y_1 + y_2 \\ z_1 + z_2 \end{pmatrix}$ koordinatisieren und definieren:

$\boxed{\text{DEFINITION.}}$ Unter dem skalaren Produkt $\overrightarrow{b} \cdot \overrightarrow{c}$ der Vektoren $\overrightarrow{b}$ und $\overrightarrow{c}$ versteht man die reelle Zahl $\overrightarrow{b} \cdot \overrightarrow{c} := \frac{1}{2} \cdot \left(\left|\overrightarrow{b} + \overrightarrow{c}\right|^2 - \left|\overrightarrow{b}\right|^2 - \left|\overrightarrow{c}\right|^2 \right)$.

Daraus ergibt sich sofort

$$\overrightarrow{b} \cdot \overrightarrow{c} = \frac{1}{2} \cdot (x_1^2 + 2x_1 x_2 + x_2^2 + y_1^2 + 2y_1 y_2 + y_2^2 + z_1^2 + 2z_1 z_2 + z_2^2 - x_1^2 - y_1^2 - z_1^2 - x_2^2 - y_2^2 - z_2^2) =$$

$$= x_1 x_2 + y_1 y_2 + z_1 z_2, \ \square$$

$\boxed{\text{BEMERKUNGEN:}}$ 1) Aus dem Lehrsatz des PYTHAGORAS sowie seiner Umkehrung folgt aufgrund der obigen Definition sofort $\boxed{\overrightarrow{b} \perp \overrightarrow{c} \Leftrightarrow \overrightarrow{b} \cdot \overrightarrow{c} = 0}$.
2) Vergleicht man die eindeutig durch den Cosinus-Satz motivierte Definition mit

---

[12]Es bleibt dem werten Lëser überlassen, den nun folgenden Beweis für stumpfwinklige Dreiecke entsprechend zu adaptieren!

letzterem, so erhält man unmittelbar die Formel $\vec{b} \cdot \vec{c} = \left|\vec{b}\right| \cdot \left|\vec{c}\right| \cdot \cos\varphi$, wobei $\varphi = \measuredangle\left(\vec{b}, \vec{c}\right) = 180° - \alpha$, was schließlich zur VW-Formel[13] $\cos\varphi = \frac{\vec{b}\cdot\vec{c}}{|\vec{b}|\cdot|\vec{c}|}$ führt.

2.1.12 Zum Abschluss: Ein Zugang über Optimierung

Betrachten wir ein weiteres (und hier auch schon letztes) Mal die Definition aus 2.1.6 zusammen mit der zugehörigen Abbildung, so besteht neben der Verwendung linearer Funktionen (2.1.6) und des Lehrsatzes von PYTHAGORAS (2.1.9) aber auch noch die Möglichkeit, die Normalprojektion $\overrightarrow{p_{\vec{v_1}}(\vec{v_2})}$ über die Forderung zu ermitteln, dass sie unter allen Vielfachen des Vektors $\vec{v_1}$ als einzige die Eigenschaft hat, dass deren Spitze von der Spitze des Vektors $\vec{v_2}$ minimalen Abstand aufweist. Dazu stellen wir die zugehörige Betragsfunktion auf, wobei S_2 bzw. S_p die Spitze des Vektors $\vec{v_2}$ bzw. die Spitze der gesuchten Normalprojektion bezeichnet, wobei wir für letztere eben wieder via

$$\overrightarrow{p_{\vec{v_1}}(\vec{v_2})} = \lambda \cdot \vec{v_1}$$

ansetzen, was uns ausgehend von

$$\vec{v_1} = \begin{pmatrix} x_1 \\ y_1 \\ z_1 \end{pmatrix} \text{ und } \vec{v_2} = \begin{pmatrix} x_2 \\ y_2 \\ z_2 \end{pmatrix}$$

zunächst den Vektor

$$\overrightarrow{S_pS_2} = \begin{pmatrix} x_2 - \lambda \cdot x_1 \\ y_2 - \lambda \cdot y_1 \\ z_2 - \lambda \cdot z_1 \end{pmatrix}$$

liefert.

Da nun der Betrag von $\overrightarrow{S_pS_2}$ genau dann minimal wird, wenn der Radikand (ergo die Quadratsumme) minimal wird, können wir auf die Wurzel verzichten und betrachten somit die Funktion L mit der Funktionsgleichung

$$L(\lambda) = \left| \begin{pmatrix} x_2 - \lambda \cdot x_1 \\ y_2 - \lambda \cdot y_1 \\ z_2 - \lambda \cdot z_1 \end{pmatrix} \right|^2 .$$

Ausquadrieren ...

$$L(\lambda) = x_2^2 - 2x_1x_2\lambda + x_1^2\lambda^2 + y_2^2 - 2y_1y_2\lambda + y_1^2\lambda^2 + z_2^2 - 2z_1z_2\lambda + z_1^2\lambda^2$$

... und Ordnen ...

$$L(\lambda) = x_2^2 + y_2^2 + z_2^2 - 2(x_1x_2 + y_1y_2 + z_1z_2)\lambda + (x_1^2 + y_1^2 + z_1^2)\lambda^2$$

... führt nach Einführung des Kürzels K für den Klammerinhalt vor λ sowie der ökonomischeren Betragsschreibweise anstelle der Komponenten auf die quadratische Funktion L mit der Funktionsgleichung

$$L(\lambda) = |\vec{v_1}|^2\lambda^2 - 2K\lambda + |\vec{v_2}|^2$$

---

[13]Vektor-Winkel-Formel

bzw. (bereits im Hinblick auf eine quadratische Ergänzung)

$$L(\lambda) = |\vec{v_1}|^2 \cdot \left(\lambda^2 - \frac{2K}{|\vec{v_1}|^2} \cdot \lambda + \frac{|\vec{v_2}|^2}{|\vec{v_1}|^2}\right).$$

Nehmen wir jetzt die bereits angekündigte quadratische Ergänzung vor, so erhalten wir

$$L(\lambda) = |\vec{v_1}|^2 \cdot \left[\left(\lambda - \frac{K}{|\vec{v_1}|^2}\right)^2 + \frac{|\vec{v_2}|^2}{|\vec{v_1}|^2} - \frac{K^2}{|\vec{v_1}|^4}\right],$$

woraus sich nun ergibt:

- L nimmt an der Stelle $\lambda = \frac{K}{|\vec{v_1}|^2}$ ihr Minimum an, welches sich entweder mit ...

- ... einer weiteren Vereinfachung via

$$L(\lambda) = |\vec{v_1}|^2 \cdot \left(\lambda - \frac{K}{|\vec{v_1}|^2}\right)^2 + |\vec{v_2}|^2 - \frac{K^2}{|\vec{v_1}|^2} = |\vec{v_1}|^2 \cdot \left(\lambda - \frac{K}{|\vec{v_1}|^2}\right)^2 + \frac{|\vec{v_1}|^2 \cdot |\vec{v_2}|^2 - K^2}{|\vec{v_1}|^2}$$

  zu

$$L_{\min} = L\left(\frac{K}{|\vec{v_1}|^2}\right) = \frac{|\vec{v_1}|^2 \cdot |\vec{v_2}|^2 - K^2}{|\vec{v_1}|^2} \text{ oder } L_{\min} = L\left(\frac{K}{|\vec{v_1}|^2}\right) = |\vec{v_2}|^2 - \frac{K^2}{|\vec{v_1}|^2}$$

  ...

- ... oder wegen $\overline{S_p S_2}^2 = |\vec{v_2}|^2 - (\lambda \cdot |\vec{v_1}|)^2$ via

$$L_{\min} = |\vec{v_2}|^2 - \frac{K^2}{|\vec{v_1}|^2}$$

berechnen lässt.

In jedem Fall folgt damit für $\vec{v_1} \cdot \vec{v_2}$ das Resultat

$$\vec{v_1} \cdot \vec{v_2} = \lambda \cdot |\vec{v_1}|^2 = K = x_1 x_2 + y_1 y_2 + z_1 z_2, \ \square.$$

Was wir aber darüberhinaus noch erhalten, ist wegen $L_{\min} \geq 0$ (wobei der Gleichheitsfall nur eintreten kann, wenn die Vektoren $\vec{v_1}$ und $\vec{v_2}$ zueinander parallel verlaufen) die Ungleichungskette

$$|\vec{v_1}|^2 \cdot |\vec{v_2}|^2 - K^2 \geq 0 \ \Leftrightarrow \ K^2 \leq |\vec{v_1}|^2 \cdot |\vec{v_2}|^2$$

bzw. wegen $K = \vec{v_1} \cdot \vec{v_2}$

$$\frac{(\vec{v_1} \cdot \vec{v_2})^2}{|\vec{v_1}|^2 \cdot |\vec{v_2}|^2} \leq 1$$

und schließlich

$$-1 \leq \frac{\vec{v_1} \cdot \vec{v_2}}{|\vec{v_1}| \cdot |\vec{v_2}|} \leq 1,$$

die sogenannte CAUCHY-SCHWARZsche Ungleichung[14]. Diese faszinierende Ungleichung zeigt uns noch bevor der Cosinus überhaupt auftaucht, dass das Formelgerüst $\frac{\vec{v_1} \cdot \vec{v_2}}{|\vec{v_1}| \cdot |\vec{v_2}|}$ aus der VW-Formel für den Cosinus des Winkels zwischen den Vektoren $\vec{v_1}$ und $\vec{v_2}$ tatsächlich nur Werte aus dem Intervall $[-1; 1]$ liefert.

---

[14]nach Louis Augustin CAUCHY (1789 − 1857) und Hermann Amandus SCHWARZ (1843 − 1921)

2.2   Das Vektorielle Produkt zweier Vektoren

Ebenso wie bei der Einführung des Standardskalarprodukts im $\mathbb{R}^n$ existieren auch für das Vektorielle Produkt zweier Vektoren des $\mathbb{R}^3$ mitunter sehr verschiedenartige Annäherungswege, wobei die immens beeindruckende Symbiose zwischen **Darstellender Geometrie** und **Analytischer Geometrie** (siehe Abschnitte 2.2.1 sowie 2.2.2) zwar nicht derart in die fachliche Tiefe gehend wie hier, aber immerhin auf (erhöhtem) Schulniveau erstmals (und bislang einzigartig) in [72] sowie [73] zu finden ist, was hier nun eine entsprechend vertiefte Behandlung erfahren wird (Eine Fortsetzung dieser Zugangsweise erfolgt übrigens in [74] bei den Kegelschnitten!).

2.2.1   Ein Zugang über die darstellende Geometrie

Um (zum Beispiel einfache Objekte wie) Dreiecke im $\mathbb{R}^3$ ohne mehr oder minder komplizierte Schrägrisse zeichnerisch darzustellen, bedient man sich seit Gaspard MONGE (1746-1813), dem Urvater der *Darstellenden Geometrie* schlechthin, der sogenannten Zweitafelprojektion, deren Idee darauf beruht, von einem dreidimensionalen Objekt Grund- und Aufriss einander zugeordnet zu betrachten, indem man die Aufrissebene durch eine $90°-$Drehung um die $y-$Achse nach hinten in die Grundrissebene klappt, was dann folgende Konfiguration (sogenannte *zugeordnete Hauptrisse*) zur Folge hat (vgl. Abbildung 3!):

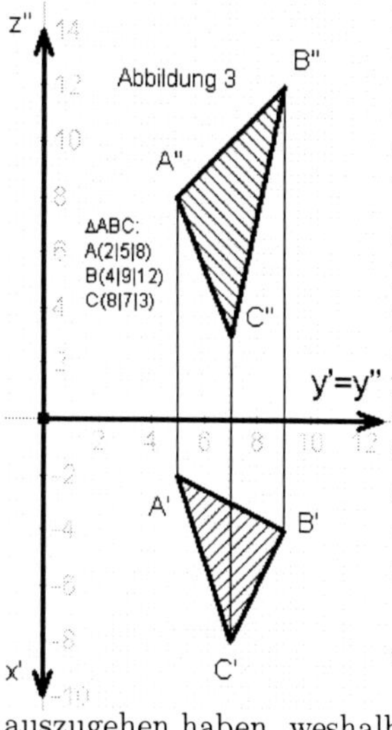

Abbildung 3

ΔABC:
A(2|5|8)
B(4|9|12)
C(8|7|3)

Die einem Punkt zugeordneten Hauptrisse (hier: Grund- und Aufriss) liegen dabei jeweils auf einem Ordner (vgl. die eingezeichneten Ordner in Abbildung 3!), was man auch als *Ordnerbedingung* bezeichnet. Nun rechnet man unter Verwendung des Orthogonalitätskriteriums leicht nach, dass das Dreieck ΔABC aus Abbildung 3 in seiner räumlichen Lage mit $\angle CAB$ einen rechten Winkel besitzt, was aber weder im Grund-, noch im Aufriss zu erkennen ist, da es sich dabei ja um Projektionen ("Schattenbilder") des wahren Dreiecks handelt, welche jeweils eine Dimension einbüßen. Es stellt sich jetzt die berechtigte Frage, unter welchen Umständen ein "räumlicher rechter Winkel" auch im Grund- oder Aufriss wieder als rechter Winkel erscheint, was nicht schwierig zu beantworten ist, da wir dazu lediglich von zwei aufeinander

normal stehenden $3D-$Vektoren $\vec{v_1} = \begin{pmatrix} x_1 \\ y_1 \\ z_1 \end{pmatrix}$ und $\vec{v_2} = \begin{pmatrix} x_2 \\ y_2 \\ z_2 \end{pmatrix}$

auszugehen haben, weshalb dann wegen des Orthogonalitätskriteriums automatisch

$$\boxed{\vec{v_1} \cdot \vec{v_2} = x_1 x_2 + y_1 y_2 + z_1 z_2 = 0 \quad (*)}$$ gelten muss. Betrachten wir nun an Stelle von $\vec{v_1}$

und $\vec{v_2}$ ihre Grundrisse $\vec{v_1}' = \begin{pmatrix} x_1 \\ y_1 \end{pmatrix}$ und $\vec{v_2}' = \begin{pmatrix} x_2 \\ y_2 \end{pmatrix}$, so schließen diese genau dann

ebenfalls einen rechten Winkel ein, wenn $\boxed{\vec{v_1}' \cdot \vec{v_2}' = x_1 x_2 + y_1 y_2 = 0 \quad (**)}$ gilt. Damit sowohl $(*)$ als auch $(**)$ gilt, muss $z_1 z_2 = 0$ gelten, was nur dann sein kann, wenn entweder $z_1 = 0$ oder $z_2 = 0$ gilt. Dies bedeutet aber, dass entweder $\vec{v_1}$ oder $\vec{v_2}$ parallel zur $xy-$Ebene ("Grundrissebene", Abkürzung: π_1) liegt, was uns Anlass gibt zur

$\boxed{\text{DEFINITION.}}$ Eine Gerade (bzw. einer ihrer Richtungsvektoren) befindet sich in **erster** bzw. **zweiter Hauptlage**, wenn sie **parallel zur Grundrissebene bzw. Aufrissebene** π_1 bzw. π_2 verläuft.

Rechnerisch drückt sich die erste bzw. zweite Hauptlage eines Vektors wie soeben überlegt eben gerade dadurch aus, dass seine $z-$ bzw. $x-$Koordinate Null ist.

Der Anlass für die letzte Definition zieht gleich den folgenden wichtigen Satz der Raumgeometrie nach sich:

SATZ (Satz vom rechten Winkel). Der Grund- bzw. Aufriss eines rechten Winkels im Raum ist genau dann wieder ein rechter Winkel, wenn zumindest einer der beiden Winkelschenkel erste bzw. zweite Hauptlage aufweist.

Der Satz vom rechten Winkel gibt uns jetzt zusammen mit der Kippregel eine Möglichkeit an die Hand, zu zwei gegebenen 3D-Vektoren einen auf beide normal stehenden Vektor zu ermitteln:

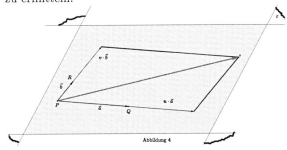

Abbildung 4

Dazu gehen wir von einer durch drei Punkte P, Q und R aufgespannten Ebene ε aus, was unmittelbar zwei sogenannte *Stellungsvektoren* $\vec{a} = \begin{pmatrix} x_1 \\ y_1 \\ z_1 \end{pmatrix}$ und $\vec{b} = \begin{pmatrix} x_2 \\ y_2 \\ z_2 \end{pmatrix}$ von ε generiert, welche eine Ebene ε aufspannen, von der jeder

beliebige Punkt X (wie bei einer Parameterdarstellung einer Gerade in der Ebene!) unter Verwendung von P, $\vec{a}$ und $\vec{b}$ wie folgt beschrieben werden kann: Die vorletzte Klammerbemerkung legt zusammen mit Abbildung 4 auch schon unsere weitere Vorgehensweise offen, die darin besteht, analog zum Begriff *Normalvektor einer Gerade* in der $2D-$Geometrie den Begriff *Normalvektor einer Ebene* in der $3D-$Geometrie einzuführen, wozu wir zunächst die sogenannte Parameterdarstellung einer Ebene behandeln:

Abbildung 4 zeigt, dass man **jeden** Punkt X der Ebene ε erreichen kann, indem man in P zunächst den *ersten Stellungsvektor* $\vec{a}$ von ε und hernach den *zweiten Stellungsvektor* $\vec{b}$ von ε jeweils geeignet oft (in Abbildung 4: zuerst u mal $\vec{a}$ und dann v mal $\vec{b}$, was aber auch in umgekehrter Reihenfolge zu X führt!) anhängt, was analog zur Parameterdarstellung einer Gerade in der Ebene zur Parameterdarstellung einer Ebene im Raum führt (anschauliche Hilfe: u und v sind Koordinaten von X in einem in ε liegenden (im Allgemeinen) schiefwinkligen Koordinatensystem, wobei $\vec{a}$ und $\vec{b}$ Richtungsvektoren der "Koordinatenachsen" sind und der Ursprung in P liegt.), die da Inhalt ist von folgendem

SATZ. Es sei/en P ein Punkt sowie $\vec{a}$ und $\vec{b}$ Stellungsvektoren einer Ebene ε. Dann besitzt ε die Parameterdarstellung (PDST)

$$\varepsilon : \ X = P + u \cdot \vec{a} + v \cdot \vec{b} \quad (*)$$

wobei P der sogenannte *Auf- oder Startpunkt* ist.

Nun kann man Ebenen im Raum (ebenso wie Geraden in der Ebene!) aber auch parameterfrei darstellen (Dies gilt aber nicht für Geraden im Raum!), wozu man die PDST (∗) nur links und rechts skalar mit einem Vektor $\vec{n}$ multiplizieren muss, welcher sowohl auf $\vec{a}$ als auch $\vec{b}$ normal steht, was dann wegen

$$\varepsilon:\quad \vec{n}\cdot X \;=\; \vec{n}\cdot P \;+\; u\cdot \overbrace{\vec{a}\cdot\vec{n}}^{0} \;+\; v\cdot \overbrace{\vec{b}\cdot\vec{n}}^{0}$$

zur Gleichung

$$\varepsilon:\quad \vec{n}\cdot X \;=\; \vec{n}\cdot P \quad\text{bzw.}\quad \varepsilon:\quad \vec{n}\cdot (X-P)=0$$

führt, welche in ihrer zweiten Variante wegen $X-P=\overrightarrow{PX}$ ja gerade aussagt, dass $\vec{n}$ **auf jeden Stellungsvektor von ε normal steht**. Als Konsequenz **dieser herausragenden Eigenschaft** von $\vec{n}$ nennt man diesen *Normalvektor von ε* und erhält damit unmittelbar den

$\boxed{\text{SATZ.}}$ Es sei P ein Punkt sowie $\vec{n}$ ein Normalvektor einer Ebene ε. Dann besitzt ε die *Normalvektorform* (NVF)

$$\varepsilon:\quad \vec{n}\cdot X \;=\; \vec{n}\cdot P\,.$$

Nun ist das ja alles schön und gut, doch wie kommt man jetzt zu einem Normalvektor einer Ebene, wenn diese (z.B. durch drei Punkte, aus denen man mühelos zwei Stellungsvektoren errechnet und ferner einen Punkt als Aufpunkt wählt, womit man bereits eine Parameterdarstellung zur Verfügung hat) vorgegeben ist?

Zur Beantwortung dieser Frage erweitern wir zunächst die letzte Definition (erste und zweite Hauptlage einer Gerade) und wenden hernach den Satz vom rechten Winkel an:

$\boxed{\text{DEFINITION.}}$ Geraden einer Ebene, welche erste bzw. zweite Hauptlage aufweisen, werden erste bzw. zweite Hauptgeraden genannt.

Damit liegt nun zusammen mit dem Satz vom rechten Winkel auf der Hand, wie man sich rasch einen Normalvektor $\vec{n}$ einer Ebene ε verschafft:

- Man berechnet zunächst je einen Richtungsvektor einer ersten bzw. zweiten Hauptgerade von ε.

- Ausgehend von diesen beiden Richtungsvektoren ermittelt man dann unter Anwendung des Satzes vom rechten Winkel und der Kippregel aus der $2D-$Vektorrechnung den Grund- bzw. Aufriss $\vec{n}'$ bzw. $\vec{n}''$ von $\vec{n}$.

- Mit einer Portion gesundem Hausverstand folgert man dann schließlich aus den Projektionen $\vec{n}'$ und $\vec{n}''$ des gesuchten Normalvektors $\vec{n}$ seine Originalkoordinaten im Raum.

Setzen wir das soeben geschilderte "Dreipunkteprogramm" nun technisch in die Tat um, wobei wir von den Stellungsvektoren $\vec{a}=\begin{pmatrix} x_1 \\ y_1 \\ z_1 \end{pmatrix}$ und $\vec{b}=\begin{pmatrix} x_2 \\ y_2 \\ z_2 \end{pmatrix}$ einer Ebene ε

ausgehen (Da es uns nur um die Bestimmung von $\vec{n}$ geht, ist der Aufpunkt P ohne Belang!):

- Einen Richtungsvektor $\vec{h_1}$ bzw. $\vec{h_2}$ einer ersten bzw. zweiten Hauptgerade von ε erhalten wir unschwer durch die "gewichtete Vektorsumme" (Fachbegriff: **Linearkombination**) $\boxed{z_2 \cdot \vec{a} - z_1 \cdot \vec{b}}$ bzw. $\boxed{x_2 \cdot \vec{a} - x_1 \cdot \vec{b}}$, ergo:

$$\vec{h_1} = z_2 \cdot \begin{pmatrix} x_1 \\ y_1 \\ z_1 \end{pmatrix} - z_1 \cdot \begin{pmatrix} x_2 \\ y_2 \\ z_2 \end{pmatrix} = \begin{pmatrix} x_1 z_2 \\ y_1 z_2 \\ z_1 z_2 \end{pmatrix} - \begin{pmatrix} x_2 z_1 \\ y_2 z_1 \\ z_1 z_2 \end{pmatrix} = \begin{pmatrix} x_1 z_2 - x_2 z_1 \\ y_1 z_2 - y_2 z_1 \\ 0 \end{pmatrix}$$

bzw.

$$\vec{h_2} = x_2 \cdot \begin{pmatrix} x_1 \\ y_1 \\ z_1 \end{pmatrix} - x_1 \cdot \begin{pmatrix} x_2 \\ y_2 \\ z_2 \end{pmatrix} = \begin{pmatrix} x_1 x_2 \\ x_2 y_1 \\ x_2 z_1 \end{pmatrix} - \begin{pmatrix} x_1 x_2 \\ x_1 y_2 \\ x_1 z_2 \end{pmatrix} = \begin{pmatrix} 0 \\ x_2 y_1 - x_1 y_2 \\ x_2 z_1 - x_1 z_2 \end{pmatrix}$$

(Der *Connaisseur* entdeckt hier bereits zahlreiche Determinanten!)

- Da bei Hauptgeraden nach dem Satz vom rechten Winkel ebenjener erhalten bleibt (insbesondere zu $\vec{n}$!), drehen wir $\vec{h_1}$ im Grundriss ($h_1' = h_1$!) und $\vec{h_2}$ im Aufriss ($h_2'' = h_2$!) um jeweils 90° **im $\boxed{\text{U}}$hrzeigersinn** (Erinnere: Nach Vertauschen der Koordinaten wechselt man **diesfalls** das Vorzeichen $\boxed{\text{u}}$**nten**!) und erhalten

$$\vec{n}' = \begin{pmatrix} y_1 z_2 - y_2 z_1 \\ -(x_1 z_2 - x_2 z_1) \\ 0 \end{pmatrix} \quad \text{sowie} \quad \vec{n}'' = \begin{pmatrix} 0 \\ -(x_1 z_2 - x_2 z_1) \\ x_1 y_2 - x_2 y_1 \end{pmatrix}.$$

- Durch nicht mehr als genaues Hinsehen schließt man aus den Darstellungen von $\vec{n}'$ bzw. $\vec{n}''$ sofort auf

$$\vec{n} = \begin{pmatrix} y_1 z_2 - y_2 z_1 \\ -(x_1 z_2 - x_2 z_1) \\ x_1 y_2 - x_2 y_1 \end{pmatrix},$$

und wir sind fertig!

Wie man nun durch Anwendung des Orthogonalitätskriteriums leicht nachrechnet, steht der erhaltene Vektor $\vec{n}$ sowohl auf $\vec{a}$ als auch auf $\vec{b}$ normal, was aufgrund unserer angestellten Überlegungen ja so sein muss.

Um die (auf manchen Betrachter vielleicht sehr umständlich wirkende) Darstellung von $\vec{n}$ nicht stupid auswendig lernen zu müssen, schafft hier eine *Mnemotechnik* Abhilfe, die überdies einen Fachbegriff beinhaltet, der uns schon aus Abschnitt 2.1.2 (bzw. in verhüller Form bereits aus Abschnitt 2.1.1) bekannt ist, nämlich jener der *Determinante*, wodurch sich die Darstellung von $\vec{n}$ auch in der Form

$$\vec{n} = \begin{pmatrix} \det\begin{pmatrix} y_1 & y_2 \\ z_1 & z_2 \end{pmatrix} \\ -\det\begin{pmatrix} x_1 & x_2 \\ z_1 & z_2 \end{pmatrix} \\ \det\begin{pmatrix} x_1 & x_2 \\ y_1 & y_2 \end{pmatrix} \end{pmatrix}$$

anschreiben lässt, was uns gleich Anlass gibt zur folgenden

DEFINITION. Unter dem *Vektoriellen Produkt* $\vec{a} \times \vec{b}$ der Vektoren

$$\vec{a} = \begin{pmatrix} x_1 \\ y_1 \\ z_1 \end{pmatrix} \text{ und } \vec{b} = \begin{pmatrix} x_2 \\ y_2 \\ z_2 \end{pmatrix} \text{ versteht man den Vektor } \vec{a} \times \vec{b} := \begin{pmatrix} \det \begin{pmatrix} y_1 & y_2 \\ z_1 & z_2 \end{pmatrix} \\ -\det \begin{pmatrix} x_1 & x_2 \\ z_1 & z_2 \end{pmatrix} \\ \det \begin{pmatrix} x_1 & x_2 \\ y_1 & y_2 \end{pmatrix} \end{pmatrix},$$

welcher sowohl auf $\vec{a}$ als auch auf $\vec{b}$ orthogonal steht.

2.2.2   Ein zweiter Zugang über die darstellende Geometrie

Die hinter dem im letzten Abschnitt beschrittenen Weg steckende Idee lässt sich in zugeordneten Hauptrissen auch konstruktiv umsetzen, wie anhand der unteren Abbildung
an einem konkreten Beispiel einer durch drei Punkte A, B und C festgelegten Ebene und
einer Ermittlung eines ihrer Normalvektoren demonstriert wird. Im Folgenden werden wir
tiefer in diese Konstruktion eindringen und daraus zu einer weiteren Herleitung der Koordinatendarstellung des Vektoriellen Produkts gelangen:

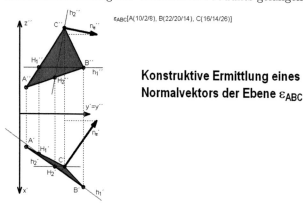

Konstruktive Ermittlung eines Normalvektors der Ebene ε_{ABC}

Da nach dem Satz vom
rechten Winkel nur die
ersten bzw. zweiten Hauptgeraden einer Ebene auch
im Grund- bzw. Aufriss auf
den Grund- bzw. Aufriss
jedes Normalvektors orthogonal stehen, erfordert dies
zunächst die Konstruktion
des Grundrisses h_1' einer
ersten Hauptgerade von ε.
Dazu machen wir uns die
offenkundige Eigenschaft erster Hauptgeraden zunutze,
derzufolge deren Aufrisse parallel zur y–Achse verlaufen, weshalb wir den Aufriss h_1'' der
ersten Hauptgerade durch B ganz einfach einzeichnen können, und zwar gleich inkl. dem
Schnittpunkt H_1'' von h_1'' mit $g_{A''C''}$. Der Aufriss von h_1 durch B geht also auch durch
den Aufriss eines entsprechenden Punkts H_1 auf g_{AC}, von dem wir somit nur noch den
zugehörigen Grundriss H_1' zu ermitteln haben, den wir einfach durch die Ordnerbedingung
erhalten. Dadurch können wir den Grundriss h_1' der ersten Hauptgerade h_1 durch B einfach
als Trägergerade von B' und H_1' konstruieren und erhalten dann den Grundriss eines
Normalvektors, indem wir (z.B. - wie in der Abbildung - durch C) eine Normale auf h_1'
einzeichnen. Entsprechend wird verfahren, um den Aufriss h_2'' einer zweiten Hauptgeraden
(in der Abbildung durch C) zu erhalten.

Nun verwenden wir die obig illustrierte und soeben beschriebene Vorgehensweise[15], um

---

[15]Man bezeichnet diese Methode (von H_1'' zu H_1' bzw. von H_2' zu H_2'' zu gelangen) auch als "**Angittern
eines Punkts**".

allgemein bei Vorgabe zweier Stellungsvektoren $\vec{a} = \begin{pmatrix} x_1 \\ y_1 \\ z_1 \end{pmatrix}$ und $\vec{b} = \begin{pmatrix} x_2 \\ y_2 \\ z_2 \end{pmatrix}$ einer

Ebene ε einen Normalvektor zu ermitteln, wozu wir vom zugehörigen Dreieck ΔABC mit den Eckpunktem $A(0|0|0)$, $B(x_1|y_1|z_1)$ und $C(x_2|y_2|z_2)$ ausgehen und zunächst mit der Ermittlung von h_1' durch B' beginnen.[16]

h_1'' liegt parallel zur $y-$Achse, womit $H_1''(0|y|z_1)$ gilt. Um die fehlende $y-$Koordinate zu berechnen, stellen wir eine Gleichung von $g_{A''C''}$ auf:

$$\overrightarrow{A''C''} = \begin{pmatrix} 0 \\ y_2 \\ z_2 \end{pmatrix} \perp \begin{pmatrix} 0 \\ z_2 \\ -y_2 \end{pmatrix} \quad \Rightarrow \quad g_{A''C''} : z_2 y - y_2 z = 0$$

$$H_1'' \in g_{A''C''} \Rightarrow z_2 y - y_2 z_1 = 0 \Rightarrow y = \frac{y_2 z_1}{z_2} \Rightarrow \boxed{H_1'' \left(0 \left| \frac{y_2 z_1}{z_2} \right| z_1 \right)}$$

Nun gehen wir zum Grundriss über, wo zunächst $H_1' \left(x \left| \frac{y_2 z_1}{z_2} \right| 0 \right)$ gilt. Um die fehlende $x-$Koordinate zu berechnen, stellen wir eine Gleichung von $g_{A'C'}$ auf:

$$\overrightarrow{A'C'} = \begin{pmatrix} x_2 \\ y_2 \\ 0 \end{pmatrix} \perp \begin{pmatrix} y_2 \\ -x_2 \\ 0 \end{pmatrix} \quad \Rightarrow \quad g_{A'C'} : y_2 x - x_2 y = 0$$

$$H_1' \in g_{A'C'} \Rightarrow y_2 x - \frac{x_2 y_2 z_1}{z_2} = 0 \Rightarrow x = \frac{x_2 z_1}{z_2} \Rightarrow \boxed{H_1' \left(\frac{x_2 z_1}{z_2} \left| \frac{y_2 z_1}{z_2} \right| 0 \right)}$$

Mit $\overrightarrow{B'H_1'} = \dfrac{1}{z_2} \begin{pmatrix} x_2 z_1 - x_1 z_2 \\ y_2 z_1 - y_1 z_2 \\ 0 \end{pmatrix}$ erhalten wir dann einen Richtungsvektor von h_1', welcher

aufgrund des Satzes vom rechten Winkel auf den Grundriss jedes Normalvektors von ε normal steht, ergo:

$$\overrightarrow{n_\varepsilon'} \parallel \begin{pmatrix} y_1 z_2 - z_1 y_2 \\ -(x_1 z_2 - x_2 z_1) \\ 0 \end{pmatrix}$$

Jetzt dasselbe für eine zweite Hauptgerade h_2 durch C, wozu wir nun vom Grundriss ausgehen: h_2' liegt parallel zur $y-$Achse, womit $H_2'(x_2|y|0)$ gilt. Um die fehlende $y-$Koordinate zu berechnen, stellen wir eine Gleichung von $g_{A'B'}$ auf:

$$\overrightarrow{A'B'} = \begin{pmatrix} x_1 \ y_1 \\ 0 \end{pmatrix} \perp \begin{pmatrix} y_1 \\ -x_1 \\ 0 \end{pmatrix} \quad \Rightarrow \quad g_{A'B'} : y_1 x - x_1 y = 0$$

$$H_2' \in g_{A'B'} \Rightarrow y_1 x_2 - x_1 y = 0 \Rightarrow y = \frac{x_2 y_1}{x_1} \Rightarrow \boxed{H_2' \left(x_2 \left| \frac{x_2 y_1}{x_1} \right| 0 \right)}$$

---

[16]Dass wir A in den Ursprung legen, schränkt die Allgemeinheit nicht ein, da jede nicht durch den Ursprung gehende Ebene durch Parallelverschiebung längs eines Normalvektors in eine derartige Lage gebracht werden kann, was aber an der Normalenrichtung der Ebene nichts ändert.

Nun gehen wir zum Aufriss über, wo zunächst $H_2'' \left(0 \left| \frac{x_2 y_1}{x_1} \right| z\right)$ gilt. Um die fehlende z−Koordinate zu berechnen, stellen wir eine Gleichung von $g_{A''B''}$ auf:

$$\overrightarrow{A''B''} = \begin{pmatrix} 0 \\ y_1 \\ z_1 \end{pmatrix} \perp \begin{pmatrix} 0 \\ z_1 \\ -y_1 \end{pmatrix} \quad \Rightarrow \quad g_{A''B''} : z_1 y - y_1 z = 0$$

$$H_2'' \in g_{A''B''} \Rightarrow \frac{x_2 y_1 z_1}{x_1} - y_1 z = 0 \Rightarrow z = \frac{x_2 z_1}{x_1} \Rightarrow \boxed{H_2'' \left(0 \left| \frac{x_2 y_1}{x_1} \right| \frac{x_2 z_1}{x_1} \right)}$$

Mit $\overrightarrow{C''H_2''} = \dfrac{1}{x_1} \begin{pmatrix} 0 \\ y_1 x_2 - x_1 y_2 \\ z_1 x_2 - x_1 z_2 \\ 0 \end{pmatrix}$ erhalten wir dann einen Richtungsvektor von h_2'', wel-

cher aufgrund des Satzes vom rechten Winkel auf den Aufriss jedes Normalvektors von ε normal steht, ergo:

$$\overrightarrow{n_\varepsilon}'' \parallel \begin{pmatrix} 0 \\ -(x_1 z_2 - x_2 z_1) \\ x_1 y_2 - y_1 x_2 \end{pmatrix}$$

Zusammen mit dem vorher erhaltenen Resultat $\overrightarrow{n_\varepsilon}' \parallel \begin{pmatrix} y_1 z_2 - z_1 y_2 \\ -(x_1 z_2 - x_2 z_1) \\ 0 \end{pmatrix}$ ergibt

sich somit via $\begin{pmatrix} y_1 z_2 - z_1 y_2 \\ -(x_1 z_2 - x_2 z_1) \\ x_1 y_2 - y_1 x_2 \end{pmatrix}$ das sogenannte vektorielle Produkt der Vektoren

$\overrightarrow{a} = \begin{pmatrix} x_1 \\ y_1 \\ z_1 \end{pmatrix}$ und $\overrightarrow{b} = \begin{pmatrix} x_2 \\ y_2 \\ z_2 \end{pmatrix}$, was abschließend zur folgenden fundamentalen De-

finition führt:

| DEFINITION. | Unter dem **Vektoriellen Produkt** $\overrightarrow{a} \times \overrightarrow{b}$ der Vektoren

$\overrightarrow{a} = \begin{pmatrix} x_1 \\ y_1 \\ z_1 \end{pmatrix}$ und $\overrightarrow{b} = \begin{pmatrix} x_2 \\ y_2 \\ z_2 \end{pmatrix}$ versteht man den via $\overrightarrow{a} \times \overrightarrow{b} := \begin{pmatrix} y_1 z_2 - z_1 y_2 \\ -(x_1 z_2 - x_2 z_1) \\ x_1 y_2 - y_1 x_2 \end{pmatrix}$

definierten Vektor bzw. in Determinantenschreibweise:

$$\begin{pmatrix} x_1 \\ y_1 \\ z_1 \end{pmatrix} \times \begin{pmatrix} x_2 \\ y_2 \\ z_2 \end{pmatrix} := \begin{pmatrix} \det \begin{pmatrix} y_1 & y_2 \\ z_1 & z_2 \end{pmatrix} \\ -\det \begin{pmatrix} x_1 & x_2 \\ z_1 & z_2 \end{pmatrix} \\ \det \begin{pmatrix} x_1 & x_2 \\ y_1 & y_2 \end{pmatrix} \end{pmatrix},$$

welcher sowohl auf $\overrightarrow{a}$ als auch auf $\overrightarrow{b}$ orthogonal steht.

2.2.3 Ein dritter Zugang über Parameterelimination

Ausgehend von der im vorletzten Abschnitt eingeführten Parameterdarstellung

$$\varepsilon : X = \begin{pmatrix} x \\ y \\ z \end{pmatrix} = \begin{pmatrix} x_P \\ y_P \\ z_P \end{pmatrix} + \lambda \cdot \begin{pmatrix} x_1 \\ y_1 \\ z_1 \end{pmatrix} + \mu \cdot \begin{pmatrix} x_2 \\ y_2 \\ z_2 \end{pmatrix} \quad (*)$$

einer Ebene ε durch den Punkt $P(x_P|y_P|z_P)$ mit den Stellungsvektoren $\vec{a} = \begin{pmatrix} x_1 \\ y_1 \\ z_1 \end{pmatrix}$

und $\vec{b} = \begin{pmatrix} x_2 \\ y_2 \\ z_2 \end{pmatrix}$ wandeln wir $(*)$ durch schrittweise Elimination der Parameter λ und

μ in eine parameterfreie Form um:

$$\left\{ \begin{array}{ll} \text{I.} & x = x_P + x_1 \cdot \lambda + x_2 \cdot \mu \\ \text{II.} & y = y_P + y_1 \cdot \lambda + y_2 \cdot \mu \\ \text{III.} & z = z_P + z_1 \cdot \lambda + z_2 \cdot \mu \end{array} \right\}$$

IV.: $y_1 \cdot$ I. $- x_1 \cdot$ II. bzw. V.:$= z_1 \cdot$ II. $- y_1 \cdot$ III. liefert

$$\left\{ \begin{array}{ll} \text{IV.} & y_1 x - x_1 y = y_1 x_P - x_1 y_P + (y_1 x_2 - x_1 y_2) \cdot \mu \\ \text{V.} & z_1 y - y_1 z = z_1 y_P - y_1 z_P + (z_1 y_2 - y_1 z_2) \cdot \mu \end{array} \right\},$$

womit λ eliminiert wäre. Zwecks Eliminierung von μ bilden wir
VI.: $(y_1 z_2 - z_1 y_2) \cdot$ IV. $+ (y_1 x_2 - x_1 y_2) \cdot$ V. und erhalten dadurch

VI. $y_1(y_1 z_2 - z_1 y_2)(x - x_P) - x_1(y_1 z_2 - z_1 y_2)(y - y_P) + z_1(y_1 x_2 - x_1 y_2)(y - y_P) - y_1(y_1 x_2 - x_1 y_2)(z - z_P) = 0$

bzw.

VI. $y_1(y_1 z_2 - z_1 y_2)(x - x_P) + \underbrace{(-x_1 y_1 z_2 + x_1 z_1 y_2 + y_1 z_1 x_2 - x_1 z_1 y_2)}_{-y_1(x_1 z_2 - z_1 x_2)}(y - y_P) y + y_1(x_1 y_2 - y_1 x_2)(z - z_P) = 0,$

also nach Division durch y_1 (was $y_1 \neq 0$ voraussetzt!)[17] mit

$$\varepsilon : \begin{pmatrix} \det \begin{pmatrix} y_1 & y_2 \\ z_1 & z_2 \end{pmatrix} \\ -\det \begin{pmatrix} x_1 & x_2 \\ z_1 & z_2 \end{pmatrix} \\ \det \begin{pmatrix} x_1 & x_2 \\ y_1 & y_2 \end{pmatrix} \end{pmatrix} \cdot \left[\begin{pmatrix} x \\ y \\ z \end{pmatrix} - \begin{pmatrix} x_P \\ y_P \\ z_P \end{pmatrix} \right] = 0 \quad (\#)$$

---

[17]Hierbei ist zu beachten, dass wir nur deshalb auf die Forderung $y_1 \neq 0$ geführt wurden, weil wir im

ersten Eliminationsschritt den Parameter λ eliminiert haben, der mit dem Stellungsvektor $\vec{a} = \begin{pmatrix} x_1 \\ y_1 \\ z_1 \end{pmatrix}$

zusammenhängt und überdies die $y-Zeile$ II. zweimal verwendet haben. Hätten wir stattdessen zweimal I.
bzw. III. verwendet, wären wir (Es bleibt dem L$\overset{e}{\ddot{o}}$ser überlassen, dies nachzuweisen!) auf die Bedingung
$x_1 \neq 0$ bzw. $z_1 \neq 0$ (bzw. - wenn wir im ersten Schritt μ eliminert hätten - $x_2 \neq 0$, $y_2 \neq 0$ oder $z_1 \neq 0$)
gestoßen und wären aber ebenso zur folgenden parameterfreien Gleichung von ε gelangt!

eine parameterfreie Gleichung von ε. Kürzen wir den ersten "Faktorvektor" des skalaren Produkts auf der linken Seite von (#) mit $\vec{n_\varepsilon}$ ab, so lässt sich (#) auch in der Form

$$\varepsilon : \vec{n_\varepsilon} \cdot (X - P) = 0 \quad \text{bzw.} \quad \varepsilon : \vec{n_\varepsilon} \cdot X = \vec{n_\varepsilon} \cdot P \ (1) \quad \text{bzw.} \quad \varepsilon : \vec{n_\varepsilon} \cdot \overrightarrow{PX} = 0 \ (2)$$

schreiben.

(2) kann man aufgrund des Orthogonalitätskriteriums so interpretieren, dass für jeden in ε liegenden Punkt X der Vektor $\overrightarrow{PX}$ auf den Vektor $\vec{n_\varepsilon}$ normal steht. Da es sich bei $\overrightarrow{PX}$ stets um einen Stellungsvektor von ε handelt, ist für $\vec{n_\varepsilon}$ somit die Bezeichnung *Normalvektor von ε* angebracht, welcher insbesondere auf die Stellungsvektoren $\vec{a}$ und $\vec{b}$ normal steht, weshalb wir definieren:

$\boxed{\text{DEFINITION.}}$ Unter dem **Vektoriellen Produkt** $\vec{a} \times \vec{b}$ der Vektoren

$$\vec{a} = \begin{pmatrix} x_1 \\ y_1 \\ z_1 \end{pmatrix} \quad \text{und} \quad \vec{b} = \begin{pmatrix} x_2 \\ y_2 \\ z_2 \end{pmatrix} \quad \text{versteht man den via} \quad \vec{a} \times \vec{b} := \begin{pmatrix} y_1 z_2 - z_1 y_2 \\ -(x_1 z_2 - x_2 z_1) \\ x_1 y_2 - y_1 x_2 \end{pmatrix}$$

definierten Vektor bzw. in Determinantenschreibweise:

$$\begin{pmatrix} x_1 \\ y_1 \\ z_1 \end{pmatrix} \times \begin{pmatrix} x_2 \\ y_2 \\ z_2 \end{pmatrix} := \begin{pmatrix} \det \begin{pmatrix} y_1 & y_2 \\ z_1 & z_2 \end{pmatrix} \\ -\det \begin{pmatrix} x_1 & x_2 \\ z_1 & z_2 \end{pmatrix} \\ \det \begin{pmatrix} x_1 & x_2 \\ y_1 & y_2 \end{pmatrix} \end{pmatrix},$$

welcher sowohl auf $\vec{a}$ als auch auf $\vec{b}$ orthogonal steht.

Aus (1) ergibt sich der sogenannte

$\boxed{\text{SATZ (Normalvektorsatz).}}$ Ist P ein Punkt einer Ebene ε mit dem Normalvektor $\vec{n_\varepsilon}$, so gilt für jeden Punkt X in ε die Gleichung $\varepsilon : \vec{n_\varepsilon} \cdot X = \vec{n_\varepsilon} \cdot P$ ("Normalvektorform").

2.2.4   Ein vierter Zugang über den Schnitt zweier Ebenen

Jetzt überlegen wir uns durch eine ganz simple Idee und deren analytische Umsetzung einen weiteren Weg zum vektoriellen Produkt:

Dazu gehen wir von zwei Ebenen ε_1 und ε_2 mit den Normalvektoren $\vec{n_1} = \begin{pmatrix} x_1 \\ y_1 \\ z_1 \end{pmatrix}$

und $\vec{n_2} = \begin{pmatrix} x_2 \\ y_2 \\ z_2 \end{pmatrix}$ aus und konstatieren, dass jeder Richtungsvektor der Schnittgerade s

der beiden Ebenen auch ein Stellungsvektor von jeder der beiden Ebenen ist und somit sowohl auf $\vec{n_1}$ als auch auf $\vec{n_2}$ normal steht. Dies liefert uns daher eine Methode, um zu zwei vorgegebenen Vektoren des $\mathbb{R}^3$ einen dritten Vektor zu ermitteln, der auf beide Ausgangsvektoren normal steht:

Man interpretiert die beiden Vektoren als Normalvektoren zweier Ebenen, ermittelt zwei Punkte auf der Schnittgerade s und erhält dadurch einen Richtungsvektor von s, der das Gewünschte leistet. Jene beiden Punkte können wir an und für sich beliebig wählen, weshalb wir dazu zwei der drei *Spurpunkte* von s (Das sind die Schnittpunkte von s mit den Koordinatenebenen.) verwenden, wozu wir in den beiden Ebenengleichungen

$$\varepsilon_1:\ x_1 x + y_1 y + z_1 z = d_1 \ \text{ und }\ \varepsilon_2:\ x_2 x + y_2 y + z_2 z = d_2$$

für den jeweiligen Spurpunkt die entsprechende Koordinate Null setzen:

Für den Spurpunkt $S_1(x|y|0)$ gilt demnach

$$\left\{ \begin{array}{l} x_1 x + y_1 y = d_1 \\ x_2 x + y_2 y = d_2 \end{array} \right\} \quad \text{bzw.} \quad \begin{pmatrix} x_1 & y_1 \\ x_2 & y_2 \end{pmatrix} \cdot \begin{pmatrix} x \\ y \end{pmatrix} = \begin{pmatrix} d_1 \\ d_2 \end{pmatrix},$$

wofür wir durch Anwendung der CRAMERschen Regel

$$(x|y) = \left(\frac{d_1 y_2 - d_2 y_1}{x_1 y_2 - x_2 y_1} \ \middle| \ \frac{d_2 x_1 - d_1 x_2}{x_1 y_2 - x_2 y_1} \right) \quad \text{und somit}\quad S_1\left(\frac{d_1 y_2 - d_2 y_1}{x_1 y_2 - x_2 y_1} \ \middle| \ \frac{d_2 x_1 - d_1 x_2}{x_1 y_2 - x_2 y_1} \ \middle| \ 0 \right)$$

erhalten.

Analog errechnet sich $S_2(0|y|z)$ via

$$\left\{ \begin{array}{l} y_1 y + z_1 z = d_1 \\ y_2 y + z_2 z = d_2 \end{array} \right\} \quad \text{bzw.} \quad \begin{pmatrix} y_1 & z_1 \\ y_2 & z_2 \end{pmatrix} \cdot \begin{pmatrix} y \\ z \end{pmatrix} = \begin{pmatrix} d_1 \\ d_2 \end{pmatrix}$$

zu

$$S_2\left(0 \ \middle| \ \frac{d_1 z_2 - d_2 z_1}{y_1 z_2 - y_2 z_1} \ \middle| \ \frac{d_2 y_1 - d_1 y_2}{y_1 z_2 - y_2 z_1} \right),$$

woraus sich insgesamt

$$\overrightarrow{S_1 S_2} = \frac{1}{(x_1 y_2 - x_2 y_1)\cdot(y_1 z_2 - y_2 z_1)} \cdot \begin{pmatrix} (d_2 y_1 - d_1 y_2)\cdot(y_1 z_2 - y_2 z_1) \\ (d_1 z_2 - d_2 z_1)\cdot(x_1 y_2 - x_2 y_1) + (d_1 x_2 - d_2 x_1)\cdot(y_1 z_2 - y_2 z_1) \\ (d_2 y_1 - d_1 y_2)\cdot(x_1 y_2 - x_2 y_1) \end{pmatrix}$$

bzw.

$$\overrightarrow{S_1 S_2} \ \| \ \begin{pmatrix} (d_2 y_1 - d_1 y_2)\cdot(y_1 z_2 - y_2 z_1) \\ d_1 \cdot(x_1 y_2 z_2 - \underaccent{\sim}{x_2 y_1 z_2} + \underaccent{\sim}{x_2 y_1 z_2} - x_2 y_2 z_1) - d_2 \cdot(\underaccent{\sim}{x_1 y_2 z_1} - x_2 y_1 z_1 + x_1 y_1 z_2 - \underaccent{\sim}{x_1 y_2 z_1}) \\ (d_2 y_1 - d_1 y_2)\cdot(x_1 y_2 - x_2 y_1) \end{pmatrix} =$$

$$= \begin{pmatrix} (d_2 y_1 - d_1 y_2)\cdot(y_1 z_2 - y_2 z_1) \\ d_1 y_2 \cdot(x_1 z_2 - x_2 z_1) - d_2 y_1 \cdot(x_1 z_2 - x_2 z_1) \\ (d_2 y_1 - d_1 y_2)\cdot(x_1 y_2 - x_2 y_1) \end{pmatrix} = (d_2 y_1 - d_1 y_2)\cdot \begin{pmatrix} y_1 z_2 - y_2 z_1 \\ -(x_1 z_2 - x_2 z_1) \\ x_1 y_2 - x_2 y_1 \end{pmatrix},$$

ergo

$$\overrightarrow{S_1 S_2} \ \| \ \begin{pmatrix} y_1 z_2 - y_2 z_1 \\ -(x_1 z_2 - x_2 z_1) \\ x_1 y_2 - x_2 y_1 \end{pmatrix}$$

ergibt, womit wir ein weiteres Mal das vektorielle Produkt erhalten hätten.

2.2.5   Ein fünfter Zugang, nochmals über den Schnitt zweier Ebenen

In gewisser Weise (bzw. teilweise) als Umkehrung des dritten Zugangs, ermitteln wir die Schnittgerade der Ebenen (die wir wie schon im zweiten Zugang o.B.d.A. beide durch den Ursprung gelegt haben)

$$\varepsilon_1: \ x_1 x + y_1 y + z_1 z = 0 \ \text{ und } \ \varepsilon_2: \ x_2 x + y_2 y + z_2 z = 0$$

dadurch, dass wir eine der beiden Ebenen (Wir wählen ε_1.)[18] in eine[19] Parameterdarstellung umwandeln, indem wir der Einfachheit halber zwei der möglichen drei Hauptvektoren als Stellungsvektoren verwenden [20]:

$$\varepsilon_1: \ X = \lambda \cdot \begin{pmatrix} y_1 \\ -x_1 \\ 0 \end{pmatrix} + \mu \cdot \begin{pmatrix} 0 \\ z_1 \\ -y_1 \end{pmatrix}$$

Das *Schnittobjekt*[21] $\varepsilon_1 \cap \varepsilon_2$ lässt sich jetzt analytisch dadurch beschreiben, dass die Koordinatenzeilen der Parameterdarstellung von ε_1 in die parameterfreie Form von ε_2 eingesetzt werden:

$$\varepsilon_1 \cap \varepsilon_2: \ x_2 y_1 \lambda - x_1 y_2 \lambda + y_2 z_1 \mu - y_1 z_2 \mu = 0 \ \Rightarrow \ (x_2 y_1 - x_1 y_2) \cdot \lambda = (y_1 z_2 - y_2 z_1) \cdot \mu \ (*)$$

Daraus ergibt sich für λ und μ die Lösungsmenge

$$\begin{pmatrix} \lambda \\ \mu \end{pmatrix} = t \cdot \begin{pmatrix} y_1 z_2 - y_2 z_1 \\ x_2 y_1 - x_1 y_2 \end{pmatrix}, \ t \in \mathbb{R},$$

was eingesetzt in die Normalvektorform von ε_2 auf die folgende analytische Beschreibung des Schnittobjekts $\varepsilon_1 \cap \varepsilon_2$ führt:

$$\varepsilon_1 \cap \varepsilon_2: \ X = t \cdot \begin{pmatrix} y_1(y_1 z_2 - y_2 z_1) \\ -x_1 y_1 z_2 + x_1 y_2 z_1 + x_2 y_1 z_1 - x_1 y_2 z_1 \\ y_1(x_1 y_2 - x_2 y_1) \end{pmatrix} \ \text{bzw. } X = t \cdot y_1 \cdot \begin{pmatrix} y_1 z_2 - y_2 z_1 \\ -(x_1 z_2 - x_2 z_1) \\ x_1 y_2 - x_2 y_1 \end{pmatrix}$$

Dies lässt nun erstmals ohne Verwendung anschaulich "fundierter" Sachverhalte rein analytisch erkennen, dass es sich beim Schnittobjekt $\varepsilon_1 \cap \varepsilon_2$ um eine ebenso (wie ε_1 und ε_2) durch den Koordinatenursprung verlaufende Gerade s mit dem Richtungsvektor

$$\vec{r_s} = \begin{pmatrix} y_1 z_2 - y_2 z_1 \\ -(x_1 z_2 - x_2 z_1) \\ x_1 y_2 - x_2 y_1 \end{pmatrix}$$

handelt, was uns ein fünftes Mal auf das vektorielle Produkt führt.

---

[18]Der werte L$\overset{e}{\ddot{o}}$ser führe dies zur Übung stattdessen mit ε_2 durch!

[19]Man beachte den unbestimmten Artikel!

[20]Der werte L$\overset{e}{\ddot{o}}$ser möge auch andere Kombinationen durchgehen!

[21]Wir bezeichnen *dieses* bewusst **nicht** als Schnittgerade, weil sich bei diesem Zugang nämlich ein **Beweis** dafür ergibt, dass zwei Ebenen einander längs einer Geraden schneiden, was ja "nur" anschaulich evident ist (und im vierten Zugang entsprechend verwendet wurde), womit sich nunmehr sozusagen eine Lücke schließt.

2.2.6 Ein sechster Zugang, erneut über den Schnitt zweier Ebenen

Dieser aus vagen Andeutungen bestehende Abschnitt soll den werten L $\overset{e}{\underset{\ddot{o}}{}}$ ser
dazu animieren, in ähnlicher Weise wie im vorherigen Abschnitt vorzugehen:

$$\varepsilon_1:\ x_1x + y_1y + z_1z = 0 \ \text{ und } \ \varepsilon_2:\ x_2x + y_2y + z_2z = 0$$

$\Downarrow$

$$\varepsilon_1:\ X = \lambda\cdot\begin{pmatrix} y_1 \\ -x_1 \\ 0 \end{pmatrix} + \mu\cdot\begin{pmatrix} 0 \\ z_1 \\ -y_1 \end{pmatrix},\quad \varepsilon_2:\ X = \sigma\cdot\begin{pmatrix} y_2 \\ -x_2 \\ 0 \end{pmatrix} + \tau\cdot\begin{pmatrix} 0 \\ z_2 \\ -y_2 \end{pmatrix}$$

$\Downarrow$

$$\varepsilon_1 \cap \varepsilon_2:\ \left\{\begin{array}{lll} \text{I.} & y_1\lambda \qquad\quad - y_2\sigma & = 0 \\ \text{II.} & -x_1\lambda + z_1\mu + x_2\sigma - z_2\tau & = 0 \\ \text{III.} & \qquad\quad - y_1\mu \qquad\quad + y_2\tau & = 0 \end{array}\right\}$$

$$\text{IV.} := x_2\cdot\text{I.} + y_2\cdot\text{II.},\ \ \text{V.} := z_2\cdot\text{III.}$$

$$\Rightarrow\ \ \text{VI.} := \text{IV.} + \text{V. führt auf die Gleichung } (*) \text{ aus dem letzten Abschnitt.}$$

2.2.7 Ein siebenter Zugang über Normalprojektionen

Jetzt wollen wir uns zunächst(!) **nicht** die Frage nach einem gemeinsamen Normalvektor
zweier Vektoren $\overrightarrow{v_1} = \begin{pmatrix} x_1 \\ y_1 \\ z_1 \end{pmatrix}$ und $\overrightarrow{v_2} = \begin{pmatrix} x_2 \\ y_2 \\ z_2 \end{pmatrix}$ stellen, sondern interessieren uns für
den Flächeninhalt $\mathcal{F}$ des von $\overrightarrow{v_1}$ und $\overrightarrow{v_2}$ aufgespannten Parallelogramms. Was wir darüber
aufgrund der Flächeninhaltsformel für von $2D-$Vektoren aufgespannten Parallelogram-
men bereits aussagen können, ist, dass der Flächeninhalt

$$\left\{\begin{array}{l} \mathcal{F}' \\ \mathcal{F}'' \\ \mathcal{F}''' \end{array}\right\} \text{ des } \left\{\begin{array}{l} \text{Grundrisses} \\ \text{Aufrisses} \\ \text{Kreuzrisses} \end{array}\right\} \text{ dieses Parallelogramms}$$

via

$$\left\{\begin{array}{l} \mathcal{F}' = \left|\det\begin{pmatrix} x_1 & x_2 \\ y_1 & y_2 \end{pmatrix}\right| \\[2mm] \mathcal{F}'' = \left|\det\begin{pmatrix} y_1 & y_2 \\ z_1 & z_2 \end{pmatrix}\right| \\[2mm] \mathcal{F}''' = \left|\det\begin{pmatrix} x_1 & x_2 \\ z_1 & z_2 \end{pmatrix}\right| \end{array}\right\}$$

berechnet werden kann (vgl. Abschnitt 2.1.1, wo dies für Dreiecke, ergo halbe Parallelogramme gezeigt wurde).

Beachten wir jetzt ferner den Flächenprojektionssatz (vgl. Abschnitt 2.17) und wenden
ihn auf ein in der Ebene ε mit der Gleichung $\varepsilon:\ ax + by + cz = d$ (wobei wir o.B.d.A.
$a^2 + b^2 + c^2 = 1$ voraussetzen, d.h. von einem normierten Normalvektor von ε ausgehen)

liegendes Parallelogramm und die drei Koordinatenebenen an, so ergibt sich wegen $\overrightarrow{n_{\pi_1}} = (0|0|1)$, $\overrightarrow{n_\varepsilon} = (a|b|c)$ und

$$\cos\varphi_1 = \frac{(0|0|1)\cdot(a|b|c)}{|(0|0|1)|\cdot|(a|b|c)|} = c \quad [\text{wobei } \varphi_1 := \measuredangle(\varepsilon,\pi_1)]$$

somit $\mathcal{F}'^2 = c^2\cdot\mathcal{F}^2$, entsprechend $\mathcal{F}''^2 = a^2\cdot\mathcal{F}^2$ und schließlich $\mathcal{F}'''^2 = b^2\cdot\mathcal{F}^2$, also insgesamt $\mathcal{F}'^2 + \mathcal{F}''^2 + \mathcal{F}'''^2 = \underbrace{(a^2+b^2+c^2)}_{1}\cdot\mathcal{F}^2 = \mathcal{F}^2$, was sich auch in der Form

$$\mathcal{F} = \left|\left|\begin{pmatrix} \pm\det\begin{pmatrix} y_1 & y_2 \\ z_1 & z_2 \end{pmatrix} \\ \pm\det\begin{pmatrix} x_1 & x_2 \\ z_1 & z_2 \end{pmatrix} \\ \pm\det\begin{pmatrix} x_1 & x_2 \\ y_1 & y_2 \end{pmatrix} \end{pmatrix}\right|\right|$$

anschreiben lässt.

Berechnen wir nun für diese acht möglichen Vektoren, deren Beträge jeweils $\mathcal{F}$ liefern, die entsprechenden Skalarprodukte mit dem Vektor $\overrightarrow{v_1}$ bzw. $\overrightarrow{v_2}$ (wobei wir $(ijk) := x_iy_jz_k$ setzen), so ergibt sich

$$\pm[(112)-(121)]\pm[(112)-(211)]\pm[(121)-(211)] \text{ bzw. } \pm[(212)-(221)]\pm[(122)-(221)]\pm[(122)-(212)],$$

was für die Vorzeichenkombination $+-+$ (wie auch $-+-$) jeweils auf 0 führt und somit über die gewünschte Flächeninhaltsformel hinaus wiederum das vektorielle Produkt liefert, $\square$.

2.2.8 Ein achter Zugang, wieder über Normalprojektionen

Betrachten wir im $\mathbb{R}^3$ eine Gerade g durch den Ursprung mit dem Richtungsvektor $(a|b|c)$, so lassen sich g und ihre Hauptrisse g', g'' und g''' via

$$g : X = \begin{pmatrix} x \\ y \\ z \end{pmatrix} = t\cdot\begin{pmatrix} a \\ b \\ c \end{pmatrix}, \; g' : X = \begin{pmatrix} x \\ y \end{pmatrix} = t\cdot\begin{pmatrix} a \\ b \end{pmatrix},$$

$$g'' : X = \begin{pmatrix} y \\ z \end{pmatrix} = t\cdot\begin{pmatrix} b \\ c \end{pmatrix} \text{ und } g''' : X = \begin{pmatrix} x \\ z \end{pmatrix} = t\cdot\begin{pmatrix} a \\ c \end{pmatrix}$$

bzw. im Fall der Hauptrisse in den jeweiligen Koordinatenebenen durch

$$g' : -bx + ay = 0, \; g'' : -cy + bz = 0 \text{ und } g''' : cx - az = 0$$

beschreiben.[22] Nun kann man die letzten drei Normalvektorformen (die sich wie schon betont auf die entsprechenden Koordinatenebenen beschränken) auch als Gleichungen

---

[22]Dabei wurden die $2D-$Normalvektoren der entsprechenden Hauptrisse immer entgegengesetzt der zum Riss orthogonalen positiv orientierten Koordinatenachse betrachtet um $90°$ gegen den Uhrzeigersinn gedreht, wie an den letzten drei Gleichungen deutlich zu erkennen ist und sich der werte L$\overset{e}{\ddot{o}}$ser am besten selbst anhand einer Skizze eines dreidimensionalen cartesischen Koordinatensystems (wie etwa in Abbildung 1 von Abschnitt 2.1.3) klarmacht.

erst-, zweit- bzw. drittprojizierender Ebenen im Raum (Das sind Ebenen, die jeweils normal auf eine Koordinatenebene stehen.) interpretieren, welche einander eben gerade in g schneiden, also ein sogenanntes *Ebenenbüschel* bilden (was man auch daran erkennt, dass $c \cdot g' + a \cdot g'' + b \cdot g''' = 0$ gilt!). Um diese drei Gleichungen in einer Vektorgleichung zu vereinigen, gehen wir zur Schreibweise

$$g : \begin{pmatrix} -cy + bz \\ cx - az \\ -bx + ay \end{pmatrix} = \begin{pmatrix} 0 \\ 0 \\ 0 \end{pmatrix}$$

über, welche wir analog zur formalisierten Schreibweise

$$\varepsilon : \overrightarrow{n_\varepsilon} \bullet X = 0 \ \text{ für } \ \varepsilon : \ ax + by + cz = 0 \ \text{ mit } \ \overrightarrow{n_\varepsilon} = (a|b|c) \ \text{ und } \ X = (x|y|z)$$

von Ebenengleichungen mittels **skalarem Produkt** ($\bullet$) nun in der Form
["Plücker-Form", nach dem deutschen Mathematiker Julius PLÜCKER $(1801 - 1868)$]

$$g : \begin{pmatrix} a \\ b \\ c \end{pmatrix} \times \begin{pmatrix} x \\ y \\ z \end{pmatrix} = \begin{pmatrix} 0 \\ 0 \\ 0 \end{pmatrix}$$

formalisieren, wobei das sogenannte **vektorielle Produkt** ($\times$) via

$$\times : \ \begin{pmatrix} x_1 \\ y_1 \\ z_1 \end{pmatrix}, \ \begin{pmatrix} x_2 \\ y_2 \\ z_2 \end{pmatrix} \ \mapsto \ \begin{pmatrix} y_1 z_2 - y_2 z_1 \\ -(x_1 z_2 - x_2 z_1) \\ x_1 y_2 - x_2 y_1 \end{pmatrix}$$

definiert ist und sich uns somit bereits das achte Mal zeigt.

2.2.9 Ein neunter Zugang via *innerer Geometrie*

Wie im siebenten Zugang stellen wir uns einmal mehr die Aufgabe, den Flächeninhalt jenes Parallelogramms zu berechnen, das von den Vektoren $\overrightarrow{v_1} = \begin{pmatrix} x_1 \\ y_1 \\ z_1 \end{pmatrix}$ und $\overrightarrow{v_2} = \begin{pmatrix} x_2 \\ y_2 \\ z_2 \end{pmatrix}$ aufgespannt wird. Diesmal jedoch, ohne aus der durch $\overrightarrow{v_1}$ und $\overrightarrow{v_2}$ aufgespannten Ebene herauszutreten, und zwar durch folgende Überlegung (siehe Abbildung!):

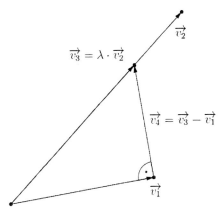

Für die in der Abbildung aus den Vektoren $\overrightarrow{v_1}$ und $\overrightarrow{v_2}$ abgeleiteten Vektoren $\overrightarrow{v_3}$ und $\overrightarrow{v_4}$ gilt $|\lambda \cdot \overrightarrow{v_2} - \overrightarrow{v_1}|^2 + |\overrightarrow{v_1}|^2 = |\lambda \cdot \overrightarrow{v_2}|^2$. Beachten wir ferner $|\mathfrak{r}|^2 = \mathfrak{r} \cdot \mathfrak{r}$ (wofür wir auch einfach $\mathfrak{r}^2$ schreiben), so ergibt sich $\lambda^2 \cdot \overrightarrow{v_2}^2 - 2\lambda \cdot \overrightarrow{v_1} \cdot \overrightarrow{v_2} + \overrightarrow{v_1}^2 + \overrightarrow{v_1}^2 = \lambda^2 \cdot \overrightarrow{v_2}^2$, woraus unmittelbar $\lambda = \dfrac{\overrightarrow{v_1}^2}{\overrightarrow{v_1} \cdot \overrightarrow{v_2}}$ folgt. Daraus resultiert für $\overrightarrow{v_5} := (\overrightarrow{v_1} \cdot \overrightarrow{v_2}) \cdot \overrightarrow{v_4}$ die Darstellung

$$\overrightarrow{v_5} = \begin{pmatrix} (x_1^2 + y_1^2 + z_1^2)x_2 - x_1(x_1 x_2 + y_1 y_2 + z_1 z_2) \\ (x_1^2 + y_1^2 + z_1^2)y_2 - y_1(x_1 x_2 + y_1 y_2 + z_1 z_2) \\ (x_1^2 + y_1^2 + z_1^2)z_2 - z_1(x_1 x_2 + y_1 y_2 + z_1 z_2) \end{pmatrix}$$

bzw. nach entsprechender Vereinfachung unter Verwendung der Abkürzungen n_1, n_2

und n_3 für $y_1z_2 - y_2z_1$, $x_2z_1 - x_1z_2$ und $x_1y_2 - x_2y_1$ das Resultat

$$\vec{v_4} = \frac{1}{\vec{v_1} \cdot \vec{v_2}} \cdot \begin{pmatrix} -n_3y_1 + n_2z_1 \\ n_3x_1 - n_1z_1 \\ -n_2x_1 + n_1y_1 \end{pmatrix}.$$

Wird dieser Vektor nun mit dem Faktor $\frac{1}{\lambda}$ kollinearisiert, so ist der Betrag des Vektors $\vec{v_6} = \frac{1}{\lambda} \cdot \vec{v_4}$ gleich jener Höhe des Parallelogramms, welche zur Seite mit der Länge $|\vec{v_1}|$ gehört, was für den gesuchten Flächeninhalt $\mathcal{F}$ vorläufig

$$\mathcal{F} = |\vec{v_1}| \cdot \frac{1}{\vec{v_1}^2} \cdot \left| \begin{pmatrix} -n_3y_1 + n_2z_1 \\ n_3x_1 - n_1z_1 \\ -n_2x_1 + n_1y_1 \end{pmatrix} \right| =$$

$$= \frac{1}{|\vec{v_1}|} \cdot \sqrt{n_3^2(x_1^2 + y_1^2) + n_2^2(x_1^2 + z_1^2) + n_1^2(y_1^2 + z_1^2) - 2(n_2n_3y_1z_1 + n_1n_3x_1z_1 + n_1n_2x_1y_1)} =$$

$$= \frac{1}{|\vec{v_1}|} \cdot \sqrt{(n_1^2 + n_2^2 + n_3^2)(x_1^2 + y_1^2 + z_1^2) - n_1^2x_1^2 - n_2^2y_1^2 - n_3^2z_1^2 - 2(n_2n_3y_1z_1 + n_1n_3x_1z_1 + n_1n_2x_1y_1)} =$$

impliziert.

Führen wir nun ferner noch den Vektor $\vec{n} = (n_1|n_2|n_3)$ ein, so rechnet man zum einen leicht nach, dass $\vec{n} \cdot \vec{v_1} = \vec{n} \cdot \vec{v_2} = 0$ gilt und vereinfacht sich $\mathcal{F}$ zu

$$\mathcal{F} = \frac{1}{|\vec{v_1}|} \cdot \sqrt{|\vec{n}|^2 \cdot |\vec{v_1}|^2 - \underbrace{\left(\vec{n} \cdot \vec{v_1} \right)}_{0}^2} = |\vec{n}|,$$

womit wir auf einen Schlag das vektorielle Produkt von $\vec{v_1}$ und $\vec{v_2}$ samt geometrischer Interpretation seines Betrags erhalten.

2.2.10   Ein zehnter Zugang via HERONscher Flächeninhaltsformel

Ausgehend von den Vektoren $\vec{v_1} = \begin{pmatrix} x_1 \\ y_1 \\ z_1 \end{pmatrix}$ und $\vec{v_2} = \begin{pmatrix} x_2 \\ y_2 \\ z_2 \end{pmatrix}$, welche ergänzt durch den

Vektor $\vec{v_3} = \vec{v_2} - \vec{v_1}$ die "Seitenvektoren" jenes Dreiecks bilden, welches schon alleine durch

$\vec{v_1}$ und $\vec{v_2}$ aufgespannt wird, erhalten wir wegen $\vec{v_3} = \begin{pmatrix} x_2 - x_1 \\ y_2 - y_1 \\ z_2 - z_1 \end{pmatrix}$ durch Anwendung

der HERONschen Flächeninhaltsformel

$$\mathcal{F} = \sqrt{s(s-a)(s-b)(s-c)} \ (*)$$

für ein Dreieck mit den Seitenlängen a, b und c sowie dem halben Umfang s zunächst wegen der Äquivalenz von $(*)$ zu

$$\mathcal{F} = \sqrt{\frac{a+b+c}{2} \cdot \frac{-a+b+c}{2} \cdot \frac{a-b+c}{2} \cdot \frac{a+b-c}{2}}$$

den Ansatz

$$\mathcal{F} = \frac{1}{4} \cdot \sqrt{(\sqrt{\alpha} + \sqrt{\beta} + \sqrt{\gamma}) \cdot (\sqrt{\alpha} + \sqrt{\beta} - \sqrt{\gamma}) \cdot (\sqrt{\gamma} + \sqrt{\beta} - \sqrt{\alpha}) \cdot [(\sqrt{\gamma} - (\sqrt{\beta} - \sqrt{\alpha})]},$$

wobei

$$\alpha = x_1^2 + y_1^2 + z_1^2, \ \beta = x_2^2 + y_2^2 + z_2^2 \text{ sowie } \gamma = (x_1 - x_2)^2 + (y_1 - y_2)^2 + (z_1 - z_2)^2 \ (**)$$

gilt.

Sukzessives Anwenden der dritten binomischen Formel führt auf

$$\mathcal{F} = \frac{1}{4} \cdot \sqrt{\left[\left(\sqrt{\alpha} + \sqrt{\beta}\right)^2 - \gamma\right] \cdot \left[\gamma - \left(\sqrt{\beta} - \sqrt{\alpha}\right)^2\right]} =$$

$$= \frac{1}{4} \cdot \sqrt{\left(2 \cdot \sqrt{\alpha\beta} + \alpha + \beta - \gamma\right) \cdot \left[2 \cdot \sqrt{\alpha\beta} - (\alpha + \beta - \gamma)\right]} = \frac{1}{4} \cdot \sqrt{4 \cdot \alpha \cdot \beta - (\alpha + \beta - \gamma)^2},$$

was durch Einsetzen von $(**)$ schließlich

$$\mathcal{F} = \frac{1}{4} \cdot \sqrt{4 \cdot (x_1^2 + y_1^2 + z_1^2) \cdot (x_2^2 + y_2^2 + z_2^2) - (2x_1x_2 + 2y_1y_2 + 2z_1z_2)^2} =$$

$$= \frac{1}{2} \cdot \sqrt{(x_1^2 + y_1^2 + z_1^2) \cdot (x_2^2 + y_2^2 + z_2^2) - (x_1x_2 + y_1y_2 + z_1z_2)^2} =$$

$$= \frac{1}{2} \cdot \sqrt{x_1^2(y_2^2 + z_2^2) + y_1^2(x_2^2 + z_2^2) + z_1^2(x_2^2 + y_2^2) - 2(x_1x_2y_1y_2 + y_1y_2z_1z_2 + x_1x_2z_1z_2)} =$$

$$= \frac{1}{2} \cdot \sqrt{(x_1y_2 - x_2y_1)^2 + (x_1z_2 - x_2z_1)^2 + (y_1z_2 - y_2z_1)^2}$$

ergibt.

Unter Verwendung des Vektors

$$\vec{v_4} = \begin{pmatrix} y_1z_2 - y_2z_1 \\ -(x_1z_2 - x_2z_1) \\ x_1y_2 - x_2y_1 \end{pmatrix}$$

stellt man nun leicht fest, dass $\vec{v_4} \cdot \vec{v_1} = \vec{v_4} \cdot \vec{v_2} = 0$ gilt, womit wir wiederum beim vektoriellen Produkt (inkl. geometrischer Interpretation des Betrags) angelangt sind.

2.2.11 Ein klassischer Zugang in neuem Gewande

Wenn wir ganz klassisch davon ausgehen, dass wir zu zwei vorgegebenen Vektoren

$$\vec{v_1} = \begin{pmatrix} x_1 \\ y_1 \\ z_1 \end{pmatrix} \text{ und } \vec{v_2} = \begin{pmatrix} x_2 \\ y_2 \\ z_2 \end{pmatrix} \text{ irgendeinen}^{23} \text{ dritten Vektor } \vec{v_3} = \begin{pmatrix} x \\ y \\ z \end{pmatrix} \text{ suchen, der}$$

sowohl auf $\vec{v_1}$ als auch auf $\vec{v_2}$ normal steht, so führt die Anwendung des Orthogonalitätskriteriums auf das Gleichungssystem

$$\left\{ \begin{array}{l} x_1x + y_1y + z_1z = 0 \\ x_2x + y_2y + z_2z = 0 \end{array} \right\},$$

---

[23]D.h., dass wir auch jedes Vielfache davon akzeptieren!

welches wir nun unter Anwendung der CRAMERschen Regel nach den Variablen x und y auflösen (wobei wir z als Formvariable behandeln[24]):

$$\begin{pmatrix} x_1 & y_1 \\ x_2 & y_2 \end{pmatrix} \cdot \begin{pmatrix} x \\ y \end{pmatrix} = \begin{pmatrix} -z_1 z \\ -z_2 z \end{pmatrix}$$

$$\Rightarrow \quad x = \frac{z(y_1 z_2 - y_2 z_1)}{x_1 y_2 - x_2 y_1}, \ y = \frac{-z(x_1 z_2 - x_2 z_1)}{x_1 y_2 - x_2 y_1}$$

Gemäß der vorletzten Fußnote ist auch $(x_1 y_2 - x_2 y_1) \cdot (x|y|z)$ ein gesuchter gemeinsamer Normalvektor und wir wären ein weiteres Mal beim vektoriellen Produkt angelangt, $\square$.

2.2.12 Ebenso durch eine Drehung vom $\mathbb{R}^2$ in den $\mathbb{R}^3$

Dieser Abschnitt baut ausnahmsweise auf einen anderen Abschnitt, nämlich den Abschnitt 2.1.10 mit dem Titel "Vom $\mathbb{R}^2$ in den $\mathbb{R}^3$ durch eine Drehung" auf, da wir uns dort reichlich bedienen werden. Die Grundidee ist dieselbe wie in ebenjenem Abschnitt (weshalb man dies dort nachlesen möge), wobei wir hier wie bereits in 2.2.7 (bzw. 2.2.9 und 2.2.10) die Frage nach dem **Flächeninhalt** $\mathcal{F}$ des von den Vektoren $\vec{u} = \begin{pmatrix} a \\ b \\ c \end{pmatrix}$ und

$\vec{v} = \begin{pmatrix} d \\ e \\ f \end{pmatrix}$ aufgespannten Parallelogramms an den Anfang unserer Betrachtungen stellen

und **selbigen** via $\mathcal{F} = \det(\vec{u}_1, \vec{v}_1)$ berechnen:

$$\mathcal{F} = \det \begin{pmatrix} g \cdot p_3 - \sqrt{\frac{h^2(p_2^2+p_3^2)+c^2}{p_2^2+p_3^2}} \cdot p_2 & i \cdot p_3 - \sqrt{\frac{j^2(p_2^2+p_3^2)+f^2}{p_2^2+p_3^2}} \cdot p_2 \\ g \cdot p_2 + \sqrt{\frac{h^2(p_2^2+p_3^2)+c^2}{p_2^2+p_3^2}} \cdot p_3 & i \cdot p_2 + \sqrt{\frac{j^2(p_2^2+p_3^2)+f^2}{p_2^2+p_3^2}} \cdot p_3 \end{pmatrix}$$

Unter Verwendung der Abkürzungen $H := \frac{h^2(p_2^2+p_3^2)+c^2}{p_2^2+p_3^2}$ sowie $J := \frac{j^2(p_2^2+p_3^2)+f^2}{p_2^2+p_3^2}$ erhalten wir zunächst das Zwischenergebnis

$$\mathcal{F} = gip_2p_3 - \sqrt{H} \cdot ip_2^2 + \sqrt{J} \cdot gp_3^2 - p_2p_3 \cdot \sqrt{H} \cdot \sqrt{J} - gip_2p_3 - \sqrt{H} \cdot ip_3^2 + \sqrt{J} \cdot gp_2^2 + p_2p_3 \cdot \sqrt{H} \cdot \sqrt{J} =$$

$$= g \cdot \sqrt{J} \cdot (p_2^2 + p_3^2) - i \cdot \sqrt{H} \cdot (p_2^2 + p_3^2) = (p_2^2 + p_3^2) \cdot (g \cdot \sqrt{J} - i \cdot \sqrt{H}).$$

Wegen der Umformungen

$$H = h^2 + \frac{c^2}{p_2^2+p_3^2} = \frac{(bp_3 - ap_2)^2}{(p_2^2+p_3^2)^2} + \frac{c^2(p_2^2+p_3^2)}{(p_2^2+p_3^2)^2} = \frac{c^2(ae-bd)^2 + c^2(af-cd)^2 + c^2(bf-ce)^2}{(p_2^2+p_3^2)^2}$$

und

$$J = j^2 + \frac{f^2}{p_2^2+p_3^2} = \frac{(ep_3 - dp_2)^2}{(p_2^2+p_3^2)^2} + \frac{f^2(p_2^2+p_3^2)}{(p_2^2+p_3^2)^2} = \frac{f^2(ae-bd)^2 + f^2(af-cd)^2 + f^2(bf-ce)^2}{(p_2^2+p_3^2)^2}$$

---

[24]Es sei dem werten Löser als Übung überlassen, durch Auflösung nach y und z bzw. nach x und z ebenso zum vektoriellen Produkt zu gelangen.

bietet sich die Einführung des Vektors

$$\vec{w} = \begin{pmatrix} bf - ce \\ -(af - cd) \\ ae - bd \end{pmatrix}$$

an[25], da sich daraus die kompakteren Darstellungen

$$\sqrt{H} = \frac{c}{p_2^2 + p_3^2} \cdot |\vec{w}| \quad \text{und} \quad \sqrt{J} = \frac{f}{p_2^2 + p_3^2} \cdot |\vec{w}|$$

ergeben und sich $\mathcal{F}$ somit zu

$$\mathcal{F} = (fg - ci) \cdot |\vec{w}| = \frac{f(ap_3 + bp_2) - c(dp_3 + ep_2)}{p_2^2 + p_3^2} \cdot |\vec{w}| = \frac{(af - cd)p_3 + (bf - ce)p_2}{p_2^2 + p_3^2} \cdot |\vec{w}| = \frac{p_3^2 + p_2^2}{p_2^2 + p_3^2} \cdot |\vec{w}| = |\vec{w}|$$

vereinfacht, womit wir ein zwölftes Mal beim vektoriellen Produkt angelangt wären, $\square$.

2.3   Perspektive Affinitäten

2.3.1   Eine räumliche Motivation

Unser Untersuchungsgegenstand in diesem Kapitel werden sogenannte *perspektive Affinitäten* sein, welche keinem bizarren Traum eines Geometers aus einem früheren Jahrhundert entsprungen sind, sondern vielmehr in ganz natürlicher Weise etwa in folgendem raumgeometrischen Szenario auftreten (vgl. Abbildung!):

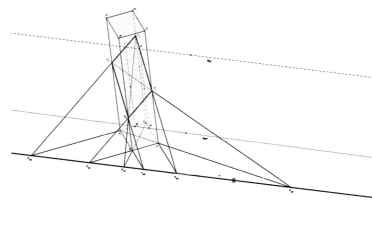

Ein (nicht notwendigerweise gerades) vierseitiges Prisma $ABCDA'B'C'D'$ mit dem Basisparallelogramm $ABCD$ und dem dazu kongruenten Deckparallelogramm $A'B'C'D'$ wird von einer Ebene ε geschnitten, welche die Seitenkanten AA', BB', CC' und DD' in den Punkten P_a, P_b, P_c und P_d schneidet.

Da (etwa) die Seitenebenen $ABB'A'$ und $DCC'D'$ zueinander parallel verlaufen, weisen folglich auch die Schnittgeraden von ε mit den beiden Seitenebenen gegenseitige parallel

---

[25]Auch jeder andere Vektor mit diesen drei Komponenten oder deren Gegenzahlen in beliebiger Anordnung wäre geeignet, nur liefert ausschließlich $\vec{w}$ einen sowohl zu $\vec{u}$ als auch zu $\vec{v}$ normalen Vektor!

Lage auf. Somit ergibt sich, dass die **Schnittfigur von** ε **mit dem Prismenmantel wiederum ein Parallelogramm** $P_a P_b P_c P_d$ **ist.**

Über diese **interessante Eigenschaft** hinaus gibt es noch eine ganze Reihe **bemerkenswerter Gesetzesmäßigkeiten** zwischen den Punkten in ε und der Basisebene π des Prismas (und somit auch **der dahintersteckenden Abbildung**, nämlich einer sogenannten **Parallelprojektion** φ), die im Rahmen dieses geometrischen Schauplatzes nur darauf warten erkundet zu werden, nämlich:

1. Jedem Eckpunkt des Parallelogramms $P_a P_b P_c P_d$ wird in **umkehrbar eindeutiger Weise** ein Eckpunkt des Parallelogramms $ABCD$ zugeordnet, wobei einander entsprechende Punkte jeweils auf einer Parallele zur Projektionsrichtung $\vec{p}$ des Prismas liegen. Dies gilt auch für jeden anderen in ε liegenden Punkt P_ε, da die zu $\vec{p}$ parallele Gerade g_P durch P_ε die Basisebene π des Prismas in einem eindeutig bestimmten Punkt P_π schneidet.

2. Durchläuft P_ε eine Gerade g_ε in ε, so spannen die Projektionsstrahlen durch alle Punkte von g_ε eine Ebene auf, welche π längs einer Gerade g_π schneidet. Somit wird also jeder Gerade g_ε aus ε in eindeutiger Weise eine Gerade g_π in π zugeordnet. Da nach oben Parallelogramme wieder auf Parallelogramme abgebildet werden, folgt daraus insbesondere, dass eine Parallelenschar via φ wieder in eine Parallelenschar übergeführt wird.

3. Da die Schnittpunkte der Seiten wie auch der Diagonalen des *Urbildparallelogramms* $P_a P_b P_c P_d$ mit den entsprechenden Seiten wie auch Diagonalen des *Bildparallelogramms* $ABCD$ sowohl in ε als auch in π liegen, sind sie infolgedessen Punkte der Schnittgerade s von ε mit π. Insbesondere entspricht jeder Punkt von s bezüglich φ sich selbst, da er ja als sowohl in ε als auch in π liegender Punkt nicht mehr via φ von ε nach π abgebildet zu werden braucht.

4. Gemäß Punkt 3 entspricht schneiden einander jeder Urbildgerade und ihre Bildgerade auf s, was aber noch einer wichtigen Ergänzung bedarf, und zwar für den Fall einer bereits zu s parallelen Urbildgerade, wie etwa der Gerade g_{EF} aus der Abbildung. Bei der Transformation von g_{EF} via φ erzeugt g_{EF} zusammen mit der Projektionsrichtung $\vec{p}$ eine Ebene η, welche mit der Richtung von g_{EF} bereits eine Richtung von π enthält, womit also auch die Schnittgerade von η mit π in genau diese Richtung verlaufen muss, ergo das Bild $g_{E'F'}$ von g_{EF} unter φ zu g_{EF} (und somit auch zu s) parallel verläuft, d.h. zu s parallele Urbildgeraden verlaufen auch zu s parallel und haben somit keinen Punkt mit s gemeinsam.

   Die *Eigenschaft von* φ, *dass jede Urbildgerade und ihre Bildgerade einander stets auf* s *schneiden*, gilt für zu s parallele Urbildgeraden also nur insofern, wenn man die Zusatzvereinbarung trifft, dass parallele Geraden einen gemeinsamen Schnittpunkt, nämlich ihren sogenannten **Fernpunkt** besitzen. Durch die Hinzunahme dieses **uneigentlichen Punkts**, der also jeder Parallelenschar eindeutig zugeordnet wird, gilt *obige Eigenschaft* somit uneingeschränkt.[26]

---

[26]Diese Konvention ist (wie sich später im Rahmen der **perspektiven Kollineation**, einer noch schlagkräftigeren Abbildung als der momentan untersuchten perspektiven Affinität, herausstellen wird) eine äußerst tragfähige, welche gleichsam den Motor der sogenannten **projektiven Geometrie** bildet.

5. Schließlich ist anhand der Abbildung auch recht gut zu erkennen, dass sich die Lage von F auf P_cP_d insofern in der Lage von F' auf CD widerspiegelt, alsdass im Urbild F dem Punkt P_d näher liegt, was entsprechend im Bild auch für F' und D gilt. Es drängt sich also förmlich die Vermutung auf, dass die Teilverhältnisse $TV(P_d, F, P_c) = \frac{P_dF}{FP_c}$ und $TV(D, F', C) = \frac{DF'}{F'C}$ gleich sind, oder wie man es fachsprachlich auszudrücken pflegt, φ *teilverhältnistreu* operiert.

Um dieser Vermutung zum Status eines mathematisches Theorems zu verhelfen, focussieren wir unsere Aufmerksamkeit auf die zueinander ähnlichen Dreiecke $\Delta P_{cd}CP_c$, $\Delta P_{cd}F'F$ und $\Delta P_{cd}DP_d$. Anwendung des Strahlensatzes liefert

$$\Delta P_{cd}CP_c \sim \Delta P_{cd}F'F \;\Rightarrow\; \frac{\overbrace{\overline{CP_{cd}}}^{r}}{\underbrace{\overline{F'P_{cd}}}_{u}} = \frac{\overbrace{\overline{P_cP_{cd}}}^{s}}{\underbrace{\overline{FP_{cd}}}_{w}} \;(*) \;\Leftrightarrow\; rw = us \;(1)$$

und

$$\Delta P_{cd}F'F \sim \Delta P_{cd}DP_d \;\Rightarrow\; \frac{\overbrace{\overline{F'P_{cd}}}^{u}}{\underbrace{\overline{DP_{cd}}}_{v}} = \frac{\overbrace{\overline{FP_{cd}}}^{w}}{\underbrace{\overline{P_dP_{cd}}}_{z}} \;(**) \;\Leftrightarrow\; uz = vw \;(2)$$

sowie [was man entweder durch Multiplikation der linken sowie rechten Seiten von $(*)$ und $(**)$ oder durch Anwendung des Strahlensatzes auf die Dreiecke $\Delta P_{cd}CP_c$ und $\Delta P_{cd}DP_d$ erhält]

$$\frac{r}{v} = \frac{s}{z} \;\Leftrightarrow\; rz = sv \;(3).$$

Die Teilverhältnistreue von φ ist somit zur Proportion $\frac{v-u}{u-r} = \frac{z-w}{w-s}$ äquivalent, welche ihrerseits auch in der Form

$$(v - u)(w - s) = (u - r)(z - w)$$

angeschrieben werden kann und sich unter Anwendung von (1), (2) und (3) als wahre Aussage entpuppt, denn:

$$(v - u)(w - s) = (u - r)(z - w) \;\Leftrightarrow\; vw - \underline{uw} - vs + us = uz - rz - \underline{uw} + rw$$

Unterwirft man schließlich sowohl die Urbild- als auch die Bildebene einer Pararallelprojektion in eine dritte Ebene α, so bleiben die fünf von uns vermuteten und schließlich auch bewiesenen Phänomene als sogenannte Invarianten der Parallelprojektion freilich erhalten und wir haben nunmehr eine Abbildung der Ebene α *in sich* vorliegen, welche als (*ebene*) *perspektive Affinität* bezeichnet wird und im Folgenden von uns einer eingehenden analytischen Behandlung unterzogen wird, nachdem wir ja nun die raumgeometrische Genese dieser Abbildung ausführlich behandelt haben.

Dazu fassen wir die in den Punkten 1 bis 5 entdeckten Gesetzesmäßigkeiten nochmals kurz und knapp zusammen und gelangen auf diese Weise zu den folgenden fünf bereits dem Mathematiker Johann Heinrich LAMBERT (1728 − 1777) bekannten Eigenschaften einer *perspektiven Affinität*, die zur Definition im nächsten Unterabschnitt überleiten:

2.3.2 Perspektive Affinitäten

$\boxed{\text{DEFINITION.}}$ Unter einer *perspektiven Affinität* verstehen wir eine umkehrbar eindeutige Abbildung $\varphi : \mathbb{R}^2 \to \mathbb{R}^2$ mit den folgenden Eigenschaften:

1. φ ist geradentreu, bildet also Geraden wieder auf Geraden ab.

2. Insbesondere transformiert φ zueinander parallele Geraden wieder in ein Parallelenpaar.

3. Verbindet man einen Urbildpunkt X_0 mit seinem Bildpunkt $X = \varphi(X_0)$, so wird dadurch eine Gerade generiert, welche für jedes derartige Punktepaar ein und dieselbe Parallelenschar festlegt ("Affinitätsstrahlen").

4. Schneidet man eine Urbildgerade g_0 mit ihrer Bildgerade $g = \varphi(g_0)$, so liegt der entstehende Schnittpunkt für jedes derartige Geradenpaar stets auf ein und derselben Gerade ("Affinitätsachse").

5. φ ist teilverhältnistreu. d.h.: gilt für drei *kollinear liegende Urbildpunkte* A_0, B_0 und C_0 die Vektorgleichung $\overrightarrow{A_0 B_0} = \lambda \cdot \overrightarrow{B_0 C_0}$, so trifft diese auch für die Bildpunkte $A = \varphi(A_0)$, $B = \varphi(B_0)$ sowie $C = \varphi(C_0)$ zu: $\overrightarrow{AB} = \lambda \cdot \overrightarrow{BC}$

Unter diesen Voraussetzungen lässt sich nun zeigen, dass φ durch Vorgabe der Affinitätsachse s aus 4. sowie eines Punktepaars (P_0, P) aus 3. eindeutig festgelegt ist, da sich für jeden weiteren Urbildpunkt Q_0 der entsprechende Bildpunkt Q aufgrund der Eigenschaften 3. und 4. wie folgt konstruktiv ermitteln lässt:

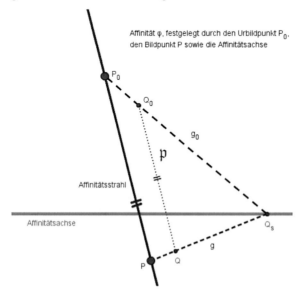

Affinität φ, festgelegt durch den Urbildpunkt P_0, den Bildpunkt P sowie die Affinitätsachse

- Schneide die Trägergerade g_0 der Strecke $P_0 Q_0$ mit s, der Schnittpunkt sei mit Q_s bezeichnet.

- Schneide die Trägergerade g der Strecke $Q_s P$ mit der Parallele $\mathfrak{p}$ zur Trägergerade der Strecke $P_0 P$ durch Q_0, dann ist der resultierende Schnittpunkt der gesuchte Bildpunkt Q von Q_0.

- Frage an den werten L $\overset{e}{\ddot{\text{o}}}$ ser: Wie erhält man Q, wenn g_0 parallel zur Affinitätsachse s verläuft? (Tips: Fernpunkt oder anderen *geeigneten* Hilfspunkt R_0 verwenden!)

Legen wir nun o.B.d.A. das Punktepaar (P_0, P) via $P_0(0|p)$ sowie $P(qp|rp)$ fest[27] und wählen die $x-$Achse als Affinitätsachse, so lässt sich der folgende Satz zeigen:

SATZ. Ist φ jene perspektive Affinität $\varphi : \mathbb{R}^2 \to \mathbb{R}^2$, welche die $x-$Achse als Affinitätsachse besitzt sowie $P_0(0|p)$ auf $P(qp|rp)$ abbildet, so gilt $\forall\, X \in \mathbb{R}^2$ die Darstellung $\mathfrak{y} = \varphi(\mathfrak{x}) = M \cdot \mathfrak{x}$, wobei $\mathfrak{x}$ bzw. $\mathfrak{y}$ den dem Urbildpunkt X bzw. dem Bildpunkt Y zugeordneten Ortsvektor sowie M die durch $M = \begin{pmatrix} 1 & q \\ 0 & r \end{pmatrix}$ festgelegte Matrix aus $\mathbb{R}^{(2,2)}$ bezeichnet.

BEWEIS. Diesen erbringen wir durch *Algebraisierung der obigen Bildkonstruktion*, d.h. wir gehen von $Q_0(u|v)$ aus, was uns zunächst wegen

$$\overrightarrow{P_0 Q_0} = \begin{pmatrix} u \\ v - p \end{pmatrix} \perp \begin{pmatrix} p - v \\ u \end{pmatrix} \quad \text{auf } g_0 : (p-v)x + uy = pu \text{ und somit } Q_s\left(\frac{pu}{p-v}\middle|0\right)$$

führt.[28]

$$\text{Aus } \overrightarrow{Q_s P} = \begin{pmatrix} qp + \frac{pu}{v-p} \\ rp \end{pmatrix} \perp \begin{pmatrix} \frac{pu}{p-v} - qp \\ rp \end{pmatrix} \parallel \begin{pmatrix} rp(p-v) \\ pu + qp(v-p) \end{pmatrix} \parallel \begin{pmatrix} r(p-v) \\ u + q(v-p) \end{pmatrix} \text{ folgt}$$

$$g : r(p-v)x + [u + q(v-p)]y = pru \text{ und wegen } \overrightarrow{P_0 P} = \begin{pmatrix} qp \\ (r-1)p \end{pmatrix} \parallel \begin{pmatrix} q \\ r-1 \end{pmatrix}$$

erhalten wir für $\mathfrak{p}$ die folgende Parameterdarstellung:

$$\mathfrak{p} : \mathfrak{x} = \begin{pmatrix} u \\ v \end{pmatrix} + \lambda \cdot \begin{pmatrix} q \\ r-1 \end{pmatrix}$$

Bleibt noch der Schnitt

$$g \cap \mathfrak{p} : \{qr(p-v) + (r-1)[u + q(v-p)]\}\lambda + ru(p-v) + uv + qv(v-p) = pru$$

$$\Leftrightarrow \underbrace{(pqr - qrv + ru - u + qrv - qv - pqr + pq)}_{ru - u - qv + pq}\lambda = v(ru - u - qv + pq) \quad \Leftrightarrow \quad \lambda = v \; (*)$$

Dabei ist jetzt ganz besonders zu beachten, dass diese Methode für den Fall, dass der Faktor $ru - u - qv + pq$ (durch welchen ja ebenso wie durch p bei der Kollinearisierung des Richtungsvektors von $\mathfrak{p}$ dividiert wurde, nur dass $p \neq 0$ apriori gilt, weil sonst $P_0 \in s$ gelten würde, was $P_0 \equiv P$ impliziert und somit φ nicht festlegen könnte) verschwindet, versagt, d.h. wenn $u(r-1) = q(v-p) \Leftrightarrow \frac{r-1}{q} = \frac{v-p}{u}$ gilt [was (siehe weiter oben) äquivalent dazu ist, dass die Steigungen von g_0 und $\mathfrak{p}$ ident sind, woraus wegen des gemeinsamen Punkts Q_0 sogar $g_0 \equiv \mathfrak{p}$ folgt und ferner impliziert, dass Q_0, P und P_0 kollinear liegen], dann kann Q nicht in dieser Weise aus Q_0, P und P_0 konstruiert werden und man muss auf die Teilverhältnistreue zurückgreifen, um mit Hilfe des Strahlensatzes den Bildpunkt Q zu konstruieren, der mit Q_0, P und P_0 auf einem gemeinsamen Affinitätsstrahl liegt (oder man verwendet einen geeigneten Hilfspunkt R_0).

---

[27]Der Grund für die Implementierung der $y-$Koordinate von P_0 als homogenen Faktor in P liegt (wie sich in Kürze herausstellen wird) in einer einfacheren analytischen Darstellung von φ!

[28]An x_{Q_s} erkennt man bereits sehr schön, dass Q_s für $v = p$ (was gleichbedeutend mit $g_0 \parallel s$ ist!) zum Fernpunkt der $x-$Achse wird!

Liegen Q_0, P und P_0 nicht kollinear, so erhalten wir wegen $(*)$

$$Q = \begin{pmatrix} u \\ v \end{pmatrix} + v \cdot \begin{pmatrix} q \\ r-1 \end{pmatrix} = \begin{pmatrix} u \\ v \end{pmatrix} + \begin{pmatrix} qv \\ rv-v \end{pmatrix} = \begin{pmatrix} u+qv \\ rv \end{pmatrix}$$

bzw. in Form einer Matrix/Vektor-Multiplikation $Q = \begin{pmatrix} 1 & q \\ 0 & r \end{pmatrix} \cdot \begin{pmatrix} u \\ v \end{pmatrix} = M \cdot Q_0$, $\square$

Als erste Anwendung dieses Satzes wollen wir untersuchen, wie sich der Flächeninhalt eines Quadrats unter einer perspektiven Affinität ändert, d.h. wir berechnen den Flächeninhalt $\mathcal{F}$ des Bildparallelogramms (siehe Abbildung!), wozu wir unter Anwendung der Kippregel lediglich von zwei zueinander orthogonalen Vektoren $\overrightarrow{T_0U_0} = \begin{pmatrix} a \\ b \end{pmatrix}$ und $\overrightarrow{T_0W_0} = \begin{pmatrix} -b \\ a \end{pmatrix}$ ausgehen müssen und diese unter Verwendung von M via φ transformieren:[29]

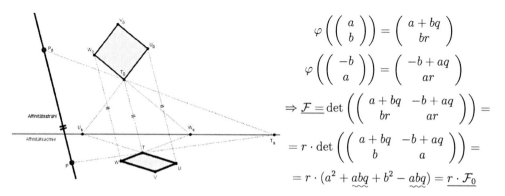

$$\varphi\left(\begin{pmatrix} a \\ b \end{pmatrix}\right) = \begin{pmatrix} a+bq \\ br \end{pmatrix}$$

$$\varphi\left(\begin{pmatrix} -b \\ a \end{pmatrix}\right) = \begin{pmatrix} -b+aq \\ ar \end{pmatrix}$$

$$\Rightarrow \underline{\mathcal{F}} = \det\left(\begin{pmatrix} a+bq & -b+aq \\ br & ar \end{pmatrix}\right) =$$

$$= r \cdot \det\left(\begin{pmatrix} a+bq & -b+aq \\ b & a \end{pmatrix}\right) =$$

$$= r \cdot (a^2 + \underset{\sim}{abq} + b^2 - \underset{\sim}{abq}) = \underline{r \cdot \mathcal{F}_0}$$

Interpretation des <u>Resultats</u>: Offensichtlich ist r der Quotient der signierten Normalabstände von P und P_0 zur x-Achse, ergo $r = \frac{d(P,s)}{d(P_0,s)}$. Zwar legen P_0 und P die perspektive Affinität fest, jedoch sollte es keine Rolle spielen, *welches zugeordnete Punktepaar* man dafür wählt. Und in der Tat erkennen wir anhand von $Q_0(u|v)$ und $Q_0(u+qv|rv)$, dass auch hier $\frac{d(Q_0,s)}{d(Q,s)} = r$ gilt, womit wir unser Resultat folgendermaßen formulieren können:

<u>SATZ.</u> Für je zwei einander über eine perspektive Affinität φ zugeordnete Punkte R_0 und $R = \varphi(R_0)$ ist der Quotient $q := \frac{d(R_0,s)}{d(R,s)}$ konstant (wobei $d(X,s)$ den signierten Normalabstand von X zur Affinitätsachse s von φ bezeichnet) und kann analytisch bzw. geometrisch als um 1 verkleinerte Spur oder einfach Determinante der zu φ zugehörigen Abbildungsmatrix (bezogen auf die Standardbasis des $\mathbb{R}^2$) bzw. als signierter Abbildungsmaßstab $\frac{\mathcal{F}_0}{\mathcal{F}}$ interpretiert werden (wobei $\mathcal{F}_0$ den Flächeninhalt eines beliebigen konvexen Vielecks[30] und $\mathcal{F}$ den Flächeninhalt des entsprechenden Bildvierecks bezeichnet).

---

[29]Nota bene: φ ist als Abbildung mit Matrix-Darstellung eine **lineare Abbildung**, womit $\varphi(\vec{u}-\vec{v}) = \varphi(\vec{u}) - \varphi(\vec{v})$ gilt, was in umgekehrter Richtung gelesen die Berechnung der Bildpunkte des Quadrats mit dem Flächeninhalt $\mathcal{F}_0 = a^2 + b^2$ obsolet macht!

[30]Dass dieser Satz über Quadrate hinaus auch für beliebige Dreiecke Gültigkeit hat, sei dem werten L$\overset{e}{\ddot{o}}$ser als *(einfache)* Übungsaufgabe überlassen *(da hiezu lediglich anstelle von zwei aufeinander normal stehenden Vektoren von zwei beliebigen Vektoren auszugehen ist!)*. Durch Triangulierung folgt dann aufgrund der Additivität des Flächeninhalts das Resultat für beliebige konvexe Vielecke.

Die nächste Anwendung ist die **Kreisabbildung unter einer perspektiven Affinität**, wozu wir die zu M inverse Matrix M^{-1} benötigen[31] und sie entsprechend der Regel *Elemente bzw. Vorzeichen in der Haupt- bzw. Nebendiagonale vertauschen sowie Multiplikation der Matrix mit dem Inversen ihrer Determinante*[32] mit $M^{-1} = \begin{pmatrix} 1 & \frac{-q}{r} \\ 0 & \frac{1}{r} \end{pmatrix}$ erhalten.

Gemäß der ersten Fußnote lautet eine Gleichung der zum Kreis k mit dem Mittelpunkt $M(m|n)$ und dem Radius ρ zugehörigen Bildkurve κ unter φ demnach

$$\kappa: \ \left(x - \frac{qy}{r} - m\right)^2 + \left(\frac{y}{r} - n\right)^2 = \rho^2 \ \text{ bzw. } \ \kappa: (rx - qy - rm)^2 + (y - rn)^2 = r^2\rho^2$$

resp. $\kappa: \ r^2x^2 - 2qrxy + (q^2 + 1)y^2 - 2r^2mx + 2r(qm - n)y + r^2(m^2 + n^2 - \rho^2) = 0$.

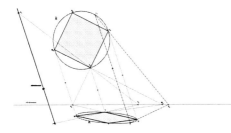

Wir erhalten also eine Kurve zweiter Ordnung (was angesichts der Tatsache, dass dies auch für k gilt und φ eine lineare Abbildung ist keine große Überraschung sein sollte), welche nur aus eigentlichen Punkten besteht (Der Kreis besitzt keine Fernpunkte und φ vermag es (im Gegensatz zu perspektiven Kollineationen, die wir später studieren werden!) als lineare Abbildung nicht, eigentliche Punkte auf uneigentliche Punkte abzubilden, da Linearkombinationen reeller Zahlen wieder reelle Zahlen liefern.), weshalb es sich bei κ um eine Ellipse handeln muss[33].

Untersuchen wir schließlich noch die Diskriminante

$$\mathcal{D} = (-2qr)^2 - 4r^2(q^2 + 1) \text{ von } \kappa, \text{ so liefert uns dies } \mathcal{D} = 4r^2(q^2 - q^2 - 1) = -4r^2 < 0,$$

womit wir bereits hier einen Beweis des Klassifikationssatzes für Kegelschnitte in allgemeiner Lage aus Abschnitt 4.11 vollbracht hätten (wenn auch nur für den die Ellipse betreffenden Teil)!

---

[31]Nota bene: Ist $X(x|y)$ ein Punkt des Kreisbilds, so kann dieser via φ^{-1} auf seinen *zugehörigen Urbildpunkt* X_0 der ursprünglichen Kreislinie k abgebildet werden, *welcher* dann die Kreisgleichung erfüllen muss, wodurch wir eine Gleichung der Bildkurve von k erhalten.

[32]Beweis: $M \cdot M^{-1} = \begin{pmatrix} a & b \\ c & d \end{pmatrix} \cdot \begin{pmatrix} u & v \\ w & z \end{pmatrix} = \begin{pmatrix} 1 & 0 \\ 0 & 1 \end{pmatrix} \ \Leftrightarrow \ \left\{ \begin{array}{l} \text{I. } au + bw = 1 \\ \text{II. } cu + dw = 0 \\ \text{III. } av + bz = 0 \\ \text{IV. } cv + dz = 1 \end{array} \right\}$

Anwendung der CRAMERschen Regel auf die separaten Systeme I∧II sowie III∧IV liefert

$$(u|w) = \left(\frac{d}{ad - bc} \middle| \frac{-c}{ad - bc} \right) \text{ sowie } (v|z) = \left(\frac{-b}{ad - bc} \middle| \frac{a}{ad - bc} \right), \ \square$$

[33]Für $q = 0$ (was auf eine sogenannte *orthogonale Affinität* führt, da ja dann P auf der y−Achse liegt und die Affinitätsstrahlen somit normal zur Affinitätsachse verlaufen) verschwindet das gemischte Glied $-2qrxy$ in der Gleichung von κ, weshalb die Haupt- und Nebenachse der Ellipse dann zu den Koordinatenachsen parallel verläuft. Gilt darüber hinaus $r = 1$, so ist φ die identische Abbildung (wie der werte L e̊ser auf mindestens zwei Arten begründen möge!).

2.3.3   Anhang 1 zu den perspektiven Affinitäten

In diesem ersten Anhang wollen wir zunächst zwei Lücken schließen, die in Abschnitt 2.3.2 offen gelassen wurden, und zwar jene Sonderfälle, in denen Q_0 ...

1. ... mit P_0 und P kollinear liegt,

2. ... und P_0 eine Gerade g_0 aufspannen, die zu s parallel verläuft.

- ad 1.: Gemäß der Abbildung reicht es hier aus, unter Verwendung eines (geeigneterweise auf s liegenden) Hilfspunkts H_s unter Anwendung des Strahlensatzes das Teilverhältnis $TV(Q_s, Q_0, P_0)$ auf $TV(Q_s, Q, P)$ zu übertragen, was wir jetzt unter analytischem Blickwinkel betrachten wollen:

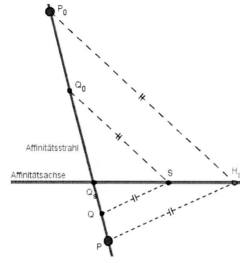

Aus dem Beweis des Satzes über die Matrix-Darstellung von φ übernehmen wir (abgesehen vom Startpunkt) die Parameterdarstellung von $\mathfrak{p}$ und erhalten somit via

$$\mathfrak{p} : \mathfrak{x} = \begin{pmatrix} 0 \\ p \end{pmatrix} + \lambda \cdot \begin{pmatrix} q \\ r-1 \end{pmatrix}$$

eine Gleichung der Affinitätsgerade $\mathfrak{p}$ (als analytische Fortsetzung des eingezeichneten Affinitätsstrahls). Da im momentan betrachteten Spezialfall gerade $Q_0 \in \mathfrak{p}$ gilt, folgt für Q_0 somit die Darstellung $\boxed{Q_0(q\lambda\,|\,p + (r-1)\lambda)}$. Für Q_s erhalten wir[34] $Q_s\left(\frac{pq}{1-r}\,\middle|\,0\right)$, womit wir alles haben, was wir brauchen, da wir zur Übertragung des besagten Teilverhältnisses nichts weiter

machen müssen, als den Faktor μ in der *Urbildgleichung*

$$Q_0 = Q_s + \mu \cdot \overrightarrow{Q_s P_0}$$

entsprechend auf die *Bildgleichung* zu übertragen, was uns zu

$$Q = Q_s + \mu \cdot \overrightarrow{Q_s P}$$

führt. Für μ gilt aufgrund des Strahlensatzes ganz einfach $\mu = \frac{y_{Q_0}}{y_{P_0}} = \frac{p + (r-1)\lambda}{p}$, was

$$Q = Q_s + \frac{p + (r-1)\lambda}{p} \cdot (P - Q_s) = Q_s + \left(1 + \frac{(r-1)\lambda}{p}\right) \cdot (P - Q_s) =$$

$$= \frac{(1-r)\lambda}{p} \cdot Q_s + \frac{p + (r-1)\lambda}{p} \cdot P, \text{ ergo } Q = \frac{(1-r)\lambda}{p} \cdot \begin{pmatrix} \frac{pq}{1-r} \\ 0 \end{pmatrix} + \frac{p + (r-1)\lambda}{p} \cdot \begin{pmatrix} qp \\ rp \end{pmatrix} =$$

---

[34]entweder, indem wir im Beweis des Satzes über die Matrixdarstellung von φ in der Darstellung von Q_s für u und v die Werte der $\boxed{\text{obigen Darstellung}}$ einsetzen oder in der momentanen speziellen Situation den Schnitt $\mathfrak{p} \cap s$ durchführen

$$= \begin{pmatrix} q\lambda \\ 0 \end{pmatrix} + [p + (r-1)\lambda] \cdot \begin{pmatrix} q \\ r \end{pmatrix} = \begin{pmatrix} q(p+r\lambda) \\ r[p+(r-1)]\lambda \end{pmatrix} \quad \text{impliziert.}$$

Vergleichen wir dies nun mit $\varphi(Q_0) = \varphi\left(\begin{pmatrix} q\lambda \\ p+(r-1)\lambda \end{pmatrix} \right)$
aus der Matrixdarstellung, so erhalten wir

$$\varphi(Q_0) = \begin{pmatrix} 1 & q \\ 0 & r \end{pmatrix} \cdot \begin{pmatrix} q\lambda \\ p+(r-1)\lambda \end{pmatrix} = \begin{pmatrix} q\lambda + pq + q(r-1)\lambda \\ pr + r(r-1)\lambda \end{pmatrix} = \begin{pmatrix} q(p+r\lambda) \\ r[p+(r-1)\lambda] \end{pmatrix},$$

also Übereinstimmung.

- ad 2.: Hier reicht ein Blick auf die Abbildung, die uns sofort verrät, was in diesem wirklich einfachen Fall zu tun ist, nämlich einfach nur die simple Vektoraddition

$$Q = P + \overrightarrow{P_0Q_0},$$

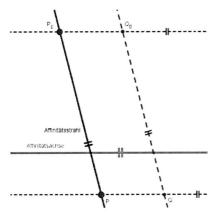

was sich ganz elementar auf die Eigenschaften perspektiver Affinitäten gründet, dass zur Affinitätsachse s parallele Geraden wieder auf zu s parallel verlaufende Geraden abgebildet sowie, dass zugeordnete Punkte immer auf einem Affinitätsstrahl liegen. Der Rest folgt aus der Tatsache, dass diese beiden Parallelen zusammen mit der zu s parallelen Gerade durch P_0 und Q_0 und dem Affinitätsstrahl durch P_0 ein Parallelogramm bilden.[35]

$$\Rightarrow \quad Q = \begin{pmatrix} qp \\ rp \end{pmatrix} + \begin{pmatrix} w \\ p \end{pmatrix} - \begin{pmatrix} 0 \\ p \end{pmatrix} = \begin{pmatrix} w + pq \\ pr \end{pmatrix}$$

Ein direkter Vergleich mit der Matrixdarstellung

$$Q = \varphi(Q_0) = \varphi\left(\begin{pmatrix} w \\ p \end{pmatrix} \right) = \begin{pmatrix} 1 & q \\ 0 & r \end{pmatrix} \cdot \begin{pmatrix} w \\ p \end{pmatrix} = \begin{pmatrix} w + pq \\ r \end{pmatrix}$$

zeigt die Gleichheit, womit sich die Matrixdarstellung nunmehr also $\forall X \in \mathbb{R}^2$ (inkl. aller Sonderfälle!) als gültig erwiesen hat, $\square$.

In Ergänzung zur Ellipse als Bild eines Kreises unter einer *perspektiven Affinität* bietet *diese spezielle lineare Abbildung* nebst der bereits dargelegten Möglichkeit eines Beweises des Klassifikationssatzes für Kegelschnitte in allgemeiner Lage überdies die Möglichkeit, die Koordinaten des Mittelpunkts einer Ellipse in allgemeiner Lage auf äußerst raffinierte Weise[36] zu gewinnen. Die entscheidende Idee besteht darin, die Gleichung

$$\text{ell:} \quad Ax^2 + Bxy + Cy^2 + Dx + Ey + F = 0$$

---

[35]In der Frage vor dem Satz über die Matrixdarstellung von φ sind noch zwei weitere Möglichkeiten angedeutet, die zum selben Ergebnis führen!

[36]Im Kapitel über die nun schon mehrfach angekündigten (noch etwas aufregenderen!) perspektiven Kollineationen werden wir eine andere Möglichkeit der Mittelpunktsbestimmung (die man auch auf die Hyperbel anwenden kann) behandeln.

einer Ellipse ell in allgemeiner Lage als perspektiv-affines Bild eines Kreises k mit dem Mittelpunkt $Z_0(m|n)$ und dem Radius ρ und somit der Gleichung

$$k : (x - m)^2 + (y - n)^2 = \rho^2$$

unter der perspektiven Affinität φ mit der $x-$Achse als Affinitätsachse sowie dem zugeordneten Punktepaar (P_0, P) mit $P = \varphi(P_0)$ sowie $P_0(0|p)$ und $P(qp|rp)$ zu **interpretieren** und die zuvor von uns angestellten Untersuchungen nun für unsere momentanen Zwecke zu nutzen, und zwar folgendermaßen:

Aus den Darstellungen

$$A = r^2, \ B = -2qr, \ C = q^2 + 1, \ D = -2r^2m \text{ und } E = 2r(qm - n)$$

sowie des für uns via φ einfach zu berechnenden Ellipsenmittelpunkts $Z(u|v)$ [nämlich als perspektiv-affines Bild des Kreismittelpunkts $Z_0(m|n)$], für den wir gemäß der letzten Klammerbemerkung

$$Z = \varphi(Z_0) = \begin{pmatrix} 1 & q \\ 0 & r \end{pmatrix} \cdot \begin{pmatrix} m \\ n \end{pmatrix} = \begin{pmatrix} m + qn \\ rn \end{pmatrix}$$

erhalten, ist nun unsere Kreativität gefragt, um die Koordinaten von Z durch die Koeffizienten A, B, C, D und E (Der Koeffizient F ist — wie sich zeigen lässt und eine gute Denkanregung für den werten L $\overset{e}{\ddot{o}}$ ser darstellt! — nur für die Länge der Halbachsen der Ellipse, aber nicht für die Lage des Mittelpunkts zuständig!) auszudrücken[37], was zum Beispiel (vgl. letzte Fußnote!) so aussehen kann:

$$E = 2rqm - 2rn = \left(-2r^2m\right) \cdot \frac{-q}{r} - 2v = D \cdot \frac{-q}{r} - 2v = D \cdot \frac{B}{2A} - 2v$$

$$\Rightarrow \quad v = \frac{1}{2} \cdot \left(\frac{BD}{2A} - E\right) \quad \text{bzw.} \quad v = \frac{BD - 2AE}{4A}$$

Nun gilt es einen Moment innezuhalten! Denn jetzt ist erhöhte Vorsicht geboten, da der fehlende Beitrag des Koeffizienten C äußerst verdächtig anmutet, weshalb wir uns daran erinnern, dass die zuvor berechnete Diskriminante $\mathcal{D} = B^2 - 4AC$ aufgrund des Resultats $\mathcal{D} = -4r^2$ somit auf die Relation $B^2 - 4AC = -4A$ (∗) führt, welche wir nun nutzen und somit

$$v = \frac{BD - 2AE}{4AC - B^2}$$

erhalten.[38]

Zur Ermittlung von u kann man etwa so vorgehen:

$$u = m + qn = \frac{D}{-2r^2} + \frac{q}{r} \cdot rn = \frac{D}{-2A} - \frac{B}{2A} \cdot v = \frac{D + Bv}{-2A} = \frac{1}{-2A} \cdot \left(D + \frac{B^2D - 2ABE}{4AC - B^2}\right) =$$

---

[37] Der werte L $\overset{e}{\ddot{o}}$ ser möge zunächst selbst experimentieren, bevor er die anschließende Lösung**svariante** durcharbeitet!

[38] Selbst wenn der werte L $\overset{e}{\ddot{o}}$ ser die Berechnung von v **nicht** selbst vorgenommen hat, besteht jetzt noch immer die Chance, es dennoch für u zu probieren (Vielleicht fand ja mittlerweile eine Art von Inspiration statt!)!

$$= \frac{-1}{2A} \cdot \frac{4ACD - B^2D + B^2D - 2ABE}{4AC - B^2} = \frac{-1}{2A} \cdot \frac{(-2A) \cdot (BE - 2CD)}{4AC - B^2} = \frac{BE - 2CD}{4AC - B^2}$$

Zusammengefasst lassen sich die Resultate für u und v in Determinantenschreibweise auch in der Form

$$u = \frac{\det\begin{pmatrix} -D & B \\ -E & 2C \end{pmatrix}}{\det\begin{pmatrix} 2A & B \\ B & 2C \end{pmatrix}}, \quad v = \frac{\det\begin{pmatrix} 2A & -D \\ B & -E \end{pmatrix}}{\det\begin{pmatrix} 2A & B \\ B & 2C \end{pmatrix}}$$

darstellen, woraus durch *Rückwärtslesen der Regel von* CRAMER folgt, dass sich $Z(u|v)$ als Lösung des linearen Gleichungssystems

$$\begin{pmatrix} 2A & B \\ B & 2C \end{pmatrix} \cdot \begin{pmatrix} u \\ v \end{pmatrix} = \begin{pmatrix} -D \\ -E \end{pmatrix}$$

ergibt.

Zum Abschluss dieses Anhangs soll noch kurz eine **Querverbindung zwischen Analysis und perspektiven Affinitäten** hergestellt werden, und zwar im Zuge der sogenannten *Tangententreue perspektiver Affinitäten*. Dies bedeutet, dass eine Tangente der Urbildkurve wieder auf eine *entsprechende* Tangente der Bildkurve abgebildet wird (*d.h. dass es sich bei den zugehörigen Berührungspunkten um einander bezüglich φ entsprechende Punkte handelt*).

Die folgende abstrakte Überlegung geht von einer Kurve k mit der Parameterdarstellung $k: \ X(t) = \begin{pmatrix} x(t) \\ y(t) \end{pmatrix}$ aus, welche via $\varphi: \ \mathbb{R}^2 \to \mathbb{R}^2, \ X \mapsto Y = \varphi(X) = \begin{pmatrix} 1 & q \\ 0 & r \end{pmatrix} \cdot X$ [also jener perspektiven Affinität φ mit der $x-$Achse als Affinitätsachse sowie dem zugeordneten Punktepaar (P_0, P) mit $P = \varphi(P_0)$ sowie $P_0(0|p)$ und $P(qp|rp)$] auf die entsprechende Kurve $\kappa: \ X(t) = \begin{pmatrix} x(t) + q \cdot y(t) \\ r \cdot y(t) \end{pmatrix}$ abgebildet wird. In einem Punkt $Q_0(x(t_0)|y(t_0))$ auf k ist ein Richtungsvektor der entsprechenden Tangente t_0 bekanntlich durch $\overrightarrow{t_0} = \begin{pmatrix} x'(t_0) \\ y'(t_0) \end{pmatrix}$ gegeben. Ebenso ist $\overrightarrow{t} = \begin{pmatrix} x'(t_0) + q \cdot y'(t_0) \\ r \cdot y'(t_0) \end{pmatrix}$ ein Richtungsvektor der Tangente t an κ im zum Punkt Q_0 zugehörigen Bildpunkt Q unter φ.

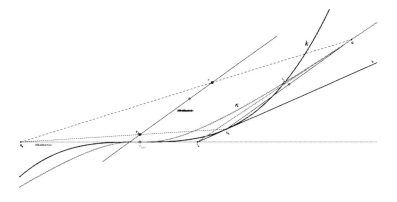

Nun ist in der linken Abbildung (die an einem einfachen Beispiel, nämlich der perspektiven Affinität φ mit $P_0(0|1)$ und $P(1|8)$ sowie der $x-$Achse als Affinititätsachse anhand der Urbildkurve k mit der Gleichung $k : y = x^3$ und ihrer entsprechenden Bildkurve κ die ganze Situation grafisch illustriert) − nebst der nun schon hinlänglich bekannten Konstruktion von Q mittels P_0, P, s und Q_0 − deutlich zu erkennen, dass t unter Verwendung von t_0 und seines Fixpunkts T_s (also seines Schnittpunkts mit s, der ja unter φ fix bleibt) als Trägergerade von (sic!) Q und eben T_s konstruiert wurde und auch einen sattelfesten *Eindruck* einer wirklichen Kurventangente erweckt. Um *daraus* eine **gesicherte mathematische Erkenntnis** werden zu lassen, müssen wir **beweisen**, dass das Bild der Tangente an k in Q_0 unter φ gleich der Tangente an κ im Bild von Q_0 unter φ ist, oder kurz und knapp: *Bild der Tangente gleich Tangente des Bilds*

Dazu folgen wir demselben Prinzip wie schon bei der Ermittlung der Ellipsengleichung aus der Kreisgleichung und greifen somit auf die via $\varphi^{-1}(X) = \begin{pmatrix} 1 & \frac{-q}{r} \\ 0 & \frac{1}{r} \end{pmatrix} \cdot X$ festgelegte Umkehrabbildung φ^{-1} von φ zurück und stellen zunächst eine Gleichung von t_0 auf:

$$\overrightarrow{t_0} = \begin{pmatrix} x'(t_0) \\ y'(t_0) \end{pmatrix} \perp \begin{pmatrix} y'(t_0) \\ -x'(t_0) \end{pmatrix} \Rightarrow t_0 : y'(t_0) \cdot x - x'(t_0) \cdot y = y'(t_0) \cdot x(t_0) - x'(t_0) \cdot y(t_0)$$

Diese wird dann via φ (unter Verwendung von φ^{-1}) auf die Gerade t mit der Gleichung

$$\mathsf{t} : y'(t_0) \cdot \left(x - \frac{q}{r} \cdot y \right) - \frac{x'(t_0)}{r} \cdot y = y'(t_0) \cdot x(t_0) - x'(t_0) \cdot y(t_0) \text{ bzw.}$$

$$\mathsf{t} : r \cdot y'(t_0) \cdot x - [q \cdot y'(t_0) + x'(t_0)] \cdot y = r \cdot [y'(t_0) \cdot x(t_0) - x'(t_0) \cdot y(t_0)]$$

abgebildet, von der nun nur noch zu zeigen ist, dass sie mit t zusammenfällt, ergo:

$$\overrightarrow{t} = \begin{pmatrix} x'(t_0) + q \cdot y'(t_0) \\ r \cdot y'(t_0) \end{pmatrix} \perp \begin{pmatrix} r \cdot y'(t_0) \\ -[q \cdot y'(t_0) + x'(t_0)] \end{pmatrix}$$

$$\Rightarrow t : r \cdot y'(t_0) \cdot x - [q \cdot y'(t_0) + x'(t_0)] \cdot y = r \cdot y'(t_0) \cdot [x(t_0) + q \cdot y(t_0)] - [q \cdot y'(t_0) + x'(t_0)] \cdot r \cdot y(t_0)$$

bzw.

$$t : r \cdot y'(t_0) \cdot x - [q \cdot y'(t_0) + x'(t_0)] \cdot y = r \cdot [y'(t_0) \cdot x(t_0) - x'(t_0) \cdot y(t_0)] \Rightarrow t \equiv \mathsf{t}, \square$$

2.3.4   Anhang 2 zu den perspektiven Affinitäten: Invariante Orthogonalitäten

In Ergänzung zu Abschnitt 2.3.2 wollen wir uns hier überlegen, wie viele rechte Winkel durch einen festen Scheitel P_0 unter einer perspektiven Affinität φ wieder auf einen rechten Winkel mit dem Scheitel $P = \varphi(P_0)$ abgebildet werden. Dazu greifen wir auf die in 2.3.2 erarbeitete Darstellung einer perspektiven Affinität $\varphi : \mathbb{R}^2 \rightarrow \mathbb{R}^2$ zurück, welche die $x-$Achse als Affinitätsachse besitzt sowie $P_0(0|p)$ auf $P(qp|rp)$ abbildet und gehen von zwei zueinander orthogonalen Geraden

$$g_0 : ax + by = c_0 \text{ und } h_0 : bx - ay = d_0$$

durch $P_0(u|v)$ aus, welche unter Verwendung von M^{-1} aus 2.3.2 via φ auf

$$g : a \cdot \left(x - \frac{q}{r} \cdot y \right) + b \cdot \frac{1}{r} \cdot y = c \text{ und } h : b \cdot \left(x - \frac{q}{r} \cdot y \right) - a \cdot \frac{1}{r} \cdot y = d$$

bzw.

$$g:\ ax + \frac{b - aq}{r} \cdot y = c \quad \text{und} \quad h:\ bx - \frac{a + bq}{r} \cdot y = d$$

abgebildet werden, wobei

$$g \perp h \ \Leftrightarrow \ ab - \frac{(b - aq) \cdot (bq + a)}{r^2} = 0 \ \Leftrightarrow \ abr^2 + abq^2 - b^2q + a^2q - ab = 0 \ \ (*).$$

Führen wir jetzt noch die Hilfsvariable $k_{h_0} = \frac{b}{a}$ ein, so ist $(*)$ nach Division durch $-a^2q$ zur quadratischen Gleichung

$$k^2 - \frac{q^2 + r^2 - 1}{q} \cdot k - 1 = 0 \ \ (**)$$

äquivalent, was bereits zeigt, dass für deren Lösungen k_1 und k_2 jedenfalls $k_1 \cdot k_2 = -1$ gilt. Dies war aber zu erwarten, da sich mit der Steigung k von h_0 jene von g_0 automatisch durch $\frac{-1}{k}$ ergibt (vgl. Abschnitt 2.1.6).

Jetzt sei es dem werten L $\overset{e}{\underset{o}{}}$ ser überlassen, zu zeigen, dass die Lösungen von $(**)$ sich durch

$$_1k_2 = \frac{q^2 + r^2 - 1 \pm \sqrt{[(r - 1)^2 + q^2] \cdot [(r + 1)^2 + q^2]}}{2q} \ \ (\#\#\#)$$

darstellen lassen, was wegen $(r - 1)^2 + q^2 > 0 \wedge (r + 1)^2 + q^2 > 0$ für den Radikanden $\mathcal{R}$ unmittelbar $\mathcal{R} > 0$ impliziert, womit $(**)$ demnach stets zwei reelle Lösungen aufweist, wenn $r \neq 1$ sowie $q \neq 0$ gilt (was ja bei einer nicht-trivialen perspektiven Affinität stets zutrifft).

Schneiden wir

$$g_0:\ y = kx + v - ku \quad \text{und} \quad h_0:\ y = \frac{-1}{k} \cdot x + v + \frac{u}{k}$$

jeweils mit der Affinitätsachse (i.e. x–Achse), so liefert dies die Punkte

$$G\left(u - \frac{v}{k}\middle|0\right) \quad \text{und} \quad H(u + vk|0)$$

sowie den Mittelpunkt

$$M_{GH} = \frac{1}{2} \cdot (G + H), \text{ ergo } M_{GH}\left(u + \frac{v}{2k} \cdot (k^2 - 1)\middle|0\right),$$

wobei letzterer unter Verwendung von $(**)$ auch als

$$M_{GH}\left(u + \frac{v}{2q} \cdot (q^2 + r^2 - 1)\middle|0\right)$$

angeschrieben werden kann.

Es bleibt nun wiederum dem werten L $\overset{e}{\underset{o}{}}$ ser überlassen, durch Aufstellen einer Gleichung der Streckensymmetrale m_{P_0P} von $P_0(u|v)$ und $P(u + qv|rv)$ zu zeigen, dass $M_{GH} \in m_{P_0P}$ gilt.

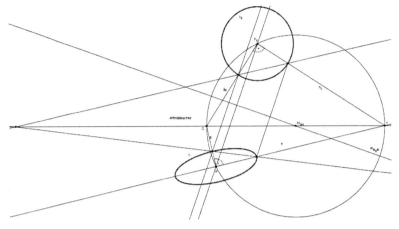

Daraus ergibt sich nunmehr zusammen mit dem Satz von THALES samt seiner Umkehrung, dass P_0 wie auch P auf der Kreislinie k mit dem Mittelpunkt M_{GH} über/unter dem Durchmesser GH

liegen, womit sich also eine **Konstruktion** für das einzige orthogonale Geradenpaar durch einen Punkt P_0 ergibt, welches unter φ wieder auf ein durch $P = \varphi(P_0)$ gehendes orthogonales Geradenpaar abgebildet wird[39]:

- Schneide die Streckensymmetrale m_{P_0P} mit der Affinitätsachse.

- Schneide den Kreis um den erhaltenen Schnittpunkt durch P_0 und P mit der Affinitätsachse und verbinde die Schnittpunkte sowohl mit P_0 als auch mit P.

- Dann erzeugen passende Seitenpaare des entstehenden Sehnenvierecks genau die beiden gesuchten Rechtwinkelpaare.

Diese Konstruktion ist zusammen mit der sich daraus ergebenden Achsenkonstruktion einer Ellipse k, welche sich als perpektiv-affines Bild eines Kreises k_0 ergibt, in der obigen Abbildung illustriert, was zu analysieren wiederum dem werten L $\overset{e}{\underset{\ddot{o}}{}}$ ser überlassen bleibt.

2.4 Die GAUSS-Gerade

In der unteren Abbildung ist folgender im Jahre 1810 vom großen Mathematiker Carl Friedrich GAUSS (1777-1855) entdeckte SATZ illustriert:

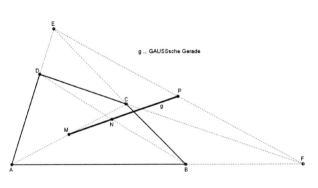

SATZ (GAUSSsche Gerade). Sei $ABCDEF$ das zum Viereck $ABCD$ zugehörige *vollständige Vierseit* (siehe Abbildung). Dann liegen die Mittelpunkte der drei(!) Diagonalen AC, BD und EF kollinear.

[39]Für eine elementargeometrische Argumentation siehe [71]!

BEWEIS. O.B.d.A. gehen wir vom Viereck $ABCD$ $[A(0|0), B(2a|0), C(2b|2c), D(2d|2e)]$ aus, woraus sich zunächst unmittelbar $M(b|c)$ und $N(a + d|e)$ ergibt.

Zur Ermittlung von P benötigen wir zuerst die via $g_{AD} \cap g_{BC} =: \{E\}$ und $g_{AB} \cap g_{CD} =: \{F\}$ definierten Schnittpunkte. Da somit insbesondere $E \in g_{AD}$ sowie $F \in g_{AB}$ gilt, liegen die Ansätze $E(kd|ke)$ und $F(z|0)$ natürlich nahe.

Zwecks Berechnung des unbekannten Parameters k bringen wir noch die Inzidenz $E \in g_{BC}$ $(*)$ ein, ergo:

$$\overrightarrow{BC} = \begin{pmatrix} 2b - 2a \\ 2c \end{pmatrix} \parallel \begin{pmatrix} b - a \\ c \end{pmatrix} \perp \begin{pmatrix} c \\ a - b \end{pmatrix} \Rightarrow g_{BC} : cx + (a - b)y = 2ac$$

Wegen $(*)$ ergibt sich nun $ckd + (a - b)ke = 2ac$ bzw. $k(cd + ae - be) = 2ac$, woraus $k = \frac{2ac}{cd + ae - be}$ und somit $E\left(\frac{2acd}{cd + ae - be} \middle| \frac{2ace}{cd + ae - be}\right)$ folgt.

Die Bestimmung der unbekannten Koordinate z von F erfolgt freilich über die Inzidenz $F \in g_{CD}$ $(**)$, ergo:

$$\overrightarrow{CD} = \begin{pmatrix} 2d - 2b \\ 2e - 2c \end{pmatrix} \parallel \begin{pmatrix} d - b \\ e - c \end{pmatrix} \perp \begin{pmatrix} e - c \\ b - d \end{pmatrix}$$

$$\Rightarrow g_{CD} : (e - c)x + (b - d)y = 2(be - cd)$$

Aufgrund von $(**)$ folgt unmittelbar $(e - c)x = 2(be - cd)$, woraus sich sofort $F\left(\frac{2(be - cd)}{e - c} \middle| 0\right)$ ergibt.

Dies hat wegen $P = \frac{1}{2}(E + F)$ zunächst $P\left(\frac{acd}{cd + ae - be} + \frac{be - cd}{e - c} \middle| \frac{ace}{cd + ae - be}\right)$ zur Folge. Um nun die Kollinearität von M, N und P nachzuweisen, zeigen wir aufgrund der komplizierten Termstruktur von P am besten, dass P auf der durch M und N generierten Gerade g_{MN} liegt, ergo:

$$\overrightarrow{MN} = \begin{pmatrix} a + d - b \\ e - c \end{pmatrix} \perp \begin{pmatrix} c - e \\ a + d - b \end{pmatrix} \Rightarrow g_{MN} : (c - e)x + (a + d - b)y = ac + cd - be$$

$\Rightarrow P \in g_{MN}$, weil

$$(c - e) \cdot \left(\frac{acd}{cd + ae - be} + \frac{be - cd}{e - c}\right) + (a + d - b) \cdot \frac{ace}{cd + ae - be} =$$

$$= \frac{acd(c - e)}{cd + ae - be} + cd - be + \frac{ace(a + d - b)}{cd + ae - be} =$$

$$= \frac{ac}{cd + ae - be} \cdot (cd - de + ae + de - be) + cd - be =$$

$$= \frac{ac}{cd + ae - be} \cdot (cd + ae - be) + cd - be = ac + cd - be, \ \square$$

2.5   Der Fundamentalsatz der Axonometrie von GAUSS

Einleitung

Der mittlerweile etwas in Vergessenheit geratene (obwohl auf GAUSS zurückgehende) *Fundamentalsatz der Axonometrie* ("FSDA") gestattet eine mit gehörigen Freiheitsgraden versehene Möglichkeit, "richtige" Normalrisse von Würfeln zu erzeugen, was bedeuten soll, dass die Grund- bzw. Auf- bzw. Kreuzrisse dreier den Würfel erzeugenden Vektoren tatsächlich von einem orthogonalem Dreibein herrühren. In weiterer Folge werden Analoga für zwei weitere platonische Polyeder, nämlich das (zu sich selbst duale) Tetraeder und das (zum Würfel duale) Oktaeder behandelt. Wir beginnen mit einer für den hier vorgestellten Beweis adäquaten Formulierung des FSDA:

Satz, Beweis, Bemerkungen und Folgerungen

SATZ 1. Es sei $\mathcal{B} = \{\vec{x_1},\ \vec{x_2},\ \vec{x_3}\}$ eine Orthonormalbasis ("ONB") des $\mathbb{R}^3$. Dann gilt für die den entsprechenden Grundrissen $\vec{x_1}'$, $\vec{x_2}'$ und $\vec{x_3}'$ zugeordneten komplexen Zahlen z_1, z_2 und z_3 die Gleichung $z_1^2 + z_2^2 + z_3^2 = 0$ (*).

BEWEIS. Wir betrachten die orthogonale Matrix $\mathcal{O}$, welche den Basiswechsel von der Standardbasis des $\mathbb{R}^3$ zu $\mathcal{B}$ vermittelt:

$$\mathcal{O} = \begin{pmatrix} x_{11} & x_{12} & x_{13} \\ x_{21} & x_{22} & x_{23} \\ x_{31} & x_{32} & x_{33} \end{pmatrix}$$

Dann gilt für die zugeordneten komplexen Zahlen z_i

$$z_1 = x_{11} + x_{21} \cdot i,$$

$$z_2 = x_{12} + x_{22} \cdot i \text{ sowie}$$

$$z_3 = x_{13} + x_{23} \cdot i.$$

Dies liefert

$$z_1^2 + z_2^2 + z_3^2 = \underbrace{(x_{11}^2 + x_{12}^2 + x_{13}^2)}_{=:\alpha} - \underbrace{(x_{21}^2 + x_{22}^2 + x_{23}^2)}_{=:\beta} + 2\underbrace{(x_{11}x_{21} + x_{12}x_{22} + x_{13}x_{23})}_{=:\chi} \cdot i.$$

Da in $\mathcal{O}$ aber nicht nur die Spaltenvektoren $\vec{x_i}$, sondern auch die Zeilenvektoren $\vec{z_i}$ eine ONB bilden (Charakteristikum einer orthogonalen Matrix!), gilt somit $\vec{z_i} \cdot \vec{z_j} = \delta_{ij}$, weshalb wegen $\alpha = \vec{z_1} \cdot \vec{z_1}$, $\beta = \vec{z_2} \cdot \vec{z_2}$ und $\chi = \vec{z_1} \cdot \vec{z_2}$ somit $\alpha = \beta (= 1)$ sowie $\chi = 0$ gilt, woraus unmittelbar (*) folgt, $\sqrt{}$.

Bemerkungen

1. Obige Beweisführung lässt deutlich erkennen, dass der Fundamentalsatz nicht nur für die den Grundrissen, sondern auch den Auf- bzw. Kreuzrissen entsprechenden komplexen Zahlen gilt, wenn man die Eigenschaft $\langle \vec{z_i} | \vec{z_j} \rangle = \delta_{ij}$ entsprechend mutatis mutandis verwendet.

2. Da durch homogene Vervielfachung der Vektoren von $\mathcal{B}$ die Gleichung (*) erhalten bleibt, kann man zur Herstellung irgendeines Normalrisses eines Würfels also von zwei beliebigen komplexen Zahlen z_1 und z_2 ausgehen und dann z_3 aus (*) berechnen (oder auch konstruktiv unter Verwendung der geometrischen Interpretationen der vier Grundrechnungsarten in $\mathbb{C}$!), was aufgrund der algebraischen Abgeschlossenheit von $\mathbb{C}$ uneingeschränkt möglich ist.

3. Einen anderen (auch mit Mitteln der linearen Algebra geführten) Beweis (u.a. unter Verwendung der Richtungscosinus) findet man in [20], S. 204!

4. Möchte man den Fundamentalsatz etwa in einem Wahlpflichtfach in der Oberstufe beweisen, hat dort aber nicht das für den obigen Beweis notwendige Instrumentarium der Linearen Algebra zur Verfügung, besteht dennoch eine Möglichkeit einen Beweis zu führen, wie im Anhang gezeigt werden wird.

Folgerungen

- Konsequenzen des FSDA für das Tetraeder:

Jedes Tetraeder lässt sich bekanntlich aus dem Würfel ableiten, indem man drei Paare windschief-normaler Flächendiagonalen des Würfels als Kanten für das Tetraeder wählt. Dies lässt übrigens für jeden Würfel zwei Möglichkeiten zu, ein Tetraeder einzuschreiben. Beide Tetraeder zusammen ergeben dann eine sogenannte "Stella octangula", welche etwa in der Natur als Zwillingskristall auftritt (siehe z.B. [6], S. 115). Der Verschneidungskörper ist dann das dem Würfel einbeschriebene (im Gegensatz zum Tetraeder eindeutige!) Oktaeder, worauf hier an späterer Stelle noch eingegangen wird.

Sind nun z.B. $\vec{x_1}$, $\vec{x_2}$ und $\vec{x_3}$ die den Würfel $ABCDEFGH$ erzeugenden Vektoren (z.B. $\vec{x_1} = \overrightarrow{AB}$, $\vec{x_2} = \overrightarrow{AD}$ und $\vec{x_3} = \overrightarrow{AE}$), dann wählen wir (nicht o.B.d.A., aber momentan!) A im Koordinatenursprung des $\mathbb{R}^3$ und betrachten das Tetraeder $BDEG$, dessen Eckpunkte somit mit den Vektoren $\vec{x_1}$, $\vec{x_2}$, $\vec{x_3}$ und $\vec{x_1} + \vec{x_2} + \vec{x_3}$ identifiziert werden können.[40]

Ordnen wir nun den vier Tetraedereckpunkten (bzw. gleichbedeutend: den soeben aufgelisteten entsprechenden Ortsvektoren) deren Grund- (bzw. Auf- bzw. Kreuz-) risse und diesen wiederum die entsprechenden komplexen Zahlen z_1, z_2, z_3 und z_4 (wobei $z_4 = z_1 + z_2 + z_3$) zu, betrachten einerseits

$$\sum_{i=1}^{4} z_i{}^2 = \sum_{i=1}^{3} z_i{}^2 + \left(\sum_{i=1}^{3} z_i\right)^2$$

und andererseits

$$\left(\sum_{i=1}^{4} z_i\right)^2 = \left(2\sum_{i=1}^{3} z_i\right)^2 = 4\left(\sum_{i=1}^{3} z_i\right)^2,$$

dann erhalten wir unter Beachtung von $\sum_{i=1}^{3} z_i^2 = 0$ (FSDA!) schließlich

$$\sum_{i=1}^{4} z_i{}^2 = 2\prod_{i \neq j} z_i z_j$$

---

[40]Sehr wohl o.B.d.A. erfolgt jedoch die beliebige Wahl eines der beiden Tetraeder, da sein "Zwillingstetraeder" auf gleiche Weise aus einem anderen Würfel abgeleitet werden kann, welcher aus dem ursprünglichen Würfel z.B. durch die Verkettung einer Drehung um $90°$ um die Gerade g_{AD} (wobei hier B in E übergehen soll) und einer Translation durch den Vektor $\vec{x_1}$ entsteht.

bzw.

$$\left(\sum_{i=1}^{4} z_i\right)^2 = 8 \prod_{i \neq j} z_i z_j$$

und somit insgesamt die Gleichung

$$\left(\sum_{i=1}^{4} z_i\right)^2 = 4 \sum_{i=1}^{4} z_i^2 \quad (**),$$

dies alles aber unter der Annahme, dass A im Ursprung liegt.

Um diese Annahme fallen zu lassen, unterwerfen wir jedes z_i einer Translation (nach entsprechender Zuordnung: durch eine komplexe Zahl ζ) und untersuchen die Wirkung auf die beiden Seiten ("LS" und "RS") der Gleichung $(**)$:

LS: Aus $z_i \mapsto z_i + \zeta$ folgt, dass

$$\left(\sum_{i=1}^{4} z_i\right)^2 \quad \text{in} \quad \left(\sum_{i=1}^{4} z_i + 4\zeta\right)^2$$

übergeht, d.h.

$$\left(\sum_{i=1}^{4} z_i\right)^2 \quad \text{ändert sich um} \quad + \left(16\zeta^2 + 8\zeta \sum_{i=1}^{4} z_i\right).$$

RS: Ebenso aus $z_i \mapsto z_i + \zeta$ folgt, dass

$$4 \sum_{i=1}^{4} z_i^2 \quad \text{in} \quad 4 \sum_{i=1}^{4} (z_i + \zeta)^2$$

übergeht, was wegen

$$4 \sum_{i=1}^{4} (z_i + \zeta)^2 = 4 \sum_{i=1}^{4} z_i^2 + 8\zeta \sum_{i=1}^{4} z_i + 16\zeta^2$$

bedeutet, dass sich

$$4 \sum_{i=1}^{4} z_i^2 \quad \text{ebenso um} \quad + \left(16\zeta^2 + 8\zeta \sum_{i=1}^{4} z_i\right)$$

ändert.

Dies bedeutet also, dass $(**)$ translationsinvariant ist, womit die Beschränkung $A(0|0|0)$ aufgehoben ist, und wir nun uneingeschränkt formulieren können:

SATZ 2. Es seien z_1, z_2, z_3 und z_4 die den Grund-, Auf- oder Kreuzrissen der Eckpunkte eines Tetraeders zugeordneten komplexen Zahlen. Dann gilt

$$\boxed{\left(\sum_{i=1}^{4} z_i\right)^2 = 4 \sum_{i=1}^{4} z_i^2.}$$

- Konsequenzen des FSDA für das Oktaeder:

Bekanntlich bildet die konvexe Hülle der Mittelpunkte der Begrenzungsquadrate eines Würfels ein regelmäßiges Oktaeder, welches sich somit (im Gegensatz zum Tetraeder, wie wir zuvor gesehen haben!) eindeutig aus dem Würfel ableiten lässt.

Um diese Eigenschaft auszunutzen, gehen wir ähnlich wie zuvor beim Tetraeder vor und führen im Würfel $ABCDEFGH$ die Bezeichnungen $\overrightarrow{AB} = 2\vec{x_1}$, $\overrightarrow{AD} = 2\vec{x_2}$ und $\overrightarrow{AE} = 2\vec{x_3}$ ein, woraus dann das Oktaeder $PQRSTU$ durch die Identifikationen $P = \vec{x_1}+\vec{x_3} =: \vec{y_1}$, $Q = 2\vec{x_1}+\vec{x_2}+\vec{x_3} =: \vec{y_2}$, $R = \vec{x_1}+2\vec{x_2}+\vec{x_3} =: \vec{y_3}$, $S = \vec{x_2}+\vec{x_3} =: \vec{y_4}$, $T = \vec{x_1} + \vec{x_2} =: \vec{y_5}$ und $U = \vec{x_1} + \vec{x_2} + 2\vec{x_3} =: \vec{y_6}$ entsteht.

Wieder ordnen wir nun den Vektoren $\vec{x_i}$ die ihren Grund-, Auf- bzw. Kreuzrissen entsprechenden komplexen Zahlen z_i zu, ebenso ordnen wir den neuen Vektoren $\vec{y_i}$ die ihren Grund-, Auf- bzw. Kreuzrissen entsprechenden komplexen Zahlen w_i zu. Dann besteht zwischen den z_is und den w_is der in obigen Idenfikationen ausgedrückte Sachverhalt, wobei eben stets x durch z und y durch w ersetzt werden muss.

In diesem Sinne betrachten wir nun (wieder unter Beachtung des FSDA) einerseits

$$\sum_{i=1}^{6} w_i{}^2 = 8 \sum_{i=1}^{3} z_i{}^2 + 12 \prod_{i \neq j} z_i z_j$$

und andererseits

$$\left(\sum_{i=1}^{6} w_i \right)^2 = \left(6 \sum_{i=1}^{3} z_i \right)^2 = 36 \sum_{i=1}^{3} z_i{}^2 + 72 \prod_{i \neq j} z_i z_j,$$

woraus wegen FSDA also

$$\sum_{i=1}^{6} w_i{}^2 = 12 \prod_{i \neq j} z_i z_j$$

bzw.

$$\left(\sum_{i=1}^{6} w_i \right)^2 = 72 \prod_{i \neq j} z_i z_j,$$

und somit insgesamt die Gleichung

$$\left(\sum_{i=1}^{6} w_i \right)^2 = 6 \sum_{i=1}^{6} w_i{}^2 \quad (***)$$

folgt, dies alles aber (wie schon beim Tetraeder) unter der Annahme, dass A im Ursprung liegt.

Dass diese Annahme aufgrund der Tatsache, dass sich bei einer Translation (nach entsprechender Zuordnung: durch eine komplexe Zahl ζ) jedes w_is beide Seiten von $(***)$ um $+\left(36\zeta^2 + 12\zeta \sum_{i=1}^{6} w_i \right)$ ändern, für jedes Okateder im $\mathbb{R}^3$ gilt, sei hier ohne Beweis nur mitgeteilt, da selbiger analog zum Tetraeder geführt werden kann.

Ebenso lässt sich eine entsprechende Formel mutatis mutandis für den Würfel beweisen, sie wird im Anschluss an Satz 3 in Satz 4 (ohne Beweis, selbiger erfolgt ebenso analog zu Satz 2 und Satz 3!) formuliert werden, bevor wir zum bereits angekündigten Anhang übergehen.

SATZ 3. Es seien z_1, z_2, z_3, z_4, z_5 und z_6 die den Grund-, Auf- oder Kreuzrissen der Eckpunkte eines Oktaeders zugeordneten komplexen Zahlen. Dann gilt

$$\left(\sum_{i=1}^{6} z_i \right)^2 = 6 \sum_{i=1}^{4} z_i{}^2.$$

SATZ 4. Es seien z_1, z_2, z_3, z_4, z_5, z_6, z_7 und z_8 die den Grund-, Auf- oder Kreuzrissen der Eckpunkte eines Würfels zugeordneten komplexen Zahlen. Dann gilt

$$\left(\sum_{i=1}^{8} z_i \right)^2 = 8 \sum_{i=1}^{4} z_i{}^2.$$

Anhang: Beweis des FSDA im Wahlpflichtfach Mathematik ("WM")

Anstatt zum Beweis des FSDA charakteristische Eigenschaften orthogonaler Matrizen heranzuziehen, ist es m.E. für das WM weitaus passender (bzw. aufgrund der fehlenden Kenntnisse entsprechender Begriffe der Linearen Algebra schlicht und einfach notwendig!), ganz bestimmte Eigenschaften des (aus dem Mathematikunterricht bekannten) vektoriellen Produkts zu verwenden, und zwar wie folgt (wobei die hier gewählte Darstellung im WM aufgrund eines anderen Adressatenkreises eher nicht so prägnant sein sollte!):

Wir gehen von zwei Vektoren $\vec{a} = \begin{pmatrix} a_1 \\ a_2 \\ a_3 \end{pmatrix}$ und $\vec{b} = \begin{pmatrix} b_1 \\ b_2 \\ b_3 \end{pmatrix}$ aus, welche die Bedingungen

$$|\vec{a}| = \left|\vec{b}\right| = 1 \text{ sowie } \vec{a} \cdot \vec{b} = 0$$

erfüllen.
Für den via

$$\vec{a} \times \vec{b} = \begin{pmatrix} a_2 b_3 - a_3 b_2 \\ a_3 b_1 - a_1 b_3 \\ a_1 b_2 - a_2 b_1 \end{pmatrix}$$

konstruierten Vektor $\vec{c}$ gelten somit aufgrund bekannter Eigenschaften des vektoriellen Produkts automatisch die Folgerungen

$$|\vec{c}| = 1 \text{ sowie } veca \cdot \vec{c} = \vec{b} \cdot \vec{c} = 0.$$

Unter Benutzung all der drei Bedingungen und der drei Folgerungen berechnen wir nun für

$$z_1 := a_1 + a_2 \cdot i, \quad z_2 := b_1 + b_2 \cdot i \text{ sowie } z_3 := (a_2 b_3 - a_3 b_2) + (a_3 b_1 - a_1 b_3) \cdot i$$

"straight forward" die Quadratsumme

$$S := \sum_{k=1}^{3} z_k{}^2,$$

und zwar (zwecks bessrer Übersichtlichkeit!) getrennt nach Real- und Imaginärteil:

$$\Re(S) = a_1^2 + b_1^2 + (a_2b_3 - a_3b_2)^2 - [a_2^2 + b_2^2 + (a_3b_1 - a_1b_3)^2]$$

$$\Re(S) = a_1^2 + b_1^2 + a_2^2b_3^2 - 2a_2a_3b_2b_3 + a_3^2b_2^2 - a_2^2 - b_2^2 - a_3^2b_1^2 + 2a_1a_3b_1b_3 - a_1^2b_3^2$$

$$\Re(S) = a_1^2 \underbrace{(1-b_3^2)}_{b_1^2+b_2^2} + b_1^2 \underbrace{(1-a_3^2)}_{a_1^2+a_2^2} - a_2^2 \underbrace{(1-b_3^2)}_{b_1^2+b_2^2} - b_2^2 \underbrace{(1-a_3^2)}_{a_1^2+a_2^2} \underbrace{-2a_3b_3}_{2(a_2b_2+a_1b_1)} (a_2b_2 - a_1b_1)$$

$$\Re(S) = (a_1^2 - a_2^2)(b_1^2 + b_2^2) + (b_1^2 - b_2^2)(a_1^2 + a_2^2) + 2(a_2^2b_2^2 - a_1^2b_1^2)$$

$$\Re(S) = a_1^2b_1^2 - a_2^2b_1^2 + a_1^2b_2^2 - a_2^2b_2^2 + a_1^2b_1^2 - a_1^2b_2^2 + a_2^2b_1^2 - a_2^2b_2^2 + 2a_2^2b_2^2 - 2a_1^2b_1^2$$

$$\Rightarrow \quad \Re(S) = 0$$

$$\Im(S) = 2[a_1a_2 + b_1b_2 + (a_2b_3 - a_3b_2)(a_3b_1 - a_1b_3)]$$

$$\Im(S) = 2(a_1a_2 + b_1b_2 + a_2a_3b_1b_3 - a_3^2b_1b_2 - a_1a_2b_3^2 + a_1a_3b_2b_3)$$

$$\Im(S) = 2[a_1a_2 \underbrace{(1-b_3^2)}_{b_1^2+b_2^2} + b_1b_2 \underbrace{(1-a_3^2)}_{a_1^2+a_2^2} + \underbrace{a_3b_3}_{-(a_1b_1+a_2b_2)} (a_1b_2 + a_2b_1)]$$

$$\Im(s) = 2[a_1a_2b_1^2 + a_1a_2b_2^2 + a_1^2b_1b_2 + a_2^2b_1b_2 - a_1^2b_1b_2 - a_1a_2b_2^2 - a_1a_2b_1^2 - a_2^2b_1b_2]$$

$$\Rightarrow \Im(S) = 2 \cdot 0 = 0$$

Insgesamt erhalten wir also

$$S = 0 + 0 \cdot i = 0,$$

womit nun auch dieser elementare(re[41]) Beweis abgeschlossen ist.

2.6 Konjugierte Ellipsendurchmesser/Krümmungskreiskonstruktion

In [30], S. 152f, findet sich eine bemerkenswerte Konstruktion für den Krümmungskreis k_P an eine Ellipse ell in einem beliebigen auf ihr liegenden Punkt P, welche ebenda (wie es auch sonst dem Zugang in diesem feinen Büchlein entspricht) ohne Verwendung von Koordinaten unter Einsatz geometrischer Methoden (Elementargeometrie, darstellende Geometrie und einfachste Trigonometrie) bewiesen wird. Unser erklärtes Ziel in diesem Abschnitt ist nun ein analytischer Beweis dieser Konstruktion, welche in der zweigeteilten Abbildung (links: die charmante über ein Jahrhundert alte Konstruktion; rechts: die stilistisch dem Zeitalter der Computergeometrie angepasste Figur) illustriert ist. Zwecks einer ökonomischen Formulierung dieses Konstruktion definieren wir zunächst, was man unter einem konjugierten Durchmesserpaar einer Ellipse versteht und leiten zuvor noch einen wichtigen Sachverhalt dieses Begriffspaar betreffend ab:

---

[41] Hier zeigt sich wieder einmal, dass Beweise (wenn sie auch elementar sein mögen) umso länger werden, je schwächeres Rüstwerkzeug man ihn ihnen zum Einsatz bringt!

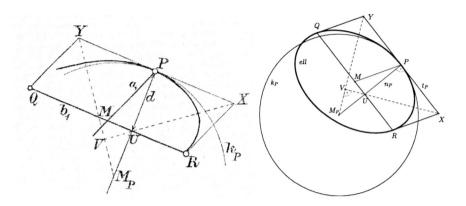

DEFINITION. Sei P ein Punkt einer Ellipse ell sowie QR jener zur Ellipsentangente t_P parallele Ellipsendurchmesser. Dann bezeichnet man QR als den zum Durchmesser OP (wobei O der Spiegelpunkt von P am Ellipsenmittelpunkt M ist) konjugierten Durchmesser.

Dass zwischen den Durchmessern OP und QR "Gleichberechtigung" herrscht (was ja zunächst nicht offenkundig ist, zumal ja QR erst durch OP entsteht), zeigt das folgende

LEMMA. Ist QR der zu OP konjugierte Ellipsendurchmesser, so verlaufen (auch!) die Tangenten in Q und R parallel zum Durchmesser OP.

BEWEIS. Sei $P(x_P|y_P)$ und o.B.d.A. ell durch ell: $b^2x^2 + a^2y^2 = a^2b^2$ gegeben. Wegen $t_P : b^2x_Px + a^2y_Py = a^2b^2$ erhalten wir aufgrund der Definition $g_{QR} : b^2x_Px + a^2y_Py = 0$ bzw.

$$g_{QR} : X = \lambda \cdot \begin{pmatrix} -a^2y_P \\ b^2x_P \end{pmatrix}.$$

$g_{QR} \cap$ ell führt also auf

$$\lambda \cdot (b^2a^4y_P^2 + a^2b^4x_P^2) = a^2b^2 \text{ bzw. } \lambda \cdot a^2b^2(a^2y_P^2 + b^2x_P^2) = a^2b^2.$$

Wegen $P \in$ ell gilt $b^2x_P^2 + a^2y_P^2 = a^2b^2$ und wir erhalten deshalb

$$_1\lambda_2 = \frac{1}{ab} \text{ und somit } Q\left(\frac{-a}{b} \cdot y_P \,\middle|\, \frac{b}{a} \cdot x_P\right) \text{ sowie } R\left(\frac{a}{b} \cdot y_P \,\middle|\, \frac{-b}{a} \cdot x_P\right).$$

Für die Tangenten t_Q und t_R ergeben sich daher die Gleichungen

$$t_Q : b^2 \cdot \frac{-a}{b} \cdot y_P \cdot x + a^2 \cdot \frac{b}{a} \cdot x_P \cdot y = a^2b^2 \text{ und } t_R : b^2 \cdot \frac{a}{b} \cdot y_P \cdot x + a^2 \cdot \frac{-b}{a} \cdot x_P \cdot y = a^2b^2$$

bzw.

$$t_Q : -ab \cdot y_P \cdot x + ab \cdot x_P \cdot y = a^2b^2 \text{ und } t_R : ab \cdot y_P \cdot x - b \cdot x_P \cdot y = a^2b^2$$

bzw.

$$t_Q : -y_P \cdot x + x_P \cdot y = ab \text{ und } t_R : -y_P \cdot x + x_P \cdot y = -ab,$$

was einerseits $t_Q \parallel t_R$ zeigt und andererseits den gemeinsamen Normalvektor

$$\begin{pmatrix} -y_P \\ x_P \end{pmatrix}$$

erkennen lässt, der sichtlich normal auf den Vektor $\overrightarrow{MP}$ (wobei $M(0|0)$ den Ellipsenmittelpunkt bezeichnet) steht, woraus auch die behauptete Parallelität folgt, $\square$

Somit kann man den Satz auch so formulieren, dass bei einem konjugierten Durchmesserpaar die Tangenten in den Endpunkten eines Durchmessers stets parallel zum anderen Durchmesser verlaufen:

$\boxed{\text{SATZ.}}$ Sei P ein Punkt einer Ellipse ell sowie RQ jener zur Ellipsentangente t_P parallele Ellipsendurchmesser. Dann verlaufen auch die Tangenten in Q und R an ell parallel zu MP.

Kommen wir nun zur Krümmungskreiskonstruktion aus dem Abbildungspaar[42], welche wir zunächst als Satz formulieren, den wir anschließend gleich beweisen werden:

$\boxed{\text{SATZ.}}$ Es sei P ein Punkt einer Ellipse ell sowie QR der zu OP konjugierte Durchmesser (wobei O durch Spiegelung von P am Ellipsenmittelpunkt M entsteht). X und Y seien nebst Q und R die weiteren Eckpunkte des von QR sowie den Tangenten t_P, t_Q und t_R erzeugten Parallelogramms. Ferner bezeichne U den Schnittpunkt der Kurvennormale n_P mit QR sowie n die Normale auf UX durch Y. Dann ist $\{M_P\} = n \cap n_P$ der Mittelpunkt des Krümmungskreises k an ell in P.

BEWEIS. Wir gehen wiederum von ell: $b^2 x^2 + a^2 y^2 = a^2 b^2$ sowie $P(x_P|y_P)$ und somit aufgrund des Beweises des Lemmas $Q\left(\frac{-a}{b} \cdot y_P \middle| \frac{b}{a} \cdot x_P\right)$ und $R\left(\frac{a}{b} \cdot y_P \middle| \frac{-b}{a} \cdot x_P\right)$ aus. Dann ergeben sich durch Vektoraddition via $X = R + P$ und $Y = Q + P$ die Eckpunkte $X\left(x_P + \frac{a}{b} \cdot y_P \middle| y_P - \frac{b}{a} \cdot x_P\right)$ und $Y\left(x_P - \frac{a}{b} \cdot y_P \middle| y_P + \frac{b}{a} \cdot x_P\right)$. Aus der Spaltform $t_P : b^2 \cdot x_P \cdot x + a^2 \cdot y_P \cdot y = a^2 b^2$ folgt durch Kippen des ablesbaren Normalvektors sowie durch Einsetzen von P unter Beachtung von $a^2 - b^2 = e^2$ die Gleichung $n_P : a^2 \cdot y_P \cdot x - b^2 \cdot x_P \cdot y = e^2 \cdot x_P \cdot y_P$. Da $M(0|0)$, R und U kollinear liegen, gibt es demnach wegen

$$\overrightarrow{MR} = \frac{1}{ab} \cdot \begin{pmatrix} a^2 \cdot y_P \\ -b^2 \cdot x_P \end{pmatrix}$$

genau ein $\lambda \in \mathbb{R}$, sodass U in der Form $U(a^2 \cdot y_P \cdot \lambda| - b^2 \cdot x_P \cdot \lambda)$ darstellbar ist, was eingesetzt in n_P die Schnittoperation $QR \cap n_P$ abkürzt:

$$(a^4 \cdot y_P^2 + b^4 \cdot x_P^2) \cdot \lambda = e^2 \cdot x_P \cdot y_P$$

bzw. (unter Beachtung von $P \in$ ell, was eingesetzt $b^2 x_P^2 + a^2 y_P^2 = a^2 b^2$ bzw. $a^2 b^2 x_P^2 + a^4 y_P^2 = a^4 b^2$ und schließlich $a^4 y_P^2 = a^4 b^2 - a^2 b^2 x_P^2$, also $a^4 y_P^2 + b^4 x_P^2 = a^4 b^2 - a^2 b^2 x_P^2 + b^4 x_P^2 = b^2[a^4 + (b^2 - a^2)x_P^2] = b^2(a^4 - e^2 x_P^2)$ liefert)

$$\lambda = \frac{e^2 x_P y_P}{b^2(a^4 - e^2 x_P^2)} \quad \Rightarrow \quad U\left(\frac{a^2 e^2 x_P y_P^2}{b^2(a^4 - e^2 x_P^2)} \middle| \frac{-e^2 x_P^2 y_P}{a^4 - e^2 x_P^2}\right)$$

---

[42]Der werte L$\overset{e}{\ddot{o}}$ser versuche vor dem Weiterlesen selbst, diese Konstruktion vom ikonischen in den verbalen Modus zu transferieren.

Wenn wir für den Krümmungskreismittelpunkt $M_p\left(\frac{e^2}{a^4}\cdot x_P^3 \,\middle|\, \frac{-e^2}{b^4}\cdot y_P^3\right)$, den man via Differentialrechnung mit der sogenannten Krümmungskreisformel (vgl. etwa [56]) erhält, sowie die Punkte U, X und Y die Orthogonalitätseigenschaft

$$\overrightarrow{M_PY} \perp \overrightarrow{UX}$$

nachweisen, so folgt daraus wegen der Eindeutigkeit von n die Richtigkeit der Konstruktion, nundenn:

$$\overrightarrow{M_PY} = \begin{pmatrix} x_P - \frac{a}{b}\cdot y_P - \frac{e^2}{a^4}\cdot x_P^3 \\ \frac{b}{a}\cdot x_P + y_P + \frac{e^2}{b^4}\cdot y_P^3 \end{pmatrix},\ \overrightarrow{UX} = \begin{pmatrix} x_P + \frac{a}{b}\cdot y_P - \frac{a^2e^2x_Py_P^2}{b^2(a^4-e^2x_P^2)} \\ \frac{-b}{a}\cdot x_P + y_P + \frac{e^2x_P^2y_P}{a^4-e^2x_P^2} \end{pmatrix}$$

$$\Rightarrow \overrightarrow{M_PY}\cdot\overrightarrow{UX} = x_P^2 - \frac{a^2}{b^2}\cdot y_P^2 - \frac{e^2}{a^4}\cdot x_P^4 - \frac{e^2}{a^3b}\cdot x_P^3 y_P + \frac{e^4x_P^4y_P^2}{a^2b^2(a^4-e^2x_P^2)} - \frac{a^2e^2x_P^2y_P^2}{b^2(a^4-e^2x_P^2)} + \frac{a^3e^2x_Py_P^3}{b^3(a^4-e^2x_P^2)}$$

$$-\frac{b^2}{a^2}\cdot x_P^2 + y_P^2 + \frac{e^2}{b^4}\cdot y_P^4 - \frac{e^2}{ab^3}\cdot x_P y_P^3 + \frac{e^4x_P^2y_P^4}{b^4(a^4-e^2x_P^2)} - \frac{e^2x_P^2y_P^2}{a^4-e^2x_P^2} + \frac{be^2x_P^3y_P}{a(a^4-e^2x_P^2)} =$$

$$= \frac{e^2}{a^2}\cdot x_P^2 - \frac{e^2}{b^2}\cdot y_P^2 - \frac{e^2}{a^4}\cdot x_P^4 + \frac{e^2}{b^4}\cdot y_P^4 - \frac{e^2x_Py_P}{a^3b^3}\cdot \underbrace{(b^2x_P^2 + a^2y_P^2)}_{a^2b^2}$$

$$+\frac{e^4x_P^2y_P^2}{a^2b^4(a^4-e^2x_P^2)}\cdot \underbrace{(b^2x_P^2 + a^2y_P^2)}_{a^2b^2} + \frac{e^2x_P^2y_P^2}{b^2(a^4-e^2x_P^2)}\cdot \underbrace{(b^2 - a^2)}_{-e^2} + \frac{e^2x_Py_P}{ab^3(a^4-e^2x_P^2)}\cdot \underbrace{(b^4x_P^2 + a^4y_P^2)}_{b^2(a^4-e^2x_P^2)} =$$

$$= \frac{e^2}{a^4}\cdot x_P^2\cdot \underbrace{(a^2 - x_P^2)}_{\frac{a^2}{b^2}\cdot y_P^2} + \frac{e^2}{b^4}\cdot y_P^2\cdot \underbrace{(y_P^2 - b^2)}_{-\frac{b^2}{a^2}\cdot x_P^2} - \frac{e^2x_Py_P}{ab} + \frac{e^2x_Py_P}{ab} = \frac{e^2}{a^2b^2}\cdot x_P^2y_P^2 - \frac{e^2}{a^2b^2}\cdot x_P^2y_P^2 = 0,\ \square$$

2.7   Konjugierte Durchmesser und RYTZsche Achsenkonstruktion

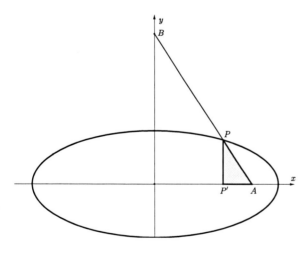

Betrachtet man die Gleichung ell: $b^2x^2 + a^2y^2 = a^2b^2$ einer Ellipse ell in Hauptlage etwas genauer, so erkennt man, dass die durch Auflösen nach y^2 resultierende äquivalente Gleichung $y^2 = b^2 - \frac{b^2x^2}{a^2}$ als der Lehrsatz des PYTHAGORAS in einem rechtwinkligen Dreieck $PP'A$ mit den Kathetenlängen y und $\frac{bx}{a}$ sowie der Hypotenusenlänge b interpretiert werden kann, woraus sich insbesondere ergibt, dass

$$\overrightarrow{PA} = \begin{pmatrix} \frac{bx_P}{a} \\ -y_P \end{pmatrix} = \frac{1}{a}\cdot \begin{pmatrix} bx_P \\ -ay_P \end{pmatrix}$$

gilt. Um zu $\overrightarrow{PB}$ zu gelangen, muss

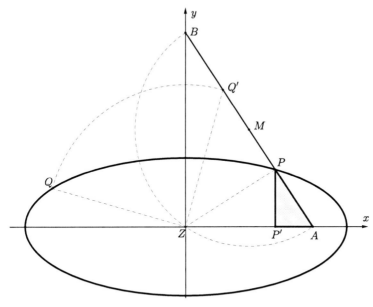

$\overrightarrow{PA}$ durch Kollinearisieren auf die
x−Komponente
$-x_P$ gebracht
werden,   was   via
$$\overrightarrow{PA} = \tfrac{-b}{a}\begin{pmatrix} -x_P \\ \tfrac{a y_P}{b} \end{pmatrix}$$
gelingt und woraus
$\overline{PB} = \tfrac{a}{b} \cdot b = a$
folgt. So nett diese
Eigenschaft[43]auch
ist,   stellt   sich
aber   dennoch   die
Frage   nach   ihrer
konstruktiven   Ver-
wertbarkeit,   wozu
wir   die   fehlende
Symmetrie   der
kollinearen Punkte-
menge $\{B, P, A\}$

dadurch ausgleichen, dass wir diese durch jenen Punkt S auf der Strecke BA ergänzen, für den $\overline{BS} = b$ (bzw. dazu äquivalent: $\overline{SA} = a$)[44] gilt.

Durch Verwendung des Dreiecks $\Delta PP'A$ (oder weniger originell, ergo formell: durch Vektoraddition) führt uns dies auf $S\left(\tfrac{b}{a} \cdot x_P \,\middle|\, \tfrac{a}{b} \cdot y_P\right)$, der nun aber sehr verdächtig an den Punkt Q aus dem vorherigen Abschnitt erinnert. Bei genauerer Betrachtung stellt sich heraus, dass S durch eine Vierteldrehung von Q um den Ursprung im Uhrzeigersinn entsteht, weshalb wir ihn auf Q' umtaufen, woraus sich nun die folgende Konstruktion der Ellipsenachsen aus einem konjugierten Durchmesserpaar (OP, QR) ergibt:

Da $M := M_{PQ'}$ aus Symmetriegründen auch der Mittelpunkt von AB ist, liegen A und B somit auf einer Kreislinie k um M mit dem Durchmesser AB, auf welcher wegen der Umkehrung des Lehrsatzes von THALES auch der Mittelpunkt Z von ell (welcher als Schnittpunkt des konjugierten Durchmesserpaars ja gegeben ist) liegt, lässt sich k ausgehend von (OP, QR) sowie $OP \cap QR = \{Z\}$ als Kreislinie um M durch Z konstruieren, welche mit $g_{PQ'}$ geschnitten somit die Punkte A und B liefert. Trägt man nun auf den Geraden g_{AZ} und g_{BZ} von Z aus beiderseits die Streckenlängen $\overline{BP} > \overline{PA}$ ab, ergeben sich dadurch die Ellipsenscheitel.

Hiebei ist aber noch zu beachten, dass die Zuordnungen der Halbachsenlängen zu den entsprechenden Geraden g_{AZ} und g_{BZ} richtig erfolgt, wozu wir (zumindest anhand der erweiterten Abbildung) konstatieren, dass die Nebenachse durch die stumpfen (und somit die Hauptachse durch die spitzen) Winkelfelder verläuft, welche durch (OP, QR) erzeugt

---

[43]Sie zeigt ja, dass A aus $\mathbb{Q}^2$ ist, wenn dies auch für P der Fall ist. Eine gute Übung für den werten Löser ist es nun, die Ellipsengleichung nach x^2 aufzulösen und somit den Spieß umzukehren.

[44]Man zeichne S in der **ersten** Abbildung ein, geeigneterweise unter Verwendung eines Zirkels!

werden und sich wegen

$$\overrightarrow{ZP} \cdot \overrightarrow{ZQ} = \begin{pmatrix} x_P \\ y_P \end{pmatrix} \cdot \begin{pmatrix} \frac{-a}{b} \cdot y_P \\ \frac{b}{a} \cdot x_P \end{pmatrix} = \left(\frac{b}{a} - \frac{a}{b} \right) \cdot x_P y_P = \frac{b^2 - a^2}{ab} \cdot x_P y_P = \frac{-e^2}{ab} \cdot x_P y_P < 0$$

als richtig erweist, $\square$.

Fassen wir dies zusammen in der

$\boxed{\text{RYTZschen Achsenkonstruktion.}}$ [45]   Es sei (OP, QR) ein konjugiertes Durchmesserpaar einer Ellipse, ferner $Z = M_{OP} = M_{QR}$ sowie Q' der durch Drehung von Q um Z durch 90° entstehende Punkt und schließlich M der Mittelpunkt der Strecke PQ'. Ist k der Kreis um M durch Z und bezeichnen A und B die Schnittpunkte von k mit $g_{PQ'}$, so spannen A und Z sowie B und Z die Achsen der Ellipse auf, wobei die Haupt- bzw. Nebenachse durch die spitzen bzw. stumpfen von OP und QR erzeugten Winkelfelder verläuft und schließlich die längere bzw. kürzere der Strecken AP und PB die halbe Haupt- bzw. Nebenachsenlänge angibt.

$\boxed{\text{BEMERKUNG.}}$ Da für jeden Ellipsenpunkt P die Gleichungen $\overline{PA} = b$ sowie $\overline{PB} = a$ gelten, lassen sich diese abseits der RYTZschen Achsenkonstruktion auch noch in anderer Weise konstruktiv nutzen (vgl. untere linke Abbildung):

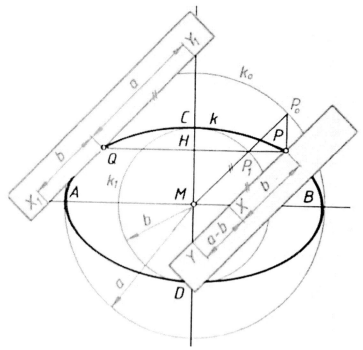

Abbildung 1: ([48], S. 18)

Legt man einen **Papierstreifen** der Länge $a + b$ (In der Abbildung entspricht dieser der Strecke $X_1 Y_1$!) so ins Koordinatensystem, dass die Endpunkte auf den Koordinatenachsen gleiten, so beschreibt jener Punkt Q, der $\overline{QY_1} = a$ sowie $\overline{X_1 Q} = b$ erfüllt, eine Ellipse ell. **Deshalb** wird diese Konstruktion auch als **Papierstreifenkonstruktion** bezeichnet, welche nicht nur für den Fall, dass Q die Strecke $Y_1 X_1$ *innen* im Verhältnis $a : b$ teilt, sondern auch *außen*, gilt (wie der Abbildung zu entnehmen ist, wo die Strecke YX von P *außen* im Verhältnis $a : b$ geteilt wird).

---

[45]David RYTZ (1801-1868), schweizer Mathematiker. Laut [15] findet sich diese Konstruktion 1754 auch schon bei FREZIER.

2.8 Normale Axonometrie

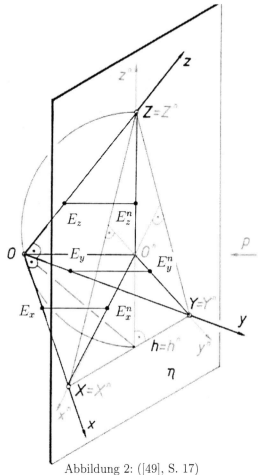

Abbildung 2: ([49], S. 17)

Bei der **Normalen Axonometrie** handelt es sich um eine spezielle Form der Parallelprojektion, da die Projektionsstrahlen in diesem Fall normal auf die Bildebene η stehen. Zwecks analytischer Untersuchung dieses Abbildungstyps gehen wir von der HESSEschen Normalform

$$\eta:\ ax + by + cz = d \text{ mit } a > 0,\ b > 0,\ c > 0 \wedge d > 0$$

(das heißt, dass $a^2 + b^2 + c^2 = 1$ gilt!) aus, woraus sich unmittelbar

$$X^n\left(\frac{d}{a}\,\middle|\,0\,|\,0\right),\ Y^n\left(0|\,\frac{d}{b}\,\middle|\,0\right)$$

sowie

$$Z^n\left(0|0\,\middle|\,\frac{d}{c}\right)$$

ergibt. Für die normalaxonometrischen Bilder der Koordinatenachsen in η sind die soeben berechneten Spurpunkte X^n, Y^n und Z^n Fixpunkte, weshalb nur noch der Normalriss O^n des Ursprungs zu ermitteln ist, welcher auf der Normalen n auf η durch $O(0|0|0)$ liegt, d.h.

$$n:\mathfrak{X} = \lambda \cdot \begin{pmatrix} a \\ b \\ c \end{pmatrix}.$$

Für $\{O^n\} = n \cap \eta$ ergibt sich somit $O^n(ad|bd|cd)$, woraus sich nun die folgenden Sätze beweisen lassen:

| SATZ 1. | Für die Verzerrungsfaktoren[46] $v_x = \frac{\overline{O^nX^n}}{\overline{OX}}$, $v_y = \frac{\overline{O^nY^n}}{\overline{OY}}$ und $v_z = \frac{\overline{O^nZ^n}}{\overline{OZ}}$ gilt die bemerkenswerte Beziehung[47] $v_x^2 + v_y^2 + v_z^2 = 2$.

| SATZ 2. | O^n ist der Höhenschnittpunkt des sogenannten **Hauptgeradendreiecks**[48]

---

[46]Diese sind eigentlich via $v_x = \overline{O^nE_x^n}$, $v_y = \overline{O^nE_y^n}$ und $v_z = \overline{O^nE_z^n}$ definiert, wobei E_x^n, E_y^n und E_z^n die Normalrisse der Einheitsstreckenendpunkte $E_x(1|0|0)$, $E_y(0|1|0)$ und $E_z(0|0|1)$ sind. Jedoch ergibt sich durch Betrachtung der zueinander ähnlichen Dreiecke $\triangle OO^nX^{(n)}$ und $\triangle E_xE_x^nX^{(n)}$ zunächst die Proportion $\overline{O^nX^n} : \overline{OX} = \overline{E_x^nX^n} : \overline{E_xX}$, aus der unmittelbar $\overline{E_x^nX^n} = \lambda \cdot \overline{O^nX^n}$ sowie simultan $\overline{E_xX} = \lambda \cdot \overline{OX}$ folgt. Wegen $\overline{O^nE_x^n} = \overline{O^nX^n} - \overline{E_x^nX^n}$ und $\overline{OE_x} = \overline{OX} - \overline{E_xX}$ erhalten wir daraus zusammen $\overline{O^nE_x^n} = (1 - \lambda) \cdot \overline{O^nX^n}$ sowie $\overline{OE_x} = (1 - \lambda) \cdot \overline{OX}$ und damit $\overline{O^nE_x^n} : \overline{OE_x} = \overline{O^nX^n} : \overline{OX}$, also wegen $\overline{OE_x} = 1$ schließlich $\overline{O^nE_x^n} = \overline{O^nX^n} : \overline{OX}$, $\square$. Analog argumentiert man für v_y und v_z!

[47]Für einen alternativen Beweis siehe auch [49], S. 25 sowie [80], S.98!

[48]Begründe selbst (Vgl. den Zugang zum Vektoriellen Produkt über den Satz vom rechten Winkel in Abschnitt 2.2.1!) diese Namensgebung!

$\Delta X^n Y^n Z^n$.

SATZ 3. Das Hauptgeradendreieck ist stets spitzwinklig bzw. äquivalent: Die Normalrisse der Koordinatenachsen schneiden einander in drei stumpfen Winkeln $\tilde{\alpha}$, $\tilde{\beta}$ und $\tilde{\gamma}$ schneiden.

SATZ 4. Zwischen den Verzerrungverhältnissen v_x, v_y und v_z einerseits und den Sinus- bzw. Cosinuswerten der doppelten Schnittwinkel zwischen den Achsenbildern besteht die eindrucksvolle fortlaufende Proportion $v_x^2 : v_y^2 : v_z^2 = \sin(2 \cdot \tilde{\alpha}) : \sin(2 \cdot \tilde{\beta}) : \sin(2 \cdot \tilde{\gamma})$ bzw. die WEISBACHsche Satzgruppe[49]

$$\cos(2 \cdot \tilde{\alpha}) = \frac{v_x^4 - v_y^4 - v_z^4}{2 v_y^2 v_z^2}, \quad \cos(2 \cdot \tilde{\beta}) = \frac{v_y^4 - v_x^4 - v_z^4}{2 v_x^2 v_z^2}, \quad \cos(2 \cdot \tilde{\gamma}) = \frac{v_z^4 - v_x^4 - v_y^4}{2 v_x^2 v_y^2}.$$

BEWEIS ZU ...

- ... SATZ 1. $\overline{O^n X^n}^2 = \left| \overrightarrow{X^n O^n} \right|^2 = \left| \begin{pmatrix} \frac{d}{a} \cdot (a^2 - 1) \\ bd \\ cd \end{pmatrix} \right|^2 = \frac{d^2}{a^2} \cdot \left| \begin{pmatrix} a^2 - 1 \\ ab \\ ac \end{pmatrix} \right|^2 =$

$$= \frac{d^2}{a^2} \cdot \left(a^4 - 2a^2 + 1 + a^2 b^2 + a^2 c^2 \right) = \frac{d^2}{a^2} \cdot \left(a^2 \cdot \underbrace{(a^2 + b^2 + c^2)}_{1} - 2a^2 + 1 \right) = \frac{d^2}{a^2} \cdot (1 - a^2)$$

Wegen $\overline{OX}^2 = \frac{d^2}{a^2}$ ergibt sich somit $v_x^2 = 1 - a^2$ und in analoger Weise $v_y^2 = 1 - b^2$ sowie $v_z^2 = 1 - c^2$, woraus unmittelbar $v_x^2 + v_y^2 + v_z^2 = 3 - (a^2 + b^2 + c^2) = 2$ folgt, $\square$

- ... SATZ 2. $\overrightarrow{X^n O^n} \parallel \begin{pmatrix} a^2 - 1 \\ ab \\ ac \end{pmatrix}$, $\overrightarrow{Y^n Z^n} \begin{pmatrix} 0 \\ \frac{-d}{b} \\ \frac{d}{c} \end{pmatrix} \parallel \begin{pmatrix} 0 \\ -c \\ b \end{pmatrix}$, woraus

wegen $\begin{pmatrix} a^2 - 1 \\ ab \\ ac \end{pmatrix} \cdot \begin{pmatrix} 0 \\ -c \\ b \end{pmatrix} = 0 - abc + abc = 0$ somit $\overrightarrow{X^n O^n} \perp \overrightarrow{Y^n Z^n}$ folgt.

Analog zeigt man $\overrightarrow{Y^n O^n} \perp \overrightarrow{X^n Z^n}$ sowie $\overrightarrow{Z^n O^n} \perp \overrightarrow{X^n Y^n}$, woraus dann schließlich die Behauptung folgt, $\square$

- ... SATZ 3. Für den Winkel $\tilde{\gamma} = \angle X^n O^n Y^n$ gilt wegen $\overrightarrow{O^n X^n} = \frac{d}{a} \cdot \begin{pmatrix} 1 - a^2 \\ -ab \\ -ac \end{pmatrix} =$

$$= \frac{d}{a} \cdot \begin{pmatrix} b^2 + c^2 \\ -ab \\ -ac \end{pmatrix} \text{ und } \overrightarrow{O^n Y^n} = \frac{d}{a} \cdot \begin{pmatrix} -ab \\ a^2 + c^2 \\ -bc \end{pmatrix} \text{ sowie der Resultate aus dem}$$

Beweis von SATZ 1

$$\cos \tilde{\gamma} = \frac{\frac{d^2}{a^2} \cdot \left(-ab \cdot (\overbrace{b^2 + c^2 + a^2}^{1} + c^2 - c^2) \right)}{\frac{d}{a} \cdot \sqrt{b^2 + c^2} \cdot \frac{d}{a} \cdot \sqrt{a^2 + c^2}} = \frac{-ab}{\sqrt{b^2 + c^2} \cdot \sqrt{a^2 + c^2}},$$

---

[49]Ludwig Julius WEISBACH (1806-1871), deutscher Mathematiker

somit $\cos\tilde\gamma < 0$ und deshalb $\tilde\gamma > 90°$, was man analog auch für $\tilde\beta = \angle X^nO^nZ^n$ und $\tilde\alpha = \angle Y^nO^nZ^n$ zeigen kann, woraus zunächst einmal die Behauptung über die stumpfen Winkel zwischen den Achsenbildern folgt.

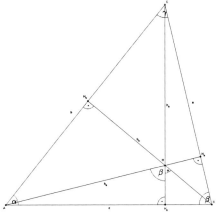

Nun schließen (vgl. Abbildung links) die Höhen h_a und h_b eines spitzwinkligen Dreiecks u.a. den Winkel $\angle AHB = \alpha+\beta$ ein (Die anderen beiden Schnittwinkel sind nochmals $\alpha + \beta$ sowie je einmal der zugehörige Supplementärwinkel, also wegen des Innenwinkelsummensatzes gerade γ.), welcher für den Fall eines stumpfwinkligen Dreiecks (Man tausche einfach die Rollen von C und H!) spitz (γ in der Abbildung) und im Fall eines spitzwinkligen Dreiecks wie ΔABC stumpf ($\alpha + \beta$) ist. Für den zuvor analysierten **stumpfen** Winkel $\tilde\gamma$ gilt demnach $\tilde\gamma = \alpha + \beta$, woraus $\angle X^nZ^nY^n = \gamma < 90°$ folgt. Durch analoge Argumentation ergibt sich $\angle Z^nY^nX^n = \beta < 90°$ sowie $\angle Z^nX^nY^n = \alpha < 90°$, woraus die Behauptung über die Spitzwinkligkeit des Hauptgeradendreiecks folgt.[50] $\square$

• ... SATZ 4. Aus $\cos\tilde\gamma = \dfrac{-ab}{\sqrt{b^2+c^2}\cdot\sqrt{a^2+c^2}}$ folgt

$$\sin^2\tilde\gamma = 1 - \left(\frac{-ab}{\sqrt{b^2+c^2}\cdot\sqrt{a^2+c^2}}\right)^2 = \frac{(b^2+c^2)(a^2+c^2)-a^2b^2}{(b^2+c^2)(a^2+c^2)} =$$

$$= \frac{a^2b^2+a^2c^2+b^2c^2+c^4-a^2b^2}{(b^2+c^2)(a^2+c^2)} = \frac{c^2\overbrace{(a^2+b^2+c^2)}^{1}}{(b^2+c^2)(a^2+c^2)} \;\Rightarrow\; \sin\tilde\gamma = \frac{c}{\sqrt{b^2+c^2}\cdot\sqrt{a^2+c^2}}.$$

Wegen $\sin(2\cdot\tilde\gamma) = 2\cdot\sin\tilde\gamma\cdot\cos\tilde\gamma$ ergibt sich somit

$$\sin(2\cdot\tilde\gamma) = \frac{-2abc}{(b^2+c^2)(a^2+c^2)} = \frac{-2abc}{(1-a^2)(1-b^2)}$$

und auf analoge Weise

$$\sin(2\cdot\tilde\beta) = \frac{-2abc}{(1-a^2)(1-c^2)} \quad\text{sowie}\quad \sin(2\cdot\tilde\alpha) = \frac{-2abc}{(1-b^2)(1-c^2)}.$$

Dies wiederum zieht

$$\sin(2\cdot\tilde\alpha):\sin(2\cdot\tilde\beta) = \frac{-2abc}{(1-b^2)(1-c^2)} : \frac{-2abc}{(1-a^2)(1-c^2)} =$$

---

[50]Es sei dem werten Lёser als Übung überlassen, in umgekehrter Reihenfolge von der Spitzwinkligkeit des Hauptgeradendreiecks auf die stumpfen Winkel zwischen den Achsenbildern zu schließen.

$$= \frac{-2abc}{(1-b^2)(1-c^2)} \cdot \frac{(1-a^2)(1-c^2)}{-2abc} = \frac{1-a^2}{1-b^2} = v_x^2 : v_y^2$$

sowie analog

$$\sin(2 \cdot \tilde{\beta}) : \sin(2 \cdot \tilde{\gamma}) = v_y^2 : v_z^2$$

nach sich, womit nur noch die WEISBACHsche Satzgruppe zu beweisen ist, nundenn: Wegen $\cos(2 \cdot \tilde{\gamma}) = \cos^2 \tilde{\gamma} - \sin^2 \tilde{\gamma}$ erhalten wir

$$\cos(2 \cdot \tilde{\gamma}) = \frac{a^2 b^2}{(b^2+c^2)(a^2+c^2)} - \frac{c^2}{(b^2+c^2)(a^2+c^2)} = \frac{a^2 b^2 - c^2}{(1-a^2)(1-b^2)},$$

was wegen $v_x^2 = 1 - a^2 = b^2 + c^2$, $v_y^2 = 1 - b^2 = a^2 + c^2$ und $v_z^2 = 1 - c^2 = a^2 + b^2$ auf

$$\frac{v_z^4 - v_x^4 - v_y^4}{2v_x^2 v_y^2} = \frac{(a^2+b^2)^2 - (b^2+c^2)^2 - (a^2+c^2)^2}{2(1-a^2)(1-b^2)} =$$

$$= \frac{a^4 + 2a^2b^2 + b^4 - b^4 - 2b^2c^2 - c^4 - a^4 - 2a^2c^2 - c^4}{2(1-a^2)(1-b^2)} = \frac{2(a^2b^2 - b^2c^2 - a^2c^2 - c^4)}{2(1-a^2)(1-b^2)} =$$

$$= \frac{a^2 b^2 - c^2 \overbrace{(b^2 + a^2 + c^2)}^{1}}{(1-a^2)(1-b^2)} = \cos(2 \cdot \tilde{\gamma}) \text{ führt.}$$

Analog ergeben sich die anderen beiden Formeln der WEISBACH-Gruppe. $\square$

Alternativer[51] Beweis der WEISBACH-Formel(n):

$$\frac{v_z^4 - v_x^4 - v_y^4}{2v_x^2 v_y^2} = \frac{v_z^4 - v_x^4 - v_y^4 - 2v_x^2 v_y^2 + 2v_x^2 v_y^2}{2v_x^2 v_y^2} = \frac{v_z^4 - (v_x^2 + v_y^2)^2}{2v_x^2 v_y^2} + 1 = \frac{v_z^4 - (2 - v_z^2)^2}{2v_x^2 v_y^2} + 1 =$$

$$= \frac{4(v_z^2 - 1)}{2v_x^2 v_y^2} + 1 = \frac{2 \cdot (1 - c^2 - 1)}{v_x^2 v_y^2} + 1 = 1 - 2 \cdot \frac{c^2}{(1-a^2)(1-b^2)} = 1 - 2 \cdot \sin^2 \tilde{\gamma}$$

Wegen $\cos(2 \cdot \tilde{\gamma}) = \cos^2 \tilde{\gamma} - \sin^2 \tilde{\gamma} = 1 - \sin^2 \tilde{\gamma} - \sin^2 \tilde{\gamma} = 1 - 2 \cdot \sin^2 \tilde{\gamma}$ folgt daraus ebenso WEISBACHs Formel, $\square$

2.9   Projektive Geometrie und elementare Algebra, Teil 1

In diesem Abschnitt nehmen wir eine analytische Untersuchung der auf Leon Battista ALBERTI $(1404 - 1472)$ zurückgehenden *costruzione legittima*[52] vor, welche es (wie im Folgenden näher ausgeführt) erlaubt, diverse Parkettierungen der Ebene in Zentralprojektion darzustellen, wobei wir uns hier auf die triviale quadratische Parkettierung beschränken.

  Ausgehend von zwei Strecken OA und OB (siehe Abbildung) werden zunächst die sogenannten *Fluchtpunkte* F_A und F_B der beiden Strecken (im Wesentlichen beliebig) festgelegt. Da wir o.B.d.A. den Ursprung in O legen, gilt dann $F_A = aA$ und $F_B = bB$.[53]

---

[51]Außerdem besteht die Möglichkeit einer geometrischen Intepretation der Winkel $2 \cdot \tilde{\alpha}$, $2 \cdot \tilde{\beta}$ und $2 \cdot \tilde{\gamma}$ in einem Dreieck, dessen Innenwinkel aus den Supplementärwinkeln von $2 \cdot \tilde{\alpha}$, $2 \cdot \tilde{\beta}$ und $2 \cdot \tilde{\gamma}$ bestehen. Für Details siehe [80], S. 99f!

[52][69] entnommen!

[53]In der oberen Abbildung wurde - aus einem ganz bestimmten Grund, der sich in Kürze enthüllen wird - $a = 7$ und $b = 13$ gewählt.

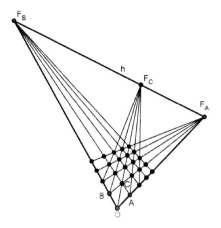

Die Gerade h durch F_A und F_B wird *Horizont* genannt und enthält die *Fluchtpunkte aller Richtungen* der durch O, $\overrightarrow{OA} = A$ und $\overrightarrow{OB} = B$ erzeugten Ebene.

Durch O, A, B sowie die Parameter a und b lässt sich nun in folgender Weise eine quadratische Parkettierung der Ebene erzeugen:

- Schneide g_{AF_B} mit g_{BF_A}, was den vierten Eckpunkt C des *projektiven Quadrats* $OACB$ liefert.

- Schneide g_{OC} mit h, was zum Fluchtpunkt F_C aller zu OC "parallelen" Quadratdiagonalen führt.

- Alle weiteren Eckpunkte benachbarter projektiver Quadrate erhält man nun immer durch das gleiche Prinzip, nämlich: **Alle zu OA bzw. OB "parallelen" Quadratseiten schneiden einander im Fluchtpunkt F_A bzw. F_B, alle zur Diagonale OC "parallelen" Quadratdiagonalen schneiden einander im Fluchtpunkt F_C.**

Wir interessieren uns jetzt für die Abhängigkeit des Faktors c in der Vektorgleichung $F_C = cC$ von den Parametern a und b, wozu wir mit $g_{AF_B} \cap g_{BF_A}$ beginnen:

$g_{AF_B} : X = A + s(F_B - A)$ bzw. $g_{AF_B} : X = A + s(bB - A)$ bzw. $g_{AF_B} : X = (1-s)A + bsB$

$g_{BF_A} : X = B + t(F_A - B)$ bzw. $g_{BF_A} : X = B + t(aA - B)$ bzw. $g_{BF_A} : X = atA + (1-t)B$

$g_{AF_B} \cap g_{BF_A} : (1-s)A + bsB = atA + (1-t)B \ \Rightarrow \ 1-s = at \ \wedge \ bs = 1-t \ \Rightarrow \ b(1-at) = 1-t$

$$\Rightarrow \ b - 1 = t(ab-1) \ \Rightarrow \ t = \frac{b-1}{ab-1} \ \Rightarrow \ C = \frac{ab-a}{ab-1} \cdot A + \left(1 - \frac{b-1}{ab-1}\right) \cdot B$$

$$\text{bzw.} \ \ C = \frac{ab-a}{ab-1} \cdot A + \frac{ab-b}{ab-1} \cdot B \ \ \text{bzw.} \ \boxed{C = \frac{1}{ab-1} \cdot [(ab-a) \cdot A + (ab-b) \cdot B]}$$

Zur Ermittlung des Faktors c in $F_C = cC$ schneiden wir jetzt g_{OC} mit h:

$$g_{OC} : X = u[(ab-a)A + (ab-b)B], \ \ \text{d.h.} \ \ X = (ab-a)uA + (ab-b)uB$$

$g_{F_A F_B} : X = F_A + v(F_B - F_A)$ resp. $g_{F_A F_B} : X = aA + v(bB - aA)$, d.h. $X = (a - av)A + bvB$

$g_{OC} \cap g_{F_A F_B} : (ab - a)uA + (ab - b)uB = (a - av)A + bvB \Rightarrow (ab - a)u = a - av \wedge (ab - b)u = bv$

$$\Leftrightarrow (b - 1)u = 1 - v \wedge (a - 1)u = v \Rightarrow (b - 1)u = 1 - (a - 1)u$$

$$\Rightarrow (a + b - 2)u = 1 \Rightarrow u = \frac{1}{a + b - 2} \Rightarrow \underline{F_C = \frac{1}{a + b - 2} \cdot [(ab - a) \cdot A + (ab - b) \cdot B]}$$

<u>Daraus</u> ergibt sich zusammen mit $\boxed{\text{obiger Darstellung von } C}$ der Faktor $\boxed{c = \frac{ab - 1}{a + b - 2}}$ $(*)$
in $F_C = cC$.

Eine gute Übung für den werten L $\overset{e}{\underset{o}{}}$ ser ist es nun beispielsweise, die Formel $(*)$ nach a

bzw. b aufzulösen, was auf $\boxed{a = c + \frac{(c - 1)^2}{b - c}}$ führt[54].

Wählt man etwa $c = 5$, so erhält man durch elementare zahlentheoretische Überlegungen (Teilbarkeit!) die möglichen ganzzahligen Lösungen $(a_1 | b_1) = (6 | 21)$, $(a_2 | b_2) = (7 | 13)$, $(a_3 | b_3) = (9 | 9)$ sowie $(a_4 | b_4) = (b_2 | a_2)$ und $(a_5 | b_5) = (b_1 | a_1)$.

Wie in der nächsten Abbildung zu sehen, schneiden einander auch die Parallelen der zu

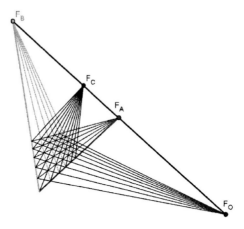

OC orthogonalen Diagonalen in einem gemeinsamen Fluchtpunkt F_O auf h, dessen relative Lage zu den anderen drei Fluchtpunkten zu bestimmen als Übungsaufgabe im Raum stehen bleibt, wobei bzgl. der Lösung verraten sei, dass diese vier Fluchtpunkte zueinander harmonisch liegen sowie, dass im Fall $a = b$ die zweite "parallele" Diagonalenschar tatsächlich aus Parallelen zum Horizont besteht (vgl. letzte Abbildung dieses Abschnitts!).

---

[54]Begründungsaufgabe für den werten L $\overset{e}{\underset{o}{}}$ ser: Erkläre anhand der Bauart der Formel $(*)$ ohne Rechnung, warum dann umgekehrt $b = c + \frac{(c - 1)^2}{a - c}$ gilt.

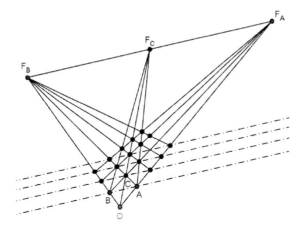

2.10 Projektive Geometrie und elementare Algebra, Teil 2

Gegenstand dieses Abschnitts ist (nach dem vorherigen Abschnitt) eine (weitere) analytische Untersuchung der auf Leon Battista ALBERTI (1404 − 1472) zurückgehenden *costruzione legittima*[55], wobei wir uns hier im Gegensatz zum letzten Abschnitt nicht mit drei (bzw. vier) sondern nur mit zwei (bzw. drei) Richtungen dieser Konstruktion beschäftigen werden.

Dazu betrachten wir zunächst die untere Abbildung:

Ausgehend von einer Strecke OD_0 wird selbige in k gleich lange Teile geteilt (In der

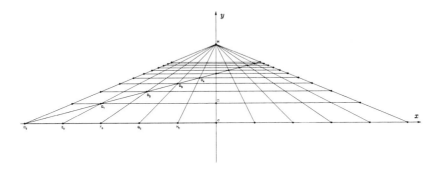

Abbildung ist dies für $k = 5$ illustriert.) und schließlich an O gespiegelt. Normal zu dieser (verlängerten) Strecke wird eine Strecke OH eingezeichnet, wobei H für den *Horizontpunkt* (sowie $h = \overline{OH}$ für die *Höhe*) steht, in dem einander alle zur ursprünglichen Strecke "normalen" Quadratseiten schneiden, was ja für eine perspektivische Darstellung charakteristisch ist. Mit der *Distanz* $d = \overline{OD}$ wird der Parallelabstand der zur ursprünglichen Strecke parallelen Seite der ersten Quadratreihe bezeichnet. Wir interessieren uns nun für die Parallelabstände aller weiterfolgenden zur ursprünglichen Strecke parallelen Quadratseiten, welche ja aufgrund der apriori beschränkten Höhe h nicht einfach $2d$, $3d$

---

[55][34] entnommen!

usw. betragen können. Die Konstruktion dieser Parallelen ergibt sich in offensichtlicher Weise aus der Abbildung und soll nun analytisch nachgestellt werden:

Dazu beginnen wir mit dem Schnitt der Geraden g_{E_0H} und der ersten Parallelen zur x−Achse durch D, was auf den Schnittpunkt D_1 führt:

$$D_0(-k|0), \ E_0(-k+1|0), \ F_0(-k+2|0), \ H(0|h)$$

$$\Rightarrow \ g_{E_0H}: \ hx + (1-k)y = h(1-k), \ \ g_{F_0H}: \ hx + (2-k)y = h(2-k)$$

$$\Rightarrow \ x = \frac{(h-d)(1-k)}{h}, \ \text{ wenn } y = d \ \Rightarrow \ D_1\left(\frac{(h-d)(1-k)}{h}\middle| d\right)$$

Im nächsten Schritt schneiden wir die resultiernde Diagonalenträgergerade $g_{D_0D_1}$ mit g_{F_0H}, wobei wir uns nur für die y−Koordinate des daraus hervorgehenden Schnittpunkts D_2 interessieren:

$$\Rightarrow \ \overrightarrow{D_0D_1} = \begin{pmatrix} \frac{(h-d)(1-k)+hk}{h} \\ d \end{pmatrix} \ \| \ \begin{pmatrix} h + d(k-1) \\ dh \end{pmatrix} \ \perp \ \begin{pmatrix} -dh \\ h + d(k-1) \end{pmatrix}$$

$$\Rightarrow \ g_{D_0D_1}: \ -dhx + (h+d(k-1))y = dhk$$

$$g_{F_0H}: \ dhx + d(2-k)y = dh(2-k)$$

$$y_{D_2} = \frac{2dh}{d+h}$$

Unter Verwendung des Begriffs des durch $\mathcal{H}(a,b) := \frac{2ab}{a+b}$ definierten harmonischen Mittels ergibt sich also folgender

SATZ. Der Abstand d_1 der zweiten Parallelen zur Parallelen zum Horizont durch O ergibt sich aus dem harmonischen Mittel von d und h, es gilt also die Formel $d_1 = \mathcal{H}(d,h)$.

Um nun eine Formel für den Abstand d_n der n^{ten} Parallelen zur x−Achse herzuleiten, wenden wir obigen Satz auf jene reduzierte Teilfigur der gesamten Konfiguration ab, welche sich durch Wegschneiden des untersten Parallelstreifens ergibt, was dann für den Parallelabstand d_2 die Relation $d_2 = \mathcal{H}(d_1 - d, h - d) + d$ nach sich zieht und somit wegen

$$d_1 - d = \mathcal{H}(d,h) - d = \frac{2dh}{d+h} - d = \frac{d}{d+h} \cdot (2h - d - h) = \frac{d \cdot (h-d)}{d+h}$$

für d_2 nach Umformung ...

$$\mathcal{H}(d_1 - d, h - d) = \frac{\frac{2d \cdot (h-d)^2}{d+h}}{\frac{h-d}{d+h} \cdot (d + d + h)} = \frac{2d \cdot (h-d)}{2d + h}$$

$$\Rightarrow d_2 = \mathcal{H}(d_1 - d, h - d) + d = \frac{2d \cdot (h-d)}{2d + h} + d = \frac{d}{2d + h} \cdot (2h - 2d + 2d + h) = \frac{3dh}{2d + h}$$

... also das Resultat

$$d_2 = \frac{3dh}{2d + h}$$

nach sich zieht.

Für d_3 ergibt sich nun wieder durch Reduktion die Darstellung $d_3 = \mathcal{H}(d_2 - d_1, h - d_1) + d_1$, wofür man leicht nachrechnet (Übung![56]), dass sich dann

$$d_3 = \frac{4dh}{3d + h}$$

ergibt.[57]

Dies lässt für den allgemeinen n^{ten} Parallelabstand d_n, welcher sich dann in Verallgemeinerung der vorherigen beiden Konfigurationsreduktionen via

$$d_n = \mathcal{H}(d_{n-1} - d_{n-2}, h - d_{n-2}) + d_{n-2}$$

rekursiv berechnen lässt, die explizite Darstellung

$$d_n = \frac{(n+1) \cdot dh}{nd + h} \quad (*)$$

vermuten[58], welche wir durch Induktion beweisen, indem wir

$$d_{n+1} = \mathcal{H}(d_n - d_{n-1}, h - d_{n-1}) + d_{n-1}$$

berechnen und dafür auf Basis von $(*)$ sowie

$$d_{n-1} = \frac{ndh}{(n-1) \cdot d + h} \quad (*)$$

die Gültigkeit von

$$d_{n+1} = \frac{(n+2) \cdot dh}{(n+1) \cdot d + h}$$

nachweisen, nundenn:

Zunächst ermitteln wir

$$d_n - d_{n-1} = \frac{(n+1) \cdot dh}{nd + h} - \frac{ndh}{(n-1) \cdot d + h} =$$

$$= \frac{dh}{(nd + h) \cdot [(n-1) \cdot d + h]} \cdot \{(n+1) \cdot [(n-1) \cdot d + h] - n \cdot (nd + h)\}$$

bzw.

$$d_n - d_{n-1} = \frac{dh \cdot (h - d)}{(nd + h) \cdot [(n-1) \cdot d + h]}$$

sowie

$$h - d_{n-1} = h - \frac{ndh}{(n-1) \cdot d + h} = \frac{h}{(n-1) \cdot d + h} \cdot [(n-1) \cdot d + h - nd] = \frac{h \cdot (h - d)}{(n-1) \cdot d + h}.$$

---

[56]Ebenso als Übung eignet sich das Verifizieren der Ungleichungskette $d < d_2 < h$ (welche sich für d_1 ja aus der Mittelungleichung ergibt) bzw. ...

[57]... $d < d_3 < h$ bzw. ...

[58]$d < d_n < h$.

Da $h - d_{n-1} = \lambda \cdot (d_n - d_{n-1})$ mit $\lambda = \frac{nd+h}{d}$ gilt, nutzen wir die sich aus

$$\frac{2\ell \cdot \lambda\ell}{\ell + \lambda\ell} = \frac{2\ell \cdot \lambda\ell}{\ell \cdot (1 + \lambda)} = \ell \cdot \frac{2\lambda}{1 + \lambda}$$

ergebende Homogenitäts-Eigenschaft

$$\mathcal{H}(\ell, \lambda \cdot \ell) = \ell \cdot \mathcal{H}(1, \lambda)$$

des harmonischen Mittels und erhalten somit zunächst

$$\mathcal{H}(d_n - d_{n-1}, h - d_{n-1}) = \mathcal{H}\left(d_n - d_{n-1}, \frac{nd+h}{d} \cdot (d_n - d_{n-1})\right) = (d_n - d_{n-1}) \cdot \mathcal{H}\left(1, \frac{nd+h}{d}\right) =$$

$$= \frac{dh \cdot (h-d)}{(nd+h) \cdot [(n-1) \cdot d + h]} \cdot \frac{2 \cdot \frac{nd+h}{d}}{\frac{nd+h}{d} + 1} = \frac{dh \cdot (h-d)}{(nd+h) \cdot [(n-1) \cdot d + h]} \cdot \frac{2 \cdot \frac{nd+h}{d}}{\frac{(n+1) \cdot d + h}{d}}$$

$$= \frac{2dh \cdot (h-d)}{[(n-1) \cdot d + h] \cdot [(n+1) \cdot d + h]}.$$

Zur Berechnung von d_{n+1} addieren wir noch d_{n-1} hinzu, was uns

$$d_{n+1} = \frac{2dh \cdot (h-d)}{[(n-1) \cdot d + h] \cdot [(n+1) \cdot d + h]} + \frac{ndh}{(n-1) \cdot d + h} =$$

$$= \frac{dh}{[(n-1) \cdot d + h] \cdot [(n+1) \cdot d + h]} \cdot \{2h - 2d + n \cdot [(n+1) \cdot d + h]\}$$

liefert und genau dann auf das gewünschte Resultat

$$d_{n+1} = \frac{(n+2) \cdot dh}{(n+1) \cdot d + h}$$

führt, wenn

$$\frac{dh}{[(n-1) \cdot d + h] \cdot [(n+1) \cdot d + h]} \cdot \{2h - 2d + n \cdot [(n+1) \cdot d + h]\} = \frac{(n+2) \cdot dh}{(n+1) \cdot d + h}$$

gilt, was sich auf

$$2h - 2d + n \cdot [(n+1) \cdot d + h] = (n+2) \cdot [(n-1) \cdot d + h]$$

zurückführen lässt und wegen

$$2h - 2d + n \cdot [(n+1) \cdot d + h] = (n^2 + n - 2)d + (n+2)h = (n+2)(n-1)d + (n+2)h = (n+2) \cdot [(n-1) \cdot d + h]$$

offensichtlich richtig ist, womit der Beweis abgeschlossen ist.

2.11   Zentralprojektion und analytische Raumgeometrie

Ausnahmsweise greifen wir in diesem Abschnitt auf in einem anderen Abschnitt gewonne-ne/s Erkenntnisse/Grundwissen vor(!), und zwar auf die in 4.15.1 erarbeiteten Eigenschaf-ten der Zentralprojektion, welche wir nun sowohl ergänzen als auch mit den vorherigen beiden Abschnitten über projektive Geometrie verzahnen wollen, wozu wir mit der linken Abbildung beginnen:

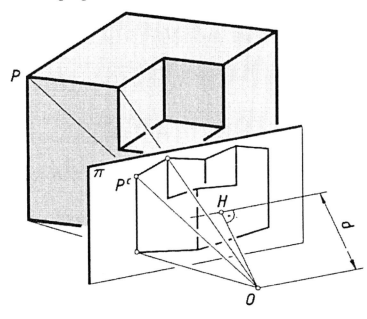

Beim Abbilden eines Objekts durch eine Zentralprojektion mit dem **Projektionszentrum** O (auch *Augpunkt* genannt) und der Bildebene π wird der Normalabstand d von O zu π als sogenannte **Distanz** bezeichnet. Entnommen kann dieser sich aus O und π ergebende Parameter als Länge der Strecke OH, wobei H (der sogenannte **Hauptpunkt**) der Schnittpunkt jener Normalen von π mit π ist, welche durch O verläuft, ergo:

$$n \perp \pi \ \wedge \ n \ni O,$$

$$n \cap \pi = \{H\},$$

$$d = \overline{OH}$$

Abbildung 3: ([49], S. 95)

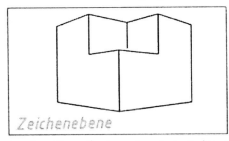

Soll nun eine (annähernd) ebene Landschaft (idealisiert betrachtet) samt sich darüber erhebenden Objekten via Zentralprojektion unter Verwendung eines Augpunkts O auf eine Ebene π abgebildet werden, so wird man zweckmäßig π so wählen, dass jene durch zwei aufeinander normal stehende Parallelenscharen erzeugte Ebene normal zu π steht, da dann zum Beispiel in der Abbildung auf der nächsten Seite der Fluchtpunkt der zu den Schienen parallelen Geraden (wozu etwa auch die Trägergerade der Fußpunkte der Baumreihe sowie der Querbalken der Schranke zählt) sowie jener der zu allen Schwellen des Schienenstücks parallelen Geraden (wozu zum Beispiel auch die Wegränder von die Schienen orthogonal kreuzenden Wegen zählen) mit H auf einer Gerade (dem sogenannten Horizont, vgl. auch die letzten beiden Abschnitte!) liegt.

Abbildung 4: ([53], S. 17)

Nun stellt sich bei genauerer Analyse (welche wir im Folgenden vornehmen wollen) heraus, dass die beiden gerade erwähnten Fluchtpunkte stets durch H getrennt werden (also auf verschiedenen Seiten von H liegen), was bereits einen wesentlichen **qualitativen Aspekt** darstellt. Darüber hinaus ergibt sich in weiterer Folge mit der Gleichung $\overline{F_1 H} \cdot \overline{HF_2} = d^2$ eine wichtige **quantitative Eigenschaft** der Abbildung zueinander orthogonaler Geradenscharen, wobei F_1 und F_2

die Fluchtpunkte der beiden zueinander orthogonalen Parallelenscharen bezeichnet.[59]

Zum Beweis dieser beiden Behauptungen qualitativer sowie quantitativer Natur gehen wir o.B.d.A. davon aus, dass sich der Augpunkt O im Koordinatenursprung befindet und postulieren ferner (ebenso o.B.d.A.!), dass der aus der Bildebenengleichung $\pi : ax + by + cz = d$ ablesbare Normalvektor

$$\vec{n_\pi} = \begin{pmatrix} a \\ b \\ c \end{pmatrix}$$

normiert ist (ergo $\sqrt{a^2 + b^2 + c^2} = 1$ und somit auch $a^2 + b^2 + c^2 = 1$ gilt). Schließlich setzen wir mit

$$\vec{r_1} = \begin{pmatrix} x_1 \\ y_1 \\ z_1 \end{pmatrix} \quad \text{sowie} \quad \vec{r_2} = \begin{pmatrix} x_2 \\ y_2 \\ z_2 \end{pmatrix}$$

für Richtungsvektoren der *zueinander orthogonalen* Parallelenscharen an, *weshalb* aufgrund des Orthogonalitätskriteriums jedenfalls $\boxed{x_1 x_2 + y_1 y_2 + z_1 z_2 = 0 \ (*)}$ gilt. Wie in

---

[59]Interpretiert man diese Gleichung mit Hilfe des **Höhensatzes** geometrisch, so erkennt man darin ein räumliches Analogon der in 4.15.1 erarbeiteten Eigenschaft (d) perspektiver Kollineationen!

4.15.1 überlegt ergeben sich die entsprechenden Fluchtpunkte der beiden Parallelenscharen nun dadurch, indem wir aus jeder Schar den jeweils durch O hindurchgehenden Vertreter $_1g_2$ mit π schneiden:

$$g_1 : X = s \cdot \begin{pmatrix} x_1 \\ y_1 \\ z_1 \end{pmatrix}, \quad g_2 : X = t \cdot \begin{pmatrix} x_2 \\ y_2 \\ z_2 \end{pmatrix} \quad \Rightarrow \quad g_1 \cap \pi : (ax_1 + by_1 + cz_1) \cdot s = d$$

$$\Rightarrow \quad s = \frac{d}{ax_1 + by_1 + cz_1} \quad \Rightarrow \quad F_1 \left(\frac{dx_1}{ax_1 + by_1 + cz_1} \middle| \frac{dy_1}{ax_1 + by_1 + cz_1} \middle| \frac{dz_1}{ax_1 + by_1 + cz_1} \right)$$

Analog ergibt sich für $g_2 \cap \pi$: $F_2 \left(\frac{dx_2}{ax_2 + by_2 + cz_2} \middle| \frac{dy_2}{ax_2 + by_2 + cz_2} \middle| \frac{dz_2}{ax_2 + by_2 + cz_2} \right)$

Für den Hauptpunkt $\{H\} = n \cap \pi$ erhalten wir wegen

$$n : X = u \cdot \begin{pmatrix} a \\ b \\ c \end{pmatrix} \quad \text{somit } n \cap \pi : (a^2 + b^2 + c^2) \cdot u = d$$

bzw. wegen der Normiertheit von $\overrightarrow{n_\pi}$ den Parameterwert $u = d$, woraus $H(ad|bd|cd)$ folgt.

Für die Vektoren $\overrightarrow{F_1H}$ und $\overrightarrow{F_2H}$ ergibt sich dadurch

$$\overrightarrow{F_1H} = \frac{d}{ax_1 + by_1 + cz_1} \cdot \begin{pmatrix} (a^2 - 1) \cdot x_1 + aby_1 + acz_1 \\ abx_1 + (b^2 - 1) \cdot y_1 + bcz_1 \\ acx_1 + bcy_1 + (c^2 - 1) \cdot z_1 \end{pmatrix}$$

sowie

$$\overrightarrow{F_2H} = \frac{d}{ax_2 + by_1 + cz_2} \cdot \begin{pmatrix} (a^2 - 1) \cdot x_2 + aby_2 + acz_2 \\ abx_2 + (b^2 - 1) \cdot y_2 + bcz_2 \\ acx_2 + bcy_2 + (c^2 - 1) \cdot z_2 \end{pmatrix}.$$

Berücksichtigen wir jetzt die Definition des Skalarprodukts aus 2.1.6 samt der anschließend gewonnenen Eigenschaft 3, so können wir das durch die folgenden Umformungen ...

$$\overrightarrow{F_1H} \cdot \overrightarrow{F_2H} = \frac{d^2}{(ax_1 + by_1 + cz_1) \cdot (ax_2 + by_2 + cz_2)} \cdot v,$$

$$v = \begin{pmatrix} (a^2 - 1) \cdot x_1 + aby_1 + acz_1 \\ abx_1 + (b^2 - 1) \cdot y_1 + bcz_1 \\ acx_1 + bcy_1 + (c^2 - 1) \cdot z_1 \end{pmatrix} \cdot \begin{pmatrix} (a^2 - 1) \cdot x_2 + aby_2 + acz_2 \\ abx_2 + (b^2 - 1) \cdot y_2 + bcz_2 \\ acx_2 + bcy_2 + (c^2 - 1) \cdot z_2 \end{pmatrix} =$$

$$= [(a^2 - 1)^2 + a^2b^2 + a^2c^2] \cdot x_1x_2 + ab \cdot (a^2 - 1 + b^2 - 1 + c^2) \cdot x_1y_2 +$$

$$+ac \cdot (a^2 - 1 + b^2 + c^2 - 1) \cdot x_1z_2 + ab \cdot (a^2 - 1 + b^2 - 1 + c^2) \cdot x_2y_1 + [a^2b^2 + (b^2 - 1)^2 + b^2c^2] \cdot y_1y_2 +$$

$$+bc \cdot (a^2 + b^2 - 1 + c^2 - 1) \cdot y_1z_2 + ac \cdot (a^2 - 1 + b^2 + c^2 - 1) \cdot x_2z_1 + bc \cdot (a^2 + b^2 - 1 + c^2 - 1) \cdot y_2z_1 +$$

$$+ [a^2c^2 + b^2c^2 + (c^2 - 1)^2] \cdot z_1z_2$$

$$- \text{ Nota bene: } (a^2 - 1)^2 + a^2b^2 + a^2c^2 = a^4 - 2a^2 + 1 + a^2b^2 + a^2c^2 =$$

$$= a^2 \cdot (a^2 + b^2 + c^2) - 2a^2 + 1 = a^2 - 2a^2 + 1 = 1 - a^2$$

$$\text{sowie } a^2 - 1 + b^2 - 1 + c^2 = a^2 + b^2 + c^2 - 2 = 1 - 2 = -1 \ -$$

$$\Rightarrow \quad v = \underbrace{x_1 x_2 + y_1 y_2 + z_1 z_2}_{0 \text{ wegen } (*)!} - a^2 \cdot x_1 x_2 - b^2 \cdot y_1 y_2 - c^2 \cdot z_1 z_2 - ab \cdot x_1 y_2$$

$$-ac \cdot x_1 z_2 - ab \cdot x_2 y_1 - bc \cdot y_1 z_2 - ac \cdot x_2 z_1 - bc \cdot x_2 z_1 = -(ax_1 + by_1 + cz_1) \cdot (ax_2 + by_2 + cz_2)$$

... erhaltene Resultat

$$\overrightarrow{F_1 H} \cdot \overrightarrow{F_2 H} = -d^2$$

wegen der bereits geklärten Parallelität der Vektoren $\overrightarrow{F_1 H}$ und $\overrightarrow{F_2 H}$ wie folgt deuten:

$$\overrightarrow{F_1 H} \cdot \overrightarrow{F_2 H} = \overline{F_1 H} \cdot \overline{F_2 H} \cdot \cos \varphi \text{ mit } \left\{ \begin{array}{c} \varphi = 0° \\ \varphi = 180° \end{array} \right\} \text{ für } \left\{ \begin{array}{c} \overrightarrow{F_1 H} \cdot \overrightarrow{F_2 H} > 0 \\ \overrightarrow{F_1 H} \cdot \overrightarrow{F_2 H} < 0 \end{array} \right\}$$

Wegen $-d^2 < 0$ folgt somit $\varphi = 180°$ und wir haben damit sowohl die eingangs behauptete qualitative als auch quantitative Eigenschaft bewiesen, $\square$

2.12   Spezielle lineare Abbildungen

In diesem Abschnitt wollen wir analytische Details ausgesuchter linearer Abbildungen (u.a. Normalprojektionen, Spiegelungen und Drehungen) behandeln, was in einer Parametrisierung der sogenannten **speziellen orthogonalen Gruppe** $SO(3)$ gipfeln wird.

2.12.1   Normalprojektionen auf Geraden und Ebenen durch den Koordinatenursprung

Ziel dieses Unterabschnitts wird eine Herleitung der Gleichung

$$Y = \begin{pmatrix} a^2 & ab & ac \\ ab & b^2 & bc \\ ac & bc & c^2 \end{pmatrix} \cdot X$$

für den Bildpunkt Y von X unter der Normalprojektion von X auf die Gerade g durch den Koordinatenursprung mit dem normierten Richtungsvektor

$$\overrightarrow{n_\pi} = \begin{pmatrix} a \\ b \\ c \end{pmatrix}$$

sein.

Dazu gehen wir vom Punkt $X(u|v|w)$ aus, legen durch ihn eine Normalebene η auf g und erhalten somit Y via $\eta \cap g$:

$$\eta : ax + by + cz = au + bv + cw, \ g : X = \lambda \cdot \begin{pmatrix} a \\ b \\ c \end{pmatrix} \quad \Rightarrow \quad \eta \cap g : (a^2 + b^2 + c^2) \cdot \lambda = au + bv + cw$$

$\Downarrow$ (Nota bene: $\overrightarrow{n}$ ist normiert, ergo: $\sqrt{a^2 + b^2 + c^2} = 1 \ \Rightarrow \ a^2 + b^2 + c^2 = 1$)

$$\Rightarrow \lambda = au + bv + cw \quad \Rightarrow \quad Y = \begin{pmatrix} a^2 u + abv + acw \\ abu + b^2 v + bcw \\ acu + bcv + c^2 w \end{pmatrix} \quad \text{bzw. in}$$

Matrix-Vektor-Schreibweise: $\;Y = \underbrace{\begin{pmatrix} a^2 & ab & ac \\ ab & b^2 & bc \\ ac & bc & c^2 \end{pmatrix}}_{A_1} \cdot \begin{pmatrix} u \\ v \\ w \end{pmatrix}\;\;\Rightarrow\;\; Y = A_1 \cdot X, \;\square$

$\boxed{\text{Übung für den L}\overset{e}{\underset{\ddot{o}}{}}\text{ser:}}$ Beweise die Gleichung $\;Y = \overbrace{\begin{pmatrix} b^2 + c^2 & -ab & -ac \\ -ab & a^2 + c^2 & -bc \\ -ac & -bc & a^2 + b^2 \end{pmatrix}}^{A_2} \cdot X$

für den Bildpunkt Y von X unter der Normalprojektion von X auf die Ebene ε durch den Koordinatenursprung mit dem normierten Normalvektor

$$\vec{n_\pi} = \begin{pmatrix} a \\ b \\ c \end{pmatrix}.$$

2.12.2 Spiegelungen an Geraden und Ebenen durch den Koordinatenursprung

Ziel dieses Unterabschnitts wird eine Herleitung der Gleichung

$$Z = \begin{pmatrix} -a^2 + b^2 + c^2 & -2ab & -2ac \\ -2ab & a^2 - b^2 + c^2 & -2bc \\ -2ac & -2bc & a^2 + b^2 - c^2 \end{pmatrix} \cdot X$$

für den Bildpunkt Z von X unter der Spiegelung von X an der Ebene ε durch den Koordinatenursprung mit dem normierten Normalvektor

$$\vec{n_\pi} = \begin{pmatrix} a \\ b \\ c \end{pmatrix}$$

sein.

Dazu konstatieren wir, dass Z der Spiegelpunkt von X am Punkt $Y = A_2 \cdot X$ (vgl. Übungsaufgabe aus dem vorherigen Abschnitt!) ist, was auf

$$Z = Y + \overrightarrow{XY} = 2Y - X = 2 \cdot \begin{pmatrix} b^2 + c^2 & -ab & -ac \\ -ab & a^2 + c^2 & -bc \\ -ac & -bc & a^2 + b^2 \end{pmatrix} \cdot X - \begin{pmatrix} 1 & 0 & 0 \\ 0 & 1 & 0 \\ 0 & 0 & 1 \end{pmatrix} \cdot X$$

bzw. wegen $a^2 + b^2 + c^2 = 1$ auf

$$Z = \begin{pmatrix} 2b^2 + 2c^2 & -2ab & -2ac \\ -2ab & 2a^2 + 2c^2 & -2bc \\ -2ac & -2bc & 2a^2 + 2b^2 \end{pmatrix} \cdot X - \begin{pmatrix} a^2 + b^2 + c^2 & 0 & 0 \\ 0 & a^2 + b^2 + c^2 & 0 \\ 0 & 0 & a^2 + b^2 + c^2 \end{pmatrix} \cdot X =$$

$$= \underbrace{\begin{pmatrix} -a^2 + b^2 + c^2 & -2ab & -2ac \\ -2ab & a^2 - b^2 + c^2 & -2bc \\ -2ac & -2bc & a^2 + b^2 - c^2 \end{pmatrix}}_{A_3} \cdot X$$

führt, $\square$.

Übung für den Löser: Die Gleichung $W = \begin{pmatrix} a^2 - b^2 - c^2 & 2ab & 2ac \\ 2ab & -a^2 + b^2 - c^2 & 2bc \\ 2ac & 2bc & -a^2 - b^2 + c^2 \end{pmatrix} \cdot X$

$\overbrace{\qquad\qquad\qquad\qquad}^{A_4}$

für den Bildpunkt W von X unter der Spiegelung von X an der Gerade g durch den Koordinatenursprung mit dem normierten Richtungsvektor

$$\overrightarrow{n_\pi} = \begin{pmatrix} a \\ b \\ c \end{pmatrix}.$$

ist herzuleiten.

2.12.3 Orthogonale Drehungen um Geraden durch den Koordinatenursprung

Ziel dieses Unterabschnitts wird eine Herleitung der Gleichung

$$V = \begin{pmatrix} a^2 & ab + c & ac - b \\ ab - c & b^2 & bc + a \\ ac + b & bc - a & c^2 \end{pmatrix} \cdot X$$

bzw.

$$V' = \begin{pmatrix} a^2 & ab - c & ac + b \\ ab + c & b^2 & bc - a \\ ac - b & bc + a & c^2 \end{pmatrix} \cdot X$$

für den Bildpunkt V bzw. V' von X unter der orthogonalen Drehung von X um die Gerade g durch den Koordinatenursprung mit dem normierten Richtungsvektor

$$\overrightarrow{r} = \begin{pmatrix} a \\ b \\ c \end{pmatrix}$$

sein.

Dazu projizieren wir $X(u|v|w)$ zunächst normal auf g, wofür wir gemäß 2.12.1

$$Y = \begin{pmatrix} a^2 u + abv + acw \\ abu + b^2 v + bcw \\ acu + bcv + c^2 w \end{pmatrix}$$

erhalten. Drehen wir nun den Vektor $\overrightarrow{YX}$ **in der Normalebene** auf g durch X [und (sic!) Y] um 90° um Y, so erhalten wir den gedrehten Vektor $\overrightarrow{YV}$ mit der Spitze V, dem gesuchten Bildpunkt. Diesbezüglich gilt es zu beachten, dass $\overrightarrow{YV}$ **aufgrund dieser Lage** sowohl auf $\overrightarrow{YX}$ als auch auf $\overrightarrow{r}$ normal steht, ergo parallel zu $\overrightarrow{YX} \times \overrightarrow{r}$ liegt, wobei noch $|\overrightarrow{YV}| = |\overrightarrow{YX}|$ $(*)$ zu implementieren ist, also los!

$$\overrightarrow{YX} \times \overrightarrow{r} = \overrightarrow{r} \times \overrightarrow{YX} = \begin{pmatrix} a \\ b \\ c \end{pmatrix} \times \begin{pmatrix} (a^2 - 1)u + abv + acw \\ abu + (b^2 - 1)v + bcw \\ acu + bcv + (c^2 - 1)w \end{pmatrix} = \begin{pmatrix} cv - bw \\ -cu + aw \\ bu - av \end{pmatrix}$$

Wegen der allgemeingültigen Gleichung

$$|\vec{p} \times \vec{q}| = |\vec{p}| \cdot |\vec{q}| \cdot \sin \angle(\vec{p}, \vec{q}) \text{ und } \overrightarrow{YX} \perp \vec{r}$$

ergibt sich unter zusätzlicher Beachtung von $a^2 + b^2 + c^2 = 1$

$$|\overrightarrow{YX} \times \vec{r}| = |\overrightarrow{YX}| \cdot |\vec{r}| = |\overrightarrow{YX}|,$$

weshalb $(*)$ bereits erfüllt ist.

Deshalb ergibt sich bereits

$$V = Y + \overrightarrow{YX} \times \vec{r} = \begin{pmatrix} a^2 u + abv + acw \\ abu + b^2 v + bcw \\ acu + bcv + c^2 w \end{pmatrix} + \begin{pmatrix} cv - bw \\ -cu + aw \\ bu - av \end{pmatrix},$$

ergo

$$V = \begin{pmatrix} a^2 u + (ab + c)v + (ac - b)w \\ (ab - c)u + b^2 v + (bc + a)w \\ (ac + b)u + (bc - a)v + c^2 w \end{pmatrix}$$

bzw. in Matrix·Vektor-Schreibweise:

$$V = \underbrace{\begin{pmatrix} a^2 & ab + c & ac - b \\ ab - c & b^2 & bc + a \\ ac + b & bc - a & c^2 \end{pmatrix}}_{A_5} \cdot \begin{pmatrix} u \\ v \\ w \end{pmatrix} \quad \Rightarrow \quad V = A_5 \cdot X, \ \square$$

$\boxed{\text{Übung für den L \overset{e}{\ddot{o}} ser:}}$ Beweise die Gleichung $V' = \overbrace{\begin{pmatrix} a^2 & ab - c & ac + b \\ ab + c & b^2 & bc - a \\ ac - b & bc + a & c^2 \end{pmatrix}}^{A_5'} \cdot X$ für

den Bildpunkt V' von X unter der orthogonalen Drehung von X um die Gerade g durch den Koordinatenursprung mit dem normierten Richtungsvektor

$$\vec{r} = \begin{pmatrix} a \\ b \\ c \end{pmatrix},$$

wobei im Gegensatz zu $V = A_5 \cdot X$ der andere Drehsinn durchgeführt werden soll (was sowohl mit als auch ohne Verwendung von A_1 oder A_4 erfolgen kann).

2.12.4   Konstruktion der speziellen orthogonalen Gruppe $SO(3)$ aus A_1 und A_5

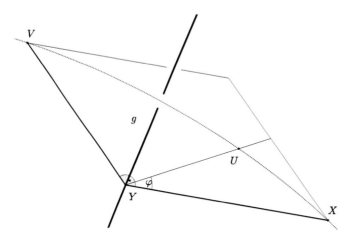

Zur Ermittlung einer jener beiden Matrizen R_1 und R_2, welche eine Drehung um eine Ursprungsgerade g mit normiertem Richtungsvektor

$$\overrightarrow{r} = \begin{pmatrix} a \\ b \\ c \end{pmatrix}$$

durch den Drehwinkel φ [zwei Drehrichtungen möglich, deshalb (Rotations-)Matrizen R_1 und R_2 vermitteln, ziehen wir die damit in Zusammenhang stehenden Matrizen A_1 und A_5 aus den letzten Abschnitten zu Rate, und zwar wie folgt (vgl. obere Abbildung!):

$$U = Y + \cos\varphi \cdot \overrightarrow{YX} + \sin\varphi \cdot \overrightarrow{YV} = Y + \cos\varphi \cdot X - \cos\varphi \cdot Y + \sin\varphi \cdot V - \sin\varphi \cdot Y$$

Unter Beachtung der Darstellungen $Y = A_1 \cdot X$ und $V = A_5 \cdot X$ aus den vorherigen Abschnitten ergibt sich

$$U = (1-\cos\varphi-\sin\varphi)\cdot Y + \sin\varphi\cdot V + \cos\varphi\cdot X = (1-\cos\varphi-\sin\varphi)\cdot A_1\cdot X + \sin\varphi\cdot A_5\cdot X + \cos\varphi\cdot E_3\cdot X,$$

wobei

$$E_3 = \begin{pmatrix} 1 & 0 & 0 \\ 0 & 1 & 0 \\ 0 & 0 & 1 \end{pmatrix}$$

die Einheitsmatrix aus $\mathbb{R}^{(3,3)}$ bezeichnet:

$$\Rightarrow \quad U = \underbrace{[(1 - \cos\varphi - \sin\varphi) \cdot A_1 + \sin\varphi \cdot A_5 + \cos\varphi \cdot E_3]}_{R_1} \cdot X$$

Zur Vereinfachung setzen wir $\boxed{\cos\varphi = \frac{1-d^2}{1+d^2}\ (*)}$ sowie $\boxed{\sin\varphi = \frac{2d}{1+d^2}\ (**)}$ [60] und benutzen

---

[60] Wegen $\frac{1-d^2}{1+d^2} = \frac{-1-d^2+2}{1+d^2} = \frac{-1-d^2}{1+d^2} + \frac{2}{1+d^2} = \frac{2}{1+d^2} - 1$ und $0 < \frac{2}{1+d^2} \leq 2$ folgt somit $-1 < \frac{1-d^2}{1+d^2} \leq 1$, womit wie gewünscht $-1 < \cos\varphi \leq 1$ folgt. Dabei kann auf den ausgenommenen Fall $\cos\varphi = -1$ verzichtet werden, da dieser $\varphi = 180°$ entspricht, welcher ja ohnehin bereits durch A_4 abgedeckt wird. Bezüglich $\frac{2d}{1+d^2}$ gilt $-1 \leq \frac{2d}{1+d^2}$ wegen der äquivalenten Ungleichung $-1 - d^2 \leq 2d$ bzw. $0 \leq d^2 + 2d + 1$ bzw. $0 \leq (d+1)^2$ sowie $\frac{2d}{1+d^2} \leq 1$ bzw. $2d \leq d^2 + 1$ bzw. $0 \leq d^2 - 2d + 1$ bzw. $0 \leq (d-1)^2$.

die Darstellungen

$$A_1 = \begin{pmatrix} a^2 & ab & ac \\ ab & b^2 & bc \\ ac & bc & c^2 \end{pmatrix} \quad \text{und} \quad A_5 = \begin{pmatrix} a^2 & ab+c & ac-b \\ ab-c & b^2 & bc+a \\ ac+b & bc-a & c^2 \end{pmatrix} :$$

$$\Rightarrow \quad R_1 = \frac{1}{1+d^2} \begin{pmatrix} (2d^2-2d)a^2+2da^2+1-d^2 & (2d^2-2d)ab+2d(ab+c) & (2d^2-2d)ac+2d(ac-b) \\ (2d^2-2d)ab+2d(ab-c) & (2d^2-2d)b^2+2db^2+1-d^2 & (2d^2-2d)bc+2d(bc+a) \\ (2d^2-2d)ac+2d(ac+b) & (2d^2-2d)bc+2d(bc-a) & (2d^2-2d)c^2+2d\cdot c^2+1-d^2 \end{pmatrix}$$

bzw.

$$R_1 = \frac{1}{1+d^2} \begin{pmatrix} d^2(2a^2-1)+1 & 2d(abd+c) & 2d(acd-b) \\ 2d(abd-c) & d^2(2b^2-1)+1 & 2d(bcd+a) \\ 2d(acd+b) & 2d(bcd-a) & d^2(2c^2-1)+1 \end{pmatrix}$$

Da in den Spalten von R_1 (wobei der Faktor $\frac{1}{1+d^2}$ mitzuberücksichtigen ist!) gerade die Bilder X', Y' und Z' der Einheitspunkte $X(1|0|0)$, $Y(0|1|0)$ sowie $Z(0|0|1)$ unter dieser Drehung stehen, vermittelt R_1 daher den **Übergang** von der **Standardbasis** zu einer allgemeinen **Orthonormalbasis** des $\mathbb{R}^3$, wobei aufgrund der zwei Freiheitsgrade die Richtung von g (Nota bene: Von den drei Komponenten a, b und c des Richtungsvektors $\overrightarrow{r}$ können zwei beliebig gewählt werden, die dritte ergibt sich aus der Restriktion $a^2+b^2+c^2=1$.) sowie den einen Freiheitsgrad den Drehwinkel φ betreffend wir durch obige Darstellung von R_1 somit eine Parametrisierung **aller speziellen orthogonalen Matrizen** aus $\mathbb{R}^{(3,3)}$ abgeleitet haben.

Mathematikhistorisch betrachtet geht die Bestimmung aller Orthonormalbasen des $\mathbb{R}^3$ bis ins 18. Jahrhundert zurück, als der berühmte schweizer Mathematiker Leonhard EULER ($1707-1783$) im Jahr 1770 in seiner *Opera omnia* eine Formel entwickelte, die in heutiger Formulierung[61] als eine Parametrisierung der sogenannten **speziellen orthogonalen Gruppe** $SO(3)$ aufgefasst werden kann und wie folgt lautet:[62]

$$A = (a_{ij}) = \begin{pmatrix} \kappa^2+\lambda^2-\mu^2-\nu^2 & -2\kappa\nu+2\lambda\mu & 2\kappa\mu+2\lambda\nu \\ 2\kappa\nu+2\lambda\mu & \kappa^2-\lambda^2+\mu^2-\nu^2 & -2\kappa\lambda+2\mu\nu \\ -2\kappa\mu+2\lambda\nu & 2\kappa\lambda+2\mu\nu & \kappa^2-\lambda^2-\mu^2+\nu^2 \end{pmatrix} \quad \text{mit} \quad \kappa^2+\lambda^2+\mu^2+\nu^2=1$$

Um die Äquivalenz zwischen der von uns abgeleiteten Parameterdarstellung der $SO(3)$ und der EULERschen Parametrisierung aufzuzeigen, nehmen wir $A=(a_{ij})$ genauer unter die Lupe und erkennen dabei

$$\left\{ \begin{array}{ll} \text{I.)} & a_{21}+a_{12}=4\lambda\mu \\ \text{II.)} & a_{31}+a_{13}=4\lambda\nu \\ \text{III.)} & a_{32}+a_{23}=4\mu\nu \\ \text{IV.)} & a_{21}-a_{12}=4\kappa\nu \end{array} \right\}.$$

Aus I.) und II.) folgt

$$\frac{a_{31}+a_{13}}{a_{21}+a_{12}} = \frac{\nu}{\mu} \quad \text{bzw.} \quad \nu = \frac{a_{31}+a_{13}}{a_{21}+a_{12}} \cdot \mu,$$

---

[61]Man bedenke, dass die Vektorrechnung ja ein Kind des 19. Jahrhunderts ist!

[62]Für vier unterschiedliche Zugänge (Ein fünfter folgt sogleich!) konsultiere man [16], S. 282, [22], S. 181, [35], S. 220 sowie [62], Kapitel 12, wobei auf letzteren Zugang gegen Ende dieses Abschnitts noch genau(er) Bezug genommen werden wird!

was in III.) eingesetzt auf

$$a_{32} + a_{23} = 4 \cdot \frac{a_{31} + a_{13}}{a_{21} + a_{12}} \cdot \mu^2 \quad \text{bzw.} \quad \boxed{\mu = \tfrac{1}{2} \cdot \sqrt{\frac{(a_{21}+a_{12}) \cdot (a_{32}+a_{23})}{a_{31}+a_{13}}}} \quad (1)$$

führt.

Nun stellen wir den Konnex zu unserer Matrix R_1 her, indem wir die Eintragungen von R_1 in die Gleichung (1) einsetzen:

$$\mu = \frac{1}{2} \cdot \sqrt{\frac{\frac{4abd^2}{1+d^2} \cdot \frac{4bcd^2}{1+d^2}}{\frac{4acd^2}{1+d^2}}} \quad \Rightarrow \quad \boxed{\mu = \frac{bd}{\sqrt{1+d^2}}} \quad (1')$$

Einsetzen der Eintragungen von R_1 in die Gleichung I.) ergibt

$$4\lambda\mu = \frac{4abd^2}{1+d^2} \quad \Rightarrow \quad \lambda = \frac{abd^2}{(1+d^2)\mu}$$

bzw. unter Verwendung von $(1')$

$$\lambda = \frac{abd^2}{1+d^2} \cdot \frac{\sqrt{1+d^2}}{bd}, \text{ ergo } \boxed{\lambda = \frac{ad}{\sqrt{1+d^2}}} \quad (2).$$

Ebenso führt das Einsetzen der Eintragungen von R_1 in die Gleichung II.) auf

$$4\lambda\nu = \frac{4acd^2}{1+d^2} \quad \Rightarrow \quad \nu = \frac{acd^2}{(1+d^2)\lambda}$$

bzw. unter Verwendung von (2) auf

$$\nu = \frac{acd^2}{1+d^2} \cdot \frac{\sqrt{1+d^2}}{ad}, \text{ ergo } \boxed{\nu = \frac{cd}{\sqrt{1+d^2}}} \quad (3).$$

Schließlich kommt auch noch Gleichung IV.) zum Einsatz, in welche die Koeffizienten von R_1 eingesetzt werden:

$$4\kappa\nu = \frac{-4cd}{1+d^2} \quad \Rightarrow \quad \kappa = \frac{-cd}{(1+d^2)\nu}$$

⇓ [unter Verwendung von (3)!]

$$\kappa = \frac{-cd}{1+d^2} \cdot \frac{\sqrt{1+d^2}}{cd}, \text{ ergo } \boxed{\kappa = \frac{-1}{\sqrt{1+d^2}}} \quad (4).$$

Nun gilt es noch zu überprüfen, dass der durch

$$\begin{pmatrix} \kappa(a,b,c,d) \\ \lambda(a,b,c,d) \\ \mu(a,b,c,d) \\ \nu(a,b,c,d) \end{pmatrix} = \begin{pmatrix} \frac{-1}{\sqrt{1+d^2}} \\ \frac{ad}{\sqrt{1+d^2}} \\ \frac{bd}{\sqrt{1+d^2}} \\ \frac{cd}{\sqrt{1+d^2}} \end{pmatrix}$$

definierte Vektor

- (a) den Betrag 1 besitzt,

- (b) in EULERs Matrix $A = (a_{ij})$ eingesetzt wieder auf R_1 führt:

ad (a): $\left| \begin{pmatrix} \frac{-1}{\sqrt{1+d^2}} \\ \frac{ad}{\sqrt{1+d^2}} \\ \frac{bd}{\sqrt{1+d^2}} \\ \frac{cd}{\sqrt{1+d^2}} \end{pmatrix} \right| = \sqrt{\frac{1 + a^2d^2 + b^2d^2 + c^2d^2}{1+d^2}} = \sqrt{\frac{1 + d^2(a^2 + b^2 + c^2)}{1+d^2}} = \sqrt{\frac{1+d^2}{1+d^2}} = 1, \ \square$

ad (b)[63]:

$a_{11} = \kappa^2 + \lambda^2 - \mu^2 - \nu^2 = \dfrac{1 + a^2d^2 - b^2d^2 - c^2d^2}{1+d^2} = \dfrac{1 + d^2(a^2 - b^2 - c^2)}{1+d^2} = \dfrac{d^2(2a^2 - 1) + 1}{1+d^2}, \ \square$

$a_{21} = 2 \cdot (\kappa\nu + \lambda\mu) = 2 \cdot \dfrac{-cd + abd^2}{1+d^2} = \dfrac{2d(abd - c)}{1+d^2}, \ \square$

$a_{31} = 2 \cdot (\lambda\nu - \kappa\mu) = 2 \cdot \dfrac{acd^2 + bd}{1+d^2} = \dfrac{2d(acd + b)}{1+d^2}, \ \square$

$a_{12} = 2 \cdot (-\kappa\nu + \lambda\mu) = 2 \cdot \dfrac{cd + abd^2}{1+d^2} = \dfrac{2d(abd + c)}{1+d^2}, \ \square$

$a_{22} = \kappa^2 - \lambda^2 + \mu^2 - \nu^2 = \dfrac{1 - a^2d^2 + b^2d^2 - c^2d^2}{1+d^2} = \dfrac{1 + d^2(-a^2 + b^2 - c^2)}{1+d^2} = \dfrac{d^2(2b^2 - 1) + 1}{1+d^2}, \ \square$

$a_{32} = 2 \cdot (\kappa\lambda + \mu\nu) = 2 \cdot \dfrac{-ad + bcd^2}{1+d^2} = \dfrac{2d(bcd - a)}{1+d^2}, \ \square$

$a_{13} = 2 \cdot (\lambda\nu + \kappa\mu) = 2 \cdot \dfrac{acd^2 - bd}{1+d^2} = \dfrac{2d(acd - b)}{1+d^2}, \ \square$

$a_{23} = 2 \cdot (-\kappa\lambda + \mu\nu) = 2 \cdot \dfrac{ad + bcd^2}{1+d^2} = \dfrac{2d(bcd + a)}{1+d^2}, \ \square$

$a_{33} = \kappa^2 - \lambda^2 - \mu^2 + \nu^2 = \dfrac{1 - a^2d^2 - b^2d^2 + c^2d^2}{1+d^2} = \dfrac{1 + d^2(-a^2 - b^2 + c^2)}{1+d^2} = \dfrac{d^2(2c^2 - 1) + 1}{1+d^2}, \ \square$

Was wir nun noch beweisen wollen, sind die folgenden Eigenschaften von R_1, welche für Matrizen der speziellen orthogonalen Gruppe $SO(n)$ in beliebigen Dimensionen mit dem Instrumentarium der **Linearen Algebra** allgemein bewiesen werden können:

- (c) Die Spalten- sowie Zeilenvektoren von R_1 haben alle den Betrag 1.

- (d) Je zwei Spalten- bzw. Zeilenvektoren von R_1 stehen aufeinander orthogonal.

Paradigmatisch für (c) beweisen wir nun, dass der erste Spaltenvektor $\vec{s_1}$ von R_1 den Betrag 1 aufweist:[64]

$$|\vec{s_1}| = \frac{1}{d^2 + 1} \cdot \sqrt{\underbrace{d^4(4a^4 - 4a^2 + 1) + 2d^2(2a^2 - 1) + 1 + 4d^2(a^2b^2d^2 - 2abcd + c^2 + a^2c^2d^2 + 2abcd + b^2)}_{\mathcal{D}}}$$

---

[63]wobei im Folgenden anstelle von $\kappa(a, b, c, d)$, $\lambda(a, b, c, d)$, $\mu(a, b, c, d)$ und $\nu(a, b, c, d)$ der einfacheren Notation wegen abgekürzt κ, λ, μ und ν geschrieben wird!

[64]Der werte L $\overset{\mathrm{e}}{\ddot{\mathrm{o}}}$ ser begründe als Übung anhand der Bauart von R_1, warum der k^{te} Spaltenvektor und der entsprechende k^{te} Zeilenvektor betragsgleich sind!

$$\Rightarrow \quad \mathcal{D} = d^4(4a^4 - 4a^2 + 1) + 2d^2(2a^2 - 1) + 1 + 4d^2[a^2d^2(b^2 + c^2) + c^2 + b^2] =$$

$$= d^4(4a^4 - 4a^2 + 1) + 2d^2[2a^2 - 1 + (2a^2d^2 + 2)(1 - a^2)] + 1 = d^4(4a^4 - 4a^2 + 1) + 2d^2(1 + 2a^2d^2 - 2a^4d^2) + 1 =$$

$$= d^2(4a^4d^2 - 4a^2d^2 + d^2 + 2 + 4a^2d^2 - 4a^4d^2) + 1 = d^2(d^2 + 2) + 1 = d^4 + 2d^2 + 1 = (d^2 + 1)^2$$

$$\Rightarrow \quad |\vec{s_1}| = 1, \ \square$$

Ebenso paradigmatisch für (d) beweisen wir nun, dass der erste Spaltenvektor $\vec{s_1}$ von R_1 auf den den zweiten Spaltenvektor $\vec{s_2}$ orthogonal steht, wofür wir die Klammerausdrücke $2a^2 - 1$ und $2b^2 - 1$ zu $2a^2 - (a^2 + b^2 + c^2) = a^2 - b^2 - c^2$ sowie $2b^2 - (a^2 + b^2 + c^2) = -a^2 + b^2 - c^2$ umformen und entsprechend

$$\vec{s_1} \cdot \vec{s_2} = \frac{1}{(1 + d^2)^2} \cdot \underbrace{\begin{pmatrix} d^2(a^2 - b^2 - c^2)\boxed{+1} \\ 2d(abd - c) \\ 2d(acd + b) \end{pmatrix} \cdot \begin{pmatrix} 2d(abd + c) \\ d^2(-a^2 + b^2 - c^2)\boxed{+1} \\ 2d(bcd - a) \end{pmatrix}}_{\mathcal{P}}$$

$$\Rightarrow \quad \mathcal{P} = \boxed{4abd^2} + 2d^3 \cdot \left[(a^2 - b^2 - c^2)(abd + c) + (abd - c)(-a^2 + b^2 - c^2) + \frac{2}{d} \cdot (acd + b)(bcd - a) \right] =$$

$$= 2d^2 \cdot \{ 2ab + d \cdot [abd \cdot (a^2 - b^2 - c^2 - a^2 + b^2 - c^2) + c \cdot (a^2 - b^2 - c^2 + a^2 - b^2 + c^2)] + 2 \cdot (abc^2d^2 + b^2cd - a^2cd - ab) \} =$$

$$= 2d^2 \cdot [2ab + d \cdot (-2abc^2d + 2a^2c - 2b^2c) + 2 \cdot (abc^2d^2 + b^2cd - a^2cd - ab)] =$$

$$= 4d^2 \cdot (ab - abc^2d^2 + a^2cd - b^2cd + abc^2d^2 + b^2cd - a^2cd - ab) = 0$$

$$\Rightarrow \quad \vec{s_1} \cdot \vec{s_2} = 0, \ \square$$

ABSCHLIESZENDE BEMERKUNGEN ...

- In [62], Kap. 12, wird (ähnlich wie auch in [16] und [22]) die $SO(3)$ unter Verwendung des Schiefkörpers $\mathbb{H}$ der HAMILTONschen Quaternionen (welche es u.a. gestatten, räumliche Rotationen äußerst elegant und auch durchaus praktisch zu beschreiben, was den Rahmen *dieses Buches* aber deutlich sprengen würde) konstruiert und u.a. erarbeitet, dass der aus der Matrix A abgeleitete Vektor $(\lambda|\mu|\nu)$ ein **Richtungsvektor** der die Rotation definierenden Drehachse ist, was wir wegen (1'), (2) und (3) sofort via

$$(\lambda|\mu|\nu) = \left(\frac{ad}{\sqrt{1 + d^2}} \middle| \frac{bd}{\sqrt{1 + d^2}} \middle| \frac{cd}{\sqrt{1 + d^2}} \right) = \frac{d}{\sqrt{1 + d^2}} \cdot (a|b|c) = \frac{d}{\sqrt{1 + d^2}} \cdot \vec{r}$$

bewiesen haben, $\square$.

- Ferner wird ebenda behauptet, dass für den Drehwinkel φ die Gleichung $\cos \varphi = 2\kappa^2 - 1$ gilt, was wegen (4) und (*) ebenso sofort via

$$2\kappa^2 - 1 = \frac{2}{1 + d^2} - 1 = \frac{2 - 1 - d^2}{1 + d^2} = \frac{1 - d^2}{1 + d^2} = \cos \varphi$$

folgt, $\square$.

- Was wir hier nun noch ergänzen wollen, ist die *komplette Darstellung* von $(\kappa|\lambda|\mu|\nu)$ durch a, b und c sowie trigonometrische Werte von φ, wozu wir $(*)$ umformen ...

$$\cos\varphi = \frac{1-d^2}{1+d^2} \;\Leftrightarrow\; d^2(\cos\varphi+1)=1-\cos\varphi \;\Leftrightarrow\; d^2 = \frac{1-\cos\varphi}{1+\cos\varphi} \;\Rightarrow\; 1+d^2 = \frac{2}{1+\cos\varphi}$$

... und dadurch zu $\boxed{\kappa = -\sqrt{\frac{1+\cos\varphi}{2}}}$ bzw. unter Anwendung der bekannten Doppelwinkelformel $\cos(2\alpha)=\cos^2\alpha-\sin^2\alpha$ sowie des *Trigonometrischen Pythagoras* $\cos^2\alpha+\sin^2\alpha=1$ (jeweils für $2\alpha=\varphi$) zu $\boxed{\kappa = -\cos\frac{\varphi}{2}\ (\#)}$ sowie

$$\lambda = a\cdot\sqrt{\frac{1-\cos\varphi}{1+\cos\varphi}}\cdot\sqrt{\frac{1+\cos\varphi}{2}} = a\cdot\sqrt{\frac{1-\cos\varphi}{2}} = a\cdot\sin\frac{\varphi}{2}$$

und somit insgesamt zu $(\#)$ sowie

$$(\lambda|\mu|\nu) = \sin\frac{\varphi}{2}\cdot(a|b|c)$$

führt, womit alles erledigt ist.

... UND BEISPIEL:

Der Punkt $P(-1|4|1)$ soll um $60°$ um die durch den Ursprung verlaufende Gerade g mit dem Richtungvektor $\vec{r_g} = (5|1|1)$ gedreht werden.

Dazu gehen wir zum normierten Richtungsvektor $\vec{r} = \frac{1}{\sqrt{27}}\cdot(5|1|1)$ über, ermitteln unter Anwendung von $(\#)$ für $\varphi = 60°$ den Wert $\kappa = -\cos 30° = -\frac{\sqrt{3}}{2}$ und bestimmen überdies aus $(*)$ den Wert für d:

$$\frac{1}{2} = \frac{1-d^2}{1+d^2} \;\Rightarrow\; 1+d^2 = 2-2d^2 \;\Rightarrow\; 3d^2 = 1 \;\Rightarrow\; d = \frac{1}{\sqrt{3}}$$

Dadurch erhalten wir für den Vektor $(\lambda|\mu|\nu)$ das Resultat

$$(\lambda|\mu|\nu) = \frac{\frac{1}{\sqrt{3}}}{\frac{2}{\sqrt{3}}}\cdot\frac{1}{\sqrt{27}}\cdot(5|1|1) = \frac{\sqrt{3}}{18}\cdot(5|1|1)$$

und somit ingesamt den *erzeugenden Vektor*

$$(\kappa|\lambda|\mu|\nu) = \frac{\sqrt{3}}{18}\cdot(-9|5|1|1)$$

für die Drehmatrix A bzw. (für die Hauptdiagonalelemente) den Vektor

$$(\kappa^2|\lambda^2|\mu^2|\nu^2) = \frac{1}{108}\cdot(81|25|1|1).$$

(Der werte L$\overset{e}{\ddot{o}}$ser möge als Übung ohne den "Umweg" über μ "unsere" Darstellung der Rotationsmatrix R_1 verwenden, um ohne EULER die Koordinaten des gedrehten Punkts zu berechnen!)

$$\Rightarrow\quad A = \frac{1}{27}\cdot\begin{pmatrix} 26 & 7 & -2 \\ -2 & 14 & 23 \\ 7 & -22 & 14 \end{pmatrix}$$

Für den gedrehten Punkt P' ergibt sich somit

$$P' = A \cdot P \;\Rightarrow\; P' = \frac{1}{27} \cdot \begin{pmatrix} 26 & 7 & -2 \\ -2 & 14 & 23 \\ 7 & -22 & 14 \end{pmatrix} \cdot \begin{pmatrix} -1 \\ -4 \\ 1 \end{pmatrix} = \frac{1}{27} \cdot \begin{pmatrix} 0 \\ 81 \\ -81 \end{pmatrix} = \begin{pmatrix} 0 \\ 3 \\ -3 \end{pmatrix}.$$

> (Weitere)ÜBUNG für den werten L e̤ö ser:

Drehe P' weitere Male via A (oder R_1)! Welche Gesetzesmäßigkeiten sind zu erkennen und wie lassen sich selbige geometrisch erklären?

2.12.5   Paralleldrehen: eine weitere lineare Abbildung von $\mathbb{R}^3$ nach $\mathbb{R}^3$

Als (hier!) letzte lineare Abbildung wollen wir in diesem Abschnitt die Abbildungsgleichung für das Drehen einer (zunächst) durch den Koordinatenursprung verlaufenden Ebene ε mit dem normierten Normalvektor $\vec{n} = (a|b|c)$ in π_1 (i.e. die $xy-$ oder auch Grundriss-Ebene) herleiten, Dazu betrachten wir zunächst die folgende Abbildung, welche die entsprechende Transformation anhand eines Vierecks $ABCD$ illustriert:

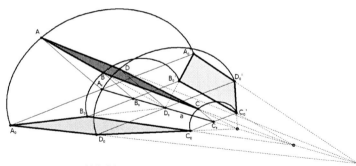

Abbildung 5: Drehen in π_1 anschaulich

Beim Drehen - wobei hier (so ε nicht erstprojizierend ist) zwei Drehungen, und zwar um einen spitzen sowie um einen stumpfen Winkel, möglich sind, was auf das gedrehte Viereck $A_0B_0C_0D_0$ bzw. $A_0'B_0'C_0'D_0'$ führt - bewegt sich jeder Punkt auf einer Kreisbahn, welche in einer Normalebene zur Schnittgeraden a von ε mit π_1 liegt. Somit ist das Procedere der Konstruktion von X_0 aus X klar:

- Der Schnitt von a mit der Normalebene η auf a durch X liefert zunächst den Punkt X_s.

- Dann wird die Streckenlänge $\overline{X_sX}$ in Richtung des Grundrisses von $\overrightarrow{X_sX}$ aufgetragen.

Gehen wir vom Punkt $X(u|v|w)$ aus, so ist zu beachten, dass X in ε liegt, weshalb wegen $(0|0|0) \in \pi_1$

$$\varepsilon: \; ax + by + cz = \underbrace{au + bv + cw}_{0}$$

sowie $a^2 + b^2 + c^2 = 1$ gilt.

Ein Richtungsvektor $\vec{r_a}$ der Schnittgerade von ε mit π_1 ergibt sich via

$$\vec{r_a} = \begin{pmatrix} a \\ b \\ c \end{pmatrix} \times \begin{pmatrix} 0 \\ 0 \\ 1 \end{pmatrix},$$

da $(0|0|1)$ ein Normalvektor von π_1 ist.

Somit gilt

$$\vec{r_a} = \begin{pmatrix} b \\ -a \\ 0 \end{pmatrix}.$$

Also können wir nunmehr unter Beachtung von

$$a : X = t \cdot \begin{pmatrix} b \\ -a \\ 0 \end{pmatrix} \quad \text{sowie} \quad \eta : bx - ay = bu - av$$

den Schnitt $\eta \cap a = \{X_s\}$ durchführen:

$$(b^2 + a^2) \cdot t = bu - av \ \Rightarrow t = \frac{bu - av}{a^2 + b^2} \ \Rightarrow \ X_s \left(\frac{b^2 u - abv}{a^2 + b^2} \middle| \frac{-abu + a^2 v}{a^2 + b^2} \middle| 0 \right)$$

Zur Berechnung der Streckenlänge $\overline{X_s X}$ (ergo: Betrag des Vektors $\overrightarrow{X_s X}$) schreiben wir die entsprechende Spitze X in der Form $X \left(\frac{a^2 u + b^2 u}{a^2 + b^2} \middle| \frac{a^2 v + b^2 v}{a^2 + b^2} \middle| w \right)$ auf, woraus (unter Beachtung von $au + bv + cw = 0$)

$$\overrightarrow{X_s X} = \begin{pmatrix} \frac{a^2 u + abv}{a^2 + b^2} \\ \frac{abu + b^2 v}{a^2 + b^2} \\ w \end{pmatrix} = \begin{pmatrix} \frac{a(au + bv)}{a^2 + b^2} \\ \frac{b(au + bv)}{a^2 + b^2} \\ -\frac{au + bv}{c} \end{pmatrix} = \frac{au + bv}{c(a^2 + b^2)} \cdot \begin{pmatrix} ac \\ bc \\ \underbrace{-(a^2 + b^2)}_{c^2 - 1} \end{pmatrix}$$

und somit

$$\overline{X_s X} = \left| \overrightarrow{X_s X} \right| = \frac{au + bv}{c(a^2 + b^2)} \cdot \sqrt{\underbrace{a^2 c^2 + b^2 c^2 + c^4}_{c^2 \, (a^2 + b^2 + c^2)} - 2c^2 + 1} = \frac{au + bv}{c(a^2 + b^2)} \cdot \sqrt{1 - c^2} = \frac{au + bv}{c(a^2 + b^2)} \cdot \sqrt{a^2 + b^2}$$

folgt.

Der Grundrissvektor von $\overrightarrow{X_s X}$ verläuft parallel zu $(a|b|0)$, welcher bereits den Betrag $\sqrt{a^2 + b^2}$ besitzt, womit sich X_0 also einfach via

$$X_0 = X_s + \frac{au + bv}{c(a^2 + b^2)} \cdot \begin{pmatrix} a \\ b \\ 0 \end{pmatrix} = \begin{pmatrix} \frac{b^2 u - abv}{a^2 + b^2} \\ \frac{-abu + a^2 v}{a^2 + b^2} \\ 0 \end{pmatrix} + \frac{au + bv}{c(a^2 + b^2)} \cdot \begin{pmatrix} a \\ b \\ 0 \end{pmatrix} =$$

$$= \frac{1}{c(a^2 + b^2)} \cdot \begin{pmatrix} b^2 cu - abcv + a^2 u + abv \\ -abcu + a^2 cv + abu + b^2 v \\ 0 \end{pmatrix} \quad (*)$$

ergibt und so gesehen in Matrix·Vektor-Notation auf die Abbildungsmatrix

$$A = \begin{pmatrix} \frac{a^2+b^2c}{c(a^2+b^2)} & \frac{ab-abc}{c(a^2+b^2)} & 0 \\ \frac{ab-abc}{c(a^2+b^2)} & \frac{b^2+a^2c}{c(a^2+b^2)} & 0 \\ 0 & 0 & 0 \end{pmatrix}$$

führen **würde**. Dass es sich dabei tatsächlich um einen Konjunktiv handelt, ergibt sich sofort aus dem Umstand, dass A ja aufgrund der Tatsache, dass sie Längen und Winkel invariant lässt, eine orthogonale Matrix sein muss, weshalb ihr dritter Zeilenvektor sowie ihr dritter Spaltenvektor nicht zur Gänze aus Nullen bestehen kann. Der Ausweg aus diesem Dilemma besteht nun darin, aus dem ersten Zeilenvektor von A durch Hinzuaddieren von

$$0 = k \cdot (au + bv + cw)$$

in der ersten Komponente von $(*)$

$$- \text{ ergo } \quad \frac{b^2cu - abcv + a^2u + abv}{c(a^2 + b^2)} + 0 = \frac{b^2cu - abcv + a^2u + abv}{c(a^2 + b^2)} + kau + kbv + kcw =$$

$$= \left(\frac{a^2 + b^2c}{c(a^2 + b^2)} + ak \right) \cdot u + \left(\frac{ab - abc}{c(a^2 + b^2)} + bk \right) \cdot v + ckw \quad -$$

für ein geeignetes $k \in \mathbb{R}$ entsprechend einen Vektor

$$\mathfrak{z}_1 = \left(\frac{a^2 + b^2c}{c(a^2 + b^2)} + ak \;\middle|\; \frac{ab - abc}{c(a^2 + b^2)} + bk \;\middle|\; ck \right)$$

vom Betrag 1 (was *ein* Charakteristikum orthogonaler Matrizen darstellt) zu konstruieren, nundenn:

$$|\mathfrak{z}_1| = \sqrt{\mathcal{D}}$$

mit

$$\mathcal{D} = \underbrace{(a^2 + b^2 + c^2)}_{1} \cdot k^2 + 2 \cdot \frac{\overbrace{a^3 + ab^2c + ab^2 - ab^2c}^{a(a^2+b^2)}}{c(a^2 + b^2)} \cdot k + \frac{a^4 + 2a^2b^2c + b^4c^2 + a^2b^2 - 2a^2b^2c + a^2b^2c^2}{c^2(a^2 + b^2)^2} = 1$$

$\Updownarrow$

$$k^2 + 2 \cdot \frac{a}{c} \cdot k + \frac{a^4 + b^4c^2 + a^2b^2 + a^2b^2c^2 - a^4c^2 - 2a^2b^2c^2 - b^4c^2}{c^2(a^2 + b^2)^2} = 0$$

$\Updownarrow$

$$k^2 + 2 \cdot \frac{a}{c} \cdot k + \frac{\overbrace{a^4 + a^2b^2 - a^2b^2c^2 - a^4c^2}^{a^2(a^2+b^2)-a^2c^2(a^2+b^2)=a^2(a^2+b^2)(1-c^2)=a^2(a^2+b^2)^2}}{c^2(a^2 + b^2)^2} = 0$$

$\Updownarrow$

$$k^2 + 2 \cdot \frac{a}{c} \cdot k + \frac{a^2}{c^2} = 0 \quad \Leftrightarrow \quad \left(k + \frac{a}{c} \right)^2 = 0 \quad \Rightarrow \quad k = -\frac{a}{c}$$

Bezüglich des zweiten Zeilenvektors $\mathfrak{z}_2$ von A gilt es nun *ein weiteres* Charakteristikum orthogonaler Matrizen einzufordern, nämlich die Orthogonalität von $\mathfrak{z}_1$ und $\mathfrak{z}_2$, wobei der entsprechende Ansatz für $\mathfrak{z}_2$ nunmehr

$$\mathfrak{z}_2 = \left(\frac{ab - abc}{c(a^2 + b^2)} + a\ell \;\middle|\; \frac{b^2 + a^2c}{c(a^2 + b^2)} + b\ell \;\middle|\; c\ell \right)$$

lautet und bezüglich des Ansatzes für $\mathfrak{z}_1$ das soeben erhaltene Resultat $k = -\frac{a}{c}$ implementiert wird:

$$\mathfrak{z}_1 = \left(\frac{a^2+b^2c}{c(a^2+b^2)} - \frac{a^2}{c} \,\bigg|\, \frac{ab-abc}{c(a^2+b^2)} - \frac{ab}{c} \,\bigg|\, -a \right) = \left(\frac{\overbrace{a^2(1-a^2-b^2)}^{c^2}+b^2c=c(b^2+a^2c)}{a^2+b^2c-a^4-a^2b^2}{c(a^2+b^2)} \,\Bigg|\, \frac{\overbrace{ab(1-c-a^2-b^2)}^{c^2-c=c(c-1)}}{ab-abc-a^3b-ab^3}{c(a^2+b^2)} \,\Bigg|\, -a \right)$$

$$\Rightarrow \quad \mathfrak{z}_1 = \left(\frac{b^2+a^2c}{a^2+b^2} \,\bigg|\, \frac{ab(c-1)}{a^2+b^2} \,\bigg|\, -a \right)$$

Daher gilt

$$\mathfrak{z}_1 \perp \mathfrak{z}_2 \Leftrightarrow \left(\frac{a(b^2+a^2c)+ab^2(c-1)}{a^2+b^2} - ac \right) \cdot \ell = 0$$

$$\Leftrightarrow \frac{a}{a^2+b^2} \cdot \left(\underbrace{b^2+a^2c+b^2c-b^2-a^2c-b^2c}_{0} \right) \cdot \ell = 0$$

Es ergibt sich also der interessante Sachverhalt (welcher in wundervoller Weise Zeugnis über die Autonomie der Mathematik ablegt), dass $\mathfrak{z}_2$ unabhängig von der Wahl für ℓ auf $\mathfrak{z}_1$ orthogonal steht, weshalb wiederum auf die Forderung $|\mathfrak{z}_2| = 1$ zurückgegriffen werden muss, weshalb es dem werten L $\overset{\text{e}}{\overset{}{\ddot{\text{o}}}}$ ser als Übung überlassen bleibt, das Resultat $\ell = -\frac{b}{c}$ herzuleiten.[65]

Somit erhalten wir den "Zwischenstand"

$$A = \begin{pmatrix} \frac{b^2+a^2c}{a^2+b^2} & \frac{ab(c-1)}{a^2+b^2} & -a \\ \frac{ab(c-1)}{a^2+b^2} & \frac{a^2+b^2c}{a^2+b^2} & -b \\ a_{31} & a_{32} & a_{33} \end{pmatrix}$$

mit den noch zu ergänzenden Eintragungen a_{31}, a_{32} und a_{33}. Dabei ist zu beachten, dass in der dritten Zeile von $(*)$ nach wie vor 0 stehen muss, ergo

$$a_{31} \cdot u + a_{32} \cdot v + a_{33} \cdot w = 0$$

gelten muss, was wegen der Äquivalenz von $X \in \varepsilon$ und

$$au + bv + cw = 0$$

auf

$$(a_{31}|a_{32}|a_{33}) = m \cdot (a|b|c)$$

führt. Damit (Charakteristikum orthogonaler Matrizen!) nicht nur die Zeilen-, sondern auch die Spaltenvektoren jeweils einen Betrag von 1 aufweisen, kann somit wegen $a_{12} = a_{21}$ nur mehr

$$a_{31} = a \; (\#) \quad \vee \quad a_{31} = -a \; (\#\#)$$

---

[65]Übrigens kann dies unter genauer Betrachtung der von 0 verschiedenen Einträge von A auch ohne Rechnung unter Verwendung des Resultats für k gelingen!

gelten. Zur Herausfilterung des richtigen Werts beachten wir, dass die Ausweitung der hinter A steckenden Abbildung über ε hinaus für einen Punkt $X(u|v|w)$ mit $X \notin \varepsilon$ gewährleisten soll, dass X auch in die richtige erste Hauptebene gedreht wird. Da $X \notin \varepsilon$ eindeutig eine zu ε parallele Ebene ε^* mit der Gleichung

$$\varepsilon^* : \ ax + by + cz = \underbrace{au + bv + cw}_{=:d}$$

festlegt, sollten auch alle Punkte aus ε^* beim Paralleldrehen in ein und dieselbe erste Hauptebene π^* gedreht werden, was wegen

$$ax + by + cz \equiv d \ \ \forall X(x|y|z) \in \varepsilon^*$$

sicher gewährleistet ist, wobei π^* aber (anders als im Fall von ε und π_1) die $z-$Achse nicht im selben Punkt $Z\left(0|\,0|\,\frac{d}{c}\right)$ als ε^*, sondern im Punkt $Z^*(0|0|d)$ schneidet, woraus sich die Gleichung $Z^* = c \cdot Z$ ergibt. Im Fall $0 < c < 1$ liegt Z^* somit stets zwischen dem Koordinatenursprung und Z, für den Fall $-1 < c < 0$ wird sozusagen über π_1 hinweggedreht [außer, man geht von der Wahl (#) zu (##) über]. Summa summarum erhalten wir also mit

$$A = \begin{pmatrix} \frac{b^2+a^2 c}{a^2+b^2} & \frac{ab(c-1)}{a^2+b^2} & -a \\ \frac{ab(c-1)}{a^2+b^2} & \frac{a^2+b^2 c}{a^2+b^2} & -b \\ a & b & c \end{pmatrix} \ \text{ bzw. } \ A^* = \begin{pmatrix} \frac{b^2+a^2 c}{a^2+b^2} & \frac{ab(c-1)}{a^2+b^2} & -a \\ \frac{ab(c-1)}{a^2+b^2} & \frac{a^2+b^2 c}{a^2+b^2} & -b \\ -a & -b & -c \end{pmatrix}$$

die beiden möglichen Matrizen A und A', welche jeden Punkt X via $Y = A \cdot X$ bzw. $Y = A^* \cdot X$ aus der eindeutig durch X festgelegten Ebene aus der Parallelenschar mit dem normierten Normalvektor $\overrightarrow{n} = (a|b|c)$ in eine erste Hauptebene paralleldreht.

Übung für den werten L$\overset{e}{\underset{\ddot{}}{o}}$ser: Dreht man den Vektor $\overrightarrow{X_s X}$ um den zum

ursprünglichen Drehwinkel supplementären Winkel in π_1, so ergibt sich

$$X_0' = X_s + \frac{au + bv}{c(a^2 + b^2)} \cdot \begin{pmatrix} -a \\ -b \\ 0 \end{pmatrix}.$$

Man leite daraus analog zu den Abbildungsmatrizen A und A^* die entsprechenden Abbildungsmatrizen

$$A' = \begin{pmatrix} \frac{b^2-a^2 c}{a^2+b^2} & \frac{-ab(c+1)}{a^2+b^2} & a \\ \frac{-ab(c+1)}{a^2+b^2} & \frac{a^2-b^2 c}{a^2+b^2} & b \\ -a & -b & -c \end{pmatrix} \ \text{ bzw. } \ A'^* = \begin{pmatrix} \frac{b^2-a^2 c}{a^2+b^2} & \frac{-ab(c+1)}{a^2+b^2} & a \\ \frac{-ab(c+1)}{a^2+b^2} & \frac{a^2-b^2 c}{a^2+b^2} & b \\ a & b & c \end{pmatrix}$$

her!

ABSCHLUSSBEMERKUNG: Am dritten Spaltenvektor von A'^* erkennt man besonders schön, dass der Einheitsvektor $(0|0|1)$ auf den normierten Normalvektor $(a|b|c)$ der Schar zueinander parallelen Ebenen abgebildet wird.

2.13 BROCARDsche Punktepaare

Was haben die Schwerlinien, die Höhen und die Winkelsymmetralen eines Dreiecks miteinander gemeinsam, was den Streckensymmetralen nicht zukommt? Nunja, obwohl es von letzteren drei gibt, die einander ebenso wie die ersten drei genannten Geradentripel in einem Punkt schneiden (Man spricht dann auch von kopunktalen Geraden.), verlaufen sie aber nicht durch die Eckpunkte des Dreiecks. Jedoch gibt es zahlreiche weitere kopunktale Geradentripel, von denen durch jeden Eckpunkt eines Dreiecks genau eine dieser drei Geraden hindurchgeht. Ein ganz besonderes dieser Geradentripel erzeugt das sogenannte BROCARDsche Punktepaar eines Dreiecks, dessen Genese und Eigenschaften wir nun ausführlich behandeln wollen, wozu wir mit folgender Konfiguration beginnen (vgl. linke Abbildung!):

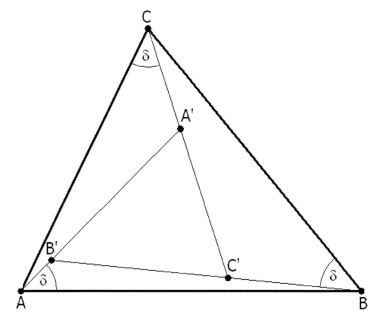

Wird jede Seite eines Dreiecks im gleichen Drehsinn durch einen Eckpunkt um den Winkel δ gedreht, so entsteht ein neues Dreieck $\Delta A'B'C'$, von welchem wir zunächst einmal zeigen werden, dass es zum Ausgangsdreieck ähnlich ist, was ganz einfach durch *Winkeljagd*[66] gelingt:

Wegen $\angle A'B'C' = 180° - \angle AB'B = \angle B'AB + \angle ABB' = \delta + \beta - \delta = \beta$ (wobei wie üblich α, β und γ die Winkel $\alpha := \angle CAB$, $\beta := \angle ABC$ und $\gamma := \angle BCA$ bezeichnen) folgt somit $\beta' := \angle A'B'C' = \beta$ und durch analoge Argumentation ebenso $\alpha' := \angle B'A'C' = \alpha$ sowie $\gamma' := \angle B'C'A' = \gamma$, was $\Delta ABC \sim \Delta A'B'C'$ impliziert, □.

Nun kann man unter Einsatz dynamischer Geometriesoftware durch Messen der Flächeninhalte der beiden zueinander ähnlichen Dreiecke experimentell untersuchen, dass der Ähnlichkeitsfaktor je nach Form des Ausgangsdreiecks sowie der Wahl des Winkelmaßes δ entsprechend variiert, weshalb wir dies nun unter Verwendung des Sinus-Satzes in den Dreiecken $\Delta BCC'$ und $\Delta CAA'$ (und im Hintergrund auch in ΔABC, wobei wir die üblichen Bezeichnungen $a = \overline{BC}$ und $b = \overline{AC}$ verwenden) sowie der Reduktionsformel

---

[66]*Darunter* versteht man in Mathematik-Olympioniken-Kreisen die sukzessive Nutzung des Innenwinkelsummensatzes für Dreiecke, supplementärer und komplementärer Winkelpaare sowie der Invarianz von Winkelmaßen gegenüber Spiegelungen und Drehungen zur Lösung elementargeometrischer Problemstellungen, siehe etwa [7]!

$\sin(180° - \varphi) = \sin \varphi$ und des Summensatzes

$$\sin(\varphi + \psi) = \sin \varphi \cos \psi + \cos \varphi \sin \psi$$

genauer untersucht werden:

$$\Delta BCC' : \quad \frac{\overline{CC'}}{\sin \delta} = \frac{a}{\sin(180° - \gamma)} \quad \Rightarrow \quad \overline{CC'} = \frac{a \sin \delta}{\sin \gamma}$$

$$\Delta CAA' : \quad \frac{\overline{CA'}}{\sin(\alpha - \delta)} = \frac{b}{\sin(180° - \alpha)} \quad \Rightarrow \quad \overline{CA'} = \frac{b \sin(\alpha - \delta)}{\sin \alpha}$$

$$\Rightarrow \quad b' := \overline{A'C'} = \overline{CC'} - \overline{CA'} = \frac{a \sin \delta}{\sin \gamma} - \frac{b \sin(\alpha - \delta)}{\sin \alpha}$$

bzw. (wegen $\frac{a}{\sin \alpha} = \frac{b}{\sin \beta}$)

$$b' = \frac{b \sin \alpha \sin \delta}{\sin \beta \sin \gamma} - \frac{b \sin(\alpha - \delta)}{\sin \alpha} = \left(\underbrace{\frac{\sin \alpha \sin \delta}{\sin \beta \sin \gamma} - \frac{\sin(\alpha - \delta)}{\sin \alpha}}_{k} \right) \cdot b$$

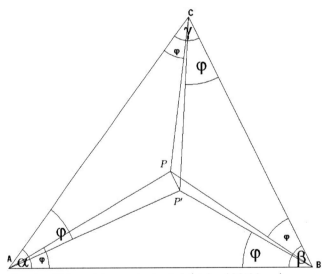

Wenn für den Ähnlichkeitsfaktor k nun speziell $k = 0$ gilt, so entartet das Dreieck $\Delta A'B'C'$ für einen ganz speziellen Winkel δ (der - wie wir herausfinden werden - eindeutig bestimmt ist und mit φ bezeichnet wird) zu einem Punkt P, der als <u>ein</u> BROCARD-Punkt[67] des Dreiecks bezeichnet wird. Der <u>andere</u> BROCARD-Punkt P' entsteht dann, indem φ jeweils von der anderen Seites des entsprechenden Eckpunkts angelegt wird (siehe Abbildung).

Zur Bestimmung von φ setzen wir k gleich Null:

$$k = 0 \quad \Leftrightarrow \quad \frac{\sin \alpha \sin \delta}{\sin \beta \sin \gamma} = \frac{\sin(\alpha - \delta)}{\sin \alpha} \quad \Leftrightarrow \quad \sin^2 \alpha \sin \delta = \sin \beta \sin \gamma (\sin \alpha \cos \delta - \cos \alpha \sin \delta)$$

$$\Rightarrow \quad (\sin^2 \alpha + \cos \alpha \sin \beta \sin \gamma) \sin \delta = \sin \alpha \sin \beta \sin \gamma \cos \delta$$

---

[67]nach Henri BROCARD $(1845 - 1922)$

$$\Rightarrow \quad \frac{\cos \delta}{\sin \delta} = \frac{\sin^2 \alpha + \cos \alpha \sin \beta \sin \gamma}{\sin \alpha \sin \beta \sin \gamma}$$

Im Folgenden wechseln wir von der Bezeichnung δ auf φ:

$$\Rightarrow \quad \cot \varphi = \frac{\sin^2 \alpha}{\sin \alpha \sin \beta \sin \gamma} + \frac{\cos \alpha \sin \beta \sin \gamma}{\sin \alpha \sin \beta \sin \gamma} = \frac{\sin \alpha}{\sin \beta \sin \gamma} + \cot \alpha =$$

$$= \frac{\sin(180° - \alpha)}{\sin \beta \sin \gamma} + \cot \alpha = \frac{\sin(\beta + \gamma)}{\sin \beta \sin \gamma} + \cot \alpha = \frac{\sin \beta \cos \gamma + \cos \beta \sin \gamma}{\sin \beta \sin \gamma} + \cot \alpha$$

$$= \frac{\sin \beta \cos \gamma}{\sin \beta \sin \gamma} + \frac{\cos \beta \sin \gamma}{\sin \beta \sin \gamma} + \cot \alpha = \cot \gamma + \cot \beta + \cot \alpha$$

Also ist der BROCARDsche Winkel φ durch die Gleichung

$$\cot \varphi = \cot \alpha + \cot \beta + \cot \gamma$$

eindeutig festgelegt, $\square$.

Ein gänzlich anderer Zugang zu diesem Themenkreis (der uns überdies auch noch zu einer weiteren Einsicht bringen wird) erfolgt ohne Verwendung des Hilfsdreiecks $\Delta A'B'C'$ und operiert auf dem analytischen Weg (wiewohl auch hier trigonometrische Formeln verwendet werden), indem wir o.B.d.A. vom Dreieck ΔABC mit den Eckpunkten $A(0|0)$, $B(p|0)$ und $C(q|r)$ ausgehen (und uns bezüglich der Abbildung - die man sich nur durch ein Koordinatenkreuz ergänzt denken muss - auf P konzentrieren), was zunächst auf $P(\lambda \cos \varphi | \lambda \sin \varphi)$ führt. Mit Hilfe der Vektoren

$$\overrightarrow{BC} = \begin{pmatrix} q - p \\ r \end{pmatrix} \quad \text{und} \quad \overrightarrow{CA} = \begin{pmatrix} -q \\ -r \end{pmatrix}$$

folgt nun

$$\overrightarrow{BP} \parallel \cos \varphi \cdot \begin{pmatrix} q - p \\ r \end{pmatrix} + \sin \varphi \cdot \begin{pmatrix} -r \\ q - p \end{pmatrix} = \begin{pmatrix} (q - p) \cdot \cos \varphi - r \sin \varphi \\ r \cos \varphi + (q - p) \sin \varphi \end{pmatrix}$$

sowie unter Anwendung der Kippregel

$$\overrightarrow{BP} \perp \begin{pmatrix} r \cos \varphi + (q - p) \sin \varphi \\ r \sin \varphi + (p - q) \cdot \cos \varphi \end{pmatrix},$$

was auf die Geradengleichung

$$g_{BP} : [r \cos \varphi + (q - p) \sin \varphi] \cdot x + [r \sin \varphi + (p - q) \cdot \cos \varphi] \cdot y = p \cdot [r \cos \varphi + (q - p) \sin \varphi]$$

führt.

Analog ergibt sich

$$\overrightarrow{CP} \parallel \cos \varphi \cdot \begin{pmatrix} -q \\ -r \end{pmatrix} + \sin \varphi \cdot \begin{pmatrix} r \\ -q \end{pmatrix} = \begin{pmatrix} r \cdot \sin \varphi - q \cos \varphi \\ -q \sin \varphi - r \cos \varphi \end{pmatrix} \perp \begin{pmatrix} q \sin \varphi + r \cos \varphi \\ r \cdot \sin \varphi - q \cos \varphi \end{pmatrix}$$

$$\Rightarrow \quad g_{CP} : (q \sin \varphi + r \cos \varphi) \cdot x + (r \cdot \sin \varphi - q \cos \varphi) \cdot y = (r^2 + q^2) \cdot \sin \varphi.$$

Subtraktion der beiden Geradengleichungen führt auf eine weitere Gerade g des durch g_{BP} und g_{CP} generierten Geradenbüschels mit der Gleichung

$$g: \; -p\sin\varphi \cdot x + p\cos\varphi \cdot y = (pq - p^2 - r^2 - q^2)\sin\varphi + pr\cos\varphi \quad (*).$$

Aus ihrem Normalvektor

$$\overrightarrow{n_g} = \begin{pmatrix} -p\sin\varphi \\ p\cos\varphi \end{pmatrix} \; \| \; \begin{pmatrix} -\sin\varphi \\ \cos\varphi \end{pmatrix}$$

liest man ab, dass dieser auf $\overrightarrow{AP}$ normal steht, also jedenfalls $g \parallel g_{AP}$ gilt, was nur dann in $g \equiv g_{AP}$ übergeht, wenn $A \in g$ gilt, also die rechte Seite von $(*)$ verschwindet, nundenn:

$$(pq - p^2 - r^2 - q^2)\sin\varphi + pr\cos\varphi = 0 \; \Leftrightarrow \; (p^2 + r^2 + q^2 - pq)\sin\varphi = pr\cos\varphi$$

$$\Leftrightarrow \; \cot\varphi = \frac{p^2 + r^2 + q^2 - pq}{pr} = \frac{p^2 - pq}{pr} + \frac{r^2 + q^2}{pr} = \frac{p - q}{r} + \frac{r^2 + q^2}{pr} \quad (**)$$

Wie schon angemerkt, werden wir über diesen analytischen Zugang zu einer weiteren Einsicht gelangen (die durch den ersten Zugang nicht unmittelbar ersichtlich ist), aber auch (wenngleich auf gänzlich anderem Weg) nochmals auf die Cotangensgleichung stoßen. Das Ende von $(**)$ kann man als

$$\cot\varphi = -\cot\beta + \frac{b^2}{2\mathcal{A}}$$

interpretieren (wobei wie üblich die Bezeichnungen $a = \overline{BC}$, $b = \overline{AC}$ und $c = \overline{AB}$ sowie $\mathcal{A}$ für den Flächeninhalt des Dreiecks $\triangle ABC$ verwendet werden), was aber keine symmetrische[68] und schon gar keine ästhestische Formel ist, weshalb wir zunächst versuchen, in $(**)$ auch die Cotangenswerte der anderen Winkel unterzubringen:

$$\text{Wegen} \; \cot\alpha = \frac{q}{r}, \; \cot\beta = \frac{p-q}{r} \; \text{und} \; \cot\gamma = \frac{\cos\gamma}{\sin\gamma} = \frac{-\cos(180° - \gamma)}{\sin(180° - \gamma)} =$$

$$= -\frac{\cos(\alpha + \beta)}{\sin(\alpha + \beta)} = -\frac{\cos\alpha\cos\beta - \sin\alpha\sin\beta}{\sin\alpha\cos\beta + \cos\alpha\sin\beta} =$$

$$= \frac{\sin\alpha\sin\beta - \cos\alpha\cos\beta}{\sin\alpha\cos\beta + \cos\alpha\sin\beta} = \frac{1 - \cot\alpha\cot\beta}{\cot\alpha + \cot\beta}$$

bietet es sich (schon alleine wegen $\cot\alpha + \cot\beta = \frac{p}{r}$ und nicht zuletzt auch aus Symmetriegründen bzw. dem Wunsch nach Symmetrie) an,

$$\frac{p}{r} \; \text{in} \; (**) \; \text{somit als} \; \cot\alpha + \cot\beta \; \text{zu} \; \underline{\text{interpretieren}}$$

und schließlich noch den verbleibenden Rest, ergo

$$\frac{r^2 - pq + q^2}{pr},$$

---

[68] weil *nur* die Seite b und ebenso *nur* der Innenwinkel β darin vorkommen

mit

$$\cot \gamma = \frac{1 - \cot \alpha \cot \beta}{\cot \alpha + \cot \beta} \quad (***)$$

zu vergleichen, wozu wir in $(***)$ einfach $\cot \alpha$ durch $\frac{q}{r}$ sowie $\cot \beta$ durch $\frac{p-q}{r}$ ersetzen und auf

$$\cot \gamma = \frac{1 - \frac{q(p-q)}{r^2}}{\frac{p}{r}} = \frac{r^2 - pq + q^2}{pr} =$$

stoßen, was insgesamt wieder auf die Cotangensgleichung

$$\cot \varphi = \cot \alpha + \cot \beta + \cot \gamma$$

führt.

Jetzt focussieren wir am Beginn von $(*)$ nicht auf Winkel, sondern auf Seitenlängen sowie den Flächeninhalt des Dreiecks, was es nebst $c = p$ und $b^2 = q^2 + r^2$ wegen dem doppelten Produkt $2pq$ in $a^2 = (q - p)^2 + r^2 = q^2 - 2pq + q^2 + r^2$ sinnvoll erscheinen lässt, mit 2 zu erweitern und uns

$$\cot \varphi = \frac{2p^2 + 2q^2 + 2r^2 - 2pq}{2pr} = \frac{p^2}{2pr} + \frac{q^2 + r^2}{2pr} + \frac{p^2 - 2pq + r^2}{2pr} = \frac{a^2 + b^2 + c^2}{4\mathcal{A}},$$

also $\cot \varphi = \frac{a^2 + b^2 + c^2}{4\mathcal{A}}$, die sogenannte CRELLE-Gleichung[69], liefert.

Es stellt sich nun die Frage, wie man ohne einen analytischen Zugang wie soeben die Äquivalenz zwischen der reinen Cotangensgleichung und der CRELLE-Gleichung beweisen kann. Dazu sei vermerkt, dass in [8] die Cotangens-Gleichung auf keinem der beiden von uns beschrittenen Wege hergeleitet wird, wenngleich dort methodisch auch die Trigonometrie (aber ohne Vektorrechnung) zum Einsatz kommt (sic!), wobei die BROCARD-Punkte aber nicht durch entartete ähnliche Dreiecke entstanden sind. Da die CRELLE-Gleichung dort nur ohne Beweis angegeben wird, wollen wir diese Lücke nun schließen, und zwar auf zwei Arten, wobei der zweite Weg im Gegensatz zum ersten Weg nicht kommentiert wird, was dem werten L $\overset{e}{\ddot{o}}$ ser als Aufgabe gestellt sei (auch, was das Nennen der Voraussetzungen betrifft!).

Beim ersten Weg verwenden wir zunächst den Cosinussatz und die trigonometrische Flächeninhaltsformel (beide jeweils in allen drei Fassungen):

$$\frac{a^2 + b^2 + c^2}{4\mathcal{A}} = \frac{b^2 + c^2 - 2bc \cos \alpha + a^2 + c^2 - 2ac \cos \beta + a^2 + b^2 - 2ab \cos \gamma}{4\mathcal{A}} =$$

$$= \frac{a^2 + b^2 + c^2 - bc \cos \alpha - ac \cos \beta - ab \cos \gamma}{2\mathcal{A}} =$$

$$= \frac{a^2 + b^2 + c^2}{2\mathcal{A}} - \frac{bc \cos \alpha}{bc \sin \alpha} - \frac{ac \cos \beta}{ac \sin \beta} - \frac{ab \cos \gamma}{ab \sin \gamma}$$

$$= \frac{a^2 + b^2 + c^2}{2\mathcal{A}} - \cot \alpha - \cot \beta - \cot \gamma \quad \Rightarrow \quad \frac{a^2 + b^2 + c^2}{4\mathcal{A}} = \cot \alpha + \cot \beta + \cot \gamma, \quad \square$$

---

[69]nach August CRELLE $(1780 - 1855)$

Zweiter Weg (siehe auch [41], wo noch viel mehr zum Thema "Dreiecksgeometrie" zu finden ist!):

$$\frac{a^2 + b^2 + c^2}{4\mathcal{A}} = \frac{a^2 + b^2 + c^2}{2ab\sin\gamma} = \frac{1}{2}\cdot\left(\frac{a^2}{ab\sin\gamma} + \frac{b^2}{ab\sin\gamma} + \frac{c^2}{ac\sin\beta}\right) =$$

$$= \frac{1}{2}\cdot\left(\frac{a}{b\sin\gamma} + \frac{b}{a\sin\gamma} + \frac{c}{a\sin\beta}\right) = \frac{1}{2}\cdot\left(\frac{\sin\alpha}{\sin\beta\sin\gamma} + \frac{\sin\beta}{\sin\alpha\sin\gamma} + \frac{\sin\gamma}{\sin\alpha\sin\beta}\right) =$$

$$= \frac{1}{2}\cdot\left(\frac{\sin(180° - \alpha)}{\sin\beta\sin\gamma} + \frac{\sin(180° - \beta)}{\sin\alpha\sin\gamma} + \frac{\sin(180° - \gamma)}{\sin\alpha\sin\beta}\right) =$$

$$= \frac{1}{2}\cdot\left(\frac{\sin(\beta + \gamma)}{\sin\beta\sin\gamma} + \frac{\sin(\alpha + \gamma)}{\sin\alpha\sin\gamma} + \frac{\sin(\alpha + \beta)}{\sin\alpha\sin\beta}\right) =$$

$$= \frac{1}{2}\cdot\left(\frac{\sin\beta\cos\gamma + \cos\beta\sin\gamma}{\sin\beta\sin\gamma} + \frac{\sin\alpha\cos\gamma + \cos\alpha\sin\gamma}{\sin\alpha\sin\gamma} + \frac{\sin\alpha\cos\beta + \cos\alpha\sin\beta}{\sin\alpha\sin\beta}\right)$$

$$= \frac{1}{2}\cdot\left(\frac{\sin\beta\cos\gamma}{\sin\beta\sin\gamma} + \frac{\cos\beta\sin\gamma}{\sin\beta\sin\gamma} + \frac{\sin\alpha\cos\gamma}{\sin\alpha\sin\gamma} + \frac{\cos\alpha\sin\gamma}{\sin\alpha\sin\gamma} + \frac{\sin\alpha\cos\beta}{\sin\alpha\sin\beta} + \frac{\cos\alpha\sin\beta}{\sin\alpha\sin\beta}\right) =$$

$$= \frac{1}{2}\cdot\left(\frac{\cos\gamma}{\sin\gamma} + \frac{\cos\beta}{\sin\beta} + \frac{\cos\gamma}{\sin\gamma} + \frac{\cos\alpha}{\sin\alpha} + \frac{\cos\beta}{\sin\beta} + \frac{\cos\alpha}{\sin\alpha}\right) =$$

$$= \frac{1}{2}\cdot(\cot\gamma + \cot\beta + \cot\gamma + \cot\alpha + \cot\beta + \cot\alpha) = \cot\alpha + \cot\beta + \cot\gamma, \ \square$$

2.14   Volumina und das Spatprodukt

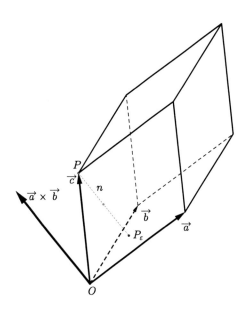

Wir gehen von drei Vektoren $\vec{a}$, $\vec{b}$ und $\vec{c}$ des $\mathbb{R}^3$ aus, von denen keiner notwendigerweise auf einen der beiden verbleibenden normal steht. In Analogie zum ebenen Fall, in dem zwei (ebenso nicht notwendigerweise zueinander orthogonale) Vektoren ein Parallelogramm aufspannen (was in der Abbildung insbesondere auch für $\vec{a}$ und $\vec{b}$ gilt), erzeugen nun im Raum diese drei Vektoren ein sogenanntes Parallelepiped[70], welches zuweilen auch als **Spat** bezeichnet. Selbiges kann aber auch als vierseitiges Prisma interpretiert werden, wobei die Grundfläche ein von zwei der drei Vektoren aufgespanntes Parallelogramm ist und die Projektionsrichtung inkl. Länge durch den verbleibenden Vektor angegeben wird. Aus der Motivation heraus, das Volumen des von den Vektoren $\vec{a}$, $\vec{b}$

und $\vec{c}$ aufgespannten Spats zu berechnen, wird sich uns nun ein neues Produkt, das sogenannte **Spatprodukt** quasi von selbst auf dem Präsentierteller zeigen. Dazu brauchen wir nur die für Prismen allgemeingültige (sich aus dem Prinzip von CAVALIERI ergebende) Volumsformel $V = G \cdot h$ zu verwenden, worin G den Grund- wie auch Deckflächeninhalt sowie h den <u>Parallelabstand</u> von Grund- und Deckfläche bezeichnet. <u>Diesen</u> haben wir freilich auf einer Gerade normal zur Grundfläche (welche in unserer Abbildung von den Vektoren $\vec{a}$ und $\vec{b}$ aufgespannt wird) zu messen, was in natürlicher Weise auf das vektorielle Produkt $\vec{a} \times \vec{b}$ führt und somit zusammen mit der Abbildung auch schon den zu beschreitenden Weg erahnen lässt: Wir wählen o.B.d.A. den gemeinsamen Schaft der Vektoren $\vec{a}$, $\vec{b}$ und $\vec{c}$ im Ursprung O und legen durch die Spitze P von $\vec{c}$ eine Normale n auf die durch $\vec{a}$ und $\vec{b}$ aufgespannte Ebene ε. Dann ergibt sich h aus $\{P_\varepsilon\} = \varepsilon \cap n$ via $h = \overline{P_\varepsilon P}$, nundenn:

$$\varepsilon : \ \left(\vec{a} \times \vec{b}\right) \cdot X = 0, \ n : X = \vec{c} - \lambda \cdot \left(\vec{a} \times \vec{b}\right)$$

$$\varepsilon \cap n : \ \left(\vec{a} \times \vec{b}\right) \cdot \left[\vec{c} - \lambda \cdot \left(\vec{a} \times \vec{b}\right)\right] = 0$$

$$\Leftrightarrow \ \left(\vec{a} \times \vec{b}\right) \cdot \vec{c} - \left[\left(\vec{a} \times \vec{b}\right) \cdot \left(\vec{a} \times \vec{b}\right)\right] \cdot \lambda = 0$$

Nun lässt sich die in Abschnitt 2.1.6 für Vektoren des $\mathbb{R}^2$ entdeckte Eigenschaft $\vec{v} \cdot \vec{v} = |\vec{v}|^2$ auch mühelos auf den $\mathbb{R}^3$ übertragen (was dem werten L $\overset{e}{\underset{\ddot{o}}{}}$ ser überlassen bleibt, wobei der Gebrauch von *Koordinaten* - ungeachtet dessen, dass *selbige* in 2.1.6 zunächst nicht verwendet wurden - durchaus zu empfehlen ist), womit wir

$$\lambda = \frac{\left(\vec{a} \times \vec{b}\right) \cdot \vec{c}}{\left|\vec{a} \times \vec{b}\right|^2}$$

und somit

$$h = \lambda \cdot \left|\vec{a} \times \vec{b}\right| = \frac{\left(\vec{a} \times \vec{b}\right) \cdot \vec{c}}{\left|\vec{a} \times \vec{b}\right|},$$

also schließlich

$$\underline{V = G \cdot h} = \left|\vec{a} \times \vec{b}\right| \cdot \frac{\left(\vec{a} \times \vec{b}\right) \cdot \vec{c}}{\left|\vec{a} \times \vec{b}\right|} = \underline{\left(\vec{a} \times \vec{b}\right) \cdot \vec{c}}$$

erhalten.

Es bleibt nun dem werten L $\overset{e}{\underset{\ddot{o}}{}}$ ser als gute Übung für das Rechnen mit dem skalaren und dem vektoriellen Produkt überlassen, die folgende Eigenschaft (die auch als *zyklisches Vertauschen* der Vektoren $\vec{a}$, $\vec{b}$ und $\vec{c}$ bezeichnet wird) des Spatprodukts zu beweisen:

$$\left(\vec{a} \times \vec{b}\right) \cdot \vec{c} = \left(\vec{b} \times \vec{c}\right) \cdot \vec{a} = \left(\vec{c} \times \vec{a}\right) \cdot \vec{b} \ (*)$$

---

[70]Siegfried Karl GROSSER (1931 − 1998), ein österreichischer Universitätsprofessor für Mathematik, pflegte zu sagen, dass ein Parallelepiped entsteht, indem man einem Quader einen Tritt verpasst.

Ferner ist [unter *Vermeidung* der Verwendung von Koordinaten, aber der Verwendung von (∗)]

$$\left(\vec{a}\times\vec{b}\right)\cdot\vec{c}+\left(\vec{b}\times\vec{a}\right)\cdot\vec{c}=\left(\vec{a}\times\vec{b}\right)\cdot\vec{c}+\left(\vec{c}\times\vec{b}\right)\cdot\vec{a}=\left(\vec{a}\times\vec{b}\right)\cdot\vec{c}+(\vec{a}\times\vec{c})\cdot\vec{b}=0$$

zu *begründen* und schließlich auch noch sowohl analytisch als auch geometrisch zu erklären, warum das Spatprodukt verschwindet, wenn einer der drei Vektoren eine Linearkombination der beiden verbleibenden Vektoren ist.

2.15   Das vektorielle Tripelvektorprodukt und der GRASSMANNsche Entwicklungssatz

Nebst dem Spatprodukt aus dem letzten Abschnitt gibt es noch weitere kombinierte Produkte zwischen Vektoren des $\mathbb{R}^3$, von denen wir in diesem Abschnitt das sogenannte *vektorielle Tripelprodukt*

$$\vec{a}\times\vec{b}\times\vec{c}\quad(*)$$

untersuchen wollen, wobei der werte L $\overset{e}{\ddot{o}}$ ser gleich einmal dazu aufgefordert sei, die Sinnhaftigkeit des Ausdrucks (∗) für drei selbst gewählte Vektoren des $\mathbb{R}^3$ zu überprüfen, wir lesen uns gleich wieder ...

Nun gut, gleich ist ... jetzt! Wie durch eigenständiges Experimentieren erkannt werden sollte, kommt es hier darauf an, ob man zuerst das vektorielle Produkt der Vektoren $\vec{a}$ und $\vec{b}$ ermittelt und mit dem daraus hervorgehenden neuen Vektor das vektorielle Produkt mit $\vec{c}$ bildet oder zuerst das vektorielle Produkt der Vektoren $\vec{b}$ und $\vec{c}$ ermittelt und mit dem daraus hervorgehenden neuen Vektor das vektorielle Produkt mit $\vec{a}$ (von links!) bildet, da die Endresultate im Allgemeinen nicht übereinstimmen.

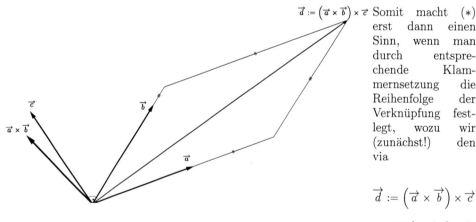

$\vec{d}:=\left(\vec{a}\times\vec{b}\right)\times\vec{c}$ Somit macht (∗) erst dann einen Sinn, wenn man durch entsprechende Klammernsetzung die Reihenfolge der Verknüpfung festlegt, wozu wir (zunächst!) den via

$$\vec{d}:=\left(\vec{a}\times\vec{b}\right)\times\vec{c}$$

nunmehr eindeutig definierten Vektor $\vec{d}$ analysieren wollen, wozu wir die obere Abbildung betrachten:

Da der Vektor $\vec{d}$ sowohl auf $\vec{c}$ als auch auf $\vec{a}\times\vec{b}$ normal steht, muss er insbesondere in der von $\vec{a}$ und $\vec{b}$ aufgespannten (in der oberen Abbildung als Parallelogramm angedeuteten) Ebene liegen und sich somit in der Form

$$\vec{d} = p \cdot \vec{a} + q \cdot \vec{b} \quad (**)$$

(oder wie es der Mathematiker formuliert: als *Linearkombination* von $\vec{a}$ und $\vec{b}$) darstellen lassen, wobei sich seine Richtung anschaulich-geometrisch als Schnittgerade der von $\vec{a}$ und $\vec{b}$ aufgespannten Ebene mit einer Normalebene auf $\vec{c}$ ergibt. Also dürfen wir im Folgenden vom Ansatz $(**)$ ausgehen, den wir jetzt links und rechts skalar mit $\vec{c}$ multiplizieren, was wegen $\vec{d} \perp \vec{c}$ auf

$$\underbrace{\vec{d} \cdot \vec{c}}_{0} = p \cdot (\vec{a} \cdot \vec{c}) + q \cdot \left(\vec{b} \cdot \vec{c} \right)$$

führt und unmittelbar

$$p = -r \cdot \left(\vec{b} \cdot \vec{c} \right) \quad \wedge \quad q = r \cdot (\vec{a} \cdot \vec{c})$$

impliziert. Dadurch schreiten wir zur (noch nicht finalen!) Erkenntnis

$$\left(\vec{a} \times \vec{b} \right) \times \vec{c} = r \cdot \left[(\vec{a} \cdot \vec{c}) \cdot \vec{b} - \left(\vec{b} \cdot \vec{c} \right) \cdot \vec{a} \right] \quad \forall \vec{a}, \vec{b}, \vec{c} \in \mathbb{R}^3 \quad (\#)$$

voran, welche insbesondere für drei beliebig gewählte konkrete Vektoren gilt, wodurch der werte L$\overset{e}{\underset{ö}{}}$ ser an dieser Stelle zur Eigentätigkeit aufgerufen sei[71], weshalb wir kurz pausieren ...

... Wir tätigen bedacht die Wahl

$$\vec{a} = \begin{pmatrix} 1 \\ 0 \\ 0 \end{pmatrix}, \ \vec{b} = \begin{pmatrix} 0 \\ 1 \\ 0 \end{pmatrix} \ \text{sowie } \vec{c} = \vec{a}$$

und erhalten somit durch Einsetzen dieser speziellen Vektoren in $(\#)$ zunächst

$$\underbrace{\begin{pmatrix} 0 \\ 0 \\ 1 \end{pmatrix} \times \begin{pmatrix} 1 \\ 0 \\ 0 \end{pmatrix}}_{\begin{pmatrix} 0 \\ 1 \\ 0 \end{pmatrix}} = r \cdot \begin{pmatrix} 0 \\ 1 \\ 0 \end{pmatrix},$$

woraus sofort $r = 1$ und schließlich

$$\boxed{\left(\vec{a} \times \vec{b} \right) \times \vec{c} = (\vec{a} \cdot \vec{c}) \cdot \vec{b} - \left(\vec{b} \cdot \vec{c} \right) \cdot \vec{a}},$$

---

[71]Ob man die insgesamt neun Komponenten für die drei Vektoren nun aus Geburtsdaten oder anderen (biografisch) wichtigen Ereignissen wählt oder naheliegenderweise Einheitsvektoren in Richtung der Koordinatenachsen wählt, ist Geschmackssache. Im letzten Fall hüte man sich aber vor der (u.U. verlockenden) Wahl $\vec{a} = (1|0|0)$, $\vec{b} = (0|1|0)$ und $\vec{c} = (0|0|1)$! Warum? Man finde es durch Denken (oder falls unbedingt notwendig: Rechnen) heraus!

der sogenannte (erste) GRASSMANNsche[72] Entwicklungssatz, folgt.

Um nun den Unterschied zwischen

$$\left(\vec{a} \times \vec{b}\right) \times \vec{c}$$

einerseits und

$$\vec{a} \times \left(\vec{b} \times \vec{c}\right)$$

andererseits auch quantitativ zu erfassen, formen wir letzteren Ausdruck unter Verwendung der uns bereits bekannten Rechenregeln für das vektorielle Produkt entsprechend um ...

$$\vec{a} \times \left(\vec{b} \times \vec{c}\right) = -\left(\vec{b} \times \vec{c}\right) \times \vec{a} = \left(\vec{c} \times \vec{b}\right) \times \vec{a}$$

... und erhalten somit unter Anwendung des (ersten) GRASSMANNschen Entwicklungssatzes mit

$$\boxed{\vec{a} \times \left(\vec{b} \times \vec{c}\right) = (\vec{a} \cdot \vec{c}) \cdot \vec{b} - \left(\vec{a} \cdot \vec{b}\right) \cdot \vec{c}}$$

den (zweiten) GRASSMANNschen Entwicklungssatz.

Eine Mnemotechnik für beide GRASSMANNschen Entwicklungssätze besteht darin, dem (in beiden Sätzen) mittleren Vektor $\vec{b}$ die größte "Bedeutung" beizumessen, wobei letzterer noch mit dem Skalarprodukt der verbleibenden Vektoren (nämlich $\vec{a}$ und $\vec{c}$) zu multiplizieren ist und hernach noch der jeweils in der Klammer verbleibende Vektor (wiederum jeweils noch mit dem Skalarprodukt der verbleibenden Vektoren multipliziert) subtrahiert wird.

Es bleibt nun dem werten L $\overset{e}{\underset{ö}{}}$ ser überlassen, die sich aus den beiden GRASSMANNschen Entwicklungssätzen unter Anwendung geeigneter Rechenregeln für das vektorielle Produkt ergebende Beziehung

$$\left(\vec{a} \times \vec{b}\right) \times \vec{c} + \left(\vec{b} \times \vec{c}\right) \times \vec{a} + (\vec{c} \times \vec{a}) \times \vec{b} = \vec{0}$$

bzw.

$$\vec{a} \times \left(\vec{b} \times \vec{c}\right) + \vec{b} \times (\vec{c} \times \vec{a}) + \vec{c} \times \left(\vec{a} \times \vec{b}\right) = \vec{0},$$

die sogenannte JACBOBI[73]-Identität, herzuleiten.

Ferner begründe der werte L $\overset{e}{\underset{ö}{}}$ ser, dass

$$\left(\vec{a} \times \vec{b}\right) \times \vec{c} = \vec{a} \times \left(\vec{b} \times \vec{c}\right)$$

---

[72]Hermann Günther GRASSMANN (1809 − 1877) fand erst posthum jene Anerkennung, die ihm als Gymnasiallehrer zeitlebens nicht zuteil wurde, da seine Betrachtungen über Geometrie im Rahmen seiner *Linealen Ausdehnungslehre*, die letztlich das Fundament der heute für die Mathematik unverzichtbaren **Lineare Algebra** bildete, der damaligen Zeit weit voraus waren (anders als seine Sanskritforschung, die ihm durchaus eine Reputation auf diesem Gebiet verschaffte). Dass ihm im Gegensatz zu seinem Lehrerkollegen Karl WEIERSTRASS (1815 − 1897), der erst (aber immerhin noch!) in der Mitte seines Lebens vom Gymnasiallehrer zum Universitätsprofessor aufstieg, eine wirklich akademische Karriere versagt blieb, mutet auch knapp zwei Jahrhunderte später immer noch äußerst befremdlich an!

[73]Carl Gustav JACOBI (1804 − 1851)

genau dann gilt, wenn die Vektoren $\vec{a}$ und $\vec{c}$ *linear abhängig* (d.h. $\exists!\ k \in \mathbb{R}$, sodass $\vec{c} = k \cdot \vec{a}$) sind und gebe k explizit an. Wie lässt sich eine Querverbindung zu 2.1.6 und die Normalprojektion herstellen?

2.16   Winkel zwischen zwei Ebenen

Zwei Ebenen schließen ebenso wie zwei Geraden vier Winkel ein, von denen je zwei entweder zueinander kongruent oder supplementär sind. Kozentrieren wir uns bei zwei nicht aufeinander normal stehenden Ebenen ε_1 und ε_2 auf den spitzen Schnittwinkel φ (siehe untere Abbildung), so gilt es diesen erst einmal durch eine entsprechende Definition festzulegen, wozu wir die untere Abbildung betrachten und die folgenden Überlegungen anstellen:

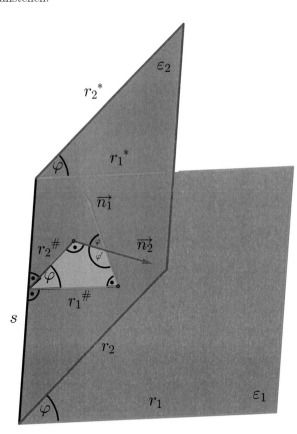

- Um den Begriff "Winkelmaß zwischen zwei Ebenen" (ε_1 und ε_2) sinnvoll auf den Begriff "Winkelmaß zwischen zwei Geraden" zurückführen zu können, erweist es sich zunächst als nützlich, in einem Punkt der Schnittgerade s der beiden Ebenen je eine Gerade r_1 bzw. r_2 aus ε_1 bzw. ε_2 auszuwählen, welche mit s jeweils den gleichen Winkel einschließt. Dabei wird dieser Winkel selbstverständlich jeweils in ε_1 bzw. ε_2 gemessen! Da je nach Wahl der Richtung auf s somit schon alleine für den spitzen Schnittwinkel φ bereits vier verschiedene Schnittwinkel entstehen würden, führt nur ein Maß für diesen Winkel zum Ziel, nämlich 90°. Denn nur dann ist in jedem auf s liegenden Punkt sowohl die in ε_1 als auch jene in ε_2 gewählte Gerade r_1 bzw. r_2 ("Repräsentantengerade/n") eindeutig.

In der oberen Abbildung wurde der Deutlichkeit wegen in drei verschiedenen Punkten von

s der spitze Schnittwinkel mit Hilfe der jeweiligen Repräsentantengeraden eingezeichnet.

- Im nächsten Schritt konstatieren wir zunächst den scheinbar(!) trivialen Umstand, dass s aufgrund der Eigenschaft, die Schnittgerade von ε_1 und ε_2 zu sein, sowohl in ε_1 als auch in ε_2 liegt. Dies hat wiederum zur Folge, dass jeder Richtungsvektor von s sowohl ein Stellungsvektor von ε_1 als auch von ε_2 ist, womit also jeder Richtungsvektor von s sowohl auf jeden Normalvektor $\vec{n_1}$ von ε_1 als auch auf jeden Normalvektor $\vec{n_2}$ von ε_2 normal steht.

- Außerdem erinnern wir noch einmal an die (auch in der Abbildung eingezeichnete) Eigenschaft, dass auch $r_1^{\#}$ und $r_2^{\#}$ auf s normal stehen, womit also ...

- ...insgesamt jeder Richtungsvektor von $r_1^{\#}$ und $r_2^{\#}$ als auch jeder Normalvektor $\vec{n_1}$ von ε_1 sowie jeder Normalvektor $\vec{n_2}$ von ε_2 auf s normal steht und somit diese vier Vektoren eine (Normal-)Ebene (auf s) aufspannen, von der in der Abbildung ein sandbraun gefärbter Teil in Form eines Vierecks mit zwei rechten Winkeln eingezeichnet ist.[74]

- Da die Summe der Innenwinkel in jedem Viereck 360° ergibt, muss somit $\varphi + \varphi' = 180°$ gelten, woraus schließlich folgt, dass ε_1 und ε_2 aufgrund der oben vereinbarten Rückführung des Begriffs "Winkelmaß zwischen zwei Ebenen" auf den Begriff "Winkelmaß zwischen zwei Geraden" die gleichen Winkel φ und φ' einschließen als zwei Normalvektoren $\vec{n_1}$ und $\vec{n_2}$ von ε_1 und ε_2.

Fassen wir diese Erkenntnis in folgender Definition zusammen:

| DEFINITION. | Sind $\vec{n_1}$ und $\vec{n_2}$ Normalvektoren zweier Ebenen ε_1 und ε_2, so versteht man unter den Schnittwinkeln von ε_1 und ε_2 die Winkel $\varphi = \angle\,(\vec{n_1}, \vec{n_2})$ sowie $\varphi' = 180° - \varphi$.

Eine **andere Möglichkeit** zur Ermittlung der Winkelmaße zwischen zwei Ebenen besteht darin, die Normalvektoren $\vec{n_1}$ und $\vec{n_2}$ aus der obigen Argumentation herauszunehmen (zumindest in der verwendeten Art und Weise) und φ direkt als Winkel zwischen r_1 und r_2 zu berechnen:

- Da r_1 sowohl auf s als auch auf ε_1 normal steht (und somit jeder entsprechende Richtungsvektor $\vec{r_1}$ auf jeden zugehörigen Richtungsvektor $\vec{r_s}$ sowie auf $\vec{n_1}$ normal steht), ergibt sich (siehe Klammerbemerkung) $\vec{r_1}$ somit als vektorielles Produkt von $\vec{n_1}$ mit $\vec{r_s}$. Letzterer steht nun sowohl auf $\vec{n_1}$ als auch auf $\vec{n_2}$ normal, was auf

$$\vec{r_1} = (\vec{n_1} \times \vec{n_2}) \times \vec{n_1}$$

bzw. unter Anwendung des GRASSMANNschen Entwicklungssatzes (sowie der Zusatzannahme, dass $|\vec{n_1}| = 1$ und somit $|\vec{n_1}|^2 = \vec{n_1} \cdot \vec{n_1} = \vec{n_1}^2 = 1$ gilt) auf

$$\vec{r_1} = \vec{n_1}^2 \cdot \vec{n_2} - (\vec{n_1} \cdot \vec{n_2}) \cdot \vec{n_1},$$

also schließlich auf

$$\vec{r_1} = \vec{n_2} - (\vec{n_1} \cdot \vec{n_2}) \cdot \vec{n_1}$$

führt.

---

[74]Dabei liegt zwischen $r_1^{\#}$ und $\vec{n_1}$ bzw. zwischen $r_2^{\#}$ und $\vec{n_2}$ deshalb ein rechter Winkel vor, weil ja jeder Richtungsvektor von $r_1^{\#}$ bzw. $r_2^{\#}$ ein Stellungsvektor von ε_1 bzw. ε_2 ist und somit auf $\vec{n_1}$ bzw. $\vec{n_2}$ normal steht!

- Analog ergibt sich (wobei wir auch hier $|\vec{n_2}| = 1$ voraussetzen)

$$\vec{r_2} = (\vec{n_1} \times \vec{n_2}) \times \vec{n_2} = \dots = (\vec{n_1} \cdot \vec{n_2}) \cdot \vec{n_2} - \vec{n_1}.$$

- Somit ergibt sich für den Winkel $\varphi = \angle(r_1, r_2)$ zunächst

$$\cos\varphi = \frac{[\vec{n_2} - (\vec{n_1} \cdot \vec{n_2}) \cdot \vec{n_1}] \cdot [(\vec{n_1} \cdot \vec{n_2}) \cdot \vec{n_2} - \vec{n_1}]]}{|\vec{n_2} - (\vec{n_1} \cdot \vec{n_2}) \cdot \vec{n_1}| \cdot |(\vec{n_1} \cdot \vec{n_2}) \cdot \vec{n_2} - \vec{n_1}|} \quad (*).$$

Unter Verwendung von $|\mathfrak{r}| = \sqrt{\mathfrak{r} \cdot \mathfrak{r}}$ lässt sich $(*)$ zu

$$\cos\varphi = \frac{(\vec{n_1} \cdot \vec{n_2}) \cdot \vec{n_2}^2 - (\vec{n_1} \cdot \vec{n_2})^2 \cdot (\vec{n_1} \cdot \vec{n_2}) - \vec{n_1} \cdot \vec{n_2} + (\vec{n_1} \cdot \vec{n_2}) \cdot \vec{n_1}^2}{\sqrt{\vec{n_2}^2 - 2 \cdot (\vec{n_1} \cdot \vec{n_2})^2 + (\vec{n_1} \cdot \vec{n_2})^2 \cdot \vec{n_1}^2} \cdot \sqrt{(\vec{n_1} \cdot \vec{n_2})^2 \cdot \vec{n_2}^2 - 2 \cdot (\vec{n_1} \cdot \vec{n_2})^2 + \vec{n_1}^2}}$$

und ferner unter Beachtung von $|\vec{n_1}| = |\vec{n_2}| = 1$ zu

$$\cos\varphi = \frac{\vec{n_1} \cdot \vec{n_2} - (\vec{n_1} \cdot \vec{n_2})^3 - \vec{n_1} \cdot \vec{n_2} + \vec{n_1} \cdot \vec{n_2}}{\sqrt{1 - (\vec{n_1} \cdot \vec{n_2})^2} \cdot \sqrt{1 - (\vec{n_1} \cdot \vec{n_2})^2}}$$

bzw.

$$\cos\varphi = \frac{\vec{n_1} \cdot \vec{n_2} \cdot \left[1 - (\vec{n_1} \cdot \vec{n_2})^2\right]}{1 - (\vec{n_1} \cdot \vec{n_2})^2} = \vec{n_1} \cdot \vec{n_2}$$

vereinfachen.

- Sind $\vec{a}$ und $\vec{b}$ nun Normalvektoren zweier Ebenen α und β, welche nicht normiert sind (d.h. es gilt $|\vec{a}| \neq 1 \wedge |\vec{b}| \neq 1$), so wird dieses Manko durch die Übergänge

$$\vec{a} \mapsto \vec{a_0} = \frac{1}{|\vec{a}|} \cdot \vec{a} \quad \text{und} \quad \vec{b} \mapsto \vec{b_0} = \frac{1}{|\vec{b}|} \cdot \vec{b}$$

aufgehoben und es gilt somit für einen der Winkel γ zwischen α und β

$$\cos\gamma = \vec{a_0} \cdot \vec{b_0} = \left(\frac{1}{|\vec{a}|} \cdot \vec{a}\right) \cdot \left(\frac{1}{|\vec{b}|} \cdot \vec{b}\right) = \frac{1}{|\vec{a}| \cdot |\vec{b}|} \cdot \left(\vec{a} \cdot \vec{b}\right) = \frac{\vec{a} \cdot \vec{b}}{|\vec{a}| \cdot |\vec{b}|}, \quad \square.$$

Zum Abschluss dieses Abschnitts soll das Maß des Winkels δ zwischen den Dreiecken $\triangle PCE$ und $\triangle QCE$, ergo des spitzen Winkels zwischen den Ebenen $\varepsilon_1 := \varepsilon_{PCE}$ und $\varepsilon_2 := \varepsilon_{QCE}$ aus der linken unteren Abbildung berechnet werden. Dabei entstehen die Punkte P und Q durch Drittelung der Würfelkanten AB und AD und wir verwenden das bereits eingezeichnete Koordinatensystem, wobei wir der Einfachheit wegen von einem Würfel $ABCDEFGH$ der Kantenlänge 3 ausgehen:

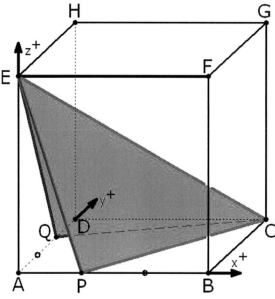

Zunächst ergeben sich die folgenden Koordinatisierungen:

- $C(3|3|0)$

- $E(0|0|3)$

- $P(1|0|0)$

- $Q(0|2|0)$

Zur Ermittlung von Normalvektoren der beiden Ebenen ermitteln wir Stellungsvektoren und kollinearisieren: $\overrightarrow{CE} = \begin{pmatrix} -3 \\ -3 \\ 3 \end{pmatrix} \parallel \begin{pmatrix} 1 \\ 1 \\ -1 \end{pmatrix}$

$\overrightarrow{CP} = \begin{pmatrix} -2 \\ -3 \\ 0 \end{pmatrix} \parallel \begin{pmatrix} 2 \\ 3 \\ 0 \end{pmatrix}$

$\overrightarrow{CQ} = \begin{pmatrix} -3 \\ -1 \\ 0 \end{pmatrix} \parallel \begin{pmatrix} 3 \\ 1 \\ 0 \end{pmatrix}$

Dies hat

$$\overrightarrow{n_1} = \begin{pmatrix} 1 \\ 1 \\ -1 \end{pmatrix} \times \begin{pmatrix} 2 \\ 3 \\ 0 \end{pmatrix} = \begin{pmatrix} 3 \\ -2 \\ 1 \end{pmatrix}$$

sowie

$$\overrightarrow{n_2} = \begin{pmatrix} 1 \\ 1 \\ -1 \end{pmatrix} \times \begin{pmatrix} 3 \\ 1 \\ 0 \end{pmatrix} = \begin{pmatrix} 1 \\ -3 \\ -2 \end{pmatrix}$$

und somit

$$\cos \delta = \frac{\begin{pmatrix} 3 \\ -2 \\ 1 \end{pmatrix} \cdot \begin{pmatrix} 1 \\ -3 \\ -2 \end{pmatrix}}{\left| \begin{pmatrix} 3 \\ -2 \\ 1 \end{pmatrix} \right| \cdot \left| \begin{pmatrix} 1 \\ -3 \\ -2 \end{pmatrix} \right|} = \frac{3 + 6 - 2}{\sqrt{14} \cdot \sqrt{14}} = \frac{7}{14} = \frac{1}{2}$$

zur Folge, woraus wegen $\cos^{-1}\left(\frac{1}{2}\right) = 60°$ schließlich $\delta = 60°$ folgt.

2.17 Der Flächenprojektionssatz

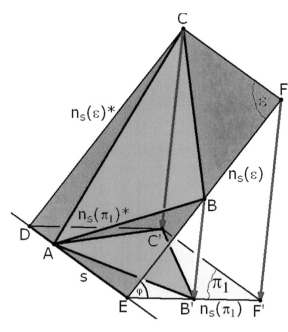

Wie schon in den Abschnitten 2.2.7, 2.2.9, 2.2.10 und 2.2.12 stellen wir uns auch hier die Aufgabe, den Flächeninhalt eines Dreiecks **im Raum** zu berechnen. **Damit** ist gemeint, dass das Dreieck in den $\mathbb{R}^3$ **eingebettet** ist, also seine drei Eckpunkte jeweils durch drei Koordinaten lokalisiert werden. In diesem Zusammenhang werden wir den in 2.2.7 bereits erwähnten **Flächenprojektionssatz** herleiten, der zwar in 2.2.7, aber nicht in 2.2.9, 2.2.10 und 2.2.12 verwendet wird und überdies das Vektorielle Produkt nicht als Argumentationsbasis benötigt (Andernfalls läge ein klassischer Zirkelschluss vor.), jedoch die folgende Abbildung, auf die wir uns im Folgenden beziehen werden:

Da sich der Flächeninhalt nicht ändert, wenn wir das Dreieck derart verschieben, dass ein Eckpunkt (in der Abbildung: A) auf der Schnittgerade s der Trägerebene ε des Dreiecks mit π_1 zu liegen kommt, können wir somit unser Hauptaugenmerk auf die Situation in der Abbildung legen, wozu wir diese analysieren:

- Die natürlich in ε liegenden Normalen $n_s(\varepsilon)$ und $n_s(\varepsilon)^*$ auf s durch die Eckpunkte B und C des nunmehr verschobenen Dreiecks $\triangle ABC$ sowie die Parallele zu s durch C begrenzen zusammen mit s ein Rechteck $DEFC$.

- Mit Hilfe dieses Rechtecks kann der Flächeninhalt $\mathcal{A}_{\triangle ABC}$ des Dreiecks $\triangle ABC$ wie folgt berechnet werden:

$$\mathcal{A}_{\triangle ABC} = \mathcal{A}_{DEFC} - \boxed{(\mathcal{A}_{\triangle AEB} + \mathcal{A}_{\triangle BFC} + \mathcal{A}_{\triangle CDA})}\ (\#)$$

- Die Breitseiten DE und FC bzw. die Längsseiten EF und DC verlaufen parallel zu s und somit auch zu π_1 bzw. normal zu s, was auch für die Katheten aller drei in obiger Klammer auftauchenden Dreiecke gilt. Da zum Beispiel $\overline{EB'} : \overline{EB} = \cos\varphi$ gilt, verzerren sich somit die Grundrisse aller in ε liegenden und zu s normalen Strecken mit dem Faktor $\cos\varphi$ sowie alle parallel zu s und somit auch zu π_1 liegenden Strecken aus ε überhaupt nicht (also mit dem Faktor 1).

- Nun lässt sich aber jedes in ε liegende Vieleck in Dreiecke zerlegen und der Flächeninhalt jedes dieser Dreiecke lässt sich wie oben in $(\#)$ berechnen, woraus sich folgender **Satz** ergibt:

Satz (”Flächenprojektionssatz”): Bezeichnet $\mathcal{F}_1$ den Flächeninhalt eines in einer Ebene ε_1 liegenden Vielecks sowie $\mathcal{F}_2$ den Flächeninhalt der Normalprojektion dieses Vielecks in eine Ebene ε_2, so gilt $\mathcal{F}_2 = \mathcal{F}_1 \cdot \cos \varphi$, wobei φ den spitzen Schnittwinkel zwischen ε_1 und ε_2 bezeichnet.

- Wenden wir den Flächenprojektionssatz jetzt noch auf die obige Abbildung an, so gelangen wir überdies zu folgender Erkenntnis (die uns auch schon in den Abschnitten 2.2.7, 2.2.9, 2.2.10 und 2.2.12 ereilt hat, ebenda aber ohne Verwendung des Vektoriellen Produkts):

Wir gehen zunächst von den Vektoren

$$\overrightarrow{AB} = \overrightarrow{v_1} = \begin{pmatrix} x_1 \\ y_1 \\ z_1 \end{pmatrix} \text{ und } \overrightarrow{AC} = \overrightarrow{v_2} = \begin{pmatrix} x_2 \\ y_2 \\ z_2 \end{pmatrix}$$

aus und ordnen diesen ihre Grundrisse

$$\overrightarrow{AB'} = \overrightarrow{v_1}' = \begin{pmatrix} x_1 \\ y_1 \end{pmatrix} \text{ und } \overrightarrow{AC'} = \overrightarrow{v_2}' = \begin{pmatrix} x_2 \\ y_2 \end{pmatrix}$$

zu.

Entsprechend bezeichnen wir mit $\mathcal{F}$ bzw. $\mathcal{F}'$ den Flächeninhalt des Dreiecks $\triangle ABC$ bzw. $\triangle A'B'C'$. Für $\mathcal{F}'$ erhalten wir nach Abschnitt 2.1.1 die Darstellung

$$\mathcal{F}' = \frac{1}{2} \cdot |x_1 y_2 - x_2 y_1| \ (\#\#).$$

- Um den Cosinus des spitzen Schnittwinkels φ zwischen der Ebene ε durch die Punkte A, B und C und π_1 zu berechnen (zwecks Anwendung des Flächenprojektionssatzes), wenden wir die Definition aus dem vorherigen Abschnitt an und beachten ($\#\#$) sowie, dass wir im Zähler der VW-Formel (vgl. Abschnitte 2.1.11 und 2.1.12!) Betragsstriche setzen, um die Positivität des Cosinus und somit die Spitzwinkligkeit des Winkels φ zu sichern:

$$\cos \varphi = \frac{|\overrightarrow{n_\varepsilon} \cdot \overrightarrow{n_{\pi_1}}|}{|\overrightarrow{n_\varepsilon}| \cdot |\overrightarrow{n_{\pi_1}}|}, \text{ wobei } \overrightarrow{n_\varepsilon} = \overrightarrow{v_1} \times \overrightarrow{v_1} = \begin{pmatrix} x_1 \\ y_1 \\ z_1 \end{pmatrix} \times \begin{pmatrix} x_2 \\ y_2 \\ z_2 \end{pmatrix} = \begin{pmatrix} y_1 z_2 - y_2 z_1 \\ -(x_1 z_2 - x_2 z_1) \\ x_1 y_2 - x_2 y_1 \end{pmatrix}$$

sowie

$$\overrightarrow{n_{\pi_1}} = \begin{pmatrix} 0 \\ 0 \\ 1 \end{pmatrix} \Rightarrow \cos \varphi = \frac{|x_1 y_2 - x_2 y_1|}{|\overrightarrow{v_1} \times \overrightarrow{v_2}| \cdot 1} = \frac{2 \cdot \mathcal{F}'}{|\overrightarrow{v_1} \times \overrightarrow{v_2}|} \Rightarrow \boxed{\frac{\mathcal{F}'}{\cos \varphi} = \frac{1}{2} \cdot |\overrightarrow{v_1} \times \overrightarrow{v_2}|}$$

einerseits und wegen dem Flächenprojektionssatz $\mathcal{F}' = \mathcal{F} \cdot \cos \varphi$

$$\boxed{\frac{\mathcal{F}'}{\cos \varphi} = \mathcal{F}},$$

ergo

$$\mathcal{F} = \frac{1}{2} \cdot |\overrightarrow{v_1} \times \overrightarrow{v_2}|$$

2.18 Raumfüllende Dodekaeder?

Zunächst sei der triviale Sachverhalt konstatiert, dass es in der Ebene unendlich viele regelmäßige n-Ecke gibt, welche sich jeweils einem Kreis einbeschreiben lassen, indem man den vollen Winkel in n gleich große Teile teilt und dann die entstehenden Punkte auf der Kreislinie jeweils durch Sehnen miteinander verbindet. Wenn dies auch nicht für jede beliebige natürliche Zahl n mit Zirkel und Lineal funktioniert[75], so gibt es an der **Existenz** unendlich vieler regelmäßiger n-Ecke aufgrund der Tatsache, dass es unendlich viele natürliche Zahlen gibt, nichts zu rütteln.

So weit, so unspektakulär (vielleicht abgesehen von HERMES Geschichte)!

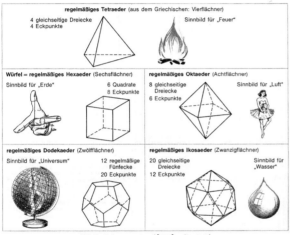

Abbildung 6: ([23], S. 32)

Ein vollkommen anderes Szenario ergibt sich nun in der Dimension 3, wo es (wie sich mit topologischen Mitteln zeigen lässt, vgl. etwa [21]) nur mehr fünf reguläre Polyeder[76] gibt, welche schon dem griechischen Naturphilosophen PLATON (427 − 347 v.Chr.Geb.) bekannt waren und daher auch als platonische Polyeder bezeichnet werden, wobei im Rahmen von Platons Naturphilosophie auch jeder dieser fünf Körper als Sinnbild für ein Element stand (siehe Abbildung!). Dass man nun etwa mit dem Würfel den Raum lückenlos füllen kann (was man fachsprachlich auch als **Raumparkettierung** bezeichnet), ist **offensichtlich**, da je zwei benachbarte Würfelflächen einander unter 90° schneiden, womit vier Würfel in einem Punkt keine Lücke hinterlassen, weil $4 \cdot 90° = 360°$ ergibt.

---

[75]Genauere Untersuchungen darüber, für welche $n \in \mathbb{N}$ das möglich ist, gehen bis Pierre dè FERMAT (1601−1665) und Carl Friedrich GAUSS (1777−1855) zurück, wobei letzteren im zarten Alter von 19 Jahren eines Morgens im Bett eine spontane Eingebung aufschrecken ließ, wie man das regelmäßige 17−Eck mit Zirkel und Lineal konstruieren kann. In Form einer fruchtbaren Symbiose (Heute würde man von wohl eher von Synergieeffekten sprechen.) zwischen Algebra, Geometrie und Zahlentheorie (durch welche so mancher Begriff, ja gar eine ganze Theorie, erst entstanden ist, der/die heute zum Standardrepertoire aller Mathematiker gehören) gelangte GAUSS in weiterer Folge zu Bedingungen für die Konstruierbarkeit des regelmäßigen n-Ecks, wobei in diesem Zusammenhang nicht vergessen werden darf, auf den kuriosen Fall des deutschen Mathematiklehrers Johann Gustav HERMES (1846 − 1912) hinzuweisen, der 1878 seine Dissertation mit dem Titel "Zurückführung des Problems der Kreisteilung auf lineare Gleichungen für Primzahlen von der Form $2^m + 1$" abschloss und dann die nächsten zehn Jahre neben seiner Lehrtätigkeit damit zubrachte, eine exakte Konstruktion des 65537(!)−Ecks zu entwickeln und auch konstruktiv durchzuführen. Die über 200 Seiten umfassende Konstruktion(sbeschreibung) befindet sich heute in einem speziell dafür angefertigten Koffer an der Universität Göttingen, genaueres dazu kann man in Frank Fischers Artikel auf `http://www.zeit.de/2012/34/Algebra-Koffer-Johann-Gustav-Hermes` nachlesen.

[76]griechische Bezeichnung für Vielflächner, der Zusatz regulär beinhaltet das Postulat, dass alle Begrenzungsflächen regelmäßige n-Ecke sind und je zwei sich in einer Ecke schneidende Kanten kongruente Winkel einschließen

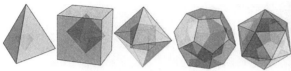

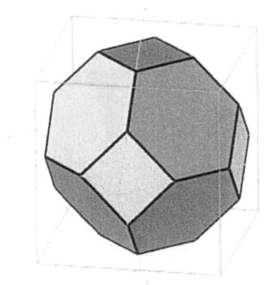

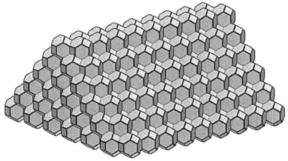

Funktioniert dies nun etwa auch mit dem Oktaeder [das man (siehe linke obere Abbildung) übrigens auch aus dem Würfel ableiten kann, weshalb man das Polyederpaar Würfel/Oktaeder auch als zueinander dual bezeichnet (ebenso wie das Paar Dodekaeder/Ikosaeder, das Tetraeder ist zu sich selbst dual)]? Die Antwort lautet nein, was zwar nicht besonders verwundert, da es sich beim Oktaeder doch schon um einen (etwas) komplizierteren Körper (als den Würfel) handelt, jedoch rasch in pures Staunen umschlägt, wenn man ein Oktaederstumpf betrachtet, das sich sowohl aus dem Oktaeder (Nomen est omen!) durch "Eckenabschneiden" als auch aus dem Würfel (durch Verbindung verschraubter Begrenzungsquadrate)   erzeugen lässt (vgl. mittlere linke Abbildung!) und nun konstatiert, dass man damit Raumparkettierungen vornehmen kann (siehe linke untere Abbildung), was etwa in der Waschmittelchemie zum Enthärten von Wasser verwendet wird, wozu der Oktaederstumpf als Grundbaustein dient und den sogenannten **Sodalithkäfig** für die Struktur **Zeolith A** bildet.

Abbildung 7: ([27], S. 82)

Da das Oktaeder dual zum Würfel ist, lassen sich seine Eckpunkte leicht koordinatisieren und somit auch Schnittwinkel zwischen benachbarten Oktaederflächen unter Einsatz der räumlichen Koordinatengeometrie auf vektoriellem Weg ohne großen Aufwand berechnen[77], was beim Dodekaeder nur bedingt funktioniert, da in diesem Fall mit dem *Goldenen Schnitt* in Verbindung stehende Wurzelausdrücke in den Koordinaten in Kauf genommen

---

[77]Der werte Lӧser möge zeigen, dass die Maße der Schnittwinkel zwischen zwei Oktaederflächen durch $\cos^{-1}\left(\pm\frac{1}{3}\right)$ gegeben sind, wobei der größere Winkel auch dem $H - C - H$-Bindungswinkel des Kohlenwasserstoffs Methan CH_4 (einem Vertreter aus der Gruppe der sogenannten Alkane) entspricht, womit wir einmal mehr sehen, wie sich die Mathematik in der Natur zu zeigen gibt. Da beide Winkelmaße (gerundet 71° bzw. 109°) keine Teiler von 360 sind, ist damit keine Raumparkettierung mit Oktaedern möglich.

werden müss(t!)en. Nun deutet (t!) schon an, dass wir dies nicht zu akzeptieren bereit sind und uns deshalb zur Berechnung des Winkelmaßes zwischen zwei Dodekaederflächen einen anderen Lösungsweg überlegen, der sich zwar der Vektorrechnung bedient, jedoch ohne Verwendung von Koordinaten!

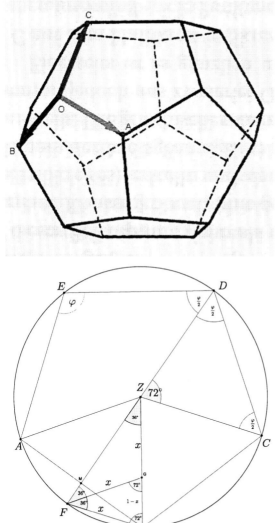

Dazu betrachten wir drei Vektoren $\overrightarrow{OA}$, $\overrightarrow{OB}$ und $\overrightarrow{OC}$, welche den (beliebig gewählten) Dodekaedereckpunkt O mit den drei benachbarten Eckpunkten A, B und C verbinden (vgl. Abbildung) und normieren sie noch, womit wir dann drei Vektoren $\vec{a}$, $\vec{b}$ und $\vec{c}$ mit $|\vec{a}| = |\vec{b}| = |\vec{c}| = 1$ vorliegen haben, welche paarweise jeweils einen Winkel von 108° einschließen. Man beachte dabei, dass sich das einem Kreis mit dem Mittelpunkt Z einbeschriebene regelmäßige Fünfeck $ABCDE$ (wobei wir den Kreisradius o.B.d.A. gleich 1 setzen) in fünf gleichschenklige Dreiecke (Schenkellänge jeweils Kreisradius!) unterteilen lässt, von denen wir nun exemplarisch das Dreieck $\triangle ZCD$ betrachten. Der Zentriwinkel $\angle DZC$ beträgt ein Fünftels des vollen Winkels, also 72°. Für die beiden kongruenten Winkel $\frac{\varphi}{2}$ bleiben somit in Summe noch 108°, was dann auch dem Maß jedes Innenwinkels φ im regelmäßigen Fünfeck entspricht. Da wir für unsere weiteren Betrachtungen außerdem noch den *exakten Wert*[78] für cos 108° benötigen, verlängern wir im gleichschenkligen Dreieck $\triangle ABZ$ die Höhe auf die Basis AB über den Mittelpunkt M von AB hinaus bis zum Schnittpunkt F mit der Kreislinie, was ein neues gleichschenkliges Dreieck $\triangle ZFB$ liefert (welches im Übrigen dem zehnten Teil des diesem Kreis einschreibbaren regelmäßigen Zehnecks entspricht), dessen Innenwinkel $\angle ZFB$ wir noch halbieren, wodurch das Dreieck $\triangle ZFB$ in zwei weitere gleichschenklige Dreiecke unterteilt wird, von denen das Dreieck

---

[78]Ebensowenig wie uns etwa für cos 15° der auf drei Dezimalstellen gerundete Wert 0,966 ausreicht (Der exakte Wert lässt sich mit Hilfe des Summensatzes $\cos(\alpha - \beta) = \cos \alpha \cos \beta + \sin \alpha \sin \beta$ durch Einsetzen der Winkelmaße $\alpha = 45°$ und $\beta = 30°$ zu $\cos 15° = \frac{\sqrt{2}}{2} \cdot \frac{\sqrt{3}}{2} + \frac{\sqrt{2}}{2} \cdot \frac{1}{2} = \frac{\sqrt{6} + \sqrt{2}}{2}$ berechnen.), bringt uns auch hier der Näherungswert cos 108° $= -0,30901699...$ nicht weiter.

ΔFBG sogar zum Dreieck ΔZFB ähnlich ist. Anwendung des Strahlensatzes liefert nun die Proportion

$$x : (1 - x) = 1 : x,$$

welche äquivalent zur quadratischen Gleichung

$$x^2 + x - 1 = 0$$

mit den Lösungen

$$_1 x_2 = -\frac{1}{2} \pm \sqrt{\frac{1}{4} + 1} = \frac{-1 \pm \sqrt{5}}{2}$$

ist. Da $x_2 < 0$ für uns irrelevant ist, erhalten wir somit

$$x = \frac{\sqrt{5} - 1}{2}$$

[was im Übrigen dem kleineren der beiden möglichen Verhältnisse des (in engem Zusammenhang mit dem regelmäßigen Fünfeck - und auch den faszinierenden FIBONACCI-Zahlen - stehenden) *Goldenen Schnitts* entspricht] und gelangen dadurch wegen

$$\cos 72° = \frac{x}{2}$$

schließlich zu

$$\cos 72° = \frac{\sqrt{5} - 1}{4}.$$

Um jetzt noch $\cos 108°$ zu erhalten, nutzen wir die Komplementärformel

$$\cos(90° + \alpha) = -\cos(90° - \alpha) \qquad .$$

geeignet(erweise für $\alpha = 18°$) und erhalten schließlich

$$\cos 108° = \frac{1 - \sqrt{5}}{4} \quad (*).$$

Zur Berechnung des offensichtlich **stumpfen** Schnittwinkels ψ zwischen zwei der drei in O zusammentreffenden Begrenzungsebenen benötigen wir die Normalvektoren dieser Ebenen, wofür wir die Vektoren $\vec{a} \times \vec{b}$ und $\vec{a} \times \vec{c}$ wählen und somit jene beiden Ebenen ausgewählt haben, welche einander längs der Trägergerade der Kante OA schneiden. Daraus ergibt sich zunächst

$$\cos \psi = \frac{(\vec{a} \times \vec{b}) \cdot (\vec{a} \times \vec{c})}{|\vec{a} \times \vec{b}| \cdot |\vec{a} \times \vec{c}|}. \tag{1}$$

Unter Verwendung der bekannten Identität $|\vec{x} \times \vec{y}| = |\vec{x}| \cdot |\vec{y}| \cdot \sin \varphi$ (wobei φ den Winkel zwischen den Vektoren $\vec{x}$ und $\vec{y}$ bezeichnet) geht (1) in

$$\cos \psi = \frac{(\vec{a} \times \vec{b}) \cdot (\vec{a} \times \vec{c})}{(|\vec{a}| \cdot |\vec{b}| \cdot \sin \varphi) \cdot (|\vec{a}| \cdot |\vec{c}| \cdot \sin \varphi)} \tag{2}$$

über. Nehmen wir nun noch von der Invarianz des Spatprodukts gegenüber zyklischer Vertauschung des involvierten Vektortripels Gebrauch und beachten ferner die Identität

$\sin^2\varphi + \cos^2\varphi = 1$, die eingangs erwähnte besondere Wahl des Vektortripels (Normierung!) sowie die (vorläufige) Abkürzung $\sigma := \cos 108°$, so erhalten wir

$$\cos\psi = \frac{((\vec{a} \times \vec{c}) \times \vec{a}) \cdot \vec{b}}{1 - \sigma^2}. \tag{3}$$

Jetzt wenden wir den ersten Entwicklungssatz
von GRASSMANN an, wodurch sich (3) in

$$\cos\psi = \frac{(\vec{a}^2 \cdot \vec{c} - (\vec{a} \cdot \vec{c}) \cdot \vec{a}) \cdot \vec{b}}{1 - \sigma^2} \tag{4}$$

verwandelt. Wegen der Normierung ist (4) äquivalent zu

$$\cos\psi = \frac{(\vec{c} - \sigma \cdot \vec{a}) \cdot \vec{b}}{1 - \sigma^2} \tag{5}$$

bzw.

$$\cos\psi = \frac{\sigma - \sigma^2}{1 - \sigma^2} = \frac{\sigma}{1 + \sigma}. \tag{6}$$

Setzt man nun $(*)$ in die rechte Seite von (6) ein, so erhält man

$$\cos\psi = \frac{\frac{1-\sqrt{5}}{4}}{\frac{1-\sqrt{5}}{4} + \frac{4}{4}} = \frac{1 - \sqrt{5}}{5 - \sqrt{5}} = \frac{1 - \sqrt{5}}{(-\sqrt{5}) \cdot (1 - \sqrt{5})} = \frac{1}{-\sqrt{5}} = -\frac{\sqrt{5}}{5} \tag{7}$$

und somit als Resultat für den Winkel ψ zwischen zwei benachbarten Seitenflächen des *Pentagondodekaeders* $\psi \approx 116,57°$, was zwar näher bei 120° (einer Dritteldrehung) liegt als beim Oktaeder, aber dennoch zeigt, dass ein Spalt von über 10° übrigbleibt, wenn man drei Dodekaeder aneinanderlegt.

2.19 GRAMsche Matrizen an unerwarteter Stelle

Für n Vektoren $\vec{c_1}, \vec{c_2}, ..., \vec{c_n}$ des $\mathbb{R}^n$ ist die GRAMsche Matrix $C = (c_{ij})$ durch $c_{i,j} := \vec{c_i} \cdot \vec{c_j}$ definiert und spielt in der Linearen Algebra u.a. deshalb eine tragende Rolle, weil eben gerade diese n Vektoren genau dann linear unabhängig sind, wenn $\det C \neq 0$ gilt.[79]
Wie sich bei genauerer stoffdidaktischer Auseinandersetzung mit orthogonalen Ebenen (in diesem Fall anhand der Konzipierung von entsprechenden Aufgabenstellungen) herausstellt, besitzt die GRAMsche Matrix C der Stellungsvektoren $\vec{a_1}$ und $\vec{b_1}$ der ersten Ebene ε_1 sowie der Stellungsvektoren $\vec{a_2}$ und $\vec{b_2}$ der zweiten Ebene ε_2 einige interessante Eigenschaften (wobei wir aus formalen Gründen $\vec{c_1} := \vec{a_1}$, $\vec{c_2} := \vec{b_1}$, $\vec{c_3} := \vec{a_2}$ und $\vec{c_4} := \vec{b_2}$ setzen), obwohl diese vier Vektoren keine Elemente des $\mathbb{R}^4$, sondern des $\mathbb{R}^3$ sind.[80]

$$\text{Zerlegt man } C := \begin{pmatrix} \vec{a_1} \cdot \vec{a_1} & \vec{a_1} \cdot \vec{b_1} & \vec{a_1} \cdot \vec{a_2} & \vec{a_1} \cdot \vec{b_2} \\ \vec{b_1} \cdot \vec{a_1} & \vec{b_1} \cdot \vec{b_1} & \vec{b_1} \cdot \vec{a_2} & \vec{b_1} \cdot \vec{b_2} \\ \vec{a_2} \cdot \vec{a_1} & \vec{a_2} \cdot \vec{b_1} & \vec{a_2} \cdot \vec{a_2} & \vec{a_2} \cdot \vec{b_2} \\ \vec{b_2} \cdot \vec{a_1} & \vec{b_2} \cdot \vec{b_1} & \vec{b_2} \cdot \vec{a_2} & \vec{b_2} \cdot \vec{b_2} \end{pmatrix}$$

---

[79]Weitere interessante Eigenschaften der GRAMschen Matrix (wie z.B., dass deren Determinante im Falle der linearen Unabhängigkeit der $\vec{c_i}$ nicht nur $\neq 0$, sondern sogar > 0 ist) finden sich etwa in [64], S. 44ff.
[80]Deshalb ist C sicher singulär, wir konzentrieren uns im Folgenden aber auf andere (Teil-)Aspekte.

via

$$
C = \left(\underbrace{ \left(\overbrace{ \begin{array}{cc} \vec{a_1} \cdot \vec{a_1} & \vec{a_1} \cdot \vec{b_1} \\ \vec{b_1} \cdot \vec{a_1} & \vec{b_1} \cdot \vec{b_1} \end{array} }^{C_{\mathbf{nw}}} \right. \left. \begin{array}{cc} \vec{a_2} \cdot \vec{a_1} & \vec{a_2} \cdot \vec{b_1} \\ \vec{b_2} \cdot \vec{a_1} & \vec{b_2} \cdot \vec{b_1} \end{array} \right) }_{C_{\mathbf{sw}}} \underbrace{ \left(\overbrace{ \begin{array}{cc} \vec{a_1} \cdot \vec{a_2} & \vec{a_1} \cdot \vec{b_2} \\ \vec{b_1} \cdot \vec{a_2} & \vec{b_1} \cdot \vec{b_2} \end{array} }^{C_{\mathbf{no}}} \right. \left. \begin{array}{cc} \vec{a_2} \cdot \vec{a_2} & \vec{a_2} \cdot \vec{b_2} \\ \vec{b_2} \cdot \vec{a_2} & \vec{b_2} \cdot \vec{b_2} \end{array} \right) }_{C_{\mathbf{so}}} \right)
$$

in den "nordwestlichen Teil" $C_{\mathbf{nw}}$, den "nordöstlichen Teil" $C_{\mathbf{no}}$, den "südwestlichen Teil" $C_{\mathbf{sw}}$ sowie den den "südöstlichen Teil" $C_{\mathbf{so}}$, so gilt die folgende

$\boxed{\textbf{Satzgruppe.}}$ Sind $\vec{a_1}$ und $\vec{b_1}$ Stellungsvektoren einer Ebene ε_1 sowie $\vec{a_2}$ und $\vec{b_2}$ Stellungsvektoren einer Ebene ε_2, dann gilt für die diesen vier Vektoren in obiger Weise zugeordnete GRAMsche Matrix C sowie deren Teilmatrizen $C_{\mathbf{nw}}$, $C_{\mathbf{no}}$, $C_{\mathbf{sw}}$ und $C_{\mathbf{so}}$

$$\sqrt{\det C_{\mathbf{nw}}} = \mathcal{F}_1 \quad (1a) \quad \text{und} \quad \sqrt{\det C_{\mathbf{so}}} = \mathcal{F}_2 \quad (1b)$$

sowie

$$\det C_{\mathbf{no}} = \det C_{\mathbf{sw}} = 0 \quad \Leftrightarrow \quad \varepsilon_1 \perp \varepsilon_2 \quad (2),$$

wobei $\mathcal{F}_1$ bzw. $\mathcal{F}_2$ den Flächeninhalt des von den Vektoren $\vec{a_1}$ und $\vec{b_1}$ bzw. $\vec{a_2}$ und $\vec{b_2}$ aufgespannten Parallelogramms bezeichnet.

BEWEIS. (1a) und (1b) folgt aus einer bekannten Flächeninhaltsformel aus der analytischen Geometrie, (2) ergibt sich aus folgender Überlegung:

$\varepsilon_1 \perp \varepsilon_2$ kann bekanntlich auf die Orthogonalität der Normalvektoren $\vec{n_1}$ und $\vec{n_2}$ der beiden Ebenen zurückgeführt werden, wobei $\vec{n_1} = \vec{a_1} \times \vec{b_1}$ sowie $\vec{n_2} = \vec{a_2} \times \vec{b_2}$ gilt. Demnach gilt

$$\vec{n_1} \perp \vec{n_2} \quad \Leftrightarrow \quad \left(\vec{a_1} \times \vec{b_1} \right) \cdot \left(\vec{a_2} \times \vec{b_2} \right) = 0.$$

Zyklische Vertauschung in diesem Spatprodukt führt auf die äquivalente Bedingung

$$\left[\vec{b_1} \times \left(\vec{a_2} \times \vec{b_2} \right) \right] \cdot \vec{a_1} = 0,$$

welche durch Anwendung des zweiten GRASSMANNschen Entwicklungssatzes

$$\vec{u} \times (\vec{v} \times \vec{w}) = (\vec{u} \times \vec{w}) \times \vec{v} - (\vec{u} \times \vec{v}) \times \vec{w}$$

in

$$\left[\left(\vec{b_1} \cdot \vec{b_2} \right) \cdot \vec{a_2} - \left(\vec{a_2} \cdot \vec{b_1} \right) \cdot \vec{b_2} \right] \cdot \vec{a_1} = 0$$

bzw. schließlich in

$$\left(\vec{b_1} \cdot \vec{b_2} \right) \cdot (\vec{a_2} \cdot \vec{a_1}) - \left(\vec{a_2} \cdot \vec{b_1} \right) \cdot \left(\vec{a_1} \cdot \vec{b_2} \right) = 0,$$

ergo

$$\det C_{\mathbf{no}} = \det C_{\mathbf{sw}} = 0$$

übergeht, $\square$.

2.20 Gram-Schmidtsches Orthonormierungsverfahren und vektorielles Produkt

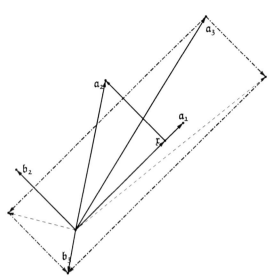

Drei Vektoren a_1, a_2 und a_3 des $\mathbb{R}^3$, deren Spatprodukt (oder algebraisch äquivalent: Determinante) nicht verschwindet, bilden eine Basis $\mathcal{B}$ des $\mathbb{R}^3$. Insbesondere sind dann $\boxed{a_1 \text{ und } a_2}$ nicht linear abhängig, womit die Frage nach einem gemeinsamen Normalvektor $\boxed{\text{dieser beiden Vektoren}}$ einen Sinn macht. Nun führt die Frage nach einer Orthonormalbasis $\mathcal{B}'$ der Form $\mathcal{B}' = \left\{ \frac{1}{|a_1|} \cdot a_1, \, c_2, \, c_3 \right\}$ zwar weiter als die obig gestellte, beinhaltet aber natürlich eine Beantwortung der Frage eines gemeinsamen Normalvektors c_3 von a_1 und a_2. Um c_2 und c_3 zu er-

halten, greifen wir auf eine wichtige *geometrische Eigenschaft* des Standardskalarprodukts zurück, welche auch in obiger Abbildung illustriert ist (und wir bereits aus Abschnitt 2.1.6 kennen): *Das skalare Produkt $a_1 \cdot a_2$ der Vektoren a_1 und a_2 ist gleich dem signierten Produkt des Betrags $|a_1|$ mit dem Betrag $|r|$ der Normalprojektion r von a_2 auf a_1, wobei $a_1 \cdot a_2$ positiv/negativ ist, je nachdem, ob $\angle(a_1, a_2)$ spitz bzw. stumpf ist. Für den Fall $a_1 \perp a_2$ gilt $a_1 \cdot a_2 = 0$ [weil diesfalls r zum Nullvektor wird, was $|r| = 0$ und somit auch $a_1 \cdot a_2 = 0$ impliziert ("Orthogonalitätskriterium")].*

Um jetzt zu c_2 und c_3 zu gelangen, subtrahieren wir zunächst von a_2 die zu a_1 parallele Komponente r und erhalten somit wegen $a_1 \cdot a_2 = |a_1| \cdot |r| \Leftrightarrow |r| = \frac{a_1 \cdot a_2}{|a_1|}$ für r die Darstellung $r = \frac{a_1 \cdot a_2}{|a_1|^2} \cdot a_1$ und damit in weiterer Folge für b_2 die Formel $b_2 = a_2 - \frac{a_1 \cdot a_2}{|a_1|^2} \cdot a_1$, welche sich unter Verwendung des Ansatzes $c_1 := \frac{1}{|a_1|} \cdot a_1$ aus der gesuchten Orthonormalbasis $\mathcal{B}'$ auch in der Form

$$\boxed{b_2 = a_2 - (a_2 \cdot c_1) \cdot c_1}$$

anschreiben lässt. Setzen wir jetzt nach $c_1 := \frac{1}{|a_1|} \cdot a_1$ auch noch entsprechend $c_2 := \frac{1}{|b_2|} \cdot b_2$, so fehlt uns nun nur noch c_3, da b_2 (und somit auch c_2) ja wegen

$$b_2 \cdot c_1 = a_2 \cdot c_1 - (a_2 \cdot c_1) \cdot \underbrace{c_1{}^2}_{1} = 0$$

auf c_1 normal steht.

Dazu liegt es nahe, die selbe Idee wie zuvor bei b_2 und a_1 bzw. c_1 wieder zu verwenden, nämlich von b_2 die zu a_1 bzw. c_1 parallele Komponente zu subtrahieren. Dies bedeutet nun, dass wir von b_3 die zu c_1 und c_2 parallelen Komponenten (in der Abbildung strichpunktiert eingezeichnet) zu subtrahieren haben, was jeweils alleine nicht genügt (und nur auf die strichliert eingezeichneten Vektoren führen würde), wie die folgende Argumentation zeigt:

Wenn wir von $\mathfrak{a}_3$ nun via

$$\boxed{\mathfrak{a}_3 \mapsto \mathfrak{a}_3 - (\mathfrak{a}_3 \cdot \mathfrak{c}_1) \cdot \mathfrak{c}_1 - (\mathfrak{a}_3 \cdot \mathfrak{c}_2) \cdot \mathfrak{c}_2}$$

(wie zuvor bei $\mathfrak{b}_2$) sofort beide Komponenten subtrahieren, erhalten wir einen Vektor $\mathfrak{b}_3$, der wegen

$$\mathfrak{b}_3 \cdot \mathfrak{c}_1 = \mathfrak{a}_3 \cdot \mathfrak{c}_1 - (\mathfrak{a}_3 \cdot \mathfrak{c}_1) \cdot \underbrace{\mathfrak{c}_1^{\,2}}_{1} - (\mathfrak{a}_3 \cdot \mathfrak{c}_2) \cdot \underbrace{(\mathfrak{c}_2 \cdot \mathfrak{c}_1)}_{0} = 0$$

auf $\mathfrak{c}_1$ und wegen

$$\mathfrak{b}_3 \cdot \mathfrak{c}_2 = \mathfrak{a}_3 \cdot \mathfrak{c}_2 - (\mathfrak{a}_3 \cdot \mathfrak{c}_1) \cdot \underbrace{(\mathfrak{c}_1 \cdot \mathfrak{c}_2)}_{0} - (\mathfrak{a}_3 \cdot \mathfrak{c}_2) \cdot \underbrace{\mathfrak{c}_2^{\,2}}_{1} = 0$$

ebenso auf $\mathfrak{c}_2$ normal steht, $\square$.

Via $\mathfrak{c}_3 := \frac{1}{|\mathfrak{b}_3|} \cdot \mathfrak{b}_3$ ist die Orthonormalbasis $\mathcal{B}'$ somit komplett (was sich prinzipiell via

$$\mathfrak{b}_{n+1} := \mathfrak{a}_{n+1} - \sum_{k=1}^{n} (\mathfrak{a}_{n+1} \cdot \mathfrak{c}_k) \cdot \mathfrak{c}_k$$

verallgemeinern und induktiv rasch unter Verwendung des Kronecker-Symbols δ_{jk} beweisen lässt) und wir können mit der **eigentlichen Fragestellung dieses Abschnitts** beginnen, nämlich:

Welchen weiteren Weg zum Vektoriellen Produkt zweier Vektoren[81] $\mathfrak{a}_1$ und $\mathfrak{a}_2$ eröffnet uns die soeben erörterte Methode der GRAM-SCHMIDTschen Orthonormierung einer Basis $\mathcal{B} = \{\mathfrak{a}_1, \ \mathfrak{a}_2, \ \mathfrak{a}_3\}$ des $\mathbb{R}^3$?

Nunja, wenn wir vom Ansatz

$$\mathfrak{a}_1 = \begin{pmatrix} x_1 \\ y_1 \\ z_1 \end{pmatrix}, \ \mathfrak{a}_2 = \begin{pmatrix} x_2 \\ y_2 \\ z_2 \end{pmatrix} \text{ und } \mathfrak{a}_3 = \begin{pmatrix} x_3 \\ y_3 \\ z_3 \end{pmatrix}$$

ausgehen und alles Folgende tatsächlich mit Koordinaten "nachrechnen" würden, brächte uns dies in etwa so viel Einsicht, als würden wir dies etwa mit dem GRASSMANNschen Entwicklungssatz

$$(\mathfrak{a}_1 \times \mathfrak{a}_2) \times \mathfrak{a}_3 = (\mathfrak{a}_1 \cdot \mathfrak{a}_3) \cdot \mathfrak{a}_2 - (\mathfrak{a}_2 \cdot \mathfrak{a}_3) \cdot \mathfrak{a}_1$$

tun, um ihn tiefer zu ergründen, weshalb wir einen anderen Weg einschlagen, der uns somit zwar keinen neuen Weg zum Vektoriellen Produkt, aber zumindest eine gewisse aposteriori-Querverbindung zum GRAM-SCHMIDTschen Verfahren liefert:

Wir vergleichen die offensichtlich voneinander linear abhängigen Vektoren $\mathfrak{b}_3$ und $\mathfrak{a}_1 \times \mathfrak{a}_2$ und ermitteln einen der beiden Kollinearisierungsfaktoren, also z.B. den Faktor λ in

$$\mathfrak{b}_3 = \lambda \cdot \mathfrak{a}_1 \times \mathfrak{a}_2,$$

wozu wir einfach das skalare Produkt von $\mathfrak{b}_3$ mit $\mathfrak{a}_1 \times \mathfrak{a}_2$ bilden und dabei bedenken, dass für $\mathfrak{y} = \lambda \cdot \mathfrak{x}$ die Gleichung

$$\mathfrak{x} \cdot \mathfrak{y} = \mathfrak{x} \cdot (\lambda \mathfrak{x}) = \lambda \cdot (\mathfrak{x} \cdot \mathfrak{x}) = \lambda \cdot |\mathfrak{x}|^2$$

---

[81]nebst der **zwölf** in Abschnitt 2.2 behandelten Wege!

gilt:

$$(\mathfrak{a}_1 \times \mathfrak{a}_2) \cdot \mathfrak{b}_3 = (\mathfrak{a}_1 \times \mathfrak{a}_2) \cdot \mathfrak{a}_3 - (\mathfrak{a}_3 \cdot \mathfrak{c}_1) \cdot \overbrace{[(\mathfrak{a}_1 \times \mathfrak{a}_2) \cdot \mathfrak{c}_1]}^{0} - (\mathfrak{a}_3 \cdot \mathfrak{c}_2) \cdot \overbrace{[(\mathfrak{a}_1 \times \mathfrak{a}_2) \cdot \mathfrak{c}_2]}^{0} = (\mathfrak{a}_1 \times \mathfrak{a}_2) \cdot \mathfrak{a}_3$$

$$\Rightarrow \quad (\mathfrak{a}_1 \times \mathfrak{a}_2) \cdot \mathfrak{b}_3 = (\mathfrak{a}_1 \times \mathfrak{a}_2) \cdot \mathfrak{a}_3 = \lambda \cdot |\mathfrak{a}_1 \times \mathfrak{a}_2|^2 \quad \Rightarrow \quad \lambda = \frac{(\mathfrak{a}_1 \times \mathfrak{a}_2) \cdot \mathfrak{a}_3}{|\mathfrak{a}_1 \times \mathfrak{a}_2|^2}$$

Es ergibt sich also der folgende $\boxed{\text{Zusammenhang}}$ zwischen dem Vektor $\mathfrak{b}_3$ aus dem Gram-Schmidt*schen* Verfahren und dem Vektoriellen Produkt $\mathfrak{a}_1 \times \mathfrak{a}_2$:

$$\boxed{\mathfrak{b}_3 = \frac{(\mathfrak{a}_1 \times \mathfrak{a}_2) \cdot \mathfrak{a}_3}{|\mathfrak{a}_1 \times \mathfrak{a}_2|^2} \cdot (\mathfrak{a}_1 \times \mathfrak{a}_2)}$$

Ausblick

Erhardt Schmidt (1876-1959) hat als Schüler David Hilberts (1862-1943) auf dem Gebiet der *Funktionalanalysis* Bahnbrechendes geleistet, woher ja **eigentlich** auch dieses Verfahren stammt, nur dass dort eben keine (von uns in der Geometrie als Pfeilklassen interpretierte) dreidimensionale Vektoren, sondern (spezielle) Funktionen betrachtet werden, welche unter der via $(f + g)(x) := f(x) + g(x)$ definierten (trivial scheinenden!) Funktionsaddition über (etwa) $\mathbb{R}$ einen unendlichdimensionalen Vektorraum V bilden, in dem man nun (z.B.!) via

$$f \cdot g := \int_I f(x) \cdot g(x) \cdot dx$$

ein(!) Skalarprodukt definieren kann, welches alle uns bekannten Eigenschaften "unseres" bekannten Skalarprodukts (welches auch als Standardskalarprodukt bezeichnet wird, da es offensichtlich nebst diesem noch viele weitere Skalarprodukte gibt) besitzt. Insbesondere existiert dann auch der Begriff der *Orthogonalität* zweier Funktionen (freilich in einem abstrakten Sinn, der nichts mit Schnittwinkeln zwischen den entsprechenden Funktionsgraphen zu tun hat - wie man ja naheliegenderweise annehmen könnte, vgl. dazu den **Anhang** zu diesem Abschnitt), was uns jetzt z.B. für $I = [0; 1]$[82] und die Basis

$$\mathcal{B} = \{1, \ x, \ x^2, \ x^3, \ ... \}$$

des Vektorraums aller Polynome über $\mathbb{R}$ (Dass es sich hierbei wirklich um eine Basis handelt, kann man ganz einfach unter Einsatz der Differentialrechnung zeigen.) vor die Frage stellt, wie man diese orthonormieren kann. Freilich funktioniert dies via Gram-Schmidt, wovon wir uns nun überzeugen wollen, wozu wir zunächst

$$\mathfrak{a}_1 = 1, \ \mathfrak{a}_2 = x, \ \mathfrak{a}_3 = x^2, \ \mathfrak{a}_4 = x^3, \ ...$$

definieren.

Nun gilt $|\mathfrak{a}_1| = \sqrt{\int_0^1 1 \cdot 1 \cdot dx} = 1$, woraus schon $\boxed{\mathfrak{c}_1 = \mathfrak{a}_1 = 1}$ und somit

$$\mathfrak{b}_2 = x - \int_0^1 1 \cdot x \cdot dx = x - \frac{1}{2} \cdot x^2 \Big|_0^1 = x - \frac{1}{2}$$

---

[82]Wir wählen absichtlich $[0; 1]$ und nicht etwa $[-1; 1]$, weil letzteres auf die sogenannten Legendre-Polynome führt, die ohnehin bekannt sind und sich in der Physik aufgrund ihrer breiten Einsatzfähigkeit höchster Beliebtheit erfreuen.

und wegen

$$|\mathfrak{b}_2| = \sqrt{\int_0^1 \left(x - \frac{1}{2}\right)^2 \cdot dx} = \frac{1}{2\sqrt{3}}$$

schließlich

$$\mathfrak{c}_2 = 2 \cdot \sqrt{3} \cdot \left(x - \frac{1}{2}\right) \quad \text{bzw.} \quad \mathfrak{c}_2 = \sqrt{3} \cdot (2x - 1)$$

folgt. Für $\mathfrak{b}_3$ erhalten wir entsprechend

$$\mathfrak{b}_3 = x^2 - \int_0^1 1 \cdot x^2 \cdot dx - \left[(2\sqrt{3})^2 \cdot \int_0^1 1 \cdot \left(x - \frac{1}{2}\right) \cdot x^2 \cdot dx\right] \cdot \left(x - \frac{1}{2}\right) = x^2 - x + \frac{1}{6},$$

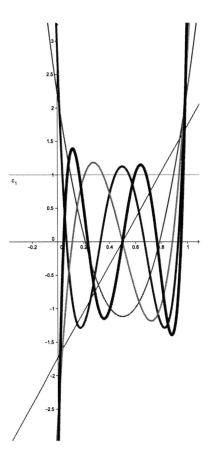

woraus

$$|\mathfrak{b}_3| = \sqrt{\int_0^1 \left(x^2 - x + \frac{1}{6}\right)^2 \cdot dx} = \frac{1}{6\sqrt{5}}$$

und somit

$$\mathfrak{c}_3 = 6 \cdot \sqrt{5} \cdot \left(x^2 - x + \frac{1}{6}\right) \quad \text{bzw.} \quad \mathfrak{c}_3 = \sqrt{5} \cdot (6x^2 - 6x + 1)$$

folgt.

Weitere neue "Basisvektoren" (welche der werte Löser zur Übung selbst berechnen möge) lauten

$$\mathfrak{c}_4 = 20 \cdot \sqrt{7} \cdot \left(x^3 - \frac{3}{2} \cdot x^2 + \frac{3}{5} \cdot x - \frac{1}{20}\right)$$

bzw.

$$\mathfrak{c}_4 = \sqrt{7} \cdot (20x^3 - 30x^2 + 12x - 1),$$

$$\mathfrak{c}_5 = 70 \cdot \sqrt{9} \cdot \left(x^4 - 2x^3 + \frac{9}{7} \cdot x^2 - \frac{2}{7} \cdot x + \frac{1}{70}\right)$$

bzw.

$$\mathfrak{c}_5 = 3 \cdot (70x^4 - 140x^3 + 90x^2 - 20x + 1)$$

sowie

$$\mathfrak{c}_6 = 252 \cdot \sqrt{11} \cdot \left(x^5 - \frac{5}{2} \cdot x^4 + \frac{20}{9} \cdot x^3 - \frac{5}{6} \cdot x^2 + \frac{5}{42} \cdot x - \frac{1}{252}\right)$$

bzw.

$$\mathfrak{c}_6 = \sqrt{11} \cdot (252x^5 - 630x^4 + 560x^3 - 210x^2 + 30x - 1),$$

welche allesamt links abgebildet wurden.

Anhang

Studiert man mathematische Strukturen, welche den gleichen Gesetzesmäßigkeiten folgen wie Vektoren im $\mathbb{R}^n$, so führt dies in ein mathematisches Teilgebiet, welches als **Lineare Algebra** bezeichnet wird und sich entsprechend mit derartigen **Vektorräumen** befasst. Auf der Universität beschäftigt man sich damit u.a. (nebst der Analysis) im ersten Studienjahr und baut damit den Grundstein für (noch!) tiefer gehende Untersuchungen über **unendlichdimensionale Vektorräume**, deren Elemente (obgleich sie als *abstrakte* Vektoren bezeichnet werden) dann Funktionen sind, weshalb diese Forschungsrichtung **Funktionalanalysis** genannt wird, wo zum Beispiel eine Funktion durch die Koeffizienten ihrer Potenzreihe (falls sie solch eine besitzt) festgelegt werden kann. Diese wiederum bildet einen unendlichdimensionalen Vektor, welcher dann im Fall der Sinus- und der Cosinusfunktion

$$\overrightarrow{\sin} = \begin{pmatrix} 0 \\ 1 \\ 0 \\ -\frac{1}{3!} \\ 0 \\ \frac{1}{5!} \\ \dots \\ \dots \end{pmatrix} \quad \text{bzw.} \quad \overrightarrow{\cos} = \begin{pmatrix} 1 \\ 0 \\ -\frac{1}{2!} \\ 0 \\ \frac{1}{4!} \\ 0 \\ \dots \\ \dots \end{pmatrix}$$

lautet. Bildet man nun das Skalarprodukt dieser beiden Vektoren, erhält man 0. Begründe, warum!

Deshalb sagt man, dass die Sinus- und die Cosinusfunktion zueinander orthogonale Funktionen sind (wobei dies aber nichts mit dem Schnittwinkel ihrer Funktionsgraphen zu tun hat, sondern in einem abstrakten Sinn zu verstehen ist), was bei der sogenannten FOURIER-Analyse von entscheidender Bedeutung ist, welche wiederum in der Musik (mp3) Anwendung findet.

Der werte L $\overset{e}{\underset{\ddot{o}}{}}$ ser möge nun selbst als Übung zur Anwendung der Summenformel für die unendliche geometrische Reihe (in beiden Richtungen gelesen!) zeigen, dass sowohl die Funktionen f_1 und f_2 mit den Funktionsgleichungen

$$y = f_1(x) = \frac{1}{1-x} \quad \text{und} \quad y = f_2(x) = \frac{2-2x}{2-x}$$

als auch die Funktionen g_1 und g_2 mit den Funktionsgleichungen

$$y = g_1(x) = \frac{2}{2+x^2} \quad \text{und} \quad y = g_2(x) = \frac{1+2x^2}{1+x^2}$$

ebenso aufeinander orthogonal stehen!

Nun kann man Paare gebrochen-linearer Transformationen, also rationale Funktionen φ der Bauart

$$\varphi(x) = \frac{ax+b}{cx+d},$$

welche auch als MÖBIUS-Transformationen[83] bezeichnet werden und in der komplexen Analysis eine bedeutende Rolle spielen[84], daraufhin untersuchen, unter welchen an die Koeffizienten a, b, c und d sowie p, q, r und s gebundenen Bedingungen die Funktionen f und g mit den Funktionsgleichungen

$$f(x) = \frac{ax + b}{cx + d} \quad \text{und} \quad g(x) = \frac{px + q}{rx + s}$$

im obigen Sinne aufeinander normal stehen. Um für f (und freilich ebenso für g) zu sichern, dass es sich um keine konstante Funktion handelt, postulieren wir

$$\frac{ax + b}{cx + d} \neq k \quad \Leftrightarrow \quad ax + b \neq ckx + dk \quad \Leftrightarrow \quad (a - ck)x + (b - dk) \neq 0.$$

Damit dies auch erfüllt ist, sehen wir uns an, unter welchen Bedingungen tatsächlich $\forall x \in \mathbb{R}\backslash\{\frac{-d}{c}\}$ die Gleichung $(a - ck)x + b - dk = 0$ gilt:

$$(a - ck)x + b - dk \equiv 0 \quad \Leftrightarrow \quad a - ck = 0 \wedge b - dk = 0 \quad \Leftrightarrow \quad k = \frac{a}{c} \wedge k = \frac{b}{d} \quad \Leftrightarrow \quad \frac{a}{c} = \frac{b}{d}$$

$$\Leftrightarrow \quad ad = bc \quad \Leftrightarrow \quad ad - bc = 0$$

bzw. vektoriell angeschrieben:

$$\det \begin{pmatrix} a & b \\ c & d \end{pmatrix} = 0$$

Ordnet man f also die entsprechende *Koeffizientenmatrix*

$$K_f = \begin{pmatrix} a & b \\ c & d \end{pmatrix}$$

zu[85], so ist f genau dann konstant, wenn $\det K_f = 0$ gilt, wobei wir im Folgenden vereinfacht anstelle von $\det K_f$ lediglich $\det f$ schreiben werden und sich somit ergibt, dass f genau dann nicht konstant ist, wenn $\det f \neq 0$ gilt.

Um nun sowohl f als auch g durch ihre unendlichdimensionalen Vektoren darstellen zu können, formen wir die Funktionsterme[86] entsprechend um:

$$f(x) = \frac{ax + b}{cx + d} = \frac{1}{d} \cdot \frac{ax + b}{1 + \frac{c}{d} \cdot x}$$

---

[83]August Ferdinand MÖBIUS (1790 − 1868) beschäftigte sich u.a.(!) mit diesem besonderen Transformationstyp, leistete aber auch (bzw. vor allem) äußerst wertvolle Beiträge zur (projektiven) Geometrie und speziell zur Topologie, die er insbesondere durch das ebenfalls nach ihm benannte MÖBIUS-Band bereichert hat.

[84]Wir werden ihnen bei der sogenannten Drei-Punkte-Formel in Abschnitt 4.18 wieder begegnen.

[85]Dies ist nicht nur formale Haarspalterei, sondern beinhaltet eine sehr tiefgehende Verbindung zwischen Matrizen aus $\mathbb{R}^{(2,2)}$ einerseits und MÖBIUS-Transformationen andererseits. Fachmathematisch ausgedrückt besteht zwischen diesen beiden Objektgruppen ein sogenannter **Isomorphismus**, was so viel bedeutet, dass nicht nur jeder MÖBIUS-Transformation f eine Matrix K_f aus $\mathbb{R}^{(2,2)}$ entspricht, sondern dass sich (grob gesagt) mit den MÖBIUS-Transformationen in genau derselben Art und Weise rechnen lässt wie mit den ihnen zugeordneten Matrizen, wobei in diesem Fall zwei Matrizen durch die Matrixmultiplikation und zwei MÖBIUS-Transformationen durch die Hintereinanderausführung (auch Verkettung genannt) miteinander verknüpft werden. Dass dies mit der Addition (welche für die Matrizen trivial ist) nicht funktioniert, erklärt sich unmittelbar durch das Rechnen mit Bruchtermen ($\rightarrow$ Bilden eines gemeinsamen Nenners und Erweitern).

[86]Freilich werden wir uns vor unnötiger Arbeit hüten, führen unsere folgenden Überlegungen deshalb nur für f durch und übertragen die Resultate dann durch den Übergang $(a|b|c|d) \mapsto (p|q|r|s)$ von f direkt auf g!

Dann gilt $\forall x \in \ \left]-\left|\frac{d}{c}\right|\ ;\ \left|\frac{d}{c}\right|\right[$

$$\underbrace{d \cdot f(x)}_{=:F(x)} = (ax+b) \cdot \left(1 - \frac{cx}{d} + \frac{c^2 x^2}{d^2} - \frac{c^3 x^3}{d^3} \pm ...\right)$$

$$\Rightarrow \ F(x) = b + \left(a - \frac{bc}{d}\right) \cdot x - \left(\frac{ac}{d} - \frac{bc^2}{d^2}\right) \cdot x^2 + \left(\frac{ac^2}{d^2} - \frac{bc^3}{d^3}\right) \cdot x^3 \pm ... =$$

$$= b + \frac{ad - bc}{d} \cdot x - \frac{c}{d^2} \cdot (ad - bc) \cdot x^2 + \frac{c^2}{d^3} \cdot (ad - bc) \cdot x^3 \pm ...$$

bzw.

$$F(x) = b + \frac{1}{d} \cdot \det f \cdot x - \frac{c}{d^2} \cdot \det f \cdot x^2 + \frac{c^2}{d^3} \cdot \det f \cdot x^3 \pm ...,$$

Also kann f durch den unendlichdimensionalen Vektor

$$\vec{f} = \frac{1}{d} \cdot \begin{pmatrix} b \\ \frac{\det f}{d} \\ -\frac{c \cdot \det f}{d^2} \\ \frac{c^2 \cdot \det f}{d^3} \\ ... \\ .. \end{pmatrix} \quad \text{und somit g durch} \quad \vec{g} = \frac{1}{s} \cdot \begin{pmatrix} q \\ \frac{\det g}{s} \\ -\frac{r \cdot \det g}{s^2} \\ \frac{r^2 \cdot \det g}{s^3} \\ ... \\ .. \end{pmatrix} \quad \text{dargestellt werden.}$$

Damit gilt

$$\vec{f} \perp \vec{g} \ \Leftrightarrow \ \vec{f} \cdot \vec{g} = 0 \ \Leftrightarrow \ bq + \frac{\det f \cdot \det g}{ds} + \frac{c \cdot r \cdot \det f \cdot \det g}{d^2 s^2} + \frac{c^2 \cdot r^2 \cdot \det f \cdot \det g}{d^3 s^3} + ... =$$

$$= bq + \frac{\det f \cdot \det g}{ds} \cdot \left[1 + \frac{cr}{ds} + \left(\frac{cr}{ds}\right)^2 + ...\right] =$$

$$= bq + \frac{\det f \cdot \det g}{ds} \cdot \frac{1}{1 - \frac{cr}{ds}} = bq + \frac{\det f \cdot \det g}{ds - cr} = 0$$

$$\Rightarrow \ \boxed{\vec{f} \perp \vec{g} \ \Leftrightarrow \ \det f \cdot \det g = bq \cdot (cr - ds)}$$

$\boxed{\text{Merkregel}}$ über die Matrix

$$M = \begin{pmatrix} a & b & c & d \\ p & q & r & s \end{pmatrix},$$

welche links die Zählervektoren (a, p) und (b, q) sowie rechts die Nennervektoren (c, r) und (d, s) von f und g stehen hat: Jeweils Komponentenprodukte bilden, bei den Nennervektoren außerdem Differenz von links nach rechts, beachte dabei:

$\boxed{\text{z}}$weiter $\boxed{\text{Z}}$ählervektor $\boxed{\text{z}}$uerst, $\boxed{\text{n}}$achher $\boxed{\text{N}}$ennervektore$\boxed{\text{n}}$

2.21   Der Satz von DESARGUES

In diesem Abschnitt soll eine Möglichkeit präsentiert werden, den folgenden wunderschönen Satz von DESARGUES mittels (koordinatenfreier) Vektorrechnung zu beweisen:

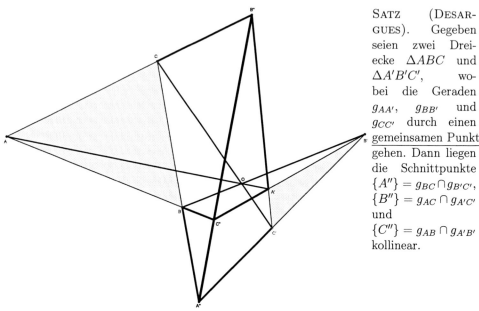

SATZ (DESAR-GUES). Gegeben seien zwei Drei-ecke $\triangle ABC$ und $\triangle A'B'C'$, wo-bei die Geraden $g_{AA'}$, $g_{BB'}$ und $g_{CC'}$ durch einen gemeinsamen Punkt gehen. Dann liegen die Schnittpunkte $\{A''\} = g_{BC} \cap g_{B'C'}$, $\{B''\} = g_{AC} \cap g_{A'C'}$ und $\{C''\} = g_{AB} \cap g_{A'B'}$ kollinear.

Beweis. O.B.d.A. sei der Koordinatenursprung O der gemeinsame Punkt. Dann existieren reelle Skalare k, l und m, sodass $A' = kA$, $B' = lB$ sowie $C' = mC$ gilt.

Die sich daraus ergebenden Parameterdarstellungen

$$g_{AB} : X = A + p(B - A) \quad \text{bzw.} \quad g_{AB} : X = (1 - p)A + pB$$

und

$$g_{A'B'} : X = kA + q(lB - kA) \quad \text{bzw.} \quad g_{A'B'} : X = (k - kq)A + lqB,$$
$$g_{AC} : X = A + r(C - A) \quad \text{bzw.} \quad g_{AC} : X = (1 - r)A + rC$$

und

$$g_{A'C'} : X = kA + s(mC - kA) \quad \text{bzw.} \quad g_{A'C'} : X = (k - ks)A + msC$$

sowie

$$g_{BC} : X = B + t(C - B) \quad \text{bzw.} \quad g_{BC} : X = (1 - t)B + tC$$

und

$$g_{B'C'} : X = lB + u(mC - lB) \quad \text{bzw.} \quad g_{B'C'} : X = (l - lu)B + muC$$

liefern dann (wenn wir die Parameter p, r und t aus den drei Geradenschnitten berechnet haben) für die Vektoren $\overrightarrow{A''B''}$ und $\overrightarrow{B''C''}$ die Darstellungen

$$\overrightarrow{A''B''} = (1 - r)A + (t - 1)B + (r - t)C$$

und

$$\overrightarrow{B''C''} = (r - p)A + pB - rC,$$

womit zum Nachweis des Kollinearität der Punkte A'', B'' und C'' nur noch nachzuweisen ist, dass die Matrix

$$\begin{pmatrix} 1-r & t-1 & r-t \\ r-p & p & -r \end{pmatrix}$$

Rang 1 besitzt. Dazu haben wir lediglich zu zeigen, dass zwei der drei Determinanten

$$\det\left(\begin{pmatrix} 1-r & t-1 \\ r-p & p \end{pmatrix}\right), \quad \det\left(\begin{pmatrix} 1-r & r-t \\ r-p & -r \end{pmatrix}\right) \text{ und } \det\left(\begin{pmatrix} t-1 & r-t \\ p & -r \end{pmatrix}\right)$$

den Wert Null haben[87], wozu wir die erste und die dritte Determinante berechnen:

$$\det\left(\begin{pmatrix} 1-r & t-1 \\ r-p & p \end{pmatrix}\right) = (1-r)p-(r-p)(t-1) = p-rp-rt+pt+r-p = r(1-t)+p(t-r)$$

$$\det\left(\begin{pmatrix} t-1 & r-t \\ p & -r \end{pmatrix}\right) = (t-1)(-r)-p(r-t) = -rt+r-rp+pt = r(1-t)+p(t-r)$$

Wir erkennen somit also, dass wir lediglich nachzuweisen haben, dass zwischen den Parametern p, r und t die Gleichung

$$r(1-t)+p(t-r)=0 \quad (*)$$

besteht, wozu wir durch Gleichsetzen entsprechender Parameterdarstellungen p, r und t berechnen: Gleichsetzen der Parameterdarstellungen von g_{AB} und $g_{A'B'}$ liefert

$$(1-p)A+pB = (k-kq)A+lqB.$$

Koeffizientenvergleich (für B) ergibt

$$p = lq \quad (1).$$

Koeffizientenvergleich (für A) unter Beachtung von (1) bringt

$$1-lq = k-kq \quad \Rightarrow \quad q = \frac{k-1}{k-l} \quad \Rightarrow \quad \underline{p = l \cdot \frac{k-1}{k-l}}.$$

Gleichsetzen der Parameterdarstellungen von g_{AC} und $g_{A'C'}$ liefert

$$(1-r)A+rC = (k-ks)A+msC.$$

Koeffizientenvergleich (für C) ergibt

$$r = ms \quad (2).$$

---

[87]Daraus folgt *selbiges* dann automatisch auch für die verbleibende dritte Determinante, wie man durch Betrachtung einer allgemeinen Matrix

$$\begin{pmatrix} a & b & c \\ d & e & f \end{pmatrix}$$

aus $\mathbb{R}^{(2,3)}$ leicht folgt, wenn man $ae-bd = af-cd = 0$ voraussetzt und dann durch Einsetzen von $b = \frac{ae}{d}$ und $f = \frac{cd}{a}$ in $bf-ce$ schließlich $bf-ce = ce-ce = 0$ bestätigt!

Koeffizientenvergleich (für A) unter Beachtung von (2) bringt

$$1 - ms = k - ks \quad \Rightarrow \quad s = \frac{k-1}{k-m} \quad \Rightarrow \quad \underline{r = m \cdot \frac{k-1}{k-m}}.$$

Gleichsetzen der Parameterdarstellungen von g_{BC} und $g_{B'C'}$ liefert:

$$(1-t)B + tC = (l - lu)B + muC$$

Koeffizientenvergleich (für C) ergibt

$$t = mu \quad (3).$$

Koeffizientenvergleich (für B) unter Beachtung von (3) bringt

$$1 - mu = l - lu \quad \Rightarrow \quad u = \frac{l-1}{l-m} \quad \Rightarrow \quad \underline{t = m \cdot \frac{l-1}{l-m}}.$$

Nun brauchen wir für $(*)$ auch noch $1 - t$, also:

$$1 - t = 1 - \frac{lm - m}{l - m} = \frac{l - m - lm + m}{l - m} = \frac{l - lm}{l - m} \quad \Rightarrow \quad 1 - t = l \cdot \frac{1-m}{l-m}$$

Daraus ergibt sich

$$r(1-t) + p(t-r) = m\frac{k-1}{k-m}l\frac{1-m}{l-m} + l\frac{k-1}{k-l}\frac{m}{(l-m)(k-m)}\left((l-1)(k-m) - (k-1)(l-m)\right) =$$

$$= ml\frac{(k-1)(1-m)}{(k-m)(l-m)} + lm\frac{k-1}{(k-l)(l-m)(k-m)}(kl - k - lm + m - kl + l + km - m) =$$

$$= ml\frac{(k-1)(1-m)}{(k-m)(l-m)} + lm\frac{k-1}{(k-l)(l-m)(k-m)}(-k - lm + l + km) =$$

$$= ml\frac{(k-1)(1-m)}{(k-m)(l-m)} + lm\frac{k-1}{(k-l)(l-m)(k-m)}(k(m-1) - (m-1)l) =$$

$$= ml\frac{(k-1)(1-m)}{(k-m)(l-m)} + lm\frac{k-1}{(k-l)(l-m)(k-m)}(k-l)(m-1) =$$

$$= ml\frac{(k-1)(1-m)}{(k-m)(l-m)} + lm\frac{(k-1)(m-1)}{(l-m)(k-m)} = 0, \; \square.$$

ABSCHLIESZENDE BEMERKUNG: Jener Fall, in dem zwei (oder alle drei) der Geraden-
paare $(g_{BC}, g_{B'C'})$, $(g_{BAC}, g_{A'C'})$ und $(g_{AB}, g_{A'B'})$ zueinander parallel verlaufen, sei dem
werten L̈öser als Übung überlassen.

2.22 STS: Der Sehnen-Tangenten-Satz

Motiviert durch die folgende *Problemstellung* wollen wir den sogenannten Sehnen-Tangenten-Satz herleiten:

Von einer Kreislinie k kennt man zwei Punkte P und Q und eine Tangente g (ohne den zugehörigen Berührungspunkt). Ermittle die Lage der Mittelpunkte und die Radien der dafür in Frage kommenden Kreilinien.

Lösung. Da der Mittelpunkt M von k sicher auf der Streckensymmetrale m_{PQ} der Strecke PQ zu liegen kommen muss, lässt sich M somit durch einen Parameter, nämlich den Parameter aus einer beliebigen Parameterdarstellung von m_{PQ}, darstellen. Nun kann man von diesem variablen Punkt M für jeden Parameterwert t sowohl das Abstandsquadrat $\overline{M_tP}^2$ (bzw. äquivalent: $\overline{M_tQ}^2$) als auch das Normalabstandsquadrat $d^2(M_t,g)$ (HESSEsche Normalform!) berechnen. Gleichsetzen der beiden Ausdrücke liefert eine quadratische Gleichung in t, welche dann die **beiden** Lösungen für M liefert.

Dazu legen wir die Figur speziell in ein cartesisches Koordinatensystem, sodass

$$P(2a|2ak), \; Q(2b|2bk), \; g : y = 0$$

gilt. Das heißt, die Punkte P und Q liegen auf einer Geraden durch den Ursprung mit der Steigung $\frac{\Delta y}{\Delta x} = k$, welche die Tangente g (i.e. $x-$Achse) im Koordinatenursprung schneidet.

Zur Lösung wählen wir als Startpunkt in der Parameterdarstellung von m_{PQ} deren Schnittpunkt Y mit der $y-$Achse (Der Grund für diese Wahl wird sich in Kürze herausstellen.), für den wir wegen

$$M_{PQ}(a+b|(a+b)k), \; \overrightarrow{PQ} \parallel \begin{pmatrix} 1 \\ k \end{pmatrix} \perp \begin{pmatrix} k \\ -1 \end{pmatrix}$$

folglich

$$Y = \begin{pmatrix} a+b \\ (a+b)k \end{pmatrix} + \lambda \cdot \begin{pmatrix} k \\ -1 \end{pmatrix} \; \Rightarrow \; \lambda = -\frac{a+b}{k} \; \Rightarrow \; Y\left(0 \middle| \left(k+\frac{1}{k}\right) \cdot (a+b)\right)$$

und somit

$$m_{PQ} : X = \begin{pmatrix} 0 \\ \left(k+\frac{1}{k}\right)(a+b) \end{pmatrix} + t \cdot \begin{pmatrix} k \\ -1 \end{pmatrix}$$

erhalten.
D.h., wir können M als

$$M_t\left(kt \middle| -t + \left(k+\frac{1}{k}\right)(a+b)\right)$$

schreiben. Nun berechnen wir $\overline{M_tP}^2$ sowie $d^2(M_t,g)$:

$$\overline{M_tP}^2 = (kt-2a)^2 + \left(-t + \left(k+\frac{1}{k}\right)(a+b) - 2ak\right)^2$$

$$d^2(M_t,g) = \left(-t + \left(k+\frac{1}{k}\right)(a+b)\right)^2$$

Gleichsetzen der beiden Ausdrücke liefert

$$k^2t^2 - 4akt + 4a^2 + 4akt - 4ak\left(k + \frac{1}{k}\right)(a+b) + 4a^2k^2 = 0.$$

$$k^2t^2 + 4a^2 - 4a(k^2+1)(a+b) + 4a^2k^2 = 0 \;\Leftrightarrow\; k^2t^2 - 4ab(1+k^2) = 0 \;\Rightarrow\; t^2 = \frac{4ab(1+k^2)}{k^2}$$

Damit erhalten wir nun (für den Fall, dass der Schnittpunkt der Geraden $[P;Q]$ mit g die Punkte P und Q nicht trennt - Deshalb auch die Bezeichnung "*Sehnen*-Tangenten-Satz"!) zwei Lösungen für M, deren $x-$Koordinaten einander nur im Vorzeichen unterscheiden (was wir aufgrund der *geschickten* Wahl des Startpunktes in der Parameterdarstellung von m_{PQ} nun unmittelbar ablesen können). Projiziert man die beiden Mittelpunkte schließlich auf die $x-$Achse (welche <u>hier</u> die Rolle der Tangente g einnimmt), so erhält man die Berührpunkte der beiden "Lösungskreise" mit g, welche dann die $x-$Koordinaten $\pm 2\sqrt{ab(1+k^2)}$ besitzen.

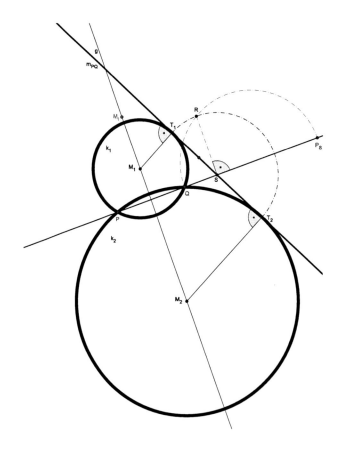

Bezeichnen wir nun den Schnittpunkt der Geraden $[P;Q]$ mit g mit S (in <u>unserem</u> Fall der Koordinatenursprung), die Berührpunkte der beiden "Lösungskreise" mit g mit T_1 bzw. T_2 und berechnen die Längen $\overline{SP}$, $\overline{SQ}$ und $\overline{ST_1}$ bzw. $\overline{ST_2}$, so erhalten wir $\overline{SP} = 2|a|\sqrt{1+k^2}$, $\overline{SQ} = 2|b|\sqrt{1+k^2}$ und somit die entscheidende(n) Beziehung(en) $\overline{SP} \cdot \overline{SQ} = \overline{ST_1}^2$ $(= \overline{ST_2}^2)$. Bevor wir **diese Erkenntnis** abschließend als Satz formulieren, wollen wir uns zuvor noch über **deren konstruktive Verwertbarkeit** Gedanken machen, wozu wir die nebenstehende Abbildung betrachten: Spiegeln wir den Punkt P am Schnittpunkt S der Gerade $[P;Q]$ mit s, so erhalten wir den Punkt P_S.

Der Schnittpunkt R der Normalen auf $[P;Q]$ durch S mit einem der beiden möglichen Halbkreisbögen über dem Durchmesser QP_S erzeugt nun aufgrund des Satzes von THALES ein rechtwinkliges Dreieck $\triangle QP_SR$, für welches aufgrund des **Höhensatzes** die Gleichung $\overline{SR}^2 = \overline{SP_S} \cdot \overline{SQ}(= \overline{SP} \cdot \overline{SQ})$ gilt. Trägt man jetzt die Länge der Strecke SR von S aus beiderseits auf g ab, führt dies aufgrund unserer soeben zuvor angestellten Überlegungen gerade auf die gesuchten Berührungspunkte T_1 und T_2. Jetzt brauchen nur mehr die Berührradien als Normale auf g durch T_1 bzw. T_2 mit m_{PQ} geschnitten zu werden, um die Mittelpunkte M_1 und M_2 der durch P und Q hindurchgehenden Kreislinien mit der Tangente t zu erhalten.

Ingesamt führt uns dies also abschließend auf den folgenden (nunmehr auch konstruktiv verwertbaren)

SATZ (Sehnen-Tangenten-Satz): Für die Abschnitte ST_1 und ST_2 der Tangentenstrecken an einen Kreis k durch einen Punkt S außerhalb der von k umrandeten Kreisfläche gilt stets $\overline{ST_1}^2 = \overline{ST_2}^2 = \overline{SP} \cdot \overline{SQ}$, wobei P und Q die Schnittpunkte einer beliebigen Sekante von k durch S mit k bezeichnen.

2.23 Drei neue Beweise des Satzes von PYTHAGORAS

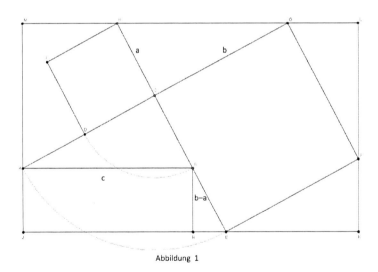

In diesem Abschnitt werden drei neue Beweise des klassischen Lehrsatzes des PYTHAGORAS behandelt. Für den ersten Beweis gehen wir in Abbildung 1 von einem rechtwinkligen Dreieck $\triangle ABC$ mit den Kathetenlängen $a = \overline{BC}$ und

Abbildung 1

$b = \overline{AC}$ sowie der Hypotenusenlänge $c = \overline{AB}$ aus.

- Die Punkte D und E entstehen durch Vierteldrehungen, die Punkte G und H durch Punktspiegelungen, woraus insgesamt die Quadrate $\square DCHI$ und $\square EFGC$ hervorgehen.

- Da das Dreieck $\triangle HCG$ durch Spiegelung des Ausgangsdreiecks $\triangle BCA$ am gemeinsamen Eckpunkt C entsteht, verlaufen die Hypotenusen der beiden Dreiecke zueinander parallel.

- Eine weitere Parallele zu diesen beiden Parallelen durch E sowie zwei dazu orthogonale Geraden durch A und F begrenzen das Rechteck $JKLM$, dessen Flächeninhalt wir nun auf zwei Arten berechnen:

  - Die naheliegende erste Art verwendet die Länge $\ell = \overline{JK}$ sowie die Breite $\wp = \overline{KL}$.

    * Zur Berechnung von ℓ verwenden wir die aus der Abbildung ablesbare Länge $\overline{BE} = b - a$, woraus aufgrund der Ähnlichkeit der Dreiecke $\triangle ABC$ und $\triangle BEN$ durch Anwendung des Strahlensatzes

    $$\overline{NE} : (b - a) = a : c \quad \Rightarrow \quad \overline{NE} = \frac{a(b-a)}{c}$$

    folgt.
    Aus ähnlichen Überlegungen ergibt sich $\overline{EK} = \frac{b^2}{c}$ und somit insgesamt

    $$\ell = c + \frac{ab - a^2}{c} + \frac{b^2}{c} = \frac{b^2 - a^2 + ab + c^2}{c}.$$

    * Aus $\overline{EK} = \frac{b^2}{c}$ folgt rasch $\overline{KF} = \frac{ab}{c}$ und weiter wegen $\overline{EK} = \overline{FL}$ und $\overline{KL} = \overline{KF} + \overline{FL}$ somit

    $$\wp = \frac{ab}{c} + \frac{b^2}{c} = \frac{ab + b^2}{c}.$$

    * Somit gilt für den Flächeninhalt μ des Rechtecks $JKLM$

    $$\mu = \frac{ab^3 - a^3b + a^2b^2 + abc^2 + b^4 - a^2b^2 + ab^3 + b^2c^2}{c^2} =$$

    $$\frac{2ab^3 - a^3b + abc^2 + b^4 + b^2c^2}{c^2} = \frac{2ab^3 - a^3b + b^4}{c^2} + ab + b^2.$$

  - Bei einer zweiten Art der Berechnung von μ unterteilen wir das Rechteck $JKLM$ in folgende Teilfiguren und ermitteln deren Flächeninhalt, um sie schließlich zu addieren:

    * $\mathcal{A}_1$ .... Flächeninhalt des Rechtecks $JNBA$
    * $\mathcal{A}_2$ .... Flächeninhalt des Dreiecks $\triangle BEN$
    * $\mathcal{A}_3 = \mathcal{A}_4$ .... Flächeninhalte der kongruenten Dreiecke $\triangle EKF$ und $\triangle FLG$
    * $\mathcal{A}_5 = \mathcal{A}_6 = \mathcal{A}_7$ .... Flächeninhalte der kongruenten Dreiecke $\triangle HCG$, $\triangle BCA$ und $\triangle HCA$
    * $\mathcal{A}_8$ .... Flächeninhalt des Dreiecks $\triangle AMH$
    * $\mathcal{A}_9$ .... Flächeninhalt des Quadrats $\square EFGC$

    $$\mathcal{A}_1 = \frac{b(b-a)}{c} \cdot c = b(b - a) = b^2 - ab$$

    $$\mathcal{A}_2 = \frac{1}{2} \cdot \frac{b(b-a)}{c} \cdot \frac{a(b-a)}{c} = \frac{ab(b-a)^2}{2c^2}$$

$$\mathcal{A}_3 + \mathcal{A}_4 = 2 \cdot \frac{1}{2} \cdot \frac{b^2}{c} \cdot \frac{ab}{c} = \frac{ab^3}{c^2}$$

$$\mathcal{A}_5 + \mathcal{A}_6 + \mathcal{A}_7 = \frac{3}{2} \cdot ab$$

Vor der Berechnung von $\mathcal{A}_8$ benötigen wir noch die Kathetenlängen:

* Aufgrund der Kongruenz der Dreiecke ΔHCG und ΔBCA ist $\overline{AM}$ gleich der doppelten Höhe h auf die Hypotenuse der beiden Dreiecke, welche sich aus der Gleichung $ab = ch$ (zwei Arten der Flächeninhaltsberechnung!) via $h = \frac{ab}{c}$ ergibt.

* $\overline{HM}$ ergibt sich aus folgender Gleichung:

$$\overline{HM} + \overline{HG} + \overline{GL} = \overline{JN} + \overline{NE} + \overline{EK}$$

$$\Rightarrow \overline{HM} = c + \frac{ab - a^2}{c} + \frac{b^2}{c} - \frac{ab}{c} - c = \frac{b^2 - a^2}{c}$$

Somit gilt

$$\mathcal{A}_8 = \frac{ab}{c} \cdot \frac{b^2 - a^2}{c} = \frac{ab^3 - a^3 b}{c^2}$$

und schließlich

$$\mathcal{A}_9 = b^2.$$

Nun vergleichen wir $\displaystyle\sum_{k=1}^{9} \mathcal{A}_k$ mit μ:

$$\frac{2ab^3 - a^3 b + b^4}{c^2} + ab + b^2 = b^2 - ab + \frac{ab^3 - 2a^2 b^2 + a^3 b}{2c^2} + \frac{ab^3}{c^2} + \frac{3}{2} \cdot ab + \frac{ab^3 - a^3 b}{c^2} + b^2$$

$$\Rightarrow \frac{b^4}{c^2} + \frac{1}{2} \cdot ab = b^2 + \frac{ab^3 - 2a^2 b^2 + a^3 b}{2c^2}$$

$$\Rightarrow 2b^4 + abc^2 = 2b^2 c^2 + ab^3 - 2a^2 b^2 + a^3 b$$

$$\Rightarrow 2b^2(b^2 + a^2 - c^2) = ab(b^2 + a^2 - c^2) \quad \Leftrightarrow \quad b(2b - a)(b^2 + a^2 - c^2) = 0$$

Da $a = 2b$ i.A. nicht gelten wird, folgt daraus zwingend $b^2 + a^2 - c^2 = 0$ bzw.

$$a^2 + b^2 = c^2,$$

womit der erste Beweis des Lehrsatzes von PYTHAGORAS abgeschlossen ist.

Zum zweiten Beweis betrachten wir in der nachfolgenden Abbildung die zueinander ähnlichen rechtwinkligen Dreiecke ΔABC, ΔCBD und ΔABE. Da die Hypotenusenlängen der Dreiecke ΔCBD und ΔABC zueinander im Verhältnis $a : c$ stehen, gilt dies auch für deren Kathetenpaare, woraus $\overline{BD} = \frac{a^2}{c}$ und $\overline{CD} = \frac{ab}{c}$ folgt. Durch eine analoge Überlegung ergeben sich dann die Längen $\overline{CE} = \frac{ab}{c}$ und $\overline{AE} = \frac{b^2}{c}$. Da $\angle AEC$ und $\angle BDE$ rechte Winkel sind, handelt es sich beim Viereck $ABDE$ folglich um ein Trapez, für dessen Flächeninhalt F_{TR} dann einerseits $F_{TR} = \frac{1}{2} \cdot \left(\frac{a^2}{c} + \frac{b^2}{c} \right) \cdot \frac{2ab}{c} = \frac{ab(a^2 + b^2)}{c^2}$ gilt. Andererseits gilt aber auch $F_{TR} = F_{\Delta ABC} + F_{\Delta CBD} + F_{\Delta ACE}$, ergo $F_{TR} = \frac{ab}{2} + \frac{a^3 b}{2c^2} + \frac{ab^3}{2c^2} = \frac{ab}{2c^2} \cdot (c^2 + a^2 + b^2)$. Gleichsetzen der rechten Seiten der beiden Darstellungen für F_{TR} liefert schließlich

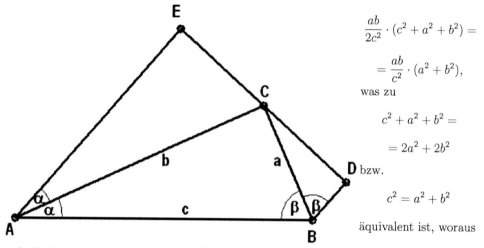

$$\frac{ab}{2c^2} \cdot (c^2 + a^2 + b^2) =$$

$$= \frac{ab}{c^2} \cdot (a^2 + b^2),$$

was zu

$$c^2 + a^2 + b^2 =$$

$$= 2a^2 + 2b^2$$

D bzw.

$$c^2 = a^2 + b^2$$

äquivalent ist, woraus

sich die Aussage des Lehrsatzes von PYTHAGORAS ergibt.

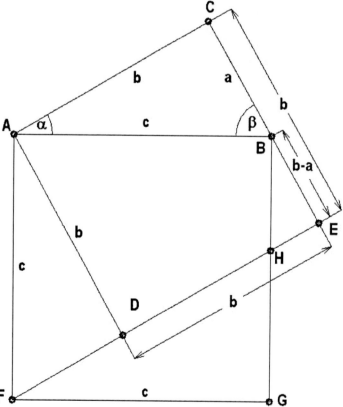

Für den dritten Beweis wurde in der linken Abbildung sowohl über der Kathete AC als auch der Hypotenuse AB des rechtwinkligen Dreiecks $\triangle ABC$ jeweils ein Quadrat $ADEC$ bzw. $AFGB$ errichtet. O. B. d. A. nehmen wir im Folgenden $a < b$ (passend zur Figur) an. Um zu zeigen, dass $a^2 + b^2 = c^2$ gilt, brauchen wir im Wesentlichen nicht mehr zu tun, als die Länge der Strecke DH auf zwei Arten zu berechnen. Wegen $\angle BHE = \angle ABC$ sowie $\angle BEH = 90°$ gilt $\triangle BHE \sim \triangle ABC$, wobei entsprechende Streckenlängen zueinander im Verhältnis $\frac{\overline{BE}}{\overline{AC}} = \frac{b-a}{b}$ stehen. Daraus ergibt sich unmittelbar $\overline{HE} = \frac{a}{b} \cdot (b - a)$ und somit

$$\boxed{\overline{DH} = b - \frac{a}{b} \cdot (b - a) \ (1)}.$$

Soweit, so gut! Jetzt berechnen wir $\overline{DH}$ auf eine zweite Art und Weise:

Da $\triangle AFD \cong \triangle ABC$ und ferner $\angle ADF = \angle ADE = 90°$ (im ersten Fall wegen der Kongreunz der Dreiecke, im zweiten Fall, weil $ADEC$ ein Quadrat ist) gilt, liegen die Punkte F, D und E und somit auch F, D und H kollinear, woraus wegen $\angle FHG = \angle BHE$ auch $\triangle FHG \sim \triangle ABC$ folgt, wobei entsprechende Streckenlängen zueinander im Verhältnis $\frac{FG}{AC} = \frac{c}{b}$ stehen. Daraus ergibt sich unmittelbar $\overline{FH} = \frac{c^2}{b}$, woraus aus der Kollinearität der Punkte F, D und H sofort $\boxed{\overline{DH} = \frac{c^2}{b} - a \ (2)}$ folgt.

Durch Gleichsetzen von (1) und (2) folgt

$$b - \frac{a}{b} \cdot (b - a) = \frac{c^2}{b} - a \ \Leftrightarrow \ b^2 - ab + a^2 = c^2 - ab \ \Leftrightarrow \ b^2 + c^2 = a^2, \ \square$$

$\boxed{\text{ÜBUNG für den werten L }\overset{e}{\underset{\ddot{o}}{}}\text{ ser:}}$ Ergänze in der Abbildung des zweiten Beweises des Lehrsatzes von PYTHAGORAS das Dreieck $\triangle ABC$ durch Ziehen einer Parallele zur Hypotenuse durch C zu einem Rechteck und verfahre mit diesem Rechteck wie mit dem Trapez in zweiten Beweis!

$\boxed{\text{LITERATURHINWEIS für den werten L }\overset{e}{\underset{\ddot{o}}{}}\text{ ser:}}$ Sehr zum empfehlende Bücher zum Themenkreis "Lehrsatz des Pythagoras" (inkl. historischer Aspekte) sind besonders [9], [43] sowie [45]!

2.24 Der Peripheriewinkelsatz

Betrachten wir in der Ebene eine feste Strecke AB, so wollen wir uns die Frage (der Herausforderung) stellen, wo alle Punkte X liegen (alle Punkte X zu bestimmen), von denen aus AB unter konstantem Winkel $0° < \varphi < 180°$ erscheint.

Dazu übersetzen wir dieses *geometrische Problem* durch *Algebraisierung* in die Sprache der *Analytischen Geometrie*, indem wir die Endpunkte der Strecke AB via $A(0|0)$ und $B(2a|0)$ koordinatisieren sowie ausgehend vom Ansatz $X(x|y)$ die Vektoren

$$\overrightarrow{XA} = \begin{pmatrix} -x \\ -y \end{pmatrix} = (-1) \cdot \begin{pmatrix} x \\ y \end{pmatrix} \ \text{ und } \ \overrightarrow{XB} = \begin{pmatrix} 2a - x \\ -y \end{pmatrix} = (-1) \cdot \begin{pmatrix} x - 2a \\ y \end{pmatrix}$$

in die Vektor-Winkel-Formel einsetzen:

$$\cos \varphi = \frac{\begin{pmatrix} x \\ y \end{pmatrix} \cdot \begin{pmatrix} x - 2a \\ y \end{pmatrix}}{\left|\begin{pmatrix} x \\ y \end{pmatrix}\right| \cdot \left|\begin{pmatrix} x - 2a \\ y \end{pmatrix}\right|} = \frac{x^2 - 2ax + y^2}{\sqrt{x^2 + y^2} \cdot \sqrt{x^2 + y^2 - 4ax + 4a^2}}$$

Weitere Umformungen (wobei wir vorläufig $C := \cos \varphi$ setzen) führen auf

$$C^2(x^2 + y^2)(x^2 + y^2 - 4ax + 4a^2) = (x^2 + y^2 - 2ax)^2$$

bzw.

$$C^2[(x^2 + y^2)^2 - 4ax(x^2 + y^2) + 4a^2(x^2 + y^2)] = (x^2 + y^2)^2 - 4ax(x^2 + y^2) + 4a^2x^2$$

bzw.

$$(1 - C^2)(x^2 + y^2)^2 - 4ax(x^2 + y^2)(1 - C^2) + 4a^2x^2(1 - C^2) - 4a^2C^2y^2 = 0.$$

Wegen $1 - C^2 = \sin^2\varphi \neq 0$ für $0° < \varphi < 180°$ kann die letzte Gleichung durch $1 - C^2$ dividiert werden und wir erhalten

$$(x^2 + y^2)^2 - 4ax(x^2 + y^2) + 4a^2x^2 = \frac{4a^2C^2y^2}{1 - C^2} \cdot y^2$$

bzw. durch Rücksubstitution

$$(x^2 + y^2 - 2ax)^2 = \frac{4a^2\cos^2\varphi}{\sin^2\varphi} \cdot y^2,$$

was via

$$x^2 + y^2 - 2ax = \pm\frac{2a\cos\varphi}{\sin\varphi} \cdot y$$

auf die zwei Gleichungen

$$(x - a)^2 + y^2 - \frac{2a\cos\varphi}{\sin\varphi} \cdot y = a^2 \quad \text{und} \quad (x - a)^2 + y^2 + \frac{2a\cos\varphi}{\sin\varphi} \cdot y = a^2$$

zurückgeführt werden kann.

Durch Quadratergänzung lassen sich diese in die Form

$$(x - a)^2 + \left(y - \frac{a\cos\varphi}{\sin\varphi}\right)^2 = \frac{a^2}{\sin^2\varphi}$$

bzw.

$$(x - a)^2 + \left(y + \frac{a\cos\varphi}{\sin\varphi)}\right)^2 = \frac{a^2}{\sin^2\varphi}$$

überführen, woran man erkennt, dass X demnach die Gleichung der Kreislinie

$$\left\{ \begin{matrix} k_1 \\ k_2 \end{matrix} \right\} \text{ mit dem Mittelpunkt } \left\{ \begin{matrix} M_1\left(a \middle| \frac{a\cos\varphi}{\sin\varphi}\right) \\ M_2\left(a \middle| -\frac{a\cos\varphi}{\sin\varphi}\right) \end{matrix} \right\} \text{ sowie dem Radius } \left\{ \begin{matrix} r_1 = \frac{a}{\sin\varphi} \\ r_2 = r_1 \end{matrix} \right\}$$

erfüllt und somit entweder auf k_1 oder k_2 liegt.

Die geometrische Interpretation (quasi die Rückübersetzung der rechnerischen Lösung in die Sprache der Geometrie) führt wegen

$$\frac{\overline{AM}}{\overline{MM_1}} = \frac{x_{M_1}}{y_{M_1}} = \frac{\sin\varphi}{\cos\varphi} = \tan\varphi$$

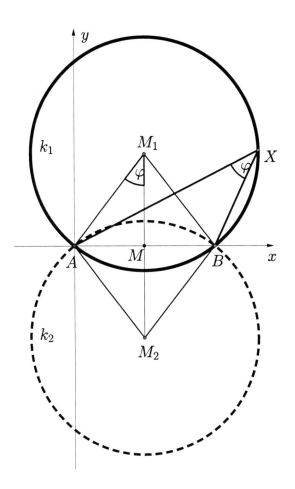

und der Monotonie der Tangensfunktion auf $\angle AM_1M = \varphi$, woraus durch zusätzliches Rückwärtslesen unserer Überlegungen sowie unter Beachtung von $\cos^2\varphi = \cos^2(180° - \varphi)$ (*)[88] der folgende Satz samt Umkehrung folgt:

SATZ. Alle Punkte, von denen aus eine feste Strecke AB unter konstantem Winkel $0° < \varphi < 90°$ bzw. $90° < \varphi < 180°$ erscheint, liegen auf dem längeren bzw. kürzeren Kreisbogen einer der beiden Kreislinien mit der Sehne AB und dem doppelten Zentriwinkel

$$\angle AM_1B \cong \angle AM_2B \cong 2 \cdot \angle AXB$$
bzw.
$$\angle AM_1B \cong \angle AM_2B \cong 2 \cdot (180° - \angle AXB).$$

BEMERKUNG 1. Die Umkehrung dieses Satzes wird als Peripheriewinkelsatz (oder auch Randwinkelsatz) bezeichnet, da er besagt, dass von allen Punkten des Randes einer Kreisfläche eine fixe Kreissehne unter kongruenten oder supplementären Winkeln gesehen wird.

BEMERKUNG 2. Für $\varphi = 90°$ geht der Satz in den Lehrsatz von THALES samt Umkehrung über.

---

[88]Gilt nämlich (anders als in der Abbildung) $\varphi > 90°$, so liegt X von vornherein auf dem kürzen Kreisbogen über der Sehne AB und für den Winkel $\angle AM_2M$ ergibt sich wegen (*) wiederum φ!

3   Miscellanea und Selecta

3.1   Zur Auflösung kubischer Gleichungen

Um die allgemeine kubische Gleichung

$$\alpha x^3 + \beta x^2 + \gamma x + \delta = 0$$

zu lösen, kann man sie zunächst mittels Division durch α

$$\left(x^3 + ax^2 + bx + c = 0\right)$$

und anschließender Substitution $x = y - \frac{a}{3}$ auf die spezielle Form

$$y^3 + py + r = 0$$

bringen, für die wir nun durch folgenden Satz eine exakte Lösungsmethode ableiten können:

Satz. Die Lösungsmenge L der Gleichung

$$z^3 - 3abz - (a^3 + b^3) = 0 \ (*)$$

ist gegeben durch $L = \{a+b, \omega a + \omega^2 b, \omega^2 a + \omega b\}$, wobei ω eine primitive dritte Einheitswurzel ist.

Beweis. Aus

$$(a+b)^3 - 3ab(a+b) - (a^3+b^3) =$$
$$= (a+b)\left((a+b)^2 - 3ab - (a^2 - ab + b^2)\right) =$$
$$= (a+b)\left(a^2 + 2ab + b^2 - 3ab - a^2 + ab - b^2\right) = 0$$

folgt, dass $z_1 = a + b$ *eine* Lösung von $(*)$ ist. Die restlichen beiden Lösungen erhalten wir durch Polynomdivision bzw. durch das HORNER-Schema wie folgt:

$$\left(z^3 - 3abz - (a^3+b^3)\right) : (z - (a+b)) = z^2 + (a+b)z + (a^2 - ab + b^2)$$

$$\Rightarrow z_{2,3} = -\frac{a+b}{2} \pm \sqrt{\frac{(a+b)^2}{4} - (a^2 - ab + b^2)} =$$

$$\frac{-(a+b) \pm \sqrt{a^2 + 2ab + b^2 - 4a^2 + 4ab - 4b^2}}{2} =$$

$$= \frac{-a - b \pm \sqrt{-3a^2 + 6ab - 3b^2}}{2} = \frac{-a - b \pm i\sqrt{3}\sqrt{a^2 - 2ab + b^2}}{2} =$$

$$= \frac{-a - b \pm i\sqrt{3}(a-b)}{2}$$

$$\Rightarrow z_2 = a \cdot \left(-\frac{1}{2} + i\frac{\sqrt{3}}{2} \right) + b \cdot \left(-\frac{1}{2} - i\frac{\sqrt{3}}{2} \right),$$

$$\Rightarrow z_3 = a \cdot \left(-\frac{1}{2} - i\frac{\sqrt{3}}{2} \right) + b \cdot \left(-\frac{1}{2} + i\frac{\sqrt{3}}{2} \right);$$

Da nun

$$\zeta = -\frac{1}{2} + i\frac{\sqrt{3}}{2}$$

und

$$\overline{\zeta} = -\frac{1}{2} - i\frac{\sqrt{3}}{2}$$

beides primitive dritte Einheitswurzeln mit $\zeta^2 = \overline{\zeta}$ und $\overline{\zeta}^2 = \zeta$ sind, haben z_2 und z_3 tatsächlich die angegebene Darstellung, $\sqrt{}$.

Nun soll im Folgenden aufgezeigt werden, wie man sich den soeben bewiesenen Satz zum Lösen kubischer Gleichungen zunutze machen kann, wobei wir uns o.B.d.A. auf Gleichungen der Form

$$y^3 + py + q = 0 \ (\#)$$

beschränken können, da man wie anfangs bemerkt jede kubische Gleichung durch eine entsprechende Substitution in eine der Bauart $(\#)$ linear transformieren kann. Haben wir nun also eine Gleichung $y^3 + py + q = 0$ gegeben, so können wir auf diese unseren Satz anwenden, wenn wir $a, b \in \mathbb{R}$ finden, sodass

$$-3ab = p \ (i) \quad \wedge \quad -a^3 - b^3 = q \ (ii)$$

gilt. Drücken wir aus (i) b durch a aus

$$- \quad b = -\frac{p}{3a} \quad -$$

und setzen dies in (ii) ein, so erhalten wir

$$-a^3 + \frac{p^3}{27a^3} = q \ \Leftrightarrow \ a^6 + qa^3 - \left(\frac{p}{3} \right)^3 = 0.$$

Die letzte Gleichung kann man durch die Substitution $a^3 = X$ aber auch als

$$X^2 + qX - \left(\frac{p}{3} \right)^3 = 0,$$

also als quadratische Gleichung, anschreiben, was uns

$$X_{1,2} = -\frac{q}{2} \pm \sqrt{\left(\frac{q}{2} \right)^2 + \left(\frac{p}{3} \right)^3}$$

liefert.

Wählen wir nun eine der dritten Wurzeln (etwa den Hauptwert) für a, ergo

$$a = \sqrt[3]{-\frac{q}{2} + \sqrt{\left(\frac{q}{2}\right)^2 + \left(\frac{p}{3}\right)^3}},$$

so erhalten wir für das *entsprechende* b wegen (i):

$$b = -\frac{p}{3 \cdot \sqrt[3]{-\frac{q}{2} + \sqrt{\left(\frac{q}{2}\right)^2 + \left(\frac{p}{3}\right)^3}}}.$$

Erweitern wir den letzten Ausdruck nun im Zähler und im Nenner mit dem Term

$$\sqrt[3]{-\frac{q}{2} - \sqrt{\left(\frac{q}{2}\right)^2 + \left(\frac{p}{3}\right)^3}},$$

wobei für diese dritte Wurzel nun jener Wert gewählt werden muss, für den das Produkt

$$\sqrt[3]{-\frac{q}{2} + \sqrt{\left(\frac{q}{2}\right)^2 + \left(\frac{p}{3}\right)^3}} \cdot \sqrt[3]{-\frac{q}{2} - \sqrt{\left(\frac{q}{2}\right)^2 + \left(\frac{p}{3}\right)^3}}$$

im Nenner tatsächlich $-\frac{p}{3}$ ergibt. Dann lässt sich b als

$$b = \sqrt[3]{-\frac{q}{2} - \sqrt{\left(\frac{q}{2}\right)^2 + \left(\frac{p}{3}\right)^3}}$$

schreiben und wir erhalten die nach CARDANO benannte Formel

$$y_1 = \sqrt[3]{-\frac{q}{2} + \sqrt{\left(\frac{q}{2}\right)^2 + \left(\frac{p}{3}\right)^3}} + \sqrt[3]{-\frac{q}{2} - \sqrt{\left(\frac{q}{2}\right)^2 + \left(\frac{p}{3}\right)^3}}$$

für *eine* Lösung y_1 der kubischen Gleichung

$$y^3 + py + q = 0,$$

wobei die entsprechenden dritten Wurzeln wie eben bemerkt zu wählen sind (Jedenfalls lässt sich durch Einsetzen in (i) und (ii) die Probe durchführen!).
Für y_2 und y_3 erhält man dann entsprechend nach unserem Satz

$$y_2 = \omega \cdot \sqrt[3]{-\frac{q}{2} + \sqrt{\left(\frac{q}{2}\right)^2 + \left(\frac{p}{3}\right)^3}} + \omega^2 \cdot \sqrt[3]{-\frac{q}{2} - \sqrt{\left(\frac{q}{2}\right)^2 + \left(\frac{p}{3}\right)^3}}$$

und

$$y_3 = \omega^2 \cdot \sqrt[3]{-\frac{q}{2} + \sqrt{\left(\frac{q}{2}\right)^2 + \left(\frac{p}{3}\right)^3}} + \omega \cdot \sqrt[3]{-\frac{q}{2} - \sqrt{\left(\frac{q}{2}\right)^2 + \left(\frac{p}{3}\right)^3}}.$$

3.2 Zur Auflösung biquadratischer Gleichungen

3.2.1 Zugang 1

Um die allgemeine biquadratische Gleichung

$$\alpha x^4 + \beta x^3 + \gamma x^2 + \delta x + \varepsilon = 0$$

zu lösen, reicht es, sie nach Normierung

$$\left(x^4 + ax^3 + bx^2 + cx + d = 0 \right)$$

und anschließender Substitution $x = y - \frac{a}{4}$ auf die spezielle Form

$$y^4 + py^2 + qy + r = 0$$

zu bringen, für die wir nun durch folgenden Satz eine exakte Lösungsmethode ableiten können:

Satz. Die Lösungsmenge L der Gleichung

$$z^4 - 2(a^2 + b^2 + c^2)z^2 - 8abcz + (a^2 - b^2 - c^2)^2 - 4b^2c^2 = 0 \ (*)$$

ist gegeben durch $L = \{a + b + c, a - b - c, -a + b - c, -a - b + c\}$[89].

Beweis. Anders als beim Beweis des Satzes über die entsprechende kubische Gleichung im vorigen Abschnitt werden wir hier nicht den Divisionsalgorithmus für Polynome (bzw. formalisiert: das HORNER-Schema) verwenden, sondern mittels der Satzgruppe des VIETA für Polynome vierter Ordnung nachweisen, dass die Elemente von L in der Tat $(*)$ befriedigen. Führen wir dazu die Bezeichungen $z_1 = a+b+c$, $z_2 = a-b-c$, $z_3 = -a+b-c$ und $z_4 = -a - b + c$ ein, so bedeutet die eben angekündigte Vorgehensweise die Verifikation der Gleichungen

$$z_1 + z_2 + z_3 + z_4 = 0 \ (1),$$

$$z_1z_2 + z_1z_3 + z_1z_4 + z_2z_3 + z_2z_4 + z_3z_4 = -2(a^2 + b^2 + c^2) \ (2),$$

$$z_1z_2z_3 + z_1z_2z_4 + z_1z_3z_4 + z_2z_3z_4 = 8abc \ (3)$$

und

$$z_1z_2z_3z_4 = (a^2 - b^2 - c^2)^2 - 4b^2c^2 \ (4).$$

Der Beweis von (1) ist trivial.
(2) ergibt sich aus Addition von

$$z_1z_2 = (a + b + c)(a - b - c) = a^2 - b^2 - c^2 - 2bc,$$

$$z_1z_3 = (a + b + c)(-a + b - c) = -a^2 + b^2 - c^2 - 2ac,$$

$$z_1z_4 = (a + b + c)(-a - b + c) = -a^2 - b^2 + c^2 - 2ab,$$

---

[89]Dabei kann der konstante Term auch als $(c^2 - a^2 - b^2)^2 - 4a^2b^2$ oder $(b^2 - a^2 - c^2)^2 - 4a^2c^2$ – Prüfe dies nach! – geschrieben werden. Darin äußert sich, – wie schon bei der speziellen kubischen Gleichung im vorigen Abschnitt! – dass es sich bei den Koeffizienten um sogenannte *elementare symmetrische Funktionen* handelt, da diese invariant gegenüber jeder Permutation ihrer Variablen (hier: a, b und c) sind.

$$z_2 z_3 = (a - b - c)(-a + b - c) = -a^2 - b^2 + c^2 + 2ab,$$

$$z_2 z_4 = (a - b - c)(-a - b + c) = -a^2 + b^2 - c^2 + 2ac$$

und

$$z_3 z_4 = (-a + b - c)(-a - b + c) = a^2 - b^2 - c^2 + 2bc.$$

(3) ist äquivalent zu

$$z_1 z_2 (z_3 + z_4) + z_3 z_4 (z_1 + z_2) = 8abc,$$

was sich aus den letzten Zeilen via

$$-2a(a^2 - b^2 - c^2 - 2bc) + 2a(a^2 - b^2 - c^2 + 2bc) = 2a(4bc) = 8abc$$

ergibt.

(4) schließlich manifestiert sich aus der latenten Form

$$(a^2 - b^2 - c^2)^2 - 4b^2 c^2$$

mittels

$$(a^2 - b^2 - c^2)^2 - 4b^2 c^2 = (a^2 - b^2 - c^2 - 2bc)(a^2 - b^2 - c^2 + 2bc) =$$

$$= (a^2 - (b + c)^2)(a^2 - (b - c)^2) = (a + b + c)(a - b - c)(a + b - c)(a - b + c) =$$

$$= (a + b + c)(a - b - c)(-a + b - c)(-a - b + c) = z_1 z_2 z_3 z_4, \checkmark.$$

Nun soll im Folgenden aufgezeigt werden, wie man sich den soeben bewiesenen Satz zum Lösen biquadratischer Gleichungen zunutze machen kann, wobei wir uns o.B.d.A. auf Gleichungen der Form

$$y^4 + py^2 + qy + r = 0 \ (\#)$$

beschränken können, da man wie anfangs bemerkt jede biquadratische Gleichung durch eine entsprechende Substitution in eine der Bauart $(\#)$ linear transformieren kann. Haben wir nun also eine Gleichung

$$y^4 + py^2 + qy + r = 0$$

gegeben, so können wir auf diese unseren Satz anwenden, wenn wir $a, b, c \in \mathbb{R}$ finden, sodass

$$a^2 + b^2 + c^2 = -\frac{p}{2} \ (i) \quad \wedge \quad abc = -\frac{q}{8} \ (ii) \quad \wedge \quad (a^2 - b^2 - c^2)^2 - 4b^2 c^2 = r \ (iii)$$

gilt.

Um uns daraus a, b und c zu berechnen, setzen wir die aus (i) und (ii) abgeleiteten Identitäten

$$-b^2 - c^2 = a^2 + \frac{p}{2} \quad \wedge \quad bc = -\frac{q}{8a}$$

in (iii) ein und erhalten somit

$$\left(2a^2 + \frac{p}{2}\right)^2 - \frac{q^2}{16a^2} = r$$

bzw.

$$4a^2(4a^2 + p)^2 - q^2 = 16a^2 r.$$

Substituieren wir jetzt $-4a^2 = \zeta$, so erkennen wir, dass $-4a^2$ *eine* Lösung der Gleichung

$$-\zeta(-\zeta + p)^2 - q^2 = -4r\zeta$$

bzw.

$$\zeta^3 - 2p\zeta^2 + (p^2 - 4r)\zeta + q^2 = 0$$

ist, welche als *kubische Resolvente* von (#) bezeichnet wird und nach der CARDANO-Formel aus dem vorigen Abschnitt gelöst werden kann. Entscheidend ist hier (wie auch — wenngleich nicht dezidiert bemerkt — im letzten Abschnitt!), dass aufgrund der *elementaren symmetrischen Funktionen* auf den jeweils linken Seiten von (i), (ii) und (iii) nicht nur $-4a^2$, sondern auch $-4b^2$ und $-4c^2$ Lösungen der kubischen Resolvente sind. Damit ergibt sich nun unter Beachtung der entsprechenden "Nebenbedingungen" (i), (ii) und (iii)[90] die auf Scorpio DEL FERRO und Lucio FERRARI zurückgehende Darstellung

$$L = \left\{ \frac{\sqrt{\zeta_1} + \sqrt{\zeta_2} + \sqrt{\zeta_3}}{2i}, \; \frac{\sqrt{\zeta_1} - \sqrt{\zeta_2} - \sqrt{\zeta_3}}{2i}, \; \frac{-\sqrt{\zeta_1} + \sqrt{\zeta_2} - \sqrt{\zeta_3}}{2i}, \; \frac{-\sqrt{\zeta_1} - \sqrt{\zeta_2} + \sqrt{\zeta_3}}{2i} \right\}$$

der Lösungsmenge L der biquadratischen Gleichung

$$y^4 + py^2 + qy + r = 0 \quad (+),$$

wobei ζ_1, ζ_2 und ζ_3 die Lösungen der *kubischen Resolvente*

$$X^3 - 2pX^2 + (p^2 - 4r)X + q^2 = 0$$

von $(+)$ sind.

Im Vergleich zum aus dem Satz des vorherigen Abschnitts über kubische Gleichungen leicht ableitbaren Konstruktionsprinzip "schöner kubischer Gleichungen" (d.h. dass man durch Anwendung der CARDANO-Formel ohne Taschenrechner unschwer zu den Lösungen gelangen kann) — aus dem dieser Zugang de facto eigentlich erst entstanden ist! — ist es im biquadratischen Fall ungleich schwieriger, derartige "zahme" Gleichungen gleichsam aus dem Hut zu zaubern, weshalb an dieser Stelle drei derartig "artige" Gleichungen angegeben seien:

$$y^4 - 6y^2 + 16y + 21 = 0, \quad y^4 - 24y^2 + 128y + 336 = 0, \quad y^4 - 54y^2 + 432y + 1701 = 0$$

3.2.2 Zugang 2

Wie beim Zugang zur kleinen Lösungsformel für quadratische Gleichungen durch Rückwärtslesen des VIETAschen Wurzelsatzes[91] tätigen wir den Ansatz

$$(y^2 + ay + b) \cdot (y^2 + cy + d) = y^4 + (a + c) \cdot y^3 + (b + d + ac) \cdot y^2 + (bc + ad) \cdot y + bd = 0$$

und beschränken uns (was durch eine lineare Transformation stets möglich ist) auf biquadratische Gleichungen der Form

$$y^4 + py^2 + qy + r = 0 \quad (*),$$

---

[90]aus denen sich zusammen mit der folgenden Darstellung von L und der Substitution $\zeta = -4a^2$ die einzig relevante Nebenbedingung $\sqrt{\zeta_1} \cdot \sqrt{\zeta_2} \cdot \sqrt{\zeta_3} = iq$ für die Wahl der Wurzeln ergibt

[91]$(x - x_1)(x - x_2) = x^2 + px + q = 0 \Leftrightarrow x^2 - (x_1 + x_2)x + x_1 x_2 = 0 \Leftrightarrow x_1 + x_2 = -p$ (1)
$\wedge \; x_1 x_2 = q$ (2) $\underset{\text{wegen (1)}}{\Rightarrow} \exists z \in \mathbb{C}$, sodass $_1x_2 = -\frac{p}{2} \pm z$, in (2): $\left(-\frac{p}{2} + z\right) \cdot \left(-\frac{p}{2} - z\right) = q$
bzw. $\left(\frac{p}{2}\right)^2 - z^2 = q \Rightarrow {}_1z_2 = \pm\sqrt{\left(\frac{p}{2}\right)^2 - q} \Rightarrow {}_1x_2 = -\frac{p}{2} \pm \sqrt{\left(\frac{p}{2}\right)^2 - q}$, $\square$

was $c = -a$ und somit für $(*)$ den Ansatz

$$y^4 + (b + d - c^2) \cdot y^2 + c \cdot (b - d) \cdot y + bd = (y^2 - cy + b) \cdot (y^2 + cy + d) = 0$$

nahelegt.

Zur Ermittlung von b, c und d haben wir das Gleichungssystem

$$b - c^2 + d = p \; (i) \quad \wedge \quad c \cdot (b - d) = q \; (ii) \quad \wedge \quad bd = r \; (iii)$$

zu lösen, wozu wir (i) nach d auflösen $(d = p - b + c^2)$, dies sowohl in (ii) ...

$$c \cdot (2b - c^2 - p) = q \quad \Rightarrow \quad b = \frac{c^3 + pc + q}{2c} \; (iv)$$

... als auch (iii)

$$b \cdot (p - b + c^2) = r \; (v)$$

... und schließlich (iv) in (v) einsetzen, was

$$\frac{c^3 + pc + q}{2c} \cdot \left(p - \frac{c^3 + pc + q}{2c} + c^2 \right) = r$$

bzw.

$$\frac{c^3 + pc + q}{2c} \cdot \frac{c^3 + pc - q}{2c} = r$$

und schließlich

$$(c^3 + pc)^2 - q^2 = 4rc^2 \quad \text{resp.} \quad c^2(c^2 + p)^2 - 4rc^2 - q^2 = 0$$

liefert.

Substituieren wir jetzt noch $X := -c^2$, so stellt sich heraus, dass $-c^2$ eine Lösung der Gleichung

$$-X^3 + 2p \cdot X^2 - p^2 \cdot X + 4r \cdot X - q^2 = 0 \quad \text{bzw.} \quad \underline{X^3 - 2p \cdot X^2 + (p^2 - 4r) \cdot X + q^2 = 0},$$

der sogenannten *kubischen Resolvente* von $(*)$, ist.

Stellen wir dies nun den Lösungen y_j $(1 \le j \le 4)$ jener beiden quadratischen Gleichungen gegenüber, in welche $(*)$ aufgrund unseres Ansatzes zerfällt ...

$$_1y_2 : \; y^2 - cy + b = 0 \quad \Rightarrow \quad _1y_2 = \frac{c}{2} \pm \sqrt{\left(\frac{c}{2} \right)^2 - b}$$

$$_3y_4 : \; y^2 + cy + d = 0 \quad \Rightarrow \quad _3y_4 = -\frac{c}{2} \pm \sqrt{\left(\frac{c}{2} \right)^2 - d}$$

... und ermitteln nebst $X_1 = -c^2$ die weiteren Lösungen der kubischen Resolvente durch Abspalten des Linearfaktors $X - X_1 = X + c^2$ mittels HORNER-Schema, wobei wir die Koeffizienten p, q und r wieder durch b, c und d ausdrücken:

$$-2p = c^2 - 2b - 2d$$

$$p^2 - 4r = (b + d - c^2)^2 - 4bd = b^2 + d^2 + c^4 + 2bd - 2bc^2 - 2c^2d - 4bd = b^2 + d^2 + c^4 - 2bd - 2bc^2 - 2c^2d$$

$$q^2 = c^2(b - d)^2$$

1	$-2b + 2c^2 - 2d$	$b^2 + d^2 + c^4 - 2bd - 2bc^2 - 2c^2d$	$c^2(b - d)^2$
1	$c^2 - 2b - 2d$	$b^2 + d^2 - 2bd$	0

Somit können wir die kubische Resolvente folgendermaßen faktorisieren:

$$X^3 - 2p \cdot X^2 + (p^2 - 4r) \cdot X + q^2 = (X + C^2) \cdot \overbrace{[X^2 + (c^2 - 2b - 2d) \cdot X + b^2 + d^2 - 2bd]}^{\mathcal{P}},$$

Dadurch ergeben sich die verbleibenden Lösungen $_2X_3$ als Nullstellen des reduzierten quadratischen Polynoms $\mathcal{P}$:

$$_2X_3 = b + d - \frac{c^2}{2} \pm \sqrt{b^2 + d^2 + \frac{c^4}{4} - bc^2 - c^2d + 2bd - b^2 - d^2 + 2bd}$$

bzw.

$$_2X_3 = b + d - \frac{c^2}{2} \pm \sqrt{\frac{c^4}{4} - (b + d) \cdot c^2 + 4bd} \quad (**)$$

resp.

$$_2X_3 = b + d - \frac{c^2}{2} \pm \sqrt{\left(\frac{c^2}{2} - 2b\right) \cdot \left(\frac{c^2}{2} - 2d\right)}.$$

Da sich in allen vier Lösungen von $(*)$ der Summand $\frac{c}{2}$ bzw. $-\frac{c}{2}$ befindet, zu dem sich wegen $X_1 = -c^2$ via $\sqrt{X_1} = c \cdot i$ bzw. $\frac{\sqrt{X_1}}{2i} = \frac{c}{2}$ eine Verbindung herstellen lässt, betrachten wir nun auch die Ausdrücke $\frac{\sqrt{_2X_3}}{2i}$, wobei wir mit dem Zähler beginnen und aufgrund der Darstellung $(**)$ den Ansatz

$$_2X_3 = (\alpha + \beta \cdot \sqrt{\gamma})^2$$

tätigen, was auf

$$_2X_3 = \alpha^2 + \beta^2 \cdot \gamma + 2 \cdot \alpha \cdot \beta \cdot \sqrt{\gamma}$$

führt und im Vergleich mit $(**)$ die Bedingungsgleichungen

$$\alpha^2 + \beta^2 \cdot \gamma = b + d - \frac{c^2}{2} \,(1), \quad 2 \cdot \alpha \cdot \beta = 1 \,(2) \quad \text{sowie} \quad \gamma = \frac{c^4}{4} - (b + d) \cdot c^2 + 4bd \,(3)$$

generiert.

Aus (2) ergibt sich $\beta = \frac{1}{2 \cdot \alpha}$, was zusammen mit (3) in (1) eingesetzt auf

$$\alpha^2 + \frac{\gamma}{4 \cdot \alpha^2} = b + d - \frac{c^2}{2}$$

bzw.

$$4 \cdot \alpha^4 + 2 \cdot (c^2 - 2b - 2d) \cdot \alpha^2 + \frac{c^4}{4} - (b + d) \cdot c^2 + 4bd = 0$$

resp. unter Verwendung der Substitution $Z := \alpha^2$ auf die quadratische Gleichung

$$4 \cdot Z^2 + 2 \cdot (c^2 - 2b - 2d) \cdot Z + \frac{c^4}{4} - (b + d) \cdot c^2 + 4bd = 0$$

mit den Lösungen

$$_1Z_2 = \frac{2 \cdot (2b + 2d - c^2) \pm 2 \cdot \sqrt{(2b + 2d - c^2)^2 - c^4 + 4 \cdot (b + d) \cdot c^2 - 16bd}}{8}$$

bzw.

$$_1Z_2 = \frac{2b + 2d - c^2 \pm \sqrt{4b^2 + 4d^2 + c^4 - 4bc^2 - 4c^2d + 8bd - c^4 + 4bc^2 + 4c^2d - 16bd}}{4}$$

resp.

$$_1Z_2 = \frac{2b + 2d - c^2 \pm \sqrt{4b^2 + 4d^2 - 8bd}}{4} = \frac{2b + 2d - c^2 \pm (2b - 2d)}{4},$$

also auf

$$Z_1 = b - \frac{c^2}{4} \text{ und } Z_2 = d - \frac{c^2}{4}$$

und somit

$$\alpha_1 = \sqrt{b - \frac{c^2}{4}} \text{ und } \alpha_2 = \sqrt{d - \frac{c^2}{4}}$$

sowie

$$\beta_1 = \frac{1}{\sqrt{4b - c^2}} \text{ und } \beta_2 = \frac{1}{\sqrt{4d - c^2}},$$

ergo insgesamt auf

$$\sqrt{X_2} = \sqrt{b - \frac{c^2}{4}} \pm \sqrt{\frac{(c^2 - 4b) \cdot (\frac{c^2}{4} - d)}{4b - c^2}} = \sqrt{b - \frac{c^2}{4}} \pm \sqrt{d - \frac{c^2}{4}}$$

sowie

$$\sqrt{X_3} = \sqrt{d - \frac{c^2}{4}} \pm \sqrt{\frac{(\frac{c^2}{4} - b) \cdot (c^2 - 4d)}{4d - c^2}} = \sqrt{d - \frac{c^2}{4}} \pm \sqrt{b - \frac{c^2}{4}}$$

führt, weshalb wir o.B.d.A.

$$\sqrt{X_2} = \sqrt{b - \frac{c^2}{4}} + \sqrt{d - \frac{c^2}{4}} \text{ sowie } \sqrt{X_3} = \sqrt{b - \frac{c^2}{4}} - \sqrt{d - \frac{c^2}{4}}$$

annehmen dürfen.

Daraus folgern wir

$$\frac{\sqrt{X_2}}{2i} = \frac{1}{2} \cdot \sqrt{\left(\frac{c}{2}\right)^2 - b} + \frac{1}{2} \cdot \sqrt{\left(\frac{c}{2}\right)^2 - d}$$

sowie

$$\frac{\sqrt{X_3}}{2i} = \frac{1}{2} \cdot \sqrt{\left(\frac{c}{2}\right)^2 - b} - \frac{1}{2} \cdot \sqrt{\left(\frac{c}{2}\right)^2 - d},$$

womit sich zusammen mit

$$\frac{\sqrt{X_1}}{2i} = \frac{c}{2}$$

die Lösungen von $(*)$ via

$$y_1 = \frac{\sqrt{X_1} + \sqrt{X_2} + \sqrt{X_3}}{2i},$$

$$y_2 = \frac{\sqrt{X_1} - \sqrt{X_2} - \sqrt{X_3}}{2i},$$

$$y_3 = \frac{-\sqrt{X_1} + \sqrt{X_2} - \sqrt{X_3}}{2i}$$

und schließlich

$$y_4 = \frac{-\sqrt{X_1} - \sqrt{X_2} + \sqrt{X_3}}{2i},$$

ergeben, d.h. die Lösungsmenge L der biquadratischen Gleichung

$$y^4 + py^2 + qy + r = 0$$

ergibt sich über die Lösungen X_1, X_2 und X_3 der zu dieser Gleichung zugehörigen *kubischen Resolvente*

$$X^3 - 2p \cdot X^2 + (p^2 - 4r) \cdot X + q^2 = 0$$

via

$$L = \left\{ \frac{\sqrt{X_1} + \sqrt{X_2} + \sqrt{X_3}}{2i}, \frac{\sqrt{X_1} - \sqrt{X_2} - \sqrt{X_3}}{2i}, \frac{-\sqrt{X_1} + \sqrt{X_2} - \sqrt{X_3}}{2i}, \frac{-\sqrt{X_1} - \sqrt{X_2} + \sqrt{X_3}}{2i} \right\}. \ \square$$

3.3 Wege zur kleinen Lösungsformel

In diesem Kapitel werden wir Zugänge zur sogenannten kleinen Lösungsformel kennenlernen, mit der man quadratische Gleichungen der

Bauart $x^2 + px + q = 0$ in der Variable x mit den reellwertigen Parametern p und q,

welche auch als *normierte quadratische Gleichungen* bezeichnet werden, lösen kann.

3.3.1 Wo ist das doppelte Produkt?

Um die erste binomische Formel $(a + b)^2 = a^2 + 2ab + b^2$ und dabei insbesondere das doppelte Produkt $2ab$ in die linke Seite der quadratischen Gleichung

$$x^2 + px + q = 0 \ (*)$$

zu implementieren, bietet sich eine Multiplikation von $(*)$ mit 2 an, was die Umformung

$$2x^2 + 2px + 2q = 0 \ \Rightarrow \ x^2 + 2px + x^2 + 2q = 0$$

und schließlich die quadratische Ergänzung

$$x^2 + 2px + p^2 + x^2 + 2q - p^2 = 0 \ \Rightarrow \ (x + p)^2 + x^2 + 2q - p^2 = 0$$

möglich macht.

Nun lassen wir uns von Symmetrieüberlegungen leiten und setzen $z := x + \frac{p}{2}$, womit $(*)$ in

$$\left(z + \frac{p}{2} \right)^2 + \left(z - \frac{p}{2} \right)^2 + 2q - p^2 = 0 \ \text{ bzw. } \ 2z^2 + \frac{p^2}{2} + 2q - p^2 = 0,$$

also

$$2z^2 = \frac{p^2}{2} - 2q \ \text{ bzw. } \ z^2 = \frac{p^2}{4} - q$$

übergeht, woraus

$$_1z_2 = \pm\sqrt{\left(\frac{p}{2}\right)^2 - q} \ \text{ und somit } \ _1x_2 = -\frac{p}{2} \pm \sqrt{\left(\frac{p}{2}\right)^2 - q}$$

folgt, $\square$.

3.3.2   Her und gleich wieder weg mit dem z!

Eine effektive Idee zur Lösung der quadratischen Gleichung

$$x^2 + px + q = 0 \ (*)$$

besteht darin, $(*)$ zunächst durch eine lineare Transformation $x \mapsto z + \alpha$ in

$$(z + \alpha)^2 + p \cdot (z + \alpha) + q = 0 \ \ (**)$$

zu übersetzen und nun α so zu bestimmen, dass das doppelte Produkt in $(z + \alpha)^2$ durch pz in $p \cdot (z + \alpha)$ wieder aufgehoben wird, was wegen der Umformung

$$z^2 + 2\alpha z + \alpha^2 + pz + p\alpha + q = 0 \ \Rightarrow \ z^2 + (2\alpha + p) \cdot z + \alpha^2 + p\alpha + q = 0$$

genau dann gewährleistet sein wird, wenn $2\alpha + p = 0 \Leftrightarrow \alpha = -\frac{p}{2}$ gilt, womit $(**)$ in

$$z^2 + \frac{p^2}{4} - \frac{p^2}{2} + q = 0$$

übergeht, was zu

$$z^2 = \frac{p^2}{4} - q \ \Leftrightarrow \ z = \pm\sqrt{\left(\frac{p}{2}\right)^2 - q}$$

und somit

$$_1x_2 = -\frac{p}{2} \pm \sqrt{\left(\frac{p}{2}\right)^2 - q}$$

führt, $\square$.

3.3.3   Ein additiver Ansatz

Im vorliegenden Zugang zur kleinen Lösungsformel wird für die Lösungen x_1 und x_2 der quadratischen Gleichung

$$x^2 + px + q = 0 \ (1)$$

vom Summenansatz

$$x_1 = a + b \ \text{ sowie } \ x_2 = a - b$$

mit vorläufig noch unbestimmtem a und b ausgegangen, was eingesetzt in (1) zunächst auf

$$(a + b)^2 + p(a + b) + q = 0 \ (2)$$

und

$$(a - b)^2 + p(a - b) + q = 0 \quad (3)$$

führt.

Umformen ergibt

$$a^2 + 2ab + b^2 + pa + pb + q = 0 \quad (2')$$

und

$$a^2 - 2ab + b^2 + pa - pb + q = 0 \quad (3').$$

Der werte Lö̈e möge nun vor dem Weiterlesen selbst versuchen, aus diesem Gleichungssystem $[(2'), (3')]$ die Lösungen für a und b zu bestimmen!

Subtraktion der Gleichungen $(2')$ und $(3')$ liefert

$$4ab + 2pb = 0$$

bzw.

$$2b(2a + p) = 0,$$

woraus

$$a = -\frac{p}{2} \quad (4)$$

folgt (da ja $b = 0$ im Allgemeinen nicht zutreffen wird).

Addition der Gleichungen $(2')$ und $(3')$ führt hingegen unter Verwendung von (4) auf

$$2 \cdot \left(-\frac{p}{2}\right)^2 + 2b^2 + 2p \cdot \left(-\frac{p}{2}\right) + 2q = 0$$

bzw. umgeformt und nach Division durch 2 auf

$$\frac{p^2}{4} + b^2 - \frac{p^2}{2} + q = 0,$$

woraus unmittelbar

$$b^2 = \frac{p^2}{4} - q$$

bzw.

$$b = \pm\sqrt{\left(\frac{p}{2}\right)^2 - q}$$

und somit zusammen mit (4) schließlich c

$$x_{1,2} = -\frac{p}{2} \pm \sqrt{\left(\frac{p}{2}\right)^2 - q},$$

also wiederum die kleine Lösungsformel, folgt.

3.3.4 Quadratergänzung einmal anders

Anders als bislang ziehen wir eine außermathematische Aufgabenstellung heran, nämlich:
Matthias hatte vor fünf Jahren einen BMI von 32. Heute ist er um 40cm
größer, wiegt aber dasselbe wie vor fünf Jahren, wodurch sich sein BMI
um 14 verändert hat. Wie groß und schwer ist Matthias heute?
Im Zuge der Lösung dieser Aufgabe (welche zunächst eine (Internet-)Recherche zum Thema "Body-Mass-Index" erfordert!) stößt man (wenn man mit ℓ die Körpergröße in Metern
bezeichnet) auf die Gleichung

$$\ell^2 = \left(\frac{4}{3}\ell - \frac{8}{15}\right)^2,$$

welche nach Ausquadrieren und anschließendem Normieren auf eine quadratische Gleichung der Form $\ell^2 + p\ell + q = 0$ führt. Jedoch ist Ausquadrieren hier unnötig, da beidseiti-
ges Wurzelziehen (unter Beachtung beider Vorzeichenmöglichkeiten auf einer der beiden
Seiten) viel schneller zum Ziel führt. Und genau diese Idee lässt sich nun wie folgt verallgemeinern (Erläutere die einzelnen Schritte möglichst genau!):

$$x^2 + px + q = \left(\frac{p}{2\sqrt{q}}\cdot x + \sqrt{q}\right)^2 + x^2 - \frac{p^2}{4q}\cdot x^2 \ \ \text{bzw.} \ \ x^2 + px + q = \left(\frac{p}{2\sqrt{q}}\cdot x + \sqrt{q}\right)^2 + \left(1 - \frac{p^2}{4q}\right)\cdot x^2$$

$$\Rightarrow \ \ x^2 + px + q = 0 \ \ \Leftrightarrow \ \ \left(\frac{p}{2\sqrt{q}}\cdot x + \sqrt{q}\right)^2 = \left(\frac{p^2}{4q} - 1\right)\cdot x^2$$

$$\text{bzw.} \ \ \left(\frac{p}{2\sqrt{q}}\cdot x + \sqrt{q}\right)^2 = \frac{p^2 - 4q}{4q}\cdot x^2 \ \ \text{bzw.} \ \ \left(\frac{p}{2\sqrt{q}}\cdot x + \sqrt{q}\right)^2 = \frac{\left(\frac{p}{2}\right)^2 - q}{q}\cdot x^2$$

$$\Rightarrow \ \frac{\frac{p}{2}}{\sqrt{q}}\cdot x_{1,2} + \sqrt{q} = \mp\frac{\sqrt{\left(\frac{p}{2}\right)^2 - q}}{\sqrt{q}}\cdot x_{1,2} \ \ \Leftrightarrow \ \ \sqrt{q} = \frac{-\frac{p}{2}\mp\sqrt{\left(\frac{p}{2}\right)^2 - q}}{\sqrt{q}}\cdot x_{1,2}$$

$$\Leftrightarrow \ q = \left(-\frac{p}{2}\mp\sqrt{\left(\frac{p}{2}\right)^2 - q}\right)\cdot x_{1,2} \ \ \Leftrightarrow \ \ q\cdot\left(-\frac{p}{2}\pm\sqrt{\left(\frac{p}{2}\right)^2 - q}\right) = \left\{\left(\frac{p}{2}\right)^2 - \left[\left(\frac{p}{2}\right)^2 - q\right]\right\}\cdot x_{1,2}$$

$$\Leftrightarrow \ q\cdot\left(-\frac{p}{2}\pm\sqrt{\left(\frac{p}{2}\right)^2 - q}\right) = q\cdot x_{1,2} \ \ \Leftrightarrow \ \ \boxed{-\frac{p}{2}\pm\sqrt{\left(\frac{p}{2}\right)^2 - q} = x_{1,2}}$$

3.3.5 Trigonometrische Hilfe

Sind von einem Dreieck ΔABC mit den Seitenlängen $a = \overline{BC}$, $b = \overline{AC}$ und $c = \overline{AB}$ sowie
den Innenwinkeln $\alpha = \angle CAB$, $\beta = \angle ABC$ und $\gamma = \angle BCA$ zwei Seiten und ein Winkel
bekannt, welcher einer der beiden Seiten gegenüberliegt, so lässt sich das entsprechende
Dreieck sowohl durch den Sinus-Satz als auch durch den Cosinus-Satz auflösen.

Im ersten Fall führt dies zum Beispiel bei Vorgabe von b, c und γ auf die Gleichung

$$\frac{b}{\sin\beta} = \frac{c}{\sin\gamma} \ \ \text{bzw.} \ \ \frac{\sin\beta}{\sin\gamma} = \frac{b}{c} \ \ (*),$$

im zweiten Fall ergibt sich die **quadratische Gleichung**

$$c^2 = a^2 + b^2 - 2ab\cdot\cos\gamma \ \ \text{bzw.} \ \ \boxed{a^2 - 2b\cdot\cos\gamma\cdot a + b^2 - c^2 = 0 \ (**)}.$$

Stellt man die beiden Lösungswege einander gegenüber, so führt der Sinus-Satz unter Anwendung entsprechender trigonometrischer Kenntnisse auf

$$\frac{a}{\sin\alpha}=\frac{c}{\sin\gamma}\quad\text{bzw.}\quad a=\frac{c\cdot\sin(180°-\alpha)}{\sin\gamma}=\frac{c\cdot\sin(\beta+\gamma)}{\sin\gamma}=\frac{c\cdot(\sin\beta\cos\gamma+\cos\beta\sin\gamma)}{\sin\gamma}$$

bzw.

$$a=c\cdot\cos\gamma\cdot\frac{\sin\beta}{\sin\gamma}+c\cdot\cos\beta$$

und schließlich unter Verwendung von (*) auf

$$a=b\cdot\cos\gamma+c\cdot\cos\beta.$$

Da wir für die Lösungen von (**) nur den vorkommenden Winkel γ verwenden wollen (da ja auch nur dieser in der Gleichung vorkommt!), formen wir (*) weiter zu

$$c^2\sin^2\beta=b^2\sin^2\gamma\quad\text{bzw.}\quad c^2(1-\cos^2\beta)=b^2(1-\cos^2\gamma)$$

bzw.

$$c^2-b^2+b^2\cdot\cos^2\gamma=c^2\cdot\cos^2\beta\quad\text{bzw.}\quad c\cdot\cos\beta=\pm\sqrt{\underbrace{b^2\cos^2\gamma-(b^2-c^2)}_{\mathcal{D}}}$$

um, wobei sich das mehrdeutige Vorzeichen auf jene Fälle bezieht, in denen sich aus (*) wegen $c>b\cdot\sin\gamma$ (***) zwei mögliche Dreiecke und damit auch zwei Lösungen für (**) ergeben, wobei (***) zu $\mathcal{D}>0$ äquivalent ist. Gilt hingegen $c<b\cdot\sin\gamma$, so existiert kein derartiges Dreieck, woraus dann $\mathcal{D}<0$ folgt und somit (**) keine Lösung besitzt. Für den verbleibenden Fall $c=b\cdot\sin\gamma$ ist das Dreieck bekanntlich eindeutig (und rechtwinklig) und es ergibt sich bei $\mathcal{D}=0$ eine eindeutige Lösung von (**), womit wir unter Verwendung der Notationen

$$p:=-2b\cdot\cos\gamma\quad\text{und}\quad q=b^2-c^2$$

somit die Lösungsformel

$$_1a_2=-\frac{p}{2}\pm\sqrt{\left(\frac{p}{2}\right)^2-q}\quad\text{für}\quad a^2+pa+q=0\quad\text{erhalten,}\quad\square.$$

3.3.6 Lösung über den Kreis

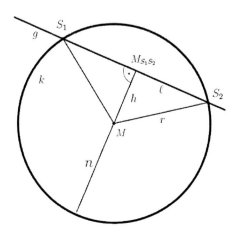

Wir gehen von der simplen Aufgabenstellung aus, den Kreis k mit der Gleichung $k:\ x^2+y^2=r^2$ und die Gerade g mit der Gleichung $g:\ y=kx+d$ miteinander zu schneiden, was die folgende "Schnittgleichung" hervorbringt:

$$x^2+(kx+d)^2=r^2\quad\text{bzw.}\quad(1+k^2)x^2+2kdx+d^2-r^2=0$$

bzw.

$$x^2+\overbrace{\frac{2kd}{1+k^2}}^{p}\cdot x+\overbrace{\frac{d^2-r^2}{1+k^2}}^{q}=0$$

Da die Schnittpunkte S_1 und S_2 von g mit k zusammen mit dem Kreismittelpunkt M ein gleichschenkliges Dreieck bilden, schneidet die Höhe auf S_1S_2 die Sehne S_1S_2 in ihrem Mittelpunkt $M_{S_1S_2}$, woraus sich aufgrund des Lehrsatzes von PYTHAGORAS die Gleichung $\boxed{h^2 + \ell^2 = r^2 \ (*)}$ ergibt. Um die Koordinaten von $M_{S_1S_2}$ zu berechnen, wenden wir das Lemma aus Abschnitt 2.1.6 an und erhalten für die Normale n auf g durch M die Gleichung $n: \ y = \frac{-1}{k} \cdot x$, was für $n \cap g = \{M_{S_1S_2}\}$ auf die Schnittgleichung $\frac{-1}{k} \cdot x = kx + d$ bzw. $(k^2 + 1)x = -kd$ und somit auf $x_{M_{S_1S_2}} = -\frac{kd}{k^2+1}$ sowie $y_{M_{S_1S_2}} = \frac{d}{k^2+1}$ führt. Für den Normalabstand $d(M,g) = h$ gilt daher

$$h = \left|\overrightarrow{MM_{S_1S_2}}\right| = \frac{d}{k^2+1} \cdot \left|\begin{pmatrix} -k \\ 1 \end{pmatrix}\right| = \frac{d}{\sqrt{k^2+1}},$$

was uns in $(*)$ eingesetzt

$$\frac{d^2}{k^2+1} + \ell^2 = r^2 \ \ \text{bzw.} \ \ \ell = \sqrt{r^2 - \frac{d^2}{k^2+1}} \ \ \text{bzw.} \ \ \ell = \frac{\sqrt{r^2(k^2+1) - d^2}}{\sqrt{k^2+1}}$$

beschert und schließlich

$$_1S_2 = \begin{pmatrix} -\frac{kd}{k^2+1} \\ \frac{d}{k^2+1} \end{pmatrix} \pm \frac{\sqrt{r^2(k^2+1)-d^2}}{\sqrt{k^2+1}} \cdot \frac{1}{\sqrt{k^2+1}} \cdot \begin{pmatrix} 1 \\ k \end{pmatrix} = \begin{pmatrix} -\frac{kd}{k^2+1} \\ \frac{d}{k^2+1} \end{pmatrix} \pm \frac{\sqrt{r^2(k^2+1)-d^2}}{k^2+1} \begin{pmatrix} 1 \\ k \end{pmatrix}$$

impliziert.

Daraus lesen wir nun in der $x-$Komponente für die quadratische Gleichung $x^2 + px + q = 0$ die Lösungen

$$_1x_2 = -\underbrace{\frac{kd}{k^2+1}}_{\frac{p}{2}} \pm \frac{1}{k^2+1} \cdot \sqrt{r^2(k^2+1) - d^2}$$

bzw.

$$_1x_2 = -\frac{p}{2} \pm \sqrt{\underbrace{\frac{r^2(k^2+1) - d^2}{(k^2+1)^2}}_{\mathcal{D}}}$$

ab. Um neben p auch noch q ins Spiel zu bringen, formen wir die Diskriminante $\mathcal{D}$ um ...

$$\mathcal{D} = \frac{r^2}{k^2+1} - \frac{d^2}{(k^2+1)^2} = \underbrace{\frac{r^2-d^2}{k^2+1}}_{-q} + \underbrace{\underbrace{\frac{d^2}{k^2+1} - \frac{d^2}{(k^2+1)^2}}_{\frac{d^2}{(k^2+1)^2} \cdot \underbrace{(k^2+1-1)}_{k^2}} = \underbrace{\left(\frac{dk}{k^2+1}\right)^2}_{(\frac{p}{2})^2}}$$

... und erhalten somit für die quadratische Gleichung $x^2 + px + q = 0$ die Lösungsformel

$$_1x_2 = -\frac{p}{2} \pm \sqrt{\left(\frac{p}{2}\right)^2 - q}, \ \ \square.$$

3.4   Numerisches Lösen von Differentialgleichungen

In diesem Abschnitt behandeln wir die **Methode des EULERschen Polygonzugs** zur
näherungsweisen Lösung gewöhnlicher Differentialgleichungen, exemplifizieren sie ferner
an *einem wichtigen Beispiel* und werden überdies über diesen numerischen Zugang einen
äußerst ungewöhnlichen Beweis des Hauptsatzes der Differential- und Integralrechnung
geben: Dazu zunächst einige *Grundbegriffe*:

- Unter einer *Differentialgleichung* ("DGL") versteht man eine Gleichung zwischen
  den Ableitungen einer Funktion $y = y(x)$ sowie ihrer unabhängigen und abhängigen
  Variablen x und y.

- Der Grad der höchstvorkommenden Ableitung von y wird als *Grad der Differentialgleichung* bezeichnet.

  Wir werden uns *hier* nur mit Differentialgleichungen *erster Ordnung* befassen, d.s.
  Gleichungen der Form

  $$y' = F(x, y) \text{ (explizite DGL)} \quad \text{bzw.} \quad \Phi(x, y, y') = 0 \text{ (implizite DGL)},$$

  wobei für uns nur explizite DGLen von Interesse sein werden.

- Zeichnet man nun zu einer expliziten DGL $y' = F(x, y)$ in *jedem Punkt* der mit dem
  $\mathbb{R}^2$ identifizierten Anschauungsebene ein Stück der Tangente[92], so erhält man (als
  Menge aller Linienlemente) das sogenannte *Richtungsfeld* der DGL.

- Unter einer *Lösungskurve* oder *Integralkurve* einer DGL versteht man eine Kurve,
  die Graph einer Funktion $y = y(x)$ ist, welche die DGL befriedigt.

Nun gilt es, bei eingezeichnetem Richtungsfeld einer DGL entsprechende Integralkur-
ven "einzupassen", was − wenn man (wie wir *noch*) über kein exaktes Verfahren zur
Lösung der DGL verfügt − *näherungsweise* folgendermaßen erledigt werden kann (vgl.
Abbildung!):

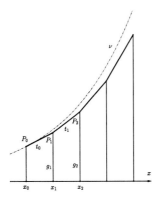

Wir *fixieren* bei vorgegebener DGL $y' = F(x, y)$ einen
Punkt $(x_0|y_0)$, durch welchen unsere Lösungskurve gehen
soll und wählen nun ein Intervall $I = [x_0; z]$, auf dem wir
näherungsweise eine Lösung der DGL konstruieren wollen,
und zwar dadurch, indem wir I zunächst in n gleichbrei-
te Teilintervalle $I_k = [x_{k-1}; x_k]$ mit $k \in \{1, 2, 3, ..., n\}$ und
$x_k = x_0 + \frac{k}{n} \cdot (z - x_0)$ teilen und dann ausgehend vom *ersten
Punkt* $P_0(x_0|y_0)$ wie folgt weitere Punkte P_k konstruieren:
Wir *approximieren* unsere gesuchte Integralkurve ν durch
P_0 ebenda durch ihre Tangente t_0 (i.e. die bestmögliche lo-
kale Linearapproximation), deren Steigung k wir via
$k = F(x_0, y_0)$ errechnen und schneiden selbige mit der Ge-
raden g_1 mit der Gleichung $g_1 : x = x_1$, was uns $P_1(x_1|y_1)$
liefert. Wenn $x_1 - x_0$ hinreichend klein ist, so begehen wir
damit aufgrund der Approximationsgüte der Tangente keinen

---

[92]Man spricht dann von einem Linienelement (der DGL).

großen Fehler (d.h. der tatsächliche Punkt der gesuchten Lösungskurve mit der x−Koordinate x_1 wird für den Fall, dass ν in einer Umgebung von P_0 konvex/konkav ist, nur geringfügig über/unter P_1 zu liegen kommen) und können somit die gleiche Prozedur erneut anwenden, d.h. wir legen durch P_1 eine Gerade t_1 mit der Steigung $F(x_1, y_1)$, schneiden diese mit der Geraden g_2 mit der Gleichung $g_2 : x = x_2$, was uns $P_2(x_2|y_2)$ liefert usw.

Nun dürfte wohl klar sein, wie sich y_k aus y_{k-1} berechnet, wenn man nochmals einen Blick auf obige Abbildung wirft, nämlich via

$$\frac{y_k - y_{k-1}}{\frac{z - x_0}{n}} = F(x_{k-1}, y_{k-1}), \quad \text{ergo} \quad y_k = y_{k-1} + \frac{z - x_0}{n} \cdot F(x_{k-1}, y_{k-1}) \quad (1).$$

Somit erhalten wir durch die Menge aller P_k und der je zwei benachbarte Punkte verbindenden Strecken einen n−gliedrigen *Polygonzug*, welcher ν über I umso besser approximiert, je größer n ist, d.h. je genauer man I in äquidistante Intervalle unterteilt. Führt man schließlich analytisch den Grenzübergang $n \to \infty$ durch, erhält man eine (u.U. geschlossene analytische) Darstellung von ν.

Jetzt wollen wir die soeben erläuterte **Methode des EULERschen Polygonzugs** zur näherungsweisen Lösung von expliziten Differentialgleichungen erster Ordnung an einem wichtigen Beispiel exemplfizieren (wozu wir für den Grenzübergang $n \to \infty$ von der Darstellung

$$e^x = \lim_{n \to \infty} \left(1 + \frac{x}{n}\right)^n \quad (2)$$

Gebrauch machen werden, vgl. etwa [44], S. 151!):

BEISPIEL. Wir wollen jene Integralkurve der Differentialgleichung $y' = \lambda \cdot y$ ($\lambda \in \mathbb{R}$) ermitteln, welche durch den Punkt $(0|k)$ hindurchgeht.[93]

LÖSUNG: Anwendung von (1) liefert

$$y_k = y_{k-1} + \frac{z}{n} \cdot \lambda \cdot y_{k-1} = \left(1 + \frac{\lambda \cdot z}{n}\right) \cdot y_{k-1},$$

ergo wegen $y_0 = k$ die Resultate

$$y_1 = k \cdot \left(1 + \frac{\lambda \cdot z}{n}\right), \quad y_2 = k \cdot \left(1 + \frac{\lambda \cdot z}{n}\right)^2, \quad y_3 = k \cdot \left(1 + \frac{\lambda \cdot z}{n}\right)^3, \quad \ldots \quad y_n = k \cdot \left(1 + \frac{\lambda \cdot z}{n}\right)^n.$$

Lässt man nun $n \to \infty$ gehen, so erhalten wir wegen (2) für die Grenzlage $X = \lim\limits_{n \to \infty} P_n$ des äußerst (rechten[94]) Punktes P_n die Koordinaten $X(z|k \cdot e^{\lambda \cdot z})$, was − vgl. letzte Fußnote! − impliziert, dass die Funktion f_k mit der Funktionsgleichung

$$f_k(x) = k \cdot e^{\lambda \cdot x}$$

---

[93]Man sagt dann auch, dass man die DGL $y' = \lambda \cdot y$ unter der *Anfangsbedingung* $y(0) = k$ löst und nennt diese Aufgabenstellung ein *Anfangswertproblem*, welches unter gehörigen Voraussetzungen stets eine eindeutige Lösung besitzt.

[94]Da (2) $\forall z \in \mathbb{R}$ gilt, könnte man I auch ohne Probleme links von P_0 konstruieren!

jedenfalls[95] das Anfangswertproblem

$$y' = \lambda \cdot y, \quad y(0) = k$$

löst.

Fragt man nun speziell nach einer Funktion f mit $f(0) = 1$, deren Ableitung wieder f ist[96], so erhalten wir nach oben (wenn wir ferner den Inhalt der vorletzten Fußnote beachten!) wegen $k = \lambda = 1$ als Lösung des dieser Fragestellung äquivalenten *Anfangswertproblems*

$$y' = y, \quad y(0) = 1$$

die Funktion

$$y = f(x) = e^x,$$

was somit den folgenden Satz nach sich zieht:

SATZ: $\dfrac{d(e^x)}{dx} = e^x$

Zum Abschluss dieses Artikels sei noch eine äußerst beeindruckende Möglichkeit demonstriert, via der Methode des EULERschen Polygonzuges den Hauptsatz der Differential- und Integralrechnung zu beweisen, welche sich wie folgt geradezu aufdrängt:

Dazu machen wir es uns zur Aufgabe, über dem Intervall $[a; b]$ eine Funktion F zu ermitteln, welche dem Anfangswertproblem

$$y' = f(x), \quad y(a) = y_0 =: F(a)$$

genügt, m.a.W.: Wir suchen eine *Stammfunktion* F von f mit $F(a) = y_0$.

Dazu wenden wir die Methode des EULERschen Polygonzuges an und erhalten somit

$$y_k = y_{k-1} + \frac{b-a}{n} \cdot f(x_{k-1}) \quad \text{mit} \quad x_k = a + \frac{k}{n} \cdot (b-a),$$

was wegen $y_0 = F(a)$ — und wenn wir $\frac{b-a}{n} =: \Delta x$ setzen —

$$y_1 = F(a) + \Delta x \cdot \underbrace{f(x_0)}_{f(a)}, \quad y_2 = F(a) + \Delta x \cdot f(x_0) + \Delta x \cdot f(x_1),$$

$$y_3 = F(a) + \Delta x \cdot f(x_0) + \Delta x \cdot f(x_1) + \Delta x \cdot f(x_2), \quad \ldots \quad y_n = F(a) + \sum_{k=0}^{n-1} f(x_k) \cdot \Delta x$$

---

[95]Dass durch die Menge aller f_k, die man erhält, wenn man k ganz $\mathbb{R}$ durchlaufen läßt, tatsächlich *alle* Lösungen der DGL $y' = \lambda \cdot y$ gegeben sind, zeigt man *etwa* durch Anwendung der Produkt- oder Quotientenregel der Differentialrechnung.

[96]Von einem höheren Standpunkt aus betrachtet stellen wir uns also die Frage nach Fixpunkten des Differentialoperators D, welcher vermöge $D(f) = f'$ jeder Funktion f aus dem Vektorraum der differenzierbaren Funktionen ihre Ableitungsfunktion f' (nicht notwendigerweise aus dem gleichen Vektorraum!) zuordnet. Ein trivialer Fixpunkt ist freilich die (identisch verschwindende) Nullfunktion!

liefert.

Beachten wir nun

$$y_n \approx F(b), \quad - \text{ was für } n \to \infty \text{ exakt gilt!} -$$

so ergibt sich

$$\lim_{n \to \infty} \sum_{k=0}^{n-1} f\left(a + \frac{k}{n} \cdot (b-a)\right) \cdot \frac{b-a}{n} = F(b) - F(a).$$

Nun *definieren* wir das Integral von f über $[a; b]$ wie folgt als Grenzwert von RIEMANN-Summen

$$\int_a^b f(x) \cdot dx = \lim_{n \to \infty} \sum_{k=0}^{n-1} f\left(a + \frac{k}{n} \cdot (b-a)\right) \cdot \frac{b-a}{n}$$

und erhalten damit den *zweiten Teil des Hauptsatzes der Differential- und Integralrechnung*

$$\int_a^b f(x) \cdot dx = F(b) - F(a) \quad \text{mit} \quad F'(x) = f(x),$$

welcher sich auf das *bestimmte Integral* bezieht.

Fassen wir nun die obere Grenze als Variable auf, d.h. wir studieren

$$\phi(x) = \int_\alpha^x f(t) \cdot dt,$$

so gilt nach oben

$$\phi(x) = F(x) - F(\alpha).$$

Da α eine feste reelle Zahl ist, gilt dies auch für $F(\alpha)$ und Differenzieren liefert

$$\phi'(x) = F'(x) = f(x),$$

woraus folgt, dass ϕ eine Stammfunktion von f ist, was

$$\frac{d}{dx} \int_\alpha^x f(t) \cdot dt = f(x),$$

den *ersten Teil des Hauptsatzes der Differential- und Integralrechnung* impliziert, welcher somit aussagt, dass das Integrieren die Umkehroperation des Differenzierens ist, was im zweiten Teil des Hauptsatzes sogleich sein Analogon für bestimmte Integrale (d.s. reelle Zahlen) findet.

Ferner folgt aus der Gleichung $\phi'(x) = F'(x)$ aufgrund der Äquivalenz selbiger zur Gleichung $\phi'(x) - F'(x) = 0$ und wegen der Linearität des Differentialoperators ebenso zur Gleichung $(\phi(x) - F(x))' = 0$ durch unbestimmte Integration, dass $\phi(x) - F(x) = c$, $c \in \mathbb{R}$ gilt, woraus folgt, dass sich zwei beliebige Stammfunktionen von f (was ϕ und F wegen $\phi'(x) = F'(x) = f(x)$ ja sind!) stets nur um eine additive Konstante unterscheiden, was sich insofern ausnützen lässt, alsdass man beim Berechnen bestimmter Integrale mittels zweitem Teil des Hauptsatzes als Integrationskonstante stets 0 (oder wenn es beliebt: 19, 76, ...) wählen kann.

3.5 Exaktes Lösen spezieller Differentialgleichungen

3.5.1 Lineare Differentialgleichungen: Die Potenzreihenmethode

Es soll hier eine etwas andere als sonst übliche Methode beschrieben werden, mit der man Differentialgleichungen der Bauart

$$y'' - (u + v)y' + uv \cdot y = 0 \ (*), \quad u, v \in \mathbb{C}$$

lösen kann (Dabei wurden die Koeffizienten bewusst so gewählt, damit − wie die/der bereits "Eingeweihte" erkennen wird! − $y_1 = e^{ux}$ und $y_2 = e^{vx}$ ein (mögliches) Fundamentalsystem von $(*)$ bilden!), und zwar:

Tätigen wir den Potenzreihenansatz

$$y(x) = \sum_{k=0}^{\infty} a_k x^k,$$

so folgt

$$y'(x) = \sum_{k=1}^{\infty} k a_k x^{k-1}$$

sowie

$$y''(x) = \sum_{k=2}^{\infty} k(k-1) a_n x^{k-2}$$

und Einsetzen in $(*)$ liefert für deren linke Seite (nach geeigneten Indextransformationen!) den Ausdruck

$$\sum_{n=2}^{\infty} \left[n(n-1)a_n - (u+v)(n-1)a_{n-1} + uv \cdot a_{n-2} \right] x^{n-2}.$$

Da auf der rechten Seite von $(*)$ die Nullfunktion steht, muss demnach

$$n(n-1)a_n - (u+v)(n-1)a_{n-1} + uv \cdot a_{n-2} = 0 \ (**) \quad \forall n \in \mathbb{N} \backslash \{0, 1\}$$

gelten.
Wir erhalten somit also (was einmal etwas anderes als ein lineares System aus $\mathbb{R}^{(m,n)}$ ist!) ein

lineares Gleichungssystem mit unendlich vielen Gleichungen und unendlich vielen Variablen,

welches wir nun Schritt für Schritt genauer analysieren werden:

Betrachten wir die erste dieser unendlich (abzählbar!) vielen Gleichungen, so erhalten wir

$$2a_2 - (u+v)a_1 + uv \cdot a_0 = 0,$$

ergo eine homogene lineare Gleichung in drei Variablen (u und v sind feste komplexe Zahlen!), deren Lösungsmenge zweiparametrig ist (Genau besitzt sie die Struktur eines *zweidimensionalen Vektorraums*, *was* − wie die/der bereits "Kundige" wiederum wissen wird! − nicht nur zufällig damit korrespondiert, dass wir es mit einer *Differentialgleichung zweiter Ordnung* zu tun haben, wobei hier entscheidend ist, dass diese vom linearen Typ ist, ansonsten sähe wieder alles anders aus!).

Setzen wir in $(**)$ nun $n = 3$, so erhalten wir eine homogene lineare Gleichung für a_1, a_2 und a_3, für $n = 4$ eine ebensolche für a_2, a_3 und a_4 usw.

Dies lässt bereits Folgendes erkennen:

Da von Gleichung zu Gleichung je nur eine neue Variable dazukommt (und im Gegensatz dazu die einzige in den letzten beiden Gleichungen vorkommende Variable rausfällt), bleiben die beiden Variablen a_0 und a_1, welche man in der ersten Gleichung notgedrungen als Parameter wählen muss, in weiterer Folge die einzigen Parameter unseres linearen Systems aus $\mathbb{R}^{(\infty,\infty)}$, dessen Lösungsmenge somit zwei Freiheitsgrade zulässt.[97]

Somit dürfen wir (vgl. letzte Fußnote!) als Lösungsmenge von $(*)$ Linearkombinationen zweier Potenzreihen erwarten, was nun in Analogie zur Bestimmung einer Parameterdarstellung einer Ebene durch den Koordinatenursprung (d.h. eines homogenen $\mathbb{R}^{(3,2)}$−Systems) (wo man ja etwa je zwei Variablen frei wählen kann, die dritte daraus berechnet und die mit den beiden damit erhaltenen Punkten korrespondierenden Ortsvektoren dann als Basisvektoren für den durch das homogene $\mathbb{R}^{(3,2)}$−System beschriebenen zweidimensionalen Teilraum des $\mathbb{R}^3$ verwenden kann) wie folgt vonstatten gehen kann:

Wir legen für a_0 und a_1 fixe Werte fest, was (sic!) ohne Involvierung der anderen a_is unter alleiniger Verwendung von y und y' (Schließlich ist die Darstellung von y durch ihre MacLaurin-Reihe ja nur eines von vielen möglichen Gesichtern ($\rightarrow$ Dirichlet-Reihen, Lambert-Reihen etc.) einer Funktion!) nur durch die Festlegung fixer Werte für $y(0)$ und $y'(0)$ möglich ist ("Anfangswertbedingung"[98]).

Aus Gründen, die sich in Kürze herausstellen werden (und welche die "Spezialisten" bereits herausgefunden haben werden), wählen wir $y(0) = 1$ und $y'(0) = u$, was zunächst unmittelbar $a_0 = 1$ sowie $a_1 = u$ impliziert und uns nun für die erste Gleichung

$$2a_2 - (u + v) \cdot u + uv = 0,$$

ergo

$$a_2 = \frac{u^2}{2}$$

liefert.

Wie man leicht überprüft, erhält man für $n = 3$ durch Einsetzen unserer gewonnenen Resultate für a_1 und a_2 das Ergebnis $a_3 = \frac{u^3}{6} = \frac{u^3}{3!}$, womit (für Skeptiker aber wohl spätestens auch dann, wenn letztere durch Rechnung zur Erkenntnis $a_4 = \frac{u^4}{24} = \frac{u^4}{4!}$ gelangt

---

[97]Bemerkung: Von einem höheren (funktionalanalytischen) Standpunkt aus betrachtet besitzt auch die Lösungsmenge von $(*)$ die Struktur eines (zweidimensionalen) Vektorraums, dessen Elemente nun aber Funktionen sind. Letztere kann man nun aber über ihre Potenzreihenentwicklung (MacLaurin-Entwicklung) mit jenem unendlichdimensionalen Vektor identifizieren, welcher als Komponenten die Koeffizienten a_k dieser Potenzreihe besitzt. Bezüglich dahingehender sich aufdrängender topologischer Fragestellungen (Unter welchen Umständen besitzt solch ein Vektor (i.e. Funktion) eine Norm (was in weiterer Folge zum Begriff des Hilbert-Raums führt)? etc.) sei insbesondere auf [70] aufmerksam gemacht, wo im (sowohl für Anfänger als auch für bereits "Eingeweihte" und "Kundige") Kapitel 8.4 mit dem Titel "*Fourierreihen: Lineare Algebra für Funktionen*" auf m.E. sehr natürliche Weise auf diesen Fragenkomplex (und darüber hinaus auf das faszinierende Gebiet der *Harmonischen Analyse*) eingegangen wird!

[98]Diese hier behandelte Vorgehensweise zum Lösen homogener linearer Differentialgleichungen zweiter Ordnung mit konstanten Koeffizienten erlaubt somit überdies eine wahrhaft genetische Vorgehensweise, wie das natürliche Auftreten der Anfangsbedingungen soeben erkennen ließ!

sind!) sich hinsichtlich des allgemeinen Bildungsgesetzes für a_k die Vermutung $a_k = \frac{u^k}{k!}$ aufdrängt, welche wir im Folgenden durch Auflösung von $(**)$ nach a_n ....

$$a_n = \frac{(u+v)(n-1)a_{n-1} - uv \cdot a_{n-2}}{n(n-1)} \quad (**')$$

.... durch vollständige Induktion beweisen werden:

Nehmen wir also an, unsere Vermutung $a_k = \frac{u^k}{k!}$ gelte bereits $\forall k \in \{0,1,2,...,n-1\}$ und setzen somit in $(**')$ für a_{n-2} und a_{n-1} die entsprechenden Formeln ein, erhalten wir

$$a_n = \frac{(u+v)(n-1)\cdot\frac{u^{n-1}}{(n-1)!} - uv\cdot\frac{u^{n-2}}{(n-2)!}}{n(n-1)} = \frac{(u+v)\cdot\frac{u^{n-1}}{(n-2)!} - uv\cdot\frac{u^{n-2}}{(n-2)!}}{n(n-1)} =$$

$$= \frac{\frac{1}{(n-2)!}\cdot(u^n + u^{n-1}v - u^{n-1}v)}{n(n-1)} = \frac{u^n}{n(n-1)(n-2)!} = \frac{u^n}{n!},$$

womit unsere Vermutung bestätigt ist und wir für die zur Anfangsbedingung $y(0) = 1$ und $y'(0) = u$ zugehörige *partikuläre Lösung* (nennen wir sie y_1) somit (mit ihrem MACLAURIN-Reihen-Gesicht)

$$y_1(x) = \sum_{n=0}^{\infty} \frac{u^n}{n!} \cdot x^n$$

erhalten, was in der gestaltpsychologisch vorteilhafteren Form

$$y_1(x) = \sum_{n=0}^{\infty} \frac{(ux)^n}{n!}$$

sofort $y_1(x) = e^{ux}$ erkennen lässt.

Mit einer zweiten Anfangsbedingungswahl [nämlich $y(0) = 1$ und $y'(0) = v$] gelangt man mutatis mutandis zum Resultat

$$y_2(x) = \sum_{n=0}^{\infty} \frac{v^n}{n!} \cdot x^n = \sum_{n=0}^{\infty} \frac{(vx)^n}{n!} = e^{vx},$$

was somit zeigt, dass die vollständige Lösung von $(*)$ durch alle Linearkombinationen der Basislösungen $y_1 = e^{ux}$ und $y_2 = e^{vx}$ gegeben ist (was man normalerweise − sei es über den *a-priori*-Ansatz $y = e^{\lambda x}$ oder über die Operatorenrechnung verwendende Überlegungen − über die Linearität des Differentiationsoperators zeigt) und somit *a-posteriori* die Einführung der charakteristischen Gleichung von $(*)$ rechtfertigt.

Damit neigt sich dieser Exkurs in die mathematische Analysis, jedoch nicht, ohne abschließend (quasi als Ausblick) anzumerken, dass das Aufrollen dieses Themenkreises über den hier gewählten Weg noch weiter(führend)e(re) Fragestellungen zulässt, wie etwa:

- Was passiert im Fall $u = v$?
  Lässt sich das hier verwendete Potenzreihenansatzverfahren auch dazu verwenden, um zu zeigen, dass dann $y_1(x) = e^{ux}$ und $y_2(x) = xe^{ux}$ gilt?

- Um wieviel komplizierter wird es, wenn man von Potenzreihen zu (den bereits bemerkten, Näheres dazu entnehme man etwa [63], S. 154ff!) DIRICHLET-Reihen oder LAMBERT-Reihen übergeht?[99]

3.5.2 Lineare Differentialgleichungen: Lösen mittels Verwendung von Differentialen und Substitutionen

Wir gehen erneut von der Differentialgleichung

$$y'' - (u + v)y' + uv \cdot y = 0 \ (*), \quad u, v \in \mathbb{C}$$

aus und verwenden nun in weiterer Folge versierter Weise eine Substitution sowie die Differentialschreibweise:

$$p := y' = \frac{dy}{dx} \ \Rightarrow \ y'' = \frac{dp}{dx} = \frac{dp}{dy} \cdot \underbrace{\frac{dy}{dx}}_{p} \ \Rightarrow \ y'' = p \cdot \frac{dp}{dy}$$

Somit lässt sich (*) in die Darstellungsform

$$p \cdot \frac{dp}{dy} - (u + v)p + uv \cdot y = 0 \ \text{ bzw. } \ \frac{dp}{dy} = \frac{(u + v)p - uvy}{p}$$

umwandeln, wobei es sich bei letzterer Differentialgleichung um eine sogenannte *homogene* (auch gleichgradig genannte) Differentialgleichung handelt, welche noch dazu (aufgrund der Substitution $p := y'$) nur mehr vom Grad 1 ist und sich durch die Substitution

$$p = zy \ \ (\text{mit } z = z(y))$$

wegen

$$p' = z'y + z$$

in

$$z'y + z = \frac{(u + v)z - uv}{z} \ \text{ bzw. } \ z'y = -\frac{z^2 - (u + v)z + uv}{z}$$

bzw.

$$y \cdot \frac{dz}{dy} = -\frac{z^2 - (u + v)z + uv}{z}$$

transformieren lässt.

Letztere lässt sich nun durch Trennen der Variablen mittels Integration lösen:

$$-\frac{z}{z^2 - (u + v)z + uv} \cdot dz = \frac{1}{y} \cdot dy \ \ (\#)$$

$$\Rightarrow \ \ -\int \frac{z}{(z - u)(z - v)} \cdot dz = \int \frac{1}{y} \cdot dy$$

---

[99]abschließende Fußnote: Ebenso wie der hier gewählte Zugang ohne Frage aufwendiger als der a-priori-Ansatz $y = e^{\lambda x}$ oder die Operatorenmethode − vgl. etwa [10] und [11] − (mit der sich der Fall $u = v$ übrigens sehr rasch und elegant bearbeiten lässt) ist der Weg über die LAPLACE-Transformation!

Die Partialbruchzerlegung

$$-\frac{z}{(z-u)(z-v)} = \frac{A}{z-u} + \frac{B}{z-v} \quad \Leftrightarrow \quad -z = \overbrace{A(z-v) + B(z-u)}^{(A+B)z-(Av+Bu)}$$

$$\Rightarrow \quad A+B = -1 \wedge vA + uB = 0 \quad \Rightarrow \quad vA - (1+A)u = 0 \quad \Rightarrow \quad A = \frac{u}{v-u} \wedge B = \frac{-v}{v-u}$$

führt auf

$$\frac{1}{v-u} \cdot \int \left(\frac{u}{z-u} - \frac{v}{z-v} \right) \cdot dz = \ln y + C, \ C \in \mathbb{R}$$

bzw. (wobei C in der Form $\ln K$ angeschrieben wird)

$$\frac{1}{v-u} \cdot (u \cdot \ln(z-u) - v \cdot \ln(z-v)) = \ln y + \ln K$$

bzw. unter Anwendung entsprechender Logarithmenrechenregeln

$$\ln[(z-u)^u] - \ln[(z-v)^v] = \ln[(Ky)^{v-u}]$$

bzw.

$$\ln \frac{(z-u)^u}{(z-v)^v} = \ln[(Ky)^{v-u}].$$

Durch Exponentiation werden wir auf

$$[K(z-u)y]^u = [K(z-v)y]^v$$

bzw. durch Rücksubstitution auf

$$[K(p-uy)]^u = [K(p-vy)]^v$$

resp.

$$[K(y'-uy)]^u = [K(y'-vy)]^v \quad (**)$$

geführt.

Für $y_1 := e^{ux}$ verschwindet die linke, aber nicht die rechte Seite von $(**)$, bei $y_2 := e^{vx}$ ist es genau umgekehrt. Setzt man mit $y = \alpha \cdot y_1 + \beta \cdot y_2$, ergo $y = \alpha \cdot e^{ux} + \beta \cdot e^{vx}$ an, so ergibt sich

$$y' = \alpha \cdot u \cdot e^{ux} + \beta \cdot v \cdot e^{vx}$$

und somit

$$y' - uy = \beta \cdot (v-u) \cdot e^{vx}$$

sowie

$$y' - vy = \alpha \cdot (u-v) \cdot e^{ux},$$

was in $(**)$ eingesetzt auf

$$K^u \cdot \beta^u \cdot (v-u)^u \cdot e^{uvx} = K^v \cdot \alpha^v \cdot (u-v)^v \cdot e^{uvx}$$

bzw.

$$K = \frac{1}{v-u} \cdot \sqrt[u-v]{-\frac{\alpha^v}{\beta^u}}$$

führt, woraus sich also ergibt, dass $y = \alpha \cdot e^{ux} + \beta \cdot e^{vx}$ die allgemeine Lösung von $(*)$ ist.

Abschlussbemerkung: Eine andere

Möglichkeit besteht darin, zu beachten, dass wegen

$$p = zy \quad \Leftrightarrow \quad y' = zy \quad \Leftrightarrow \quad \frac{dy}{dx} = zy \quad \Leftrightarrow \quad \frac{dy}{y} = z \cdot dx$$

(#) in

$$-\frac{z}{z^2 - (u+v)z + uv} \cdot dz = z \cdot dx \quad \text{bzw.} \quad -\frac{1}{z^2 - (u+v)z + uv} \cdot dz = 1 \cdot dx$$

resp.

$$-\int \frac{1}{(z-u)(z-v)} \cdot dz = \int 1 \cdot dx$$

übergeht.

Die Partialbruchzerlegung

$$-\frac{1}{(z-u)(z-v)} = \frac{C}{z-u} + \frac{D}{z-v} \quad \Leftrightarrow \quad -1 = \overbrace{C(z-v) + D(z-u)}^{(C+D)z-(Cv+Du)}$$

$$\Rightarrow \quad C + D = 0 \,\land\, vC + uD = 1 \quad \Rightarrow \quad (v-u)C = 1 \quad \Rightarrow \quad C = \frac{1}{v-u} \,\land\, D = \frac{-1}{v-u}$$

führt auf

$$\frac{1}{v-u} \cdot \int \left(\frac{1}{z-u} - \frac{1}{z-v} \right) \cdot dz = x + C, \ C \in \mathbb{R}$$

bzw.

$$\frac{1}{v-u} \cdot (\ln(z-u) - \ln(z-v)) = x + C$$

bzw. unter Anwendung entsprechender Logarithmenrechenregeln

$$\ln \frac{z-u}{z-v} = (v-u) \cdot (x + C).$$

Durch Exponentiation werden wir auf

$$\frac{z-u}{z-v} = e^{(v-u)(x+C)}$$

bzw. (wobei $\kappa := e^{C(v-u)}$ gesetzt wird)

$$\frac{p - uy}{p - vy} = \kappa \cdot e^{(v-u)x}$$

bzw.

$$\frac{y' - uy}{y' - vy} = \kappa \cdot e^{(v-u)x}$$

resp.

$$(y' - uy) \cdot e^{ux} = \kappa \cdot (y' - vy) \cdot e^{vx} \quad (\#\#)$$

geführt.

Für $y_1 := e^{ux}$ verschwindet die linke, aber nicht die rechte Seite von $(\#\#)$, bei $y_2 := e^{vx}$ ist es genau umgekehrt. Setzt man mit $y = \alpha \cdot y_1 + \beta \cdot y_2$, ergo $y = \alpha \cdot e^{ux} + \beta \cdot e^{vx}$ an, so ergibt sich

$$y' = \alpha \cdot u \cdot e^{ux} + \beta \cdot v \cdot e^{vx}$$

und somit

$$y' - uy = \beta \cdot (v - u) \cdot e^{vx}$$

sowie

$$y' - vy = \alpha \cdot (u - v) \cdot e^{ux},$$

was in $(\#\#)$ eingesetzt auf

$$\beta \cdot (v - u) \cdot e^{(u+v)x} = \kappa \cdot \alpha \cdot (u - v) \cdot e^{(u+v)x}$$

bzw.

$$\beta = -\kappa \cdot \alpha, \text{ ergo } \kappa = -\frac{\beta}{\alpha}$$

führt, woraus sich also ergibt, dass $y = \alpha \cdot e^{ux} + \beta \cdot e^{vx}$ die allgemeine Lösung von $(*)$ ist.

3.6 Probabilistische Modelle in der Kognitiven Psychologie

Anstoß für diesen Abschnitt war das Buch [1] über *Kognitive Psychologie*, worin im Abschnitt über *Induktives Denken* dem (dort als solchen bezeichneten) BAYESschen Theorem in etwa jener Stellenwert zukommt, wie den (Grundtatsachen über) klassische Aussagenlogik im Abschnitt (so ziemlichen jeden Einführungslehrbuchs auf diesem Gebiet!) über *Deduktives Denken*. Es wird dann die kognitionspsychologische Hypothese untersucht, dass sich der Mensch bei jener Denkform, zu der er über vorhandenes empirisches Datenmaterial hinausgeht (i.e. induktives Denken), ziemlich ähnlich verhält, wie es der Satz von BAYES im Sinne eines probabilistischen Modells vorhersagen würde. Für jene unter den LeserInnen, welche sich dafür näher interessieren, sei auf [1] verwiesen, um nun zum eigentlichen *mathematischen* Kern dieser Arbeit vorzudringen:

In [1], S. 324 wird das folgende Beispiel (Angabetext für Zwecke dieses Artikels etwas vereinfacht) angeführt:

In eincm Beutel befinden sich 70 rote und 30 blaue Chips, in einem anderen Beutel 70 blaue und 30 rote Chips. Nachdem der Versuchsleiter *nach Zufall* einen der beiden Beutel ausgewählt hat, lag die Aufgabe des Probanden nun eben auf Grundlage weiterer Information (Er entnahm dem Beutel zufällig einen Chip und dieser war angenommen rot.) gerade darin, zu entscheiden, um welchen Beutel es sich handelt.

Im probabilistischen Modell (welches den Satz von BAYES über bedingte Wahrscheinlichkeiten zugrundelegt, der hier vorausgesetzt wird, für Einsteiger sei z.B. auf das ausgezeichnete Buch [78] verwiesen, wo u.a. auch der in diesem Artikel behandelte Themenkrcis - aber nicht in der hier gewählten Darstellungsform! - und allerlei darüber Hinausgehendes erörtert wird, für eine Publikation (im Vergleich zu [78]!) jüngeren Datums siehe [28]!) geht es also darum, *nach* der zufälligen Ziehung aus dem zufällig gewählten Beutel die *a-posteriori*-Wahrscheinlichkeit zu berechnen, dass (z.B.) der gewählte Beutel jener mit 70 roten und 30 blauen Chips ("rotdominanter Beutel") ist. Bezeichnen wir also das Ereignis "Der gewählte Beutel ist der rotdominante." mit B_R und das Ereignis "Der gezogene Chip ist rot." mit R (Mutatis mutandis benennen wir die Ereignisse B_B und B!), so gilt für die in Rede stehende bedingte Wahrscheinlichkeit nach dem Satz von BAYES (in seiner den Satz von der totalen Wahrscheinlichkeit enthaltenden "langen Fassung"):

$$P\left(B_R|R\right) = \frac{P\left(R|B_R\right) \cdot P\left(B_R\right)}{P\left(R|B_R\right) \cdot P\left(B_R\right) + P\left(R|B_B\right) \cdot P\left(B_B\right)} = \frac{0.7 \cdot 0.5}{0.7 \cdot 0.5 + 0.3 \cdot 0.5} = 0.7$$

Unter der Zusatzinformation, dass ein zufällig dem gewählten Beutel entnommener Chip rot ist, steigt die a-priori-Wahrscheinlichkeit von 50%, dass der Beutel rotdominant ist, also auf eine a-posteriori-Wahrscheinlichkeit von 70%.

Die naheliegende Frage ist ja nun wohl die, was passiert, wenn der Proband jetzt eine weitere zufällige Ziehung (nach Zurücklegen des roten Chips!) aus dem zufällig gewählten Beutel vornimmt, aus welcher z.B. wieder ein roter Chip hervorgeht, und dann *auf Grundlage der eben berechneten a-posteriori-Wahrscheinlichkeit von 70%* entscheiden soll, mit welcher Wahrscheinlichkeit der zufällig gewählte Beutel nunmehr rotdominant ist. Im Modell haben wir in der letzten Berechnungsformel lediglich die a-priori-Wahrscheinlichkeiten $p(B_R) = 0.5$ sowie $p(B_B) = 0.5$ durch die soeben erhaltenen a-posteriori-Wahrscheinlichkeiten $p(B_R|R) = 0.7$ und $p(B_B|R) = 0.3$ zu ersetzen, was (wie man leicht nachrechnet) auf das (zweite) Resultat $\frac{49}{58}$ führt, welches (was ja intuitiv naheliegt) wiederum deutlich höher liegt als Letzteres.

Durch diese konkrete Aufgabenstellung (hoffentlich in ausreichendem Maße) motiviert wollen wir uns nun überlegen, wie diese Situation allgemeiner aussieht, wenn

$$P\left(F_1|B_1\right) = P\left(F_2|B_2\right) = p \quad \text{und} \quad P\left(F_2|B_1\right) = P\left(F_1|B_2\right) = 1 - p = q$$

gilt (Hiebei bezeichnen F_1 und F_2 die Ereignisse "Der gezogene Chip hat Farbe 1." und "Der gezogene Chip hat Farbe 2."!) und (nach jeweiligem Zurücklegen!) jeder weitere gezogene Chip wieder z.B. die Farbe 1 hat.

Für die erste a-posteriori-Wahrscheinlichkeit $P_1\left(B_1|F_1\right)$ erhalten wir (wie beim obigen Beispiel!)

$$P_1\left(B_1|F_1\right) = \frac{P\left(F_1|B_1\right) \cdot P\left(B_1\right)}{P\left(F_1|B_1\right) \cdot P\left(B_1\right) + P\left(F_1|B_2\right) \cdot P\left(B_2\right)} = \frac{p \cdot 0.5}{p \cdot 0.5 + (1-p) \cdot 0.5} = \frac{p \cdot 0.5}{0.5} = p,$$

was schon beim konkreten Beispiel irgendwie auffällig war.

Um nun qualitativ (aber auch quantitativ) zu untersuchen, in welcher Art und Weise sich die $P_i\left(B_1|F_1\right)$ weiterentwickeln, gehen wir von einem beliebigen Schätzwert $x \in (0; 1)$ für $P(B_1)$ aus, welcher dann eingesetzt in die BAYESsche Formel

$$P_1\left(B_1|F_1\right) = \frac{px}{px + (1-p) \cdot (1-x)} = \frac{px}{(p-q)x + q}$$

liefert, womit es nun naheliegt, durch *Iteration* der Funktion f mit

$$f(x) = \frac{px}{(p-q)x + q}$$

zu untersuchen, für welche Werte von x (wobei wir die einfache Polstelle $x = \frac{q}{q-p}$ ausnehmen!) die durch die entsprechende Iteration erzeugte Folge

$$\langle x_n \rangle = f^n(x)$$

(wobei $f^n(x)$ für $\underbrace{f(f(f(\dots\dots f(x)\dots\dots)))}_{n-mal}$ steht!) konvergiert, wozu wir zunächst einige Folgenglieder berechnen, um eine Vermutung über die Gestalt des $n-$ten Folgengliedes aufstellen zu können:

$$f^2(x) = \frac{p \cdot \frac{px}{(p-q)x+q}}{(p-q) \cdot \frac{px}{(p-q)x+q} + q} = \frac{p^2 x}{(p-q)(p+q)x + q^2} = \frac{p^2 x}{(p^2-q^2)x + q^2}$$

$$f^3(x) = \frac{p \cdot \frac{p^2 x}{(p^2-q^2)x+q^2}}{(p-q) \cdot \frac{p^2 x}{(p^2-q^2)x+q^2} + q} = \frac{p^3 x}{(p-q)[p^2 + (p+q)q]x + q^3} =$$

$$= \frac{p^3(x)}{(p-q)(p^2+pq+q^2)x + q^3} = \frac{p^3 x}{(p^3-q^3)x + q^3}$$

(Dabei haben wir von der vorletzten auf die letzte Zeile die Regel von HORNER angewandt!)

Mithin drängt sich uns also die Vermutung

$$x_n = f^n(x) = \frac{p^n x}{(p^n - q^n)x + q^n}$$

auf, welche wir nun mittels vollständiger Induktion beweisen werden, wozu wir nur noch den Induktionsschritt zu erledigen haben, ergo:

$$f^{n+1}(x) = f[f^n(x)] = \frac{p \cdot \frac{p^n x}{(p^n - q^n)x + q^n}}{(p-q) \cdot \frac{p^n x}{(p^n - q^n)x + q^n} + q} =$$

$$= \frac{p^{n+1} x}{(p-q)[p^n + (p^{n-1} + p^{n-2}q + \dots + pq^{n-2} + q^{n-1})q]x + q^{n+1}} = \frac{p^{n+1} x}{(p^{n+1} - q^{n+1})x + q^{n+1}}, \quad \Box$$

Hiebei wurde die Regel von HORNER insgesamt sogar zweimal verwendet.

Welche Schlüsse lassen sich nun aus dem damit erhaltenen Resultat ziehen?

Zur Beantwortung dieser offenen Fragestellung schreiben wir das gerade bewiesene Resultat für x_n in der algebraisch äquivalenten Form

$$x_n = \frac{1}{1 + \left(\frac{1}{x} - 1\right) \cdot \left(\frac{q}{p}\right)^n}$$

an, was zunächst wegen

$$0 < x < 1 \quad \Rightarrow \quad x < 1 \quad \Rightarrow \quad \frac{1}{x} > 1 \quad \Rightarrow \quad \frac{1}{x} - 1 > 0$$

(unter Berücksichtigung von $p \in (0; 1)$ und $q \in (0; 1)$!)

$$0 < x_n < 1$$

impliziert (Dies stellt zwar keine große Überraschung dar, zeigt uns aber, dass wir nicht falsch liegen!).

Doch nun (bereits abschließend) zur qualitativen Analyse:

- Gilt $p > q$, so konvergiert $\langle x_n \rangle$ streng monoton wachsend gegen 1 (wie beim vorherigen konkreten Beispiel).

- Gilt $p = q$, so ist (trivialerweise!) f die identische Abbildung (da die beiden Beutel dann ja - mathematisch - ident sind) und $\langle x_n \rangle$ somit konstant.[100]

- Interessant wird es nun im Fall $p < q$. Auf unsere (Anwendungs-)Situation umgelegt handelt es sich hier also um folgendes Szenario: Es werden fortlaufend (trotz Zurücklegen!) Chips der Farbe i gezogen und die Wahrscheinlichkeiten berechnet, dass es sich um den $j-$dominanten Beutel handelt. Unser Modell liefert eine streng monoton fallende Nullfolge, was mit (je)der Intuition (völlig!) übereinstimmt.

Damit sei diese Anregung für stochastische Modellbildung im Anwendungsbereich *Kognitive Psychologie* beendet.

3.7 Beweise der EULERschen Formel

Für die berühmte EULERsche Formel $e^{ix} = \cos x + i \cdot \sin x$ (Setzt man insbesondere $x = \pi$, so folgt daraus die beeindruckende Gleichung $e^{i\pi} + 1 = 0$, welche Platz 1 der Top Ten der mathematischen Sätze belegt!) gibt es sehr unterschiedliche Beweise, wobei vor allem der damit in Zusammenhang stehende Facettenreichtum der verwendeten Hilfsmittel sehr beeindruckend ist. Für den ersten Zugang fahren wir gleich einmal ein scharfes funktionentheoretisches Geschütz auf:

3.7.1 Ein funktionentheoretischer Beweis

Um den hier verfolgten Weg beschreiten zu können, benötigen wir zunächst einen elementaren Sachverhalt aus der *Komplexen Analysis* (welche im deutschen Sprachraum auch oft als *Funktionentheorie* bezeichnet wird, was sich darin begründet, weil spezielle Eigenschaften bestimmter Funktionen erst im Komplexen sichtbar werden), nämlich den der *komplexen Differenzierbarkeit*:

Rein formal ist der Begriff der Ableitung einer komplexwertigen Funktion $f : \mathbb{D}_f \subseteq \mathbb{C} \to \mathbb{W}_f \subseteq \mathbb{C}$ genau so definiert wie im $\mathbb{R}$eellen:

Definition. Eine komplexwertige Funktion $f : \mathbb{D}_f \subseteq \mathbb{C} \to \mathbb{W}_f \subseteq \mathbb{C}$ heißt differenzierbar oder *holomorph* an der Stelle $z_0 \in D_f$, wenn der Grenzwert

$$\lim_{\Delta z \to 0} \frac{f(z_0 + \Delta z) - f(z_0)}{\Delta z}$$

existiert und unabhängig von der Richtung ist, längs der die Annäherung an z_0 erfolgt. Ist dies der Fall, so bezeichnet man diesen Grenzwert als $f'(z_0)$ und nennt ihn die erste Ableitung von f bei z_0. Ist f in einer Umgebung von z_0 differenzierbar, so nennt man f auch *analytisch* bei z_0. Ist f auf ganz D_f analytisch, so nennt man f auch *holomorph* auf

---

[100]Es ist durchaus sinnvoll, auch auf diesen (wenngleich trivialen!) Fall (zumindest kurz) einzugehen!

D_f.

Da $\mathbb{C}$ als Vektorraum über $\mathbb{R}$ zweidimenisonal ist, bräuchte man zur graphischen Veranschaulichung von f ein vierdimensionales Koordinatensystem, weshalb wir f alternativ als *Vektorfeld* betrachten, welches jeden Punkt $z_0 = x_0 + i \cdot y_0$ vermöge f auf $f(z_0) = u(x_0, y_0) + i \cdot v(x_0, y_0)$ abbildet. Die Funktionen u und v zweier reeller Variabler bezeichnen wir als die *Komponentenfunktionen* von f.

Bezüglich u und v werden wir im Folgenden ein notwendiges Kriterium für die komplexe Differenzierbarkeit einer komplexwertigen Funktion ableiten, welches auch hinreichend ist, was hier aber ohne Beweis nur mitgeteilt werden soll:

Satz. Es sei f eine durch $f(z) = u(x, y) + i \cdot v(x, y)$ definierte komplexwertige Funktionen. Dann gilt:

$$f \text{ ist holomorph auf } D_f \quad \Leftrightarrow \quad \frac{\partial u}{\partial x} = \frac{\partial v}{\partial y} \wedge \frac{\partial u}{\partial y} = -\frac{\partial v}{\partial x}$$

Bemerkung. Diese beiden partiellen Differentialgleichungen werden auch CAUCHY−RIEMANNsche Differentialgleichungen genannt.

Beweis. $\Leftarrow$ Entfällt hier.

$\Rightarrow$ Existiert die erste Ableitung von f an einer Stelle $z_0 \in D_f$ tatsächlich, so muss diese unabhängig von der Richtung der Annäherung sein, was bedeutet, dass insbesondere die horizontale und vertikale Annäherung das gleiche Resultat bringen müssen.

Horizontale Annäherung:

$$f'(z_0) = \lim_{\Delta x \to 0} \frac{u(x_0 + \Delta x, y_0) + i \cdot v(x_0 + \Delta x, y_0) - u(x_0, y_0) - i \cdot v(x_0, y_0)}{\Delta x} =$$

$$= \underbrace{\lim_{\Delta x \to 0} \frac{u(x_0 + \Delta x, y_0) - u(x_0, y_0)}{\Delta x}}_{\frac{\partial u}{\partial x}(x_0, y_0)} + i \cdot \underbrace{\lim_{\Delta x \to 0} \frac{v(x_0 + \Delta x, y_0) - v(x_0, y_0)}{\Delta x}}_{\frac{\partial v}{\partial x}(x_0, y_0)}$$

Vertikale Annäherung:

$$f'(z_0) = \lim_{\Delta y \to 0} \frac{u(x_0, y_0 + \Delta y) + i \cdot v(x_0, y_0 + \Delta y) - u(x_0, y_0) - i \cdot v(x_0, y_0)}{\Delta i \cdot y} =$$

$$= \underbrace{\lim_{\Delta y \to 0} \frac{v(x_0, y_0 \Delta y) - v(x_0, y_0)}{\Delta y}}_{\frac{\partial v}{\partial y}(x_0, y_0)} - i \cdot \underbrace{\lim_{\Delta y \to 0} \frac{u(x_0, y_0 + \Delta y) - u(x_0, y_0)}{\Delta y}}_{\frac{\partial u}{\partial y}(x_0, y_0)}$$

Diese beiden Annäherungen sind genau dann gleich, wenn gilt:

$$\frac{\partial u}{\partial x}(x_0, y_0) = \frac{\partial v}{\partial y}(x_0, y_0) \wedge \frac{\partial u}{\partial y}(x_0, y_0) = -\frac{\partial v}{\partial x}(x_0, y_0), \; \checkmark.$$

Um nun die EULERsche Formel abzuleiten, betrachten wir die komplexe Exponentialfunktion:

$$w = f(z) = e^z = e^{x+iy} = e^x e^{iy}$$

Da der Faktor e^x stets reell ist, muss f daher folgende Bauart haben:

$$f(z) = e^x(\varphi(y) + i \cdot \psi(y))$$

Damit erhalten wir für die Komponentenfunktionen u und v zunächst:

$$u(x, y) = e^x \varphi(y), \quad v(x, y) = e^x \psi(y)$$

Zur Erfüllung der CAUCHY−RIEMANNschen Differentialgleichungen muss gelten:

$$e^x \varphi(y) = e^x \psi^{'}(y) \ \wedge \ e^x \varphi^{'}(y) = -e^x \psi(y)$$

Wegen $e^x \neq 0 \ \forall x \in \mathbb{R}$ bedeutet dies (wobei die Variable y im Folgenden der Einfachheit halber weggelassen wird)

$$\psi^{'} = \varphi \ (1) \ \wedge \ \varphi^{'} = -\psi \ (2),$$

woraus durch wiederholte Differentiation (klarerweise nach y!)

$$\varphi^{'} = -\psi = \psi^{''} \wedge \psi^{'} = \varphi = -\varphi^{''}$$

folgt, d.h. sowohl φ als auch ψ erfüllen die Differentialgleichung

$$t^{''} + t = 0 \quad \text{mit} \ \ t = t(y).$$

Weil es sich bei dieser Differentialgleichung um eine lineare Differentialgleichung zweiter Ordnung handelt, ist jede Lösung als Linearkombination zweier beliebiger linear unabhängiger Lösungen darstellbar. Da $\{\sin y, \cos y\}$ eine Basis des Lösungsraumes unserer Differentialgleichung ist, gilt es nun nur noch die Koeffizienten für φ und ψ zu bestimmen: Wegen $e^x = e^{x+0 \cdot i}$ gilt

$$\varphi(0) = 1 \ \wedge \ \psi(0) = 0,$$

woraus wegen (1) und (2)

$$\varphi^{'}(0) = 0 \ \wedge \ \psi^{'}(0) = 1$$

folgt, was die Resultate

$$\varphi(y) = \cos y \quad \text{und} \quad \psi(y) = \sin y$$

und somit

$$e^{iy} = \cos y + i \cdot \sin y,$$

also die EULERsche Formel, zur Folge hat.

Für die nächsten beiden Zugänge gehen wir von der Funktion $f : \mathbb{R} \rightarrow \mathbb{C}$ mit $f(x) = \cos x + i \cdot \sin x$ aus und ermitteln auf zwei Arten deren Umkehrfunktion g, was auch schon die beiden neuen Zugänge darstellt.

3.7.2   Der Weg über die (Arcus−)Cosinusfunktion

Um die Gleichung $y = \cos x + i \cdot \sin x$ nach x aufzulösen, gehen wir wie folgt vor:

$$y = \cos x + i \cdot \sin x \ \Leftrightarrow \ y - \cos x = i \cdot \sin x \ \Rightarrow \ (y - \cos x)^2 = i^2 \cdot \underbrace{\sin^2 x}_{1-\cos^2 x}$$

$$\Rightarrow \ y^2 - 2y \cos x + \cos^2 x = -1 + \cos^2 x \ \Rightarrow \ \cos x = \frac{y^2 + 1}{2y} \ \Rightarrow \ \underline{g(y) = \arccos \frac{y^2 + 1}{2y}}$$

$$\Rightarrow \ g'(y) = -\frac{\frac{2y \cdot 2y - 2 \cdot (y^2+1)}{4y^2}}{\sqrt{1 - \frac{(y^2+1)^2}{4y^2}}} = -\frac{\frac{2y^2-2}{4y^2}}{\frac{\sqrt{-(1-y^2)^2}}{2y}} = -\frac{y^2-1}{iy(1-y^2)} = \frac{-i}{y}$$

$$\Rightarrow \ g(y) = x = -i \cdot \ln y + C \ (C \in \mathbb{C}) \ \Rightarrow \ ix = \ln y + iC \ \Rightarrow \ e^{iC} y = e^{ix} \ \Rightarrow \ y = e^{-iC} e^{ix}$$

Um die Konstante e^{iC} zu berechnen, setzen wir in

$$e^{-iC} e^{ix} = \cos x + i \cdot \sin x$$

$x = 0$ und erhalten $e^{-iC} = 1$, also mit

$$e^{ix} = \cos x + i \cdot \sin x$$

die EULERsche Formel.

Bemerkungen zu diesem Zugang:

- Da die Quadratwurzel aus einer negativen Zahl (wie hier $-(1-y^2)^2$) nicht eindeutig ist, wurde hier bewusst bereits der in Hinblick auf die EULERsche Formel "richtige Wert" gewählt. Dass $\varphi(x) = e^{-ix}$ und $\psi(x) = \cos x + i \cdot \sin x$ nicht ident sind, zeigt man durch Differentiation. Es gilt nämlich $\varphi'(x) = -i \cdot \varphi(x)$, aber $\psi'(x) = i \cdot \psi(x)$.

- Anhand einer Kurvendiskussion der durch $h(x) = \dfrac{x^2 + 1}{2x} = \dfrac{1}{2} \cdot \left(x + \dfrac{1}{x} \right)$ definierten Funktion h überzeugt man sich, dass h tatsächlich $\mathbb{R} \setminus\,]-1; 1[$ als Wertebereich besitzt, was erklärt, warum g bis auf $k\pi$, $k \in \mathbb{Z}$ keine reellen Werte annehmen kann.

3.7.3   Der Weg über die (Arcus−)Sinusfunktion

Um die Gleichung $y = \cos x + i \cdot \sin x$ nach x aufzulösen, gehen wir nun wie folgt vor:

$$y = \cos x + i \cdot \sin x \ \Leftrightarrow \ y - i \cdot \sin x = \cos x \ \Rightarrow \ (y - i \cdot \sin x)^2 = \underbrace{\cos^2 x}_{1-\sin^2 x}$$

$$\Rightarrow \ y^2 - 2iy \sin x - \sin^2 x = 1 - \sin^2 x \ \Rightarrow \ \sin x = \frac{y^2 - 1}{2iy} \ \Rightarrow \ \underline{g(y) = \arcsin \frac{y^2 - 1}{2iy}}$$

$$\Rightarrow \ g'(y) = \frac{\frac{2y \cdot 2iy - 2i \cdot (y^2-1)}{4i^2 y^2}}{\sqrt{1 - \frac{(y^2-1)^2}{4i^2 y^2}}} = \frac{\frac{2iy^2+2i}{-4y^2}}{\sqrt{1 + \frac{(y^2-1)^2}{4y^2}}} = \frac{\frac{2i(y^2+1)}{-4y^2}}{\frac{\sqrt{(y^2+1)^2}}{2y}} = \frac{-i(y^2+1)}{y(y^2+1)} = \frac{-i}{y}$$

$$\Rightarrow \ g(y) = x = -i \cdot \ln y + C \ (C \in \mathbb{C}) \ \Rightarrow \ ix = \ln y + iC \ \Rightarrow \ e^{iC} y = e^{ix} \ \Rightarrow \ y = e^{-iC} e^{ix}$$

Um die Konstante e^{-iC} zu berechnen, setzen wir in

$$e^{iC}e^{ix} = \cos x + i \cdot \sin x$$

$x = 0$ und erhalten $e^{iC} = 1$, also mit

$$e^{ix} = \cos x + i \cdot \sin x$$

die EULERsche Formel.

Bemerkungen zu diesem Zugang:

- Im Vergleich zum Zugang über die (Arcus−)Cosinusfunktion ergeben sich hier von vornherein keine zwei Möglichkeiten (e^{-ix} bzw. e^{ix}), da die imaginäre Einheit i hier von Anfang an ihre Finger im Spiel hat, was uns aber aufgrund unserer Vorgehensweise dazu zwingt, die Regel vom konstanten Faktor aus der Differentialrechnung auch für echtkomplexe Faktoren (hier i) zu postulieren.

- Im Gegensatz zu Abschnitt 3.7.2 entbehrt die Funktion g aufgrund der bereits im Argument enthaltenen imaginären Einheit i ohnehin von Anfang an jeglicher (reeller) Interpretation, da der Sinus für uns ja niemals komplexe Werte annimmt, was somit auf natürliche Weise auf komplexe Winkel führt (welche sich natürlich auch schon in Abschnitt 3.7.2 manifestieren, da es ja keinen reellen Winkel gibt, dessen Cosinus dem Betrage nach größer als 1 ist!).

3.7.4 Ein Weg über die komplexe Faktorisierung der Eins

Wegen

$$\cos^2 x + \sin^2 x = (\cos x + i \cdot \sin x) \cdot (\cos x - i \cdot \sin x) = (\cos x + i \cdot \sin x) \cdot [\cos(-x) + i \cdot \sin(-x)]$$

erfüllt die via

$$f(x) = \cos x + i \cdot \sin x$$

definierte Funktion $f : \mathbb{R} \to \mathbb{C}$ die *Funktionalgleichung*

$$f(x) \cdot f(-x) = 1,$$

was den Ansatz

$$f(x) = e^{kx} \quad \text{mit} \quad k \in \mathbb{C}$$

nahelegt, was wegen

$$\frac{d^2}{dx^2}(e^{kx}) = k^2 \cdot e^{kx}$$

und

$$\frac{d^2}{dx^2}(\cos x + i \cdot \sin x) = -\cos x - i \cdot \sin x$$

die Differentialgleichung

$$f''(x) = -f(x)$$

impliziert, woraus demnach

$$k^2 = -1,$$

ergo

$$k_1 = i \quad \text{und} \quad k_2 = -i$$

folgt.

Wegen

$$f'(x) = -\sin x + i \cdot \cos x = i \cdot (\cos x + i \cdot \sin x) = i \cdot f(x)$$

ist also k_1 die richtige Lösung und wir erhalten folgenden

Satz (EULERsche Formel): $e^{ix} = \cos x + i \cdot \sin x$

Bezüglich weiterer Zugänge zur EULERschen Formel konsultiere man etwa [39], [50] und [59], wobei [39] auch in [40] nebst vielen weiteren interessanten herausfordernden mathematischen Leckerbissen zu finden ist.

3.8   Sinus und Cosinus als Reihen

In diesem Abschnitt wollen wir die Sinus- und die Cosinusfunktion als Potenzreihen darstellen (synonym: in Potenzreihen entwickeln), wobei wir dazu keine starken Hilfsmittel aus der Analysis benötigen werden, sondern lediglich die folgenden "tools":

1. die Doppelwinkelformeln $\sin(2x) = 2\sin x \cos x$ und $\cos(2x) = \cos^2 x - \sin^2 x$

2. die Identitäten $\sin(-x) = -\sin x$ und $\cos(-x) = \cos x$

3. das Prinzip der vollständigen Induktion

4. den Binomischen Lehrsatz

sowie

* die beiden im unmittelbaren Anschluss angestellten geometrischen Überlegungen:

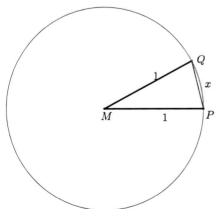

Ausgehend von Punkt (b), welcher ja nichts weiter besagt, alsdass die Sinus- bzw. Cosinusfunktion eine ungerade bzw. gerade Funktion ist, liegt der Ansatz

$$\sin x = a_1 x + a_3 x^3 + a_5 x^5 + \ldots + a_{2n+1} x^{2n+1} + \ldots$$

bzw.

$$\cos x = a_0 + a_2 x^2 + a_4 x^4 + \ldots + a_{2n} x^{2n} + \ldots$$

nahe, damit die Eigenschaft (b) auch in den Potenzreihenentwicklungen erhalten bleibt. Um den im folgenden eingeschlagenen Weg über die Punkte 1., 3. und 4. beschreiten zu

können, benötigen wir vorab die Resultate für a_0 und a_1, was im ersten Fall wegen $\cos 0 = 1$ unmittelbar auf $a_0 = 1$ führt und im zweiten Fall folgende geometrische Überlegung erfordert (vgl. Abbildung):

Wird der Winkel x (im Bogenmaß gemessen, was wesentlich ist!) im linken Sektor des Einheitskreises zunehmend kleiner, so ist der Flächeninhalt F_1 des Sektors (für den $F_1(x) = \dfrac{x}{2}$ gilt) dem Flächeninhalt F_2 des entsprechenden Dreiecks $\triangle MPQ$ (für welchen aufgrund der *Trigonometrischen Flächeninhaltsformel* $F_2 = \frac{\sin x}{2}$ gilt) annähernd gleich (Im Limes schließlich tritt die Gleichheit ein, was $\lim\limits_{x \to 0} \dfrac{\sin x}{x} = 1$ impliziert!), was auf die Approximationsaussage

$$\sin x \approx x \quad \text{für} \quad x \approx 0$$

führt und somit $a_1 = 1$ impliziert.[101]

Mit den obig getätigten Ansätzen

$$\cos x = \sum_{n=0}^{\infty} a_{2n} x^{2n} \quad \text{und} \quad \sin x = \sum_{n=0}^{\infty} a_{2n+1} x^{2n+1}$$

sowie der Anwendung der ersten Formel von (a) und der unmittelbar einsichtigen Konsequenz

$$\sin(2x) = \sum_{n=0}^{\infty} a_{2n+1} 2^{2n+1} x^{2n+1} \quad (i)$$

erhalten wir nunmit

$$\sin(2x) = 2\cos x \sin x = 2 \cdot \left(a_0 + a_2 x^2 + a_4 x^4 + \ \dots \ \right) \cdot \left(a_1 x + a_3 x^3 + a_5 x^5 + \ \dots \ \right) =$$

$$= 2\left[a_0 a_1 x + (a_0 a_3 + a_1 a_2)\, x^3 + (a_0 a_5 + a_1 a_4 + a_2 a_3)\, x^5 + \ \dots \ \right],$$

woraus man einerseits unschwer das allgemeine Bildungsgesetz[102]

$$\sin(2x) = 2 \sum_{n=0}^{\infty} \left(\sum_{k=0}^{n} a_k a_{2n+1-k} \right) x^{2n+1}$$

deduziert, was andererseits wegen (i) schließlich

$$\sum_{k=0}^{n} a_k a_{2n+1-k} = 2^{2n} a_{2n+1}$$

bzw. (um a_{2n+1} durch alle Koeffizienten niedrigerer Indizes auszudrücken, wobei $a_0 = 1$ verwendet wird!)

$$\sum_{k=1}^{n} a_k a_{2n+1-k} = (2^{2n} - 1) a_{2n+1} \quad (ii)$$

---

[101] Für unsere Zwecke reicht es - wie schon bemerkt - aus, a_0 und a_1 zu berechnen, jedoch sei hier an passender Stelle noch vermerkt, dass man wegen der ebenso einsichtigen Approximationsaussage $\overline{PQ} \approx x$ für $x \approx 0$ unter Anwendung des *Cosinus-Satzes* auf die Approximationsaussage $x^2 \approx 1 + 1 - 2\cos x$ bzw. $\cos x \approx 1 - \frac{x^2}{2}$ stößt, was $a_2 = -\frac{1}{2}$ impliziert!

[102] Der Connaisseur erblickt darin das bekannte CAUCHYsche Reihenprodukt!

impliziert, woraus sich demnach die Koeffizienten der Sinus-Reihe berechnen lassen, was aber (da zur jeweils nächsten Gleichung zwei weitere unbekannte Koeffizienten hinzu-stoßen!) voraussetzt, dass man auch alle Koeffizienten kleinerer Indizes der Cosinusreihe schon berechnet hat, was wir nun durch Anwendung der zweiten Formel von (a) wie folgt erledigen werden:

Es gilt wieder nach den obig getätigten Ansätzen

$$\cos x = \sum_{n=0}^{\infty} a_{2n} x^{2n} \quad \text{und} \quad \sin x = \sum_{n=0}^{\infty} a_{2n+1} x^{2n+1}$$

sowie eben der Anwendung der zweiten Formel von 1. und der unmittelbar einsichtigen Konsequenz

$$\cos(2x) = \sum_{n=0}^{\infty} a_{2n} 2^{2n} x^{2n} \quad (iii)$$

die Identität

$$\cos(2x) = \cos^2 x - \sin^2 x = \left(a_0 + a_2 x^2 + a_4 x^4 + \ldots \right) \cdot \left(a_0 + a_2 x^2 + a_4 x^4 + \ldots \right)$$

$$- \left(a_1 x + a_3 x^3 + a_5 x^5 + \ldots \right) \cdot \left(a_1 x + a_3 x^3 + a_5 x^5 + \ldots \right) =$$

$$= a_0 + (2a_0 a_2 - a_1^2)x^2 + (2a_0 a_4 - 2a_1 a_3 + a_2^2)x^4 + (2a_0 a_6 - 2a_1 a_5 + 2a_2 a_4 - a_3^2)x^6 + \ldots,$$

woraus man ebenso wie zuvor unschwer das allgemeine Bildungsgesetz

$$\cos(2x) = \sum_{n=0}^{\infty} \left(2 \sum_{k=0}^{n} (-1)^k a_k a_{2n-k} + (-1)^{n+1} a_n^2 \right) x^{2n}$$

deduziert, woraus dann zusammen mit (iii) schließlich

$$2 \sum_{k=0}^{n} (-1)^k a_k a_{2n-k} + (-1)^{n+1} a_n^2 = 2^{2n} a_{2n}$$

bzw. (um ebenso a_{2n} durch alle Koeffizienten niedrigerer Indizes auszudrücken, wobei abermals $a_0 = 1$ verwendet wird!)

$$\sum_{k=1}^{n} (-1)^k a_k a_{2n-k} + \frac{(-1)^{n+1}}{2} \cdot a_n^2 = (2^{2n-1} - 1)a_{2n} \quad (iv)$$

folgt, woraus sich (mit den selben Bemerkungen wie zuvor bei Gleichung (ii)!) die Koeffizienten der Cosinus-Reihe berechnen lassen.

Basierend auf $a_0 = a_1 = 1$ (und - was aber wie bemerkt nicht notwendig zu wissen ist - $a_2 = -\frac{1}{2}$) berechnet man nun mühelos durch wiederholte Anwendung von (ii) und (iv) weitere Koeffizienten:

$$a_3 = -\frac{1}{3!}, \quad a_4 = \frac{1}{4!}, \quad a_5 = \frac{1}{5!}, \quad a_6 = -\frac{1}{6!}, \quad a_7 = -\frac{1}{7!}, \quad \ldots$$

Dies veranlasst uns im Folgenden zu den Vermutungen

$$a_{2l+1} = \frac{(-1)^l}{(2l+1)!} \quad (ii') \quad \text{und} \quad a_{2l} = \frac{(-1)^l}{(2l)!} \quad (iv'),$$

welche es nun jeweils mittels vollständiger Induktion zu beweisen gilt, wozu wir wie schon eingangs bemerkt den Binomischen Lehrsatz benötigen werden, konkret sieht dies wie folgt aus:

(ii') beweisen wir, indem wir in (ii) annehmen, dass (ii') bzw. (iv') bereits $\forall l \in \{0,1,2,\ldots,n-1\}$ bzw. $\forall l \in \{0,1,2,\ldots,n\}$ gilt[103] und führen bezüglich des Laufindex k auf der linken Seite von (ii) zunächst folgende Fallunterscheidung durch (wofür wir bereits von der Induktionsannahme Gebrauch machen!):

Fall 1: $k = 2l$

$$\Rightarrow \quad a_k = a_{2l} = \frac{(-1)^l}{(2l)!} \quad \wedge \quad a_{2n+1-k} = a_{2n+1-2l} = a_{2(n-l)+1} = \frac{(-1)^{n-l}}{[2(n-l)+1]!}$$

$$\Rightarrow \quad a_{2l}a_{2(n-l)+1} = a_k a_{2n+1-k} = \frac{(-1)^n}{k!\cdot(2n+1-k)!} = \frac{(-1)^n}{(2n+1)!}\cdot\binom{2n+1}{k}$$

Fall 2: $k = 2l+1$

$$\Rightarrow \quad a_k = a_{2l+1} = \frac{(-1)^l}{(2l+1)!} \quad \wedge \quad a_{2n+1-k} = a_{2n+1-2l-1} = a_{2(n-l)} = \frac{(-1)^{n-l}}{[2(n-l)]!}$$

$$\Rightarrow \quad a_{2l+1}a_{2(n-l)} = a_k a_{2n+1-k} = \frac{(-1)^n}{k!\cdot(2n+1-k)!} = \frac{(-1)^n}{(2n+1)!}\cdot\binom{2n+1}{k}$$

Somit gilt also

$$\sum_{k=1}^{n} a_k a_{2n+1-k} = \frac{(-1)^n}{(2n+1)!}\cdot\sum_{k=1}^{n}\binom{2n+1}{k},$$

was wegen

$$\sum_{k=0}^{2n+1}\binom{2n+1}{k} = 2^{2n+1}, \quad \binom{2n+1}{0} = 1$$

und der Symmetrieeigenschaft

$$\binom{2n+1}{k} = \binom{2n+1}{2n+1-k}$$

auf die Gleichung

$$\sum_{k=1}^{n} a_k a_{2n+1-k} = \frac{(-1)^n}{(2n+1)!}\cdot\left(\frac{1}{2}\cdot 2^{2n+1}-1\right) = \frac{(-1)^n}{(2n+1)!}\cdot(2^{2n}-1) \quad \text{führt,}$$

woraus schließlich

$$\frac{(-1)^n}{(2n+1)!}\cdot(2^{2n}-1) = (2^{2n}-1)a_{2n+1} \quad \Rightarrow \quad a_{2n+1} = \frac{(-1)^n}{(2n+1)!} \quad \text{folgt,}$$

womit (ii') bewiesen ist.

---

[103]Wir können sofort mit der Induktionsannahme und dem Induktionsschluss beginnen, da der Induktionsbeginn ja (mehr als nur) erledigt ist!

Entsprechend beweisen wir nun (iv'), indem wir in (iv) annehmen, dass (ii') und (iv') bereits $\forall l \in \{0, 1, 2, \ldots, n-1\}$ gelten und führen bezüglich des Laufindex k auf der linken Seite von (iv) zunächst folgende Fallunterscheidung durch (wobei wir erneut von der Induktionsannahme Gebrauch machen!):

Fall 1: $k = 2l$

$$\Rightarrow \quad a_k = a_{2l} = \frac{(-1)^l}{(2l)!} \quad \wedge \quad a_{2n-k} = a_{2n-2l} = a_{2(n-l)} = \frac{(-1)^{n-l}}{[2(n-l)]!}$$

$$\Rightarrow \quad a_{2l} a_{2(n-l)} = a_k a_{2n-k} = \frac{(-1)^n}{k! \cdot (2n-k)!} = \frac{(-1)^n}{(2n)!} \cdot \binom{2n}{k}$$

Fall 2: $k = 2l + 1$

$$\Rightarrow \quad a_k = a_{2l+1} = \frac{(-1)^l}{(2l+1)!} \quad \wedge \quad a_{2n-k} = a_{2n-2l-1} = a_{2(n-l)-1} = \frac{(-1)^{n-l-1}}{[2(n-l)-1]!}$$

$$\Rightarrow \quad a_{2l+1} a_{2(n-l)-1} = a_k a_{2n-k} = \frac{(-1)^{n+1}}{k! \cdot (2n-k)!} = \frac{(-1)^{n+1}}{(2n)!} \cdot \binom{2n}{k}$$

Somit gilt also zunächst

$$\sum_{k=1}^{n} (-1)^k a_k a_{2n-k} + \frac{(-1)^{n+1}}{2} \cdot a_n^2 = \frac{(-1)^n}{(2n)!} \cdot \left(\sum_{k=1}^{n} \binom{2n}{k} - \frac{(2n)!}{2 \cdot n!^2} \right).$$

Ferner folgt aus

$$\sum_{k=0}^{2n} \binom{2n}{k} = 2^{2n} \quad \text{und} \quad \binom{2n}{0} = 1,$$

der Symmetrieeigenschaft

$$\binom{2n}{k} = \binom{2n}{2n-k}$$

und der Tatsache, dass $\sum_{k=0}^{2n} \binom{2n}{k}$ aus einer *ungeraden Anzahl von Summanden* besteht, die Identität

$$\frac{1}{2} \cdot 2^{2n} = 2^{2n-1} = \sum_{k=0}^{n} \binom{2n}{k} - \frac{1}{2} \cdot \binom{2n}{n}$$

bzw.

$$\sum_{k=1}^{n} \binom{2n}{k} - \frac{(2n)!}{2 \cdot n!^2} = 2^{2n-1} - 1,$$

woraus nunmehr summa summarum

$$\frac{(-1)^n}{(2n)!} \cdot (2^{2n-1} - 1) = (2^{2n-1} - 1) a_{2n} \quad \Rightarrow \quad a_{2n} = \frac{(-1)^n}{(2n)!} \quad \text{folgt},$$

womit auch (iv') bewiesen ist.

Damit haben wir nun den folgenden Satz bewiesen (wobei man die entsprechenden darin enthaltenen Konvergenzaussagen etwa durch Anwendung der Formel von CAUCHY-HADAMARD erhält, welche man aus dem Quotientenkriterium herleiten kann, welches seinerseits lediglich das Majorantenkriterium und die geometrische Reihe voraussetzt, siehe etwa [58]!):

$\boxed{\text{SATZ.}}$ $\forall x \in \mathbb{R}$ gilt die folgende *Potenzreihenentwicklung* der (Co-)Sinusfunktion:

$$\sin x = x - \frac{x^3}{3!} + \frac{x^5}{5!} - \frac{x^7}{7!} \pm \ldots = \sum_{n=0}^{\infty} \frac{(-1)^n}{(2n+1)!} \cdot x^{2n+1}, \quad \cos x = 1 - \frac{x^2}{2!} + \frac{x^4}{4!} - \frac{x^6}{6!} \pm \ldots = \sum_{n=0}^{\infty} \frac{(-1)^n}{(2n)!} \cdot x^{2n}$$

3.9   Summenformeln

Der werte L $\overset{e}{\underset{\ddot{o}}{}}$ ser soll in diesem Abschnitt mit elementaren zahlentheoretischen Sätzen wie den beiden folgenden konfrontiert werden, deren Allgemeingültigkeit wir freilich auf den Grund gehen werden, was − Und genau darum soll es hier gehen! − manchmal noch zu weiteren interessanten Einsichten führen kann:

Satz 1. Dividiert man das Quadrat einer ungeraden Zahl durch 8, so beträgt der Rest stets 1.

Satz 2. Das Produkt einer ungeraden (natürlichen) Zahl mit ihrem Vorgänger und ihrem Nachfolger ist stets durch 24 teilbar.

Die Beweise dieser beiden Sätze verlaufen elementar:

BEWEIS ZU SATZ 1. $\frac{(2n+1)^2}{8} = \frac{4n^2+4n+1}{8} = \frac{4n(n+1)}{8} + \frac{1}{8}$
Da entweder n oder $n+1$ gerade und somit durch 2 teilbar sein muss, ist der erste Bruch demnach stets uneigentlich, woraus wegen der 1 im Zähler des zweiten Bruchs bereits die Behauptung folgt.

BEWEIS ZU SATZ 2. Von drei aufeinanderfolgenden (natürlichen) Zahlen ist stets genau eine durch 3 teilbar. Ferner ist von zwei "benachbarten geraden Zahlen" stets eine durch 2 und die andere sogar durch 4 teilbar, also insgesamt das Produkt aus Satz 2 durch $2 \cdot 3 \cdot 4 = 24$ teilbar, $\square$.

Das eigentlich Interessante liegt nun aber nicht in den Beweisen dieser beiden Sätze, sondern in weiteren Mustern, die diesen beiden **Phänomenen** innewohnen, nämlich:

Betrachtet man in Satz 1 die ganzzahligen Anteile der Quotienten nach Division durch 8, erhält man der Reihe nach

$$[1^2 : 8] = 0, \quad [3^2 : 8] = 1, \quad [5^2 : 8] = 3, \quad [7^2 : 8] = 6, \quad [9^2 : 8] = 10 \text{ usw.,}$$

also gerade die Dreieckszahlen.

Mittels $\frac{(2n+3)^2 - (2n+1)^2}{8} = n+1$ [Man beginnt eben mit $n = 0$, was aus technischen Gründen so gewählt wurde, da zu Beginn der 7. Schulstufe (wo der Autor dieses Phänomen stets zur ersten Motivation der elementaren Algebra behandelt) die Operation $-(2n-1)^2$ noch zu viele Schwierigkeiten hervorruft.] erkennt man nun allgemein, dass (wegen des konstanten Rests!) auch $[(2n+3)^2 : 8] - [(2n+1)^2 : 8] = n+1$ gilt, woraus schließlich (vgl. Beweis von Satz 1!)

$$\sum_{k=1}^{n} k = \frac{4n(n+1)}{8}$$

bzw. gekürzt

$$\sum_{k=1}^{n} k = \frac{n(n+1)}{2},$$

also die bekannte GAUSSsche Formel folgt.

Soweit zur ersten interessanten Einsicht, welche sozusagen als Nebenprodukt zu Satz 1 "abfällt".

Betrachtet man nun in Satz 2 die durch Division der Tripelprodukte durch 24 entstehenden Quotienten, erhält man der Reihe nach

$q_1 = (2 \cdot 3 \cdot 4) : 24 = 1$, $q_2 = (4 \cdot 5 \cdot 6) : 24 = 5$, $q_3 = (6 \cdot 7 \cdot 8) : 24 = 14$, $q_4 = (8 \cdot 9 \cdot 10) : 24 = 30$ usw.,

woraus sich bereits die Vermutung aufdrängt, dass $q_n - q_{n-1} = n^2$ gilt, was sich via

$$\frac{2n(2n+1)(2n+2) - 2n(2n-1)(2n-2)}{24} = \frac{4n[(2n+1)(n+1) - (2n-1)(n-1)]}{24} = \frac{24n^2}{24} = n^2$$

unschwer bestätigt, woraus sich nun unmittelbar der Zusammenhang

$$\sum_{k=1}^{n} k^2 = q_n$$

ergibt, was nach Kürzen von q_n ....

$$q_n = \frac{2n(2n+1)(2n+2)}{24} = \frac{4n(2n+1)(n+1)}{24} = \frac{n(n+1)(2n+1)}{6}$$

.... schließlich zur bekannten Summenformel

$$\sum_{k=1}^{n} k^2 = \frac{n(n+1)(2n+1)}{6}$$

führt.[104]

3.10 Achtung vor Verallgemeinerungen!

Im Kapitel "Evidenz und Wahrheit" von [57] wird folgende Problemstellung behandelt, die wir hier zum Teil auf eine etwas andere Art und Weise angehen und überdies auch noch etwas tiefliegender analysieren wollen (*auch in grafischer Hinsicht*):

---

[104]Zu einer geometrischen Herleitung vgl. [63], S.15!

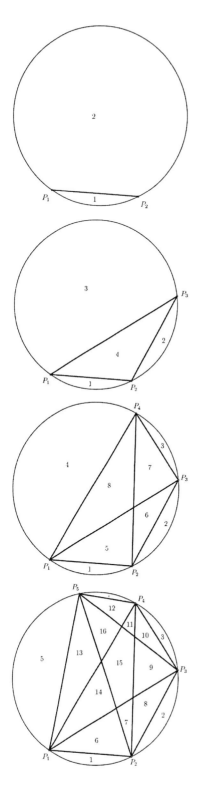

Ausgehend von n Punkten ($n \in \mathbb{N}$ mit $n \geq 2$) P_1, P_2, ..., P_n auf dem Rand k einer Kreisscheibe werden alle möglichen Verbindungsstrecken gezogen. In wie viele (von n abhängige) Gebiete teilen diese Verbindungsstrecken die Kreisscheibe?

Erste grafische Lösungen (siehe links!) führen zur naheliegenden Vermutung, dass für die Gebietszahl G_n die Formel $G_n = 2^{n-1}$ gilt, was sich für $n \leq 5$ auch als richtig erweist. Doch bereits für sechs Punkte weicht die Prognose (wenn auch nur um 1) ab, ein 32tes Gebiet lässt sich auf Gedeih und Verderb nicht finden. Dabei handelt es sich um keine mathematische Maliziösität oder dgl. (Nota bene: Der Mathematik sind derartige Animositäten komplett fremd!), sondern um die menschliche Fehleinschätzung bzgl. einer Regel, die es in der (einfachen!) angenommenen Form so nicht gibt, weshalb wir die Problemstellung genauer analysieren wollen, wozu wir zunächst noch wie in [57] vorgehen (um dann (stark) davon abzuweichen):

Gehen wir von $n - 1$ Punkten durch Hinzunahme von P_n zu n Punkten über (was man anhand der insgesamt sechs Abbildungen somit insgesamt fünfmal grafisch nachvollziehen kann), so entstehen insgesamt $n - 1$ neue Verbindungsstrecken $P_k P_n$ (für $1 \leq k \leq n-1$), welche die Strecke $P_i P_j$ genau dann schneiden, wenn entweder $1 \leq i < k < j \leq n - 1$ oder $1 \leq j < k < i \leq n - 1$ gilt. Da die Strecken $P_i P_j$ und $P_j P_i$ als zueinander ident anzusehen sind, reicht es also die $\boxed{\text{Anzahl } \#(k, n)}$ aller Paare (i, j) mit $1 \leq i < k < j \leq n - 1$ zu ermitteln, $\boxed{\text{welche}}$ dann (bis auf P_n selbst) sogleich die Anzahl neu hinzukommender Schnittpunkte und somit auch (bis auf das neue Segment) zusätzlicher Gebiete angibt. Für $\#(k, n)$ ergeben sich schrittweise zunächst für alle i mit $1 \leq i < k$ exakt $k - 1$ Möglichkeiten sowie für alle j mit $k < j \leq n - 1$ exakt $n - k - 1$ Möglichkeiten, also insgesamt $\#(k, n) = (k - 1) \cdot [n - (k + 1)]$ Möglichkeiten. Addieren wir den Punkt P_n bzw. das neue Segment noch hinzu, so ergibt sich durch Summation über alle k zwischen 1 und $n - 1$ schließlich die Rekursionsformel

$$G_n = G_{n-1} + \sum_{k=1}^{n-1} \underbrace{\{(k - 1) \cdot [n - (k + 1)] + 1\}}_{x_k}.$$

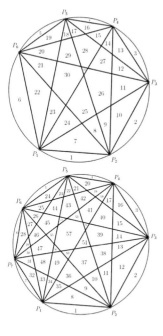

Umformen liefert

$$x_k = n \cdot (k-1) - (k^2 - 1) + 1 = n \cdot (k-1) - k^2 + 2,$$

was auf

$$G_n = G_{n-1} + n \cdot \sum_{k=1}^{n-1} k - n \cdot \sum_{k=1}^{n-1} 1 - \sum_{k=1}^{n-1} k^2 + 2 \cdot \sum_{k=1}^{n-1} 1$$

bzw. unter Anwendung der Summenformeln aus Abschnitt 3.9 (wobei n durch $n-1$ zu ersetzen ist!) sowie der Verwendung der Schreibweise $\Delta G_n := G_n - G_{n-1}$ für die sogenannte *Differenzenfolge* ΔG_n der Zahlenfolge G_n (was nichts weiter als ein diskretes Analogon der Ableitung einer reellen Funktion darstellt, wobei hier überraschenderweise im Vergleich zum kontinuierlichen Fall nicht die Zahl e, sondern die Basis 2 für einen Fixpunkt bezüglich Δ, nämlich in Form der Folge 2^n, sorgt!) auf

$$\Delta G_n = n \cdot \frac{(n-1) \cdot n}{2} - n \cdot (n-1) - \frac{(n-1) \cdot n \cdot (2n-1)}{6} + 2 \cdot (n-1),$$

ergo vereinfacht auf $\Delta G_n = \dfrac{n-1}{6} \cdot \left(3n^2 - 6n - 2n^2 + n + 12\right)$

bzw. $\Delta G_n = \dfrac{(n-1) \cdot (n^2 - 5n + 12)}{6}$ führt.

Die nächsten sechs Figuren legen Zeugnis über die Begeisterungsfähigkeit junger Menschen für mathematische Forschungsthemen ab: Im Herbst 2005 fertigte eine Teilnehmerin des Mathematik-Olympiadekurses Klasse 9 für die Fälle $8 \le k \le 13$ die folgenden Zeichnungen an, weil sie die algebraische Behandlung von G_n nicht abwarten wollte, da sich der Kursleiter (in Personalunion Autor dieser Zeilen!) auf einem Olympiadekursleiterseminar befand, weshalb bis zur Auflösung des Problems zwei Wochen (anstatt sonst nur einer!) vergehen würden.

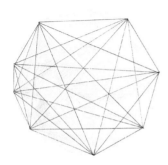

Um nun aus ΔG_n die eigentliche Folge G_n zu *rekonstruieren* (was dem diskreten Pendant zur Integration im stetigen Fall entspricht), brauchen wir nur zu konstatieren, dass es sich bei ΔG_n um ein Polynom vom Grad 3 handelt. Bildet man nun allgemein von einem Polynom k^{ten} Grades P_n in der Variablen n (wobei $n \in \mathbb{N}$) die Differenzenfolge, so ergibt dies

$$\Delta P_n = P_n - P_{n-1} = \sum_{j=0}^{k} a_j \cdot n^j - \sum_{j=0}^{k} a_j \cdot (n-1)^j =$$

$$= \sum_{j=0}^{k} a_j \cdot \overbrace{[n^j - (n-1)^j]}^{\psi(n,j)}.$$

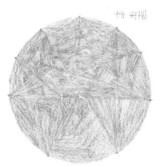

Entwickelt man nun in $\psi(n,j)$ den Ausdruck $(n-1)^j$ nach dem binomischen Lehrsatz, so stellt sich heraus, dass $\deg\psi = j-1$ (und nicht j) gilt, weshalb also $\deg\Delta P_n = k-1$ gilt, d.h. wie beim Differenzieren einer Polynomfunktion verringert sich auch bei der Differenzenbildung einer reellen Zahlenfolge vom polynomialen Typ der Grad um 1, weshalb wir G_n mit einem Polynom vierten Grades ansetzen werden, ergo:

$$G_n = An^4 + Bn^3 + Cn^2 + Dn + E$$

$$\Rightarrow \quad \Delta G_n = G_n - G_{n-1} =$$

$$= A\cdot[n^4-(n-1)^4]+B\cdot[n^3-(n-1)^3]+C\cdot[n^2-(n-1)^2]+D\cdot[n-(n-1)]$$

Unter Anwendung der Regel von HORNER

$$q^n - r^n = (q-r)\cdot(q^{n-1}+q^{n-2}\cdot r+q^{n-3}\cdot r^2+...+q^2\cdot r^{n-3}+q\cdot r^{n-2}+r^{n-1})$$

vereinfacht sich ΔG_n wegen $n-(n-1)=1$ zu

$$\Delta G_n = A\cdot[(n-1)^3+(n-1)^2\cdot n+(n-1)\cdot n^2+n^3]+B\cdot[(n-1)^2+(n-1)\cdot n+n^2]+C\cdot(n+n-1)+D$$

bzw.

$$\Delta G_n = A\cdot(n^3-3n^2+3n-1+n^3-2n^2+n+n^3-n^2+n^3)+B\cdot(n^2-2n+1+n^2-n+n^2)+C\cdot(2n-1)+D$$

resp.

$$\Delta G_n = A\cdot(4n^3-6n^2+4n-1)+B\cdot(3n^2-3n+1)+C\cdot(2n-1)+D$$

und schließlich

$$\Delta G_n = 4A\cdot n^3 + (-6A+3B)\cdot n^2 + (4A-3B+2C)\cdot n + (-A+B-C+D).$$

Greifen wir auf das vorherige Ergebnis

$$\Delta G_n = \frac{(n-1)\cdot(n^2-5n+12)}{6} \quad \text{bzw. ausmul-}$$

$$\text{tipliziert} \quad \Delta G_n = \frac{n^3-6n^2+17n-12}{6},$$

zurück, so führt ein Koeffizientenvergleich auf

$$4A=\frac{1}{6} \Rightarrow A=\frac{1}{24}, \quad -\frac{1}{4}+3B=-1 \Rightarrow B=-\frac{1}{4}=-\frac{6}{24}$$

$$\frac{1}{6}+\frac{3}{4}+2C=\frac{17}{6} \Rightarrow C=\frac{23}{24}, \quad -\frac{1}{24}-\frac{1}{4}-\frac{23}{24}+D=-2 \Rightarrow D=-\frac{3}{4}=-\frac{18}{24}$$

und somit

$$G_n = \frac{n^4-6n^3+23n^2-18n}{24} + E.$$

Der Wert für E ergibt sich etwa durch Einsetzen
von $G_2 = 2$ (oder $G_3 = 4$, $G_4 = 8$, $G_5 = 16$, ...):

$$G_2 = \frac{16 - 48 + 92 - 36}{24} + E = 1 + E \;\Rightarrow\; G_2 = 2 \Leftrightarrow 1 + E = 2 \Leftrightarrow E = 1 = \frac{24}{24}$$

Damit lautet die endgültige explizite Termdarstellung der Folge G_n also

$$\boxed{G_n = \tfrac{n^4 - 6n^3 + 23n^2 - 18n + 24}{24}}.$$

Ähnlich wie bei den berühmten Binomialkoeffizienten erhebt sich auch hier (trotz der lege artis vorgenommenen Herleitung der $\boxed{\text{obigen Darstellung von } G_n}$) die Frage, warum der Wert des Terms G_n trotz des Nenners 24 dennoch $\forall n \in \mathbb{N}$ eine natürliche Zahl liefert, wozu wir geeignet umformen:

$$G_n = \frac{n^4 - 6n^3 + 23n^2 - 18n}{24} + 1 = \frac{n(n^3 - 6n^2 + 23n - 18)}{24} + 1$$

Da die Summe der Koeffizienten des *geklammerten kubischen Polynoms* 0 ergibt, wird *selbiges* also durch $n = 1$ annulliert, weshalb $(n - 1)$ abgespalten werden kann und das quadratische Quotientenpolynom durch geschicktes Kombinieren ermittelt werden kann:

$$n^3 - 6n^2 + 23n - 18 = (n - 1) \cdot (n^2 - 5n + 18) = (n - 1) \cdot [(n - 2) \cdot (n - 3) + 12]$$

Folglich ergibt sich summa summarum

$$G_n = \frac{n \cdot (n - 1) \cdot [(n - 2) \cdot (n - 3) + 12]}{24} + 1 =$$

$$= \frac{n \cdot (n - 1) \cdot (n - 2) \cdot (n - 3)}{24} + \frac{12n \cdot (n - 1)}{24} + 1 =$$

$$= \frac{n \cdot (n - 1) \cdot (n - 2) \cdot (n - 3)}{24} + \frac{n \cdot (n - 1)}{2} + 1.$$

Da es sich bei n, $n - 1$, $n - 2$ und $n - 3$ um vier aufeinanderfolgende natürliche Zahlen handelt, sind somit sicher zwei davon gerade, wobei eine der beiden geraden Zahlen sogar durch 4 (und nicht nur durch 2) teilbar ist, womit das Produkt der beiden geraden Faktoren demnach durch 8 teilbar ist. Ferner muss mindestens eine der vier Zahlen (und höchstens zwei) durch 3 teilbar sein, womit das Produkt $n \cdot (n - 1) \cdot (n - 2) \cdot (n - 3)$ also durch 24 teilbar ist, $\square$. Die Argumentation für die Ganzzahligkeit des Terms $\frac{n \cdot (n-1)}{2}$ bleibt dem werten L $\overset{e}{\underset{ö}{..}}$ ser zur Übung!

$\boxed{\text{ABSCHLUSSBEMERKUNG:}}$ Wertet man G_n (zum Beispiel mittels HORNER-Schema) für $6 \leq n \leq 13$ aus, so taucht bemerkenswerterweise mit $G_{10} = 256$ wieder eine Zweierpotenz auf [aber nicht wie zuvor vermutet 2^9, sondern "nur" 2^8, was daran liegt, dass polynomiales Wachstum schwächer ist als exponentielles (im diskreten Fall auch geometrisches) Wachstum (genannt)].

3.11   Vereinfachungen beim nichtlinearen Optimieren

Steht man zum Beispiel beim Lösen einer Extremwertaufgabe vor dem Problem, Extremstellen einer rationalen Funktion f mit der Funktionsgleichung

$$y = f(x) = \frac{u(x)}{v(x)}$$

zu ermitteln, so kann die Überprüfung der stationären Stellen (und schließlich im positiven Fall: Klassifizierung der Extremstellen) mittels zweiter Ableitung je nach Bauart von f mitunter durchaus aufwändig ausfallen, was etwa an folgendem Beispiel aus [55] in starkem Ausmaß der Fall ist:

Ein c Meter hohes Bild hängt mit seiner Unterkante b Meter über dem Boden. Es wird von einem Beobachter betrachtet, dessen Augen a Meter über dem Boden sind (a < b). Wie weit muss der Beobachter auf dem (waagrechten) Boden zurücktreten, damit der (vertikale) Sehwinkel, unter dem er das Bild sieht, maximal wird?

Verwendet man zum Lösen dieser Problemstellung etwa (wie in [60]) den Tangens des gesuchten Winkels, so stößt man unter Anwendung eines entsprechenden Addiitonstheorems auf die rationale Funktion f mit der Funktionsgleichung

$$F(x) = \frac{cx}{x^2 + (b-a)(b+c-a)}.$$

In [60] erhält man unter Anwendung der bekannten *Quotientenregel*

$$\left[\frac{u(x)}{v(x)}\right]' = \frac{u'(x) \cdot v(x) - u(x) \cdot v'(x)}{v^2(x)} \quad (*)$$

nach Vereinfachung

$$F'(x) = c \cdot \frac{(b-a)(b+c-a) - x^2}{[x^2 + (b-a)(b+c-a)]^2}.$$

Dass das wirklich immens langwierige Berechnen und Vereinfachen von F'' bis hin zu

$$F''(x) = 2cx \cdot \frac{x^2 - 3 \cdot (b-a)(b+c-a)}{[x^2 + (b-a)(b+c-a)]^3}$$

sowie das anschließende Einsetzen der aus der Gleichung $F'(x) = 0$ erhaltenen stationären Stelle

$$x_0 = \sqrt{(b-a)(b+c-a)}$$

in $F''(x)$ entbehrlich ist, soll die folgende kurze, aber äußerst schlagkräftige Überlegung zeigen:

Wenden wir auf $(*)$ erneut die Quotientenregel an, so erhalten wir

$$\left[\frac{u(x)}{v(x)}\right]'' = \frac{\left[u''(x) \cdot v(x) + \overbrace{u'(x) \cdot v'(x) - u'(x) \cdot v'(x)}^{0} - u(x) \cdot v''(x)\right] \cdot v^2(x) - [u'(x) \cdot v(x) - u(x) \cdot v'(x)] \cdot 2 \cdot v(x) \cdot v'(x)}{v^4(x)}$$

bzw. durch homogenes Kürzen durch $v(x)$

$$\left[\frac{u(x)}{v(x)}\right]'' = \frac{[u''(x) \cdot v(x) - u(x) \cdot v''(x)] \cdot v(x) - 2 \cdot [u'(x) \cdot v(x) - u(x) \cdot v'(x)] \cdot v'(x)}{v^3(x)}.$$

Ist nun x_0 eine stationäre Stelle von f, d.h. es gilt $f'(x_0) = 0$,
ergo $u'(x_0) \cdot v(x_0) - u(x_0) \cdot v'(x_0) = 0$, dann führt dies auf

$$f''(x_0) = \frac{[u''(x_0) \cdot v(x_0) - u(x_0) \cdot v''(x_0)] \cdot v(x_0)}{v^3(x_0)} = \frac{u''(x_0) \cdot v(x_0) - u(x_0) \cdot v''(x_0)}{v^2(x_0)},$$

womit also wegen $v^2(x_0) > 0$ der Ausdruck

$$T(x_0) = u''(x_0) \cdot v(x_0) - u(x_0) \cdot v''(x_0)$$

dasselbe Vorzeichen aufweist als $f''(x_0)$ und sich somit
ebenso für die Klassifizierung der Extremstellen von f mit

$$f(x) = \frac{u(x)}{v(x)}$$

eignet, wobei der Rechenaufwand um ein Vielfaches niedriger ausfällt, wie wir
zum Abschluss noch anhand *obiger Aufgabenstellung* exemplifizieren wollen:

$$F(x) = \frac{cx}{x^2 + (b-a)(b+c-a)} \quad \Rightarrow \quad u(x) = cx,\ u''(x) \equiv 0,\ v(x) = x^2 + (b-a)(b+c-a),\ v''(x) \equiv 2$$

$$\Rightarrow \quad T(x) = u''(x) \cdot v(x) - u(x) \cdot v''(x) = -2cx \quad \Rightarrow \quad T(\sqrt{(b-a)(b+c-a)}) = -2c \cdot \sqrt{(b-a)(b+c-a)} < 0 \quad \Rightarrow \quad \text{Max}, \ \square$$

4 Kegelschnitte

4.1 Ein einfacher Zugang zur Ellipse ...

... beruht auf ihrer *planimetrischen Definition*, derzufolge es sich bei ihr um jene Kurve handelt, bei der jeder Kurvenpunkt die Eigenschaft besitzt, **konstante Abstandssumme** von zwei festen Punkten F_1 und F_2 ("Brennpunkte") aufzuweisen. Diese zunächst an den Haaren herbeigezogen wirkende Eigenschaft ergibt sich in ganz natürlicher Weise dadurch, wenn man ebene Schnitte eines Drehkegels betrachtet, wie es der belgische Mathematiker Pierre Dandelin (http://de.wikipedia.org/wiki/Dandelin) in besonders raffinierter Weise unter Verwendung der nach ihm benannten dandelinschen Kugeln (http://de.wikipedia.org/wiki/Dandelinsche_Kugel) tat.

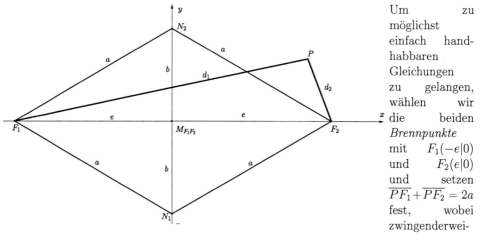

Um zu möglichst einfach handhabbaren Gleichungen zu gelangen, wählen wir die beiden *Brennpunkte* mit $F_1(-e|0)$ und $F_2(e|0)$ und setzen $\overline{PF_1} + \overline{PF_2} = 2a$ fest, wobei zwingenderweise $a > e$ gelten muss. Da jene beiden Punkte $N_1(0|-b)$ und $N_2(0|b)$ der Ellipse, welche auf der Normalen n zu $g_{F_1F_2}$ ("Hauptachse der Ellipse") durch den Mittelpunkt $M_{F_1F_2}$ zu liegen kommen, von F_1 und F_2 gleich weit entfernt sind (weil es sich demnach bei n um die Streckensymmetrale von F_1F_2 handelt!), gilt somit $\overline{N_1F_1} = \overline{N_1F_2} = \overline{N_2F_1} = \overline{N_2F_2} = a$ und n wird als "Nebenachse der Ellipse" bezeichnet. Daraus ergibt sich die fundamentale Beziehung $a^2 = b^2 + e^2$ zwischen der **halben Hauptachsenlänge** a, der **halben Nebenachsenlänge** b sowie der **linearen Exzentrizität** e der Ellipse. Um $\overline{PF_1} + \overline{PF_2} = 2a$ nun als Gleichung in den laufenden Punktkoordinaten x und y von P anschreiben zu können, gehen wir gekonnt wie folgt vor:

Wir stellen fest, dass für $d_1 = \overline{PF_1}$ und $d_2 = \overline{PF_2}$ mit dem Ansatz $P(x|y)$ die Gleichung $d_1^2 - d_2^2 = 4ex$ folgt, was sich durch Berechnung der entsprechenden quadrierten Vektorbeträge ergibt. Da überdies $d_1^2 - d_2^2 = (d_1 - d_2)(d_1 + d_2)$ gilt und $d_1 + d_2 = 2a$ schon feststeht, hat dies $4ex = 2a(d_1 - d_2)$ zur Folge, was auch als $d_1 - d_2 = \frac{2ex}{a}$ angeschrieben werden kann. Zusammen erhalten wir also das lineare Gleichungssystem

$$\left\{ \begin{array}{l} d_1 + d_2 = 2a \\ d_1 - d_2 = \frac{2ex}{a} \end{array} \right\},$$

aus welchem sich durch Addition bzw. Subtraktion der beiden Gleichungen die Lösungen $d_1 = a + \frac{ex}{a}$ sowie $d_2 = a - \frac{ex}{a}$ ergeben.

Setzen wir dies in $\overline{PF_1} = \left| \begin{pmatrix} x+e \\ y \end{pmatrix} \right|$ ein, so liefert dies

$$(x+e)^2 + y^2 = \left(a + \frac{ex}{a}\right)^2 \quad \text{bzw.} \quad a^2(x^2 + 2ex + e^2 + y^2) = (a^2 + ex)^2,$$

also nach weiterer Umformung unter Beachtung der fundamentalen Beziehung $a^2 = b^2 + e^2$ bzw. $a^2 - e^2 = b^2$ schließlich

$$a^2 x^2 + 2a^2 ex + a^2 e^2 + a^2 y^2 = a^4 + 2a^2 ex + e^2 x^2 \quad \text{bzw.} \quad (a^2 - e^2)x^2 + a^2 y^2 = \underbrace{a^4 - a^2 e^2}_{a^2(a^2 - e^2)},$$

was in letzter Konsequenz zu

$$b^2 x^2 + a^2 y^2 = a^2 b^2$$

führt und wir in folgendem Satz zusammenfassen:

$\boxed{\text{SATZ.}}$ Alle Punkte $P(x|y)$, für welche $\overline{PF_1} + \overline{PF_2} = 2a$ mit $F_1(-e|0)$ und $F_2(e|0)$ sowie $a > e$ gilt, erfüllen die Gleichung $b^2 x^2 + a^2 y^2 = a^2 b^2$ (Gleichung einer Ellipse in erster Hauptlage).

$\boxed{\text{BEMERKUNG.}}$ Dass auch die Umkehrung dieses Satzes gilt, also jeder Punkt $P(x|y)$, der die Ellipsengleichung erfüllt, auch die Eigenschaft $\overline{PF_1} + \overline{PF_2} = 2a$ besitzt, folgt durch Berechnen der beiden Vektorbeträge $d_1 = \left| \begin{pmatrix} x+e \\ y \end{pmatrix} \right|$ und $d_2 = \left| \begin{pmatrix} x-e \\ y \end{pmatrix} \right|$, wobei wir für y^2 den aus der Ellipsengleichung folgenden Ersatzterm $b^2 - \frac{b^2}{a^2} \cdot x^2$ verwenden:

$$d_1 = \sqrt{x^2 + 2ex + b^2 - \frac{b^2}{a^2} \cdot x^2 + e^2} = \sqrt{\left(1 - \frac{b^2}{a^2}\right) \cdot x^2 + 2ex + b^2 + e^2} =$$

(wieder beachten wir $a^2 = b^2 - e^2$ bzw. daraus folgend $a^2 + e^2 = b^2$ wie auch $a^2 - b^2 = e^2$)

$$= \sqrt{\frac{a^2 - b^2}{a^2} \cdot x^2 + 2ex + a^2} = \sqrt{\frac{e^2}{a^2} \cdot x^2 + 2ex + a^2} = \sqrt{\left(\frac{ex}{a} + a\right)^2}$$

Ebenso ergibt sich

$$d_2 = \sqrt{\left(\frac{ex}{a} - a\right)^2}.$$

Nun kommt für d_1 bzw. d_2 sowohl $\frac{ex}{a} + a$ als auch $\frac{-ex}{a} - a$ bzw. $\frac{ex}{a} - a$ als auch $\frac{-ex}{a} + a$ in Frage. Da nur eine Variante stimmen kann, setzen wir z.B. für x den Wert 0 ein, der uns ja wie schon bekannt jeweils a liefern muss, was die richtigen Varianten $d_1 = \frac{ex}{a} + a$ sowie $d_2 = \frac{-ex}{a} + a$ liefert (was mit den obigen Resultaten übereinstimmt) und somit auch die Umkehrung des letzten Satzes gilt.

4.2 Eine kinematische Ellipsenkonstruktion ...

Betrachten wir das Rechteck $ABCD$ aus der Abbildung, so gilt der folgende[105]

$\boxed{\text{SATZ.}}$ Sei $ABCD$ ein Rechteck mit der Länge $\overline{AB} = \overline{CD} = 2a$ und der

---

[105]einer Übungsaufgabe von [51] entnommene

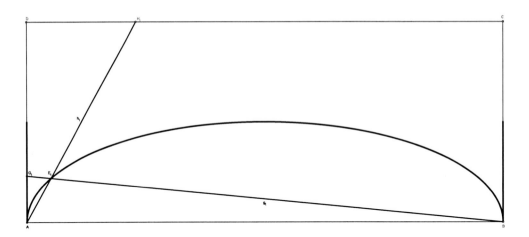

Breite $\overline{AC} = \overline{BD} = 2b$ sowie G_t und H_t Punkte auf den Seiten AD und DC mit der Eigenschaft $\overline{AG_t} : \overline{G_tD} = \overline{DH_t} : \overline{H_tC}$. Dann beschreibt $\{E_t\} = g_t \cap h_t$ (wobei g_t bzw. h_t durch die Punkte B und G_t bzw. durch A und H_t aufgespannt wird) eine Ellipse mit der Haupt- bzw. Nebenachsenlänge $2a$ bzw. $2b$, wenn G_t bzw. H_t die Strecke AD bzw. DC durchläuft. Bezeichnet ferner J den Mittelpunkt der Strecke $M_{AB}M_{CD}$ sowie I den Spiegelpunkt von J an M_{AB}, so ist AB die Haupt- bzw. IJ die Nebenachse der Ellipse.

$\boxed{\text{BEWEIS.}}$ Um im Endeffekt auf eine Ellipse in Hauptlage zu stoßen, legen wir das Rechteck derart ins Koordinatensystem, dass $A(-a|0)$, $B(a|0)$, $C(a|2b)$ und $D(-a|2b)$ gilt, woraus sich dann $G_t(-a|2bt)$ sowie $H_t(-a + 2at|2b)$ und deshalb

$$\overrightarrow{BG_t} = \begin{pmatrix} -2a \\ 2bt \end{pmatrix} \parallel \begin{pmatrix} -a \\ bt \end{pmatrix} \perp \begin{pmatrix} bt \\ a \end{pmatrix} \quad \Rightarrow \quad g_t : btx + ay = abt$$

bzw.

$$\overrightarrow{AH_t} = \begin{pmatrix} 2at \\ 2b \end{pmatrix} \parallel \begin{pmatrix} at \\ b \end{pmatrix} \perp \begin{pmatrix} -b \\ at \end{pmatrix} \quad \Rightarrow \quad h_t : \ -bx + aty = ab$$

ergibt. Multiplizieren wir die Gleichung von h_t mit t und addieren dazu die Gleichung von g_t, so liefert dies zunächst

$$a(t^2 + 1)y = 2abt \quad \Rightarrow \quad y = \frac{2bt}{t^2 + 1}.$$

Lösen wir nun (etwa) die Gleichung von h_t nach x auf und setzen dann für y die rechte Seite von $(*)$ ein, erhalten wir

$$bx = aty - ab \ \Rightarrow \ x = \frac{at}{b} \cdot y - a \ \Rightarrow \ x = \frac{2at^2}{t^2 + 1} - a = \frac{2at^2 - at^2 - a}{t^2 + 1} = \frac{a(t^2 - 1)}{t^2 + 1},$$

also den Punkt

$$E_t \left(\frac{a(t^2 - 1)}{t^2 + 1} \,\middle|\, \frac{2bt}{t^2 + 1} \right).$$

Bilden wir jetzt noch

$$b^2 x_{E_t}^2 + a^2 y_{E_t}^2 = \frac{a^2 b^2 (t^2 - 1)^2}{(t^2 + 1)^2} + \frac{4a^2 b^2 t^2}{(t^2 + 1)^2} = \frac{a^2 b^2}{(t^2 + 1)^2} \cdot \left[(t^2 - 1)^2 + 4t^2 \right] =$$

$$= \frac{a^2b^2}{(t^2+1)^2} \cdot \left(t^4 - 2t^2 + 1 + 4t^2\right) = \frac{a^2b^2}{(t^2+1)^2} \cdot \left(t^4 + 2t^2 + 1\right) = \frac{a^2b^2}{(t^2+1)^2} \cdot \left(t^2 + 1\right)^2 = a^2b^2,$$

so ergibt sich, dass E_t also $\forall t \in \mathbb{R}$ auf der Ellipse mit der Gleichung $b^2x^2 + a^2y^2 = a^2b^2$ liegt[106], $\square$.

$\boxed{\text{BEMERKUNG.}}$ Der Zusatz $g_t \perp h_t \Leftrightarrow \overrightarrow{BG_t} \cdot \overrightarrow{AH_t} = 0 \Leftrightarrow t(a^2 - b^2) = 0 \Leftrightarrow a = b$ führt auf einen alternativen Beweis des Lehrsatzes von THALES!

4.3   ... sowie eine sich daraus ergebende allgemeinere Konsequenz

Führt man die Konstruktion aus dem vorherigen Abschnitt für ein Rechteck $ABCD$ in allgemeiner Lage durch, so ergibt sich daraus entsprechend eine Gleichung für eine Ellipse in allgemeiner Lage und ein weiterer Beweis für den Klassifikationssatz aus Abschnitt 4.11 (für den Kegelschnittstyp Ellipse), was wir nun durchführen wollen:

Dazu gehen wir vom Eckpunkt $A(a|b)$ sowie den Vektoren $\overrightarrow{AB} = \begin{pmatrix} c \\ d \end{pmatrix}$ und

$\overrightarrow{AD} = \begin{pmatrix} -fd \\ fc \end{pmatrix}$ aus, was dann analog zum letzten Abschnitt zu den

Punkten $G_t(a - dft|b + cft)$ und $H_t(a - fd + ct|b + fc + dt)$ und somit zu

$$\overrightarrow{G_tB} = \begin{pmatrix} c + dft \\ d - cft \end{pmatrix} \perp \begin{pmatrix} cft - d \\ dft + c \end{pmatrix}$$

sowie

$$\overrightarrow{AH_t} = \begin{pmatrix} ct - fd \\ dt + fc \end{pmatrix} \perp \begin{pmatrix} dt + fc \\ -ct + fd \end{pmatrix}$$

führt. Daraus erhalten wir dann

$$g_t : \ (cft - d)x + (dft + c)y = (cft - d)(a + c) + (dft + c)(b + d)$$

und

$$h_t : \ (dt + fc)x + (-ct + fd)y = (dt + fc)a + (-ct + fd)b$$

bzw. wegen

$$(cft-d)(a+c)+(dft+c)(b+d) = acft-ad+c^2ft-cd+bdft+bc+d^2ft+cd = (ac+bd+c^2+d^2)ft+bc-ad$$

und

$$(dt + fc)a + (-ct + fd)b = adt + acf - bct + bdf = (ad - bc)t + f(ac + bd)$$

schließlich

---

[106]Genauer betrachtet sieht es wegen $E_0 = (-a|0)$ und $E_1(0|b)$ so aus, dass das Intervall $[0;1]$ via $X(t) = E_t$ auf den im zweiten Quadranten liegenden Viertelellipsenbogen abgebildet wird. Beachtet man aber zusätzlich $\lim\limits_{t\to\pm\infty} \frac{a(t^2 - 1)}{t^2 + 1} = a$ sowie $\lim\limits_{t\to\pm\infty} \frac{2bt}{t^2 + 1} = 0$, so ergibt sich demnach, dass $\mathbb{R}^-$ auf den Halbellipsenbogen AB im dritten und vierten Quadranten und $\mathbb{R}^+$ auf den Halbellipsenbogen AB im zweiten und ersten Quadranten abgebildet wird.

$$g_t : \ (cft - d)x + (dft + c)y = (ac + bd + c^2 + d^2)ft + bc - ad$$

und

$$h_t : \ (dt + fc)x + (-ct + fd)y = (ad - bc)t + f(ac + bd).$$

Zur Berechnung von $g_t \cap h_t = \{E_t\}$ wenden wir die CRAMERsche Regel an:

$$x_{E_t} = \frac{[(ac + bd + c^2 + d^2)ft + bc - ad](-ct + fd) - [(ad - bc)t + f(ac + bd)](dft + c)}{(cft - d)(-ct + fd) - (dt + fc)(dft + c)} =$$

$$= \frac{(-ac^2 - bcd - c^3 - cd^2 - ad^2 + bcd)ft^2 + (-bc^2 + acd + acdf^2 + bd^2f^2 + c^2df^2 + d^3f^2 - acdf^2 - bd^2f^2 - acd + bc^2)t + (bcd - ad^2 - ac^2 - bcd)f}{-c^2ft^2 + cdt + cdf^2t - fd^2 - d^2ft^2 - cdf^2t - cdt - c^2f} =$$

$$= \frac{-(a+c)(c^2+d^2)ft^2 + df^2(c^2+d^2)t - af(c^2+d^2)}{-(c^2+d^2)f(t^2+1)} = \frac{(c^2+d^2)f[(a+c)t^2 - dft + a]}{(c^2+d^2)f(t^2+1)} = \frac{(a+c)t^2 - dft + a}{t^2+1}$$

$$\Rightarrow \quad \boxed{x_{E_t} = a + c - \frac{dft+c}{t^2+1}}$$

$$y_{E_t} = \frac{(cft - d)[(ad - bc)t + f(ac + bd)] - (dt + fc)[(ac + bd + c^2 + d^2)ft + bc - ad]}{-(c^2+d^2)f(t^2+1)} =$$

$$= \frac{(acd - bc^2 - acd - bd^2 - c^2d - d^3)ft^2 + (-ad^2 + bcd + ac^2f^2 + bcdf^2 - ac^2f^2 - bcdf^2 - c^3f^2 - cd^2f^2 - bcd + ad^2)t + (-acd - bd^2 - bc^2 + acd)f}{-(c^2+d^2)f(t^2+1)} =$$

$$= \frac{-(b+d)(c^2+d^2)ft^2 - cf^2(c^2+d^2)t - bf(c^2+d^2)}{-(c^2+d^2)f(t^2+1)} = \frac{(c^2+d^2)f[(b+d)t^2 + cft + b]}{(c^2+d^2)f(t^2+1)} = \frac{(b+d)t^2 + cft + b}{t^2+1}$$

$$\Rightarrow \quad \boxed{y_{E_t} = b + d + \frac{cft-d}{t^2+1}}$$

Übungsaufgabe für den werten L$\overset{e}{\ddot{o}}$ser: Kontrolliere, dass E_0 bzw. E_1 auf A bzw. M_{AC} führt!

Um nun eine parameterfreie Gleichung der sich daraus ergebenden Ellipse zu gewinnen, eliminieren wir den Parameter t, wozu es sich wegen der Koeffizienten der linearen Glieder in den Zählern der Bruchtermteile von x_{E_t} und y_{E_t} (wofür wir nun in Kürze einfach x und y schreiben werden) anbietet,

$$cx + dy = \overbrace{c(a+c) + d(b+d)}^{\alpha} - \frac{\overbrace{c^2 + d^2}^{\beta}}{t^2 + 1}$$

zu bilden, da sich nun (zumindest einmal) t eliminiert und somit t^2 (unter Verwendung der oben eingeführten Hilfsgrößen α und β) isoliert werden kann:

$$\frac{\beta}{t^2 + 1} = \alpha - (cx + dy) \ \Rightarrow \ t^2 + 1 = \frac{\beta}{\alpha - (cx + dy)}$$

$$\Rightarrow \ t = \sqrt{\frac{\beta}{\alpha - (cx + dy)} - 1} \quad \text{bzw.} \quad t = \sqrt{\frac{\beta - [\alpha - (cx + dy)]}{\alpha - (cx + dy)}}$$

Eingesetzt in y_{E_t} erhalten wir somit (wenn auch noch in "Rohform") die Ellipsengleichung

$$\text{ell:} \ y = b + d + \frac{\alpha - (cx + dy)}{\beta} \cdot \left(cf \cdot \sqrt{\frac{\beta - [\alpha - (cx + dy)]}{\alpha - (cx + dy)}} - d \right)$$

bzw. weiter umgeformt (wobei wir uns nur für die Koeffizienten der quadratischen Glieder interessieren und deshalb den Rest lediglich mit Punkten andeuten)

$$\text{ell:} \ \beta[y - (b + d)] = cf \cdot \sqrt{\{\beta - [\alpha - (cx + dy)]\} \cdot \{\alpha - (cx + dy)\}} - \alpha d + cdx + d^2 y$$

resp.

$$\text{ell:} \ [-cdx + (\beta - d^2)y + ...]^2 + c^2 f^2 \cdot \{[\alpha - (cx + dy)]^2 + ...\} = 0,$$

ergo wegen $\beta - d^2 = c^2$

$$\text{ell:} \ \overbrace{(c^2 d^2 + c^4 f^2)}^{c^2(d^2 + c^2 f^2)} x^2 + \overbrace{(-2c^3 d - 2c^3 df^2)}^{-2c^3 d(1 + f^2)} xy + \overbrace{(c^4 + c^2 d^2 f^2)}^{c^2(c^2 + d^2 f^2)} y^2 + ... = 0,$$

was für die via $\mathcal{D} = B^2 - 4AC$ definierte (und auf ell: $Ax^2 + Bxy + Cy^2 + ... = 0$ bezogene) Diskriminante $\mathcal{D}$ somit

$$\mathcal{D} = 4c^4[c^2 d^2(1 + f^2)^2 - (d^2 + c^2 f^2)(c^2 + d^2 f^2)] =$$

$$= 4c^4(c^2 d^2 + 2c^2 d^2 f^2 + c^2 d^2 f^4 - c^2 d^2 - c^4 f^2 - d^4 f^2 - c^2 d^2 f^4) = -4c^4 f^2(c^2 + d^2)^2 < 0$$

impliziert, $\square$.

4.4 Eine kinematische Parabelkonstruktion ...

Betrachten wir das Rechteck $AB'BB''$ aus der Abbildung, so gilt der folgende[107]

SATZ. Sei $AB'BB''$ ein Rechteck mit der Länge $\overline{AB'} = \overline{BB''} = a$ und der Breite $\overline{AB''} = \overline{BB'} = b$ sowie C_t und D_t Punkte auf den Seiten AB'' und $B''B$ mit der Eigenschaft $\overline{AC_t} : \overline{C_t B''} = \overline{B''D_t} : \overline{D_t B}$. Dann beschreibt $\{E_t\} = g_t \cap h_t$ (vgl. Abbildung!) eine Parabel mit dem Scheitel A und der zu h_t parallelen Achse, wenn C_t bzw. D_t die Strecke AB'' bzw. $B''B$ durchläuft.

BEWEIS. Um im Endeffekt auf eine Parabel in Hauptlage zu stoßen, legen wir das Rechteck derart ins Koordinatensystem, dass $A(0|0)$, $B'(a|0)$, $B(a|b)$ und $B''(0|b)$ gilt, woraus sich dann $C_t(0|bt)$, $D_t(at|b)$ und deshalb wegen $E_t(x|bt)$ sowie

$$g_t : X = \lambda \cdot \begin{pmatrix} at \\ b \end{pmatrix}$$

schließlich $b\lambda = bt$, ergo $\lambda = t$ und somit $E_t(at^2|bt)$ ergibt. Wegen $y = bt \Leftrightarrow t = \frac{y}{b}$ folgt damit $x = a \cdot \frac{y^2}{b^2}$ bzw. $y^2 = \frac{b^2}{a} \cdot x$, $\square$[108].

---

[107]einer Übungsaufgabe von [51] entnommene

[108]Genauer betrachtet sieht es wegen $E_0 = (0|0)$ und $E_1(a|b)$ so aus, dass das Intervall $[0; 1]$ via

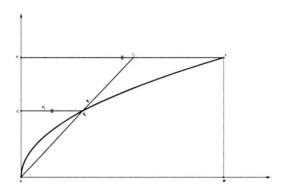

4.5   ... sowie eine sich daraus ergebende allgemeinere Konsequenz

Führt man die Konstruktion aus dem vorherigen Abschnitt für ein Rechteck $ABCD$ in allgemeiner Lage durch, so ergibt sich daraus entsprechend eine Gleichung für eine Parabel in allgemeiner Lage und ein weiterer Beweis für den Klassifikationssatz aus Abschnitt 4.11 (für den Kegelschnittstyp Parabel), was wir nun durchführen wollen:

Dazu gehen wir vom Eckpunkt $A(r|s)$ sowie den Vektoren $\overrightarrow{AB''} = \begin{pmatrix} c \\ d \end{pmatrix}$ und

$\overrightarrow{AB'} = \begin{pmatrix} -bd \\ bc \end{pmatrix}$ aus, was dann analog zum letzten Abschnitt zu den

Punkten $C_t(r - bdt|s + bct)$ und $D_t(ct + r - bd|dt + s + bc)$ und somit zu

$$\overrightarrow{AD_t} = \begin{pmatrix} ct - bd \\ dt + bc \end{pmatrix} \perp \begin{pmatrix} dt + bc \\ -ct + bd \end{pmatrix}$$

und deshalb zu

$$g_t : \ (dt + bc)x + (-ct + bd)y = (dt + bc)r + (-ct + bd)s$$

bzw. wegen

$$(dt + bc)r + (-ct + bd)s = (dr - cs)t + bcr + bds$$

zu

$$\boxed{g_t : \ (dt + bc)x + (-ct + bd)y = (dr - cs)t + bcr + bds}$$

führt. Ferner folgt wegen $h_t \parallel g_{AB'}$ und

$$\overrightarrow{AB'} \perp \overrightarrow{AB''} = \begin{pmatrix} -d \\ c \end{pmatrix}$$

$X(t) = E_t$ auf den im ersten Quadranten liegenden Parabelbogen abgebildet wird. Für $t < 0$ bzw. $t > 1$ ergibt sich der im vierten Quadranten liegende Parabelbogen bzw. die Fortsetzung des Parabelbogens von A nach B über B hinaus im ersten Quadranten.

$$h_t: \quad -dx + cy = -d(r - bdt) + c(s + bct)$$

bzw. aufgrund der Umformung

$$-d(r - bdt) + c(s + bct) = -dr + bd^2t + cs + bc^2t = b(c^2 + d^2)t + cs - dr$$

$$\boxed{h_t: \quad -dx + cy = b(c^2 + d^2)t + cs - dr}.$$

Zur Berechnung von $\boxed{g_t \cap h_t = \{E_t\}}$ wenden wir die CRAMERsche Regel an:

$$\boxed{x_{E_t}} = \frac{c[(dr - cs)t + bcr + bds] + [b(c^2 + d^2)t + cs - dr](ct - bd)}{cdt + bc^2 - cdt + bd^2} =$$

$$= \frac{bc(c^2 + d^2)t^2 + (cdr - c^2s + c^2s - cdr - b^2c^2d - b^2d^3)t + bc^2r + bcds - bcds + bd^2r}{b(c^2 + d^2)} =$$

$$= \frac{bc(c^2 + d^2)t^2 - b^2d(c^2 + d^2)t + br(c^2 + d^2)}{b(c^2 + d^2)} \boxed{= ct^2 - bdt + r}$$

$$\boxed{y_{E_t}} = \frac{(dt + bc)[b(c^2 + d^2)t + cs - dr] + d[(dr - cs)t + bcr + bds]}{b(c^2 + d^2)} =$$

$$= \frac{bd(c^2 + d^2)t^2 + [b^2c(c^2 + d^2) + cds - d^2r - cds + d^2r]t + bc^2s - bcdr + bd^2s + bcdr}{b(c^2 + d^2)} =$$

$$= \frac{bd(c^2 + d^2)t^2 + b^2c(c^2 + d^2)t + bs(c^2 + d^2)}{b(c^2 + d^2)} \boxed{= dt^2 + bct + s}$$

Um aus $\boxed{\text{dieser Parameterdarstellung}}$ den Parameter t zu eliminieren, drücken wir selbigen einfach über die Gleichung von h_t durch x und y aus[109], was

$$t = \frac{-dx + cy + dr - cs}{b(c^2 + d^2)}$$

liefert und eingesetzt in y_{E_t} schließlich auf die Parabelgleichung

$$\text{par:} \ y = d \cdot \left(\frac{-dx + cy + \overbrace{dr - cs}^{a}}{b(c^2 + d^2)} \right)^2 + bc \cdot \frac{-dx + cy + dr - cs}{b(c^2 + d^2)} + s$$

bzw.

$$\text{par:} \ b^2(c^2 + d^2)^2 \cdot y = d(-dx + cy + a^a)^2 + b^2c(c^2 + d^2)(-dx + cy + a) + b^2s(c^2 + d^2)^2$$

resp. (wobei wir unsere Aufmerksamkeit auf die Koeffizienten der quadratischen Glieder focussieren und aus diesem Grund die anderen Glieder nur durch Punkte andeuten)

$$\text{par:} \ ... = d(-dx + cy + a)^2 + ... \ \Leftrightarrow \ d^3x^2 - 2cd^2xy + c^2dy^2 + ... = 0,$$

was für die via $\mathcal{D} = B^2 - 4AC$ definierte (und auf par: $Ax^2 + Bxy + Cy^2 + ... = 0$ bezogene) Diskriminante $\mathcal{D}$ somit

$$\mathcal{D} = 4c^2d^4 - 4c^2d^4 = 0$$

impliziert, $\square$.

---

[109]Dies lag im entsprechenden Abschnitt bei der Ellipse nicht derart auf der Hand und wurde deshalb (sowie aus technischen Gründen) umgangen. Der werte Lȍser möge diese Alternative aber durchaus selbst ausprobieren!

4.6   Eine Tangentenkonstruktion für die Ellipse

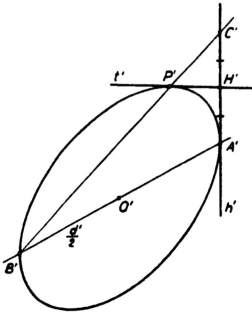

Für die Parabel gilt, dass der Normalabstand jedes Tangentenschnittpunkts mit der Scheiteltangente zur Parabelachse halb so groß ist als jener des Berührungspunktes T zur Parabelachse, was man aber auch folgendermaßen interpretieren kann:

Durch T und den zweiten Parabelscheitel (Fernpunkt der Parabelachse) wird eine Gerade gelegt, mit der Scheiteltangente geschnitten und hernach der Mittelpunkt der Verbindungsstrecke von Schnittpunkt und (eigentlichem!) Scheitel mit T verbunden, was die Tangente liefert.

Bei der Ellipse ist dies sogar eigentlich möglich, wie wir nun zeigen wollen:

Wir gehen o.B.d.A. von $B'(-a|0)$ und einem beliebigen Punkt $P'(x_P|y_P)$ auf ell (ell: $b^2x^2 + a^2y^2 = a^2b^2$) aus, woraus

Abbildung 8: ([71], S. 24)

sich wegen

$$\overrightarrow{B'P'} = \begin{pmatrix} x_P + a \\ y_P \end{pmatrix} \perp \begin{pmatrix} -y_P \\ x_P + a \end{pmatrix}$$

die Geradengleichung

$$g_{B'P'} : -y_P x + (x_P + a)y = ay_P$$

und somit wegen $C'(a|y_{C'})$ und $C' \in g_{B'P'}$ schließlich

$$C'\left(a \left| \frac{2ay_P}{x_P + a}\right.\right), \text{ ergo } H'\left(a\left|\frac{ay_P}{x_P + a}\right.\right)$$

ergibt. Nun gilt

$$\overrightarrow{P'H'} = \begin{pmatrix} a - x_P \\ \frac{-x_P y_P}{x_P + a} \end{pmatrix} \parallel \begin{pmatrix} a^2 - x_P^2 \\ -x_P y_P \end{pmatrix}$$

bzw. wegen $P' \in$ ell (was $b^2x_P^2 + a^2y_P^2 = a^2b^2$ und somit $a^2y_P^2 = b^2(a^2 - x_P^2)$ bzw. $\frac{a^2y_P^2}{b^2} = a^2 - x_P^2$ impliziert)

$$\overrightarrow{P'H'} \parallel \begin{pmatrix} a^2y_P^2 \\ -b^2x_P y_P \end{pmatrix} \parallel \begin{pmatrix} a^2y_P \\ -b^2x_P \end{pmatrix} \perp \begin{pmatrix} b^2x_P \\ a^2y_P \end{pmatrix},$$

woraus wegen der Spaltform die Richtigkeit der Konstruktion folgt, □

4.7 Eine weitere Tangentenkonstruktion für die Ellipse

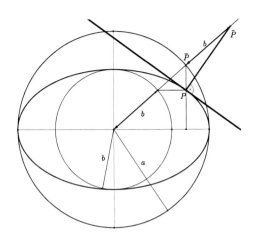

Ausgehend von der LA HIREschen Konstruktion wird zunächst vom Punkt $P(x_P|y_P)$ zum verwandten Punkt $\overline{P}\left(x_P\,\middle|\,\frac{ay_P}{b}\right)$ auf dem Hauptscheitelkreis übergegangen und dieser dann noch mit dem Faktor $1+\frac{b}{a}=\frac{a+b}{a}$ am Ellipsenmittelpunkt gestreckt, was auf $\tilde{P}\left(\frac{(a+b)x_P}{a}\,\middle|\,\frac{(a+b)y_P}{b}\right)$ führt, woraus

$$\text{sich } \overrightarrow{P\tilde{P}}=\begin{pmatrix}\frac{bx_P}{a}\\[4pt]\frac{ay_P}{b}\end{pmatrix}\ \parallel\ \begin{pmatrix}b^2x_P\\a^2y_P\end{pmatrix}$$

ergibt und somit wegen der Spaltform die Richtigkeit dieser merkwürdigen Konstruktion folgt, $\square$

4.8 Der Satz von PASCAL für die Hyperbel

Verlängert man die Seiten eines Sechsecks, das einem Kegelschnitt einbeschrieben ist und schneidet dann die drei Paare dadurch entstehender Trägergeraden gegenüberliegender Sechseckseiten, so liegen die drei Schnittpunkte auf einer Gerade.

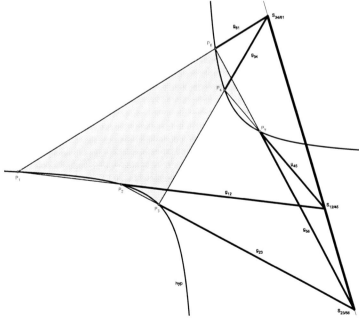

Dieser (wohl zweifelsohne zu den schönsten Sätzen der Geometrie überhaupt zählende) in der linken Abbildung illustrierte Satz von PASCAL über Kurven zweiter Ordnung (d.s. die — entarteten — Kegelschnitte) soll in diesem Abschnitt für die spezielle Hyperbel hyp mit der Gleichung hyp: $y=\frac{1}{x}$ bewiesen werden, wobei diesbezüglich noch eine überaus wichtige Bemerkung anzubringen ist:

<u>BEMERKUNG:</u> Will man den Satz von PASCAL für *beliebige Hyperbeln* beweisen, so reicht es, selbigen für eine Hyperbel hyp in (z.B.) erster Hauptlage mit den freien Parametern a und b zu beweisen, da man zu jeder Hyperbel mit den freien Parametern a und b in beliebiger Lage im Koordinatensystem durch eine *Drehung von hyp um den Ursprung* und eine anschließende *Translation* gelangen kann, welche aber *beide* Isometrien sind und so-mit sämtliche Konfigurationen (also speziell jene im Satz von PASCAL!) invariant lassen, womit der Beweis für die Hyperbel in erster Hauptlage Allgemeingültigkeit beanspruchen kann. Ferner kann man hyp durch eine zentrische Streckung am Ursprung mit dem Streck-faktor $\frac{1}{a}$ auf eine Hyperbel hyp' in erster Hauptlage mit den Parametern 1 und $\frac{b}{a}$ abbilden und aufgrund der Eigenschaft, dass die zentrische Streckung *geradentreu* ist (also die kol-lineare Lage der drei Punkte im Satz von PASCAL erhält) den Beweis o.B.d.A. für hyp' führen. Überdies liefert eine weitere Streckung von hyp' in $y-$Richtung mit dem Streck-faktor $\frac{a}{b}$ die (gleichseitige!) Einheitshyperbel hyp'' (mit der Gleichung hyp'':$x^2 - y^2 = 1$), für welche man — wieder, weil auch diese Streckung an einer Geraden (hier: der $x-$Achse) *geradentreu* ist! — nun o.B.d.A. den Beweis führen kann. Da die gleichseitige Hyperbel mit der Gleichung $x^2 - y^2 = 2$ bekanntlich durch eine Drehung um den Ursprung auf die Hyperbel mit der Gleichung $y = \frac{1}{x}$ abgebildet wird (wobei erstere aus hyp'' durch eine weitere Streckung am Ursprung und letztere durch ebenjene Drehung hervorgeht), kann aufgrund der letzten Klammerbemerkung durch erneute Argumentation entsprechender Invarianten der Konfiguration des Satzes von PASCAL selbiger schließlich o.B.d.A. für die Hyperbel mit der Gleichung $y = \frac{1}{x}$ bewiesen werden und gilt dann somit für *alle Hyper-beln*. Nunmehr wollen wir uns dem eigentlichen Beweis widmen:

Es seien also $P_1(a|\frac{1}{a})$, $P_2(b|\frac{1}{b})$, $P_3(c|\frac{1}{c})$, $P_4(d|\frac{1}{d})$, $P_5(e|\frac{1}{e})$ und $P_6(f|\frac{1}{f})$ voneinander verschie-dene Punkte der Hyperbel hyp mit der Gleichung hyp:$y = \frac{1}{x}$.

Wegen

$$\overrightarrow{P_1P_2} = \begin{pmatrix} b - a \\ \frac{1}{b} - \frac{1}{a} \end{pmatrix} = \begin{pmatrix} b - a \\ \frac{a-b}{ab} \end{pmatrix} \quad \| \quad \begin{pmatrix} ab \\ -1 \end{pmatrix} \quad \perp \quad \begin{pmatrix} 1 \\ ab \end{pmatrix}$$

erhalten wir aufgrund des Normalvektorsatzes und des Inzidenzkriteriums mit

$$g_{12} : x + aby = a + b$$

eine Gleichung der Trägergeraden g_{12} der Punkte P_1 und P_2.
Entsprechend[110] ist via

$$g_{45} : x + dey = d + e$$

dann eine Gleichung der Trägergeraden g_{45} der Punkte P_4 und P_5 gegeben.
Via $g_{12} - g_{45}$ erhalten wir dann für die $y-$Koordinate des Schnittpunktes $S_{12/45}$ der Ge-raden g_{12} und g_{45}

$$(ab - de)y = a + b - (d + e) \quad \Rightarrow \quad y = \frac{a + b - (d + e)}{ab - de},$$

was wegen $x = a + b - aby$ für die $x-$Koordinate von $S_{12/45}$

$$x = \frac{(a + b)(ab - de) - ab(a + b - d - e)}{ab - de},$$

---

[110]Was genau "entsprechend" hier — und auch an so mancher späterer Stelle! — zu bedeuten hat, möge sich der werte L $\overset{e}{\underset{ö}{}}$ ser selbst überlegen!

ergo

$$x = \frac{ab(d+e) - de(a+b)}{ab - de}$$

impliziert und uns summa summarum für $\{S_{12/45}\} = g_{12} \cap g_{45}$ das (leicht zu merkende!) Resultat

$$S_{12/45}\left(\frac{ab(d+e) - de(a+b)}{ab - de} \,\middle|\, \frac{a+b - (d+e)}{ab - de}\right)$$

liefert.

Entsprechend (!) erhalten wir für den Schnittpunkt $\{S_{23/56}\} = g_{23} \cap g_{56}$ die Darstellung

$$S_{23/56}\left(\frac{bc(e+f) - ef(b+c)}{bc - ef} \,\middle|\, \frac{b+c - (e+f)}{bc - ef}\right)$$

und schließlich für den Schnittpunkt $\{S_{34/61}\} = g_{34} \cap g_{61}$ das Ergebnis

$$S_{34/61}\left(\frac{cd(a+f) - af(c+d)}{cd - af} \,\middle|\, \frac{c+d - (a+f)}{cd - af}\right).$$

Um nun den Satz von PASCAL zu beweisen, demzufolge die Punkte $S_{12/45}$, $S_{23/56}$ und $S_{34/61}$ kollinear liegen, stellen wir (etwa) die Richtungsvektoren

$$\overrightarrow{S_{12/45}S_{23/56}} \quad \text{und} \quad \overrightarrow{S_{23/56}S_{34/61}}$$

auf und zeigen durch <u>geeignete kollineare Verformungen</u> (<u>d.h.</u>, dass wir z.B. − wie im Folgenden klar ersichtlich! − bei der Anwendung der "Spitze minus Schaft−Regel" auf die letzten beiden Vektoren gleich von vornherein mit dem Produkt der Nenner der Koordinaten der beiden involvierten Punkte multiplizieren), dass selbige linear abhängig sind, woraus dann die Aussage des Satzes von PASCAL folgt, wobei diesbezüglich noch betont werden muss, dass im Folgenden entscheidend eingeht, dass die sechs Punkte voneinander verschieden sind, nundenn:

$$\overrightarrow{S_{12/45}S_{23/56}} \;\|\; \begin{pmatrix} \overbrace{(bc(e+f) - ef(b+c))}^{cf(b-e)+be(c-f)}(ab - de) - \overbrace{(ab(d+e) - de(a+b))}^{ad(b-e)+be(a-d)}(bc - ef)) \\[2mm] \underbrace{((b+c) - (e+f))}_{(b-e)+(c-f)}(ab - de) - \underbrace{((a+b) - (d+e))}_{(b-e)+(a-d)}(bc - ef) \end{pmatrix} =$$

$$= \begin{pmatrix} be((c-f)(ab-de) + (d-a)(bc-ef)) + (b-e)(cf(ab-de) + ad(ef-bc)) \\[2mm] (b-e)(ab - de - bc + ef) + abc - abf - cde + def - abc + bcd + aef - def \end{pmatrix} =$$

$$= \begin{pmatrix} be(\overbrace{abc - abf - cde + def + bcd - abc - def + aef}^{-af(b-e)+cd(b-e)}) + (b-e)(abcf - cdef + adef - abcd)) \\[2mm] (b-e)(ab - de - bc + ef) - af(b-e) + cd(b-e) \end{pmatrix} =$$

$$= \begin{pmatrix} (b-e)(-abcd + bcde - cdef + defa - efab + fabc) \\[2mm] (b-e)(ab - bc + cd - de + ef - fa) \end{pmatrix} \;\|$$

$$\| \begin{pmatrix} -abcd + bcde - cdef + defa - efab + fabc \\[2mm] ab - bc + cd - de + ef - fa \end{pmatrix}$$

$$\overrightarrow{S_{23/56}S_{34/61}} \;\parallel\; \begin{pmatrix} (\overbrace{cd(a+f)-af(c+d)}^{ad(c-f)+cf(d-a)})(bc-ef) - (\overbrace{bc(e+f)-ef(b+c)}^{be(c-f)+cf(b-e)})(cd-af)) \\ (\underbrace{(c+d)-(a+f)}_{(c-f)+(d-a)})(bc-ef) - (\underbrace{(b+c)-(e+f)}_{(c-f)+(b-e)})(cd-af) \end{pmatrix} = $$

$$= \begin{pmatrix} cf((d-a)(bc-ef)+(e-b)(cd-af)) + (c-f)(ad(bc-ef)+be(af-cd)) \\ (c-f)(bc-ef-cd+af) + bcd - abc - def + aef - bcd + cde + abf - aef \end{pmatrix} = $$

$$= \begin{pmatrix} cf(\overbrace{bcd-abc-def+aef}^{-ab(c-f)+de(c-f)} +cde-bcd-aef+abf) + (c-f)(abcd-adef+abef-bcde) \\ (c-f)(bc-ef-cd+af) + ab(f-c) - de(f-c) \end{pmatrix} = $$

$$= \begin{pmatrix} (f-c)(-abcd+bcde-cdef+defa-efab+fabc) \\ (f-c)(ab-bc+cd-de+ef-fa) \end{pmatrix} \;\parallel$$

$$\parallel \begin{pmatrix} -abcd+bcde-cdef+defa-efab+fabc \\ ab-bc+cd-de+ef-fa \end{pmatrix} \;\parallel\; \overrightarrow{S_{12/45}S_{23/56}}$$

$$\Rightarrow \quad S_{12/45},\; S_{23/56} \text{ und } S_{34/61} \text{ liegen kollinear, } \sqrt{\;}.$$

Damit haben wir (unter Beachtung der dem Beweis vorangestellten − ausführlich(st)en! − Bemerkung!) folgenden Satz bewiesen:

SATZ (SATZ VON PASCAL FÜR HYPERBELN): Es sei ν eine Hyperbel und $P_1P_2P_3P_4P_5P_6$ ein ν eingeschriebenes Sechseck. Dann liegen die Schnittpunkte der Trägergeraden gegenüberliegender Seiten des Sechsecks kollinear.

4.9　Der Satz von PASCAL für die Parabel

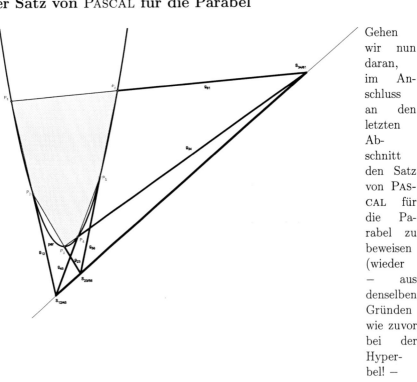

Gehen wir nun daran, im Anschluss an den letzten Abschnitt den Satz von PASCAL für die Parabel zu beweisen (wieder − aus denselben Gründen wie zuvor bei der Hyperbel! −

o.B.d.A. für die Normalparabel mit der Gleichung $y = x^2$): Es seien also $P_1(a|a^2)$, $P_2(b|b^2)$, $P_3(c|c^2)$, $P_4(d|d^2)$, $P_5(e|e^2)$ und $P_6(f|f^2)$ voneinander verschiedene Punkte der Parabel par mit der Gleichung par:$y = x^2$.
Wegen

$$\overrightarrow{P_1P_2} = \begin{pmatrix} b - a \\ b^2 - a^2 \end{pmatrix} \parallel \begin{pmatrix} 1 \\ a + b \end{pmatrix} \perp \begin{pmatrix} a + b \\ -1 \end{pmatrix}$$

erhalten wir aufgrund des Normalvektorsatzes und des Inzidenzkriteriums mit

$$g_{12} : (a + b)x - y = ab$$

eine Gleichung der Trägergeraden g_{12} der Punkte P_1 und P_2.
Entsprechend ist via

$$g_{45} : (d + e)x - y = de$$

dann eine Gleichung der Trägergeraden g_{45} der Punkte P_4 und P_5 gegeben.
Via $g_{12} - g_{45}$ erhalten wir dann für die x–Koordinate des Schnittpunktes $S_{12/45}$ der Geraden g_{12} und g_{45}

$$((a + b) - (d + e))x = ab - de \quad \Rightarrow \quad x = \frac{ab - de}{(a + b) - (d + e)},$$

was wegen $y = (a + b)x - ab$ für die y–Koordinate von $S_{12/45}$

$$y = \frac{(a + b)(ab - de) - ab((a + b) - (d + e))}{(a + b) - (d + e)},$$

ergo

$$y = \frac{ab(d + e) - de(a + b)}{(a + b) - (d + e)}$$

impliziert und uns summa summarum für $\{S_{12/45}\} = g_{12} \cap g_{45}$ das (leicht zu merkende!) Resultat

$$S_{12/45} \left(\frac{ab - de}{(a + b) - (d + e)} \middle| \frac{ab(d + e) - de(a + b)}{(a + b) - (d + e)} \right)$$

liefert.
Entsprechend erhalten wir für den Schnittpunkt $\{S_{23/56}\} = g_{23} \cap g_{56}$ die Darstellung

$$S_{23/56} \left(\frac{bc - ef}{(b + c) - (e + f)} \middle| \frac{bc(e + f) - ef(b + c)}{(b + c) - (e + f)} \right)$$

und schließlich für den Schnittpunkt $\{S_{34/61}\} = g_{34} \cap g_{61}$ das Ergebnis

$$S_{34/61} \left(\frac{cd - af}{(c + d) - (a + f)} \middle| \frac{cd(a + f) - af(c + d)}{(c + d) - (a + f)} \right).$$

Zum Nachweis der kollinearen Lage der Punkte $S_{12/45}$, $S_{23/56}$ und $S_{34/61}$ verfahren wir wie zuvor bei der Hyperbel, wobei auch hier wieder entscheidend eingeht, dass die sechs Punkte voneinander verschieden sind, nundenn:

$$\overrightarrow{S_{12/45}S_{23/56}} \parallel \left(\begin{array}{c} (bc-ef)\overbrace{((a+b)-(d+e))}^{(b-e)+(a-d)} - (ab-de)\overbrace{((b+c)-(e+f))}^{(b-e)+(c-f)} \\ \underbrace{(bc(e+f)-ef(b+c))}_{cf(b-e)+be(c-f)}\underbrace{((a+b)-(d+e))}_{(b-e)+(a-d)} - \underbrace{(ab(d+e)-de(a+b))}_{ad(b-e)+be(a-d)}\underbrace{((b+c)-(e+f))}_{(b-e)+(c-f)} \end{array} \right) =$$

$$\left(\begin{array}{c} abc-aef-bcd+def-abc+cde+abf-def+(b-e)(bc-ef-ab+de) \\ (b-e)(cf(b-e)+be(c-f)+cd(a-d)+ad(e-b)+be(d-a)+ad(f-c))+be(\underbrace{(c-f)(a-d)+(d-a)(c-f)}_{0}) \end{array} \right)$$

$$= \left(\begin{array}{c} \overbrace{af(b-e)-cd(b-e)+(b-e)(bc-ef-ab+de)}^{(e-b)(ab-bc+cd-de+ef-fa)} \\ \underbrace{(b-e)(bcf-cef+bce-bef+acf-cdf+ade-abd+bde-abe+adf-adc)}_{(e-b)(ab(d+e)-bc(e+f)+cd(f+a)-de(a+b)+ef(b+c)-fa(c+d))} \end{array} \right)$$

$$\parallel \left(\begin{array}{c} ab-bc+cd-de+ef-fa \\ ab(d+e)-bc(e+f)+cd(f+a)-de(a+b)+ef(b+c)-fa(c+d) \end{array} \right)$$

$$\overrightarrow{S_{23/56}S_{34/61}} \parallel \left(\begin{array}{c} (cd-af)\overbrace{((b+c)-(e+f))}^{(c-f)+(b-e)} - (bc-ef)\overbrace{((c+d)-(a+f))}^{(c-f)+(d-a)} \\ \underbrace{(cd(a+f)-af(c+d))}_{ad(c-f)+cf(d-a)}\underbrace{((b+c)-(e+f))}_{(c-f)+(b-e)} - \underbrace{(bc(e+f)-ef(b+c))}_{be(c-f)+cf(b-e)}\underbrace{((c+d)-(a+f))}_{(c-f)+(d-a)} \end{array} \right) =$$

$$\left(\begin{array}{c} bcd-abf-cde+aef-bcd+def+abc-aef+(c-f)(cd-af-bc+ef) \\ (c-f)(ad(c-f)+cf(d-a)+ad(b-e)+be(f-c)+cf(e-b)+be(a-d))+cf(\underbrace{(d-a)(b-e)+(b-e)(a-d)}_{0}) \end{array} \right)$$

$$= \left(\begin{array}{c} \overbrace{ab(c-f)-de(c-f)+(c-f)(cd-af-bc+ef)}^{(c-f)(ab-bc+cd-de+ef-fa)} \\ \underbrace{(c-f)(acd-adf+cdf-acf+abd-ade+bef-bce+cef-bcf+abe-bde)}_{(c-f)(ab(d+e)-bc(e+f)+cd(f+a)-de(a+b)+ef(b+c)-fa(c+d))} \end{array} \right)$$

$$\parallel \left(\begin{array}{c} ab-bc+cd-de+ef-fa \\ ab(d+e)-bc(e+f)+cd(f+a)-de(a+b)+ef(b+c)-fa(c+d) \end{array} \right) \parallel \overrightarrow{S_{12/45}S_{23/56}}$$

$$\Rightarrow \quad S_{12/45},\ S_{23/56}\ \text{und}\ S_{34/61}\ \text{liegen kollinear, } \sqrt{}.$$

Damit haben wir (wieder unter Beachtung einer entsprechenden dem Beweis des vorherigen Satzes vorangestellten Bemerkung!) folgenden Satz bewiesen:

SATZ (SATZ VON PASCAL FÜR PARABELN): Es sei ν eine Parabel und $P_1P_2P_3P_4P_5P_6$ ein ν eingeschriebenes Sechseck. Dann liegen die Schnittpunkte der Trägergeraden gegenüberliegender Seiten des Sechsecks kollinear.

Diesen Abschnitt abschließen soll folgende

<u>BEMERKUNG:</u> Wir haben den Satz von PASCAL hier (und im vorangegangenen Abschnitt) für die Kegelschnittstypen Parabel (und Hyperbel) bewiesen, für die Ellipse kann man wieder gestützt auf eine entsprechende Bemerkung wie vor dem Beweis des Satzes von PASCAL für die Hyperbel den Beweis auf einen Beweis des Satzes von PASCAL für den Kreis zurückführen, wofür es eine geeignete synthetische Variante gibt, welche lediglich den Peripheriewinkelsatz und den Begriff der zentrischen Ähnlichkeit benötigt (vgl. dazu [42], S. 219ff!).

4.10 Der Satz von PASCAL und Parabeltangenten

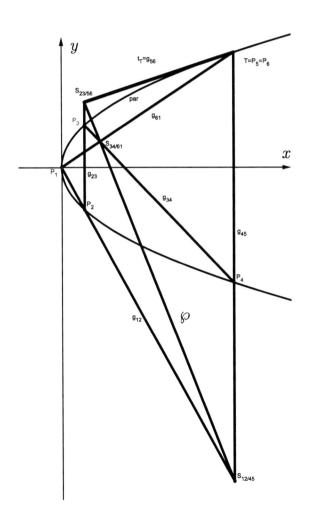

Lässt man im Satz von PASCAL zwei der sechs Punkte (so etwa in der Abbildung P_5 und P_6) zusammenfallen, so wird aus der Gerade g_{56} die Tangente t_T an den entsprechenden Kegelschnitt (in unserem Fall: eine Parabel par) im Punkt $P_5 = P_6 = T$. Unter Verwendung des Satzes von PASCAL kann man somit die Tangente wie in nebenstehender Abbildung illustriert konstruieren, indem man nebst T von vier weiteren Punkten P_1, P_2, P_3 und P_4 ausgeht und die Gerade $\wp$ durch die Schnittpunkte $g_{12} \cap g_{45} = \{S_{12/45}\}$ und $g_{34} \cap g_{61} = \{S_{34/61}\}$ mit der Gerade g_{23} schneidet (was den Schnittpunkt $S_{23/56}$ liefert) und somit mit der Gerade durch $S_{23/56}$ und $T = P_5 = P_6$ die Tangente t_T ($= g_{56}$) an par in T ($= P_5 = P_6$) erhält. Setzen wir diese Idee nun analytisch um, indem wir von par: $y^2 = 2px$ sowie o. B. d. A. von den insgesamt fünf speziell gewählten Punkten $P_1(0|0)$, $P_2(2pa^2| - 2pa)$, $P_3(2pa^2|2pa)$, $P_4(2pb^2|-2pb)$ sowie $T = P_5 = P_6(2pb^2|2pb)$

ausgehen, was zunächst wegen $x_{P_4} = x_{P_5} = x_{P_6} = x_T = 2pb^2$ schon einmal $S_{12/45}(2pb^2|y_1)$ impliziert. Da ferner

$$\overrightarrow{P_1P_2} = \begin{pmatrix} 2pa^2 \\ -2pa \end{pmatrix} \parallel \begin{pmatrix} a \\ -1 \end{pmatrix} \perp \begin{pmatrix} 1 \\ a \end{pmatrix} \quad \Rightarrow \quad g_{12} : x + ay = 0$$

gilt, erhalten wir deshalb

$$2pb^2 + ay_1 = 0 \Rightarrow y_1 = -\frac{2pb^2}{a} \quad \text{und somit} \quad S_{12/45}\left(2pb^2 \left| -\frac{2pb^2}{a}\right.\right).$$

Wegen

$$\overrightarrow{P_3P_4} = \begin{pmatrix} 2p(b^2 - a^2) \\ -2p(b+a) \end{pmatrix} \parallel \begin{pmatrix} a-b \\ 1 \end{pmatrix} \perp \begin{pmatrix} 1 \\ b-a \end{pmatrix} \quad \Rightarrow \quad g_{34} : x + (b-a)y = 2pab$$

sowie

$$\overrightarrow{P_1P_6} = \begin{pmatrix} 2pb^2 \\ 2pb \end{pmatrix} \parallel \begin{pmatrix} b \\ 1 \end{pmatrix} \perp \begin{pmatrix} 1 \\ -b \end{pmatrix} \quad \Rightarrow \quad g_{61} : x - by = 0$$

ergibt sich für $g_{34} \cap g_{61} = \{S_{34/61}\}$ also durch Subtraktion der Geradengleichungen von g_{34} und g_{61}

$$(2b-a)y = 2pab \Rightarrow y = \frac{2pab}{2b-a} \Rightarrow x = \frac{2pab^2}{2b-a} \Rightarrow S_{34/61}\left(\frac{2pab^2}{2b-a} \left| \frac{2pab}{2b-a}\right.\right).$$

Ausgehend von

$$\overrightarrow{S_{12/45}S_{34/61}} = \begin{pmatrix} \frac{2pb^2}{2b-a} \cdot \overbrace{\left[a - (2b-a) \right]}^{2(a-b)} \\[2mm] \frac{2pb}{a(2b-a)} \cdot \overbrace{\left[a^2 + b(2b-a) \right]}^{a^2-ab+2b^2} \end{pmatrix} \parallel \begin{pmatrix} 2ab(a-b) \\ a^2 - ab + b^2 \end{pmatrix} \perp \begin{pmatrix} a^2 - ab + 2b^2 \\ 2ab(b-a) \end{pmatrix}$$

$$\Rightarrow \quad \wp : (a^2 - ab + 2b^2)x + 2ab(b-a)y = 2pab^2(a+b)$$

ergibt sich wegen $x_{P_2} = x_{P_3} = x_{S_{23/56}} = 2pa^2$ somit für $S_{23/56}(2pa^2|y_2)$ die Gleichung

$$(a^2-ab+2b^2)\cdot 2pa^2 + 2ab(b-a)y_2 = 2pab^2(a+b) \Rightarrow 2ab(b-a)y_2 = 2pa\underbrace{(ab^2 + b^3 - a^3 + a^2b - 2ab^2)}_{b^3-ab^2+a^2b-a^3=(b-a)(b^2+a^2)}$$

bzw.

$$y_2 = \frac{p(b^2 + a^2)}{b},$$

was uns schließlich $S_{23/56}\left(2pa^2 \left| \frac{p(b^2+a^2)}{b}\right.\right)$ und in weiterer Folge

$$\overrightarrow{S_{23/56}P_5} = \begin{pmatrix} 2p(b^2 - a^2) \\ \frac{p}{b} \cdot (2b^2 - b^2 - a^2) \end{pmatrix} \parallel \begin{pmatrix} 2b \\ 1 \end{pmatrix} \perp \begin{pmatrix} -1 \\ 2b \end{pmatrix} \quad \Rightarrow \quad g_{56} : -x + 2by = 2pb^2$$

liefert. Der direkte Vergleich mit der Spaltform von t zeigt wegen

$$t : 2pby = p(x + 2pb^2) \quad \text{bzw.} \quad t : 2by = x + 2pb^2 \quad \text{resp.} \quad t : -x + 2by = 2pb^2,$$

dass es sich bei g_{56} auch tatsächlich um die Tangente an par in $T = P_5 = P_6$ handelt, $\square$.

4.11   Kegelschnitte in allgemeiner Lage

In diesem Abschnitt wollen wir vertiefende Betrachtungen über Kegelschnitte anstellen, welche uns zeigen werden, dass es sich bei ihnen gerade um die algebraischen Kurven zweiter Ordnung handelt, also um Kurven mit Gleichungen der Form

$$Ax^2 + Bxy + Cy^2 + Dx + Ey + F = 0,$$

was sich auch via

$$\sum_{0 \le i+j \le 2} a_{ij} \cdot x^i \cdot y^j = 0$$

anschreiben lässt. Die zweite Darstellungsform wirkt zunächst recht kryptisch, drückt jedoch nichts weiter aus, als dass in jedem Summand Produkte von Potenzen von x und von y (Falls x und/oder y nicht vorkommt, ist der jeweilige Exponent eben 0.) vorkommen, deren Exponenten *in Summe höchstens* 2 (bzw. bei einer algebraischen Kurve n^{ter} Ordnung eben $n \in \mathbb{N}$) ergeben. Der Grund *dafür* liegt darin, dass aus einem Schnitt solch einer Kurve mit einer Gerade höchstens n Schnittpunkte hervorgehen dürfen (was ja den Sinn der Bezeichnung "algebraische Kurve n^{ter} Ordnung" bzw. "algebraische Kurve n^{ten} Grades" darstellt). Da man bei der rechnerischen Ermittlung der Schnittpunkte ja in der Gleichung der algebraischen Kurve einfach y durch $kx + d$ ersetzen wird, kommt dadurch in keinem Summand nach Ausmultiplizieren eine höhere Potenz als x^n vor, womit eine algebraische Gleichung n^{ten} Grades vorliegt, von der ja in Erweiterung des Fundamentalsatzes der Algebra gilt, dass sie über $\mathbb{C}$ genau n Lösungen besitzt (wenn jede Lösung in ihrer Vielfachheit gezählt wird). Der Vorteil dieser Schreibweise liegt vor allem darin, dass sie sich unkompliziert auf algebraische Kurven beliebigen Grades verallgemeinern lässt. Jetzt wollen wir uns aber der allgemeinen Lage von Kegelschnitten zuwenden:

Bis jetzt haben wir Kegelschnitte nur in speziellen Lagen betrachtet. Dies liegt unter anderem daran, dass deren Gleichungen dadurch eine recht einfache Bauart aufweisen. In diesem Abschnitt wollen wir zwei zentralen Fragen nachgehen:

- Wie sieht die Gleichung eines Kegelschnitts in allgemeiner Lage aus?

- Wie lässt sich feststellen, um welchen Kegelschnittstyp es sich dabei handelt?

Zur Beantwortung der ersten Frage stellen wir zunächst folgende Überlegung an:
Wenn wir in der Gleichung $z^2 = w^2(x^2 + y^2)$ (∗) bei festem positivem w die Variable (Koordinate) z ganz $\mathbb{R}$ durchlaufen lassen, entsteht in der jeweiligen ersten Hauptebene $\varepsilon_t : z = t$ ein Kreis mit dem Mittelpunkt $(0|0|t)$ und dem Radius $\frac{|t|}{w}$. Sein Radius ist somit direkt proportional zu $|t|$. Insbesondere degeneriert der Kreis für $t = 0$ zu einem Punkt, dem Ursprung. Insgesamt hat man also das Gefühl, dass ein Drehkegel mit der Spitze im Ursprung und der $z-$Achse als Drehachse entsteht. Um dieses Gefühl zu einer wirklichen mathematischen Erkenntnis werden zu lassen, zeigen wir auch noch, dass die durch (∗) beschriebene Raumfläche von jeder die $z-$Achse enthaltenden und somit erstprojizierenden Ebene $\eta_{a,b}$ durch den Ursprung nach einem sich im Ursprung schneidenden Geradenpaar geschnitten wird, was uns überdies die geometrische Bedeutung der Konstante w enthüllen wird, die bis jetzt eher unnötig erschien. Jede erste Hauptgerade $g_{a,b}$ durch den Ursprung

mit dem normierten Richtungsvektor $\overrightarrow{r_{a,b}} = \begin{pmatrix} a \\ b \\ 0 \end{pmatrix}$ erzeugt zusammen mit der $z-$Achse

$\eta_{a,b}$. Aufgrund der Normiertheit von $\overrightarrow{r_{a,b}}$ und der Orthogonalität von g und der $z-$Achse kann man in der Parameterdarstellung ("PDST")

$$\eta_{a,b} : X = s \cdot \begin{pmatrix} a \\ b \\ 0 \end{pmatrix} + t \cdot \begin{pmatrix} 0 \\ 0 \\ 1 \end{pmatrix}$$

die Parameter s und t als Koordinaten in jenem cartesischen Koordinatensystem deuten, dessen Ursprung in $(0|0|0)$ liegt und als Koordinatenachsen die Gerade g ("$s-$Achse") sowie die $z-$Achse ("$t-$Achse") besitzt. Setzen wir die Koordinatenzeilen nun zwecks Schnitt mit der Raumfläche in deren Gleichung ein, erhalten wir

$$t^2 = w^2 s^2 (a^2 + b^2), \text{ also wegen der Normiertheit von } \overrightarrow{r_{a,b}} \text{ mit } \boxed{t = (\pm w) \cdot s}$$

gerade die $\boxed{\text{Gleichungen zweier Geraden}}$ im $(s|t)-$Koordinatensystem von $\eta_{a;b}$, bei denen es sich offensichtlich um zwei sowohl zu g als auch zur $z-$Achse symmetrisch liegende Erzeugende dieser Raumfläche handelt, welche somit wirklich einen Drehkegel darstellt. Ferner lässt sich nun auch w interpretieren, und zwar als Steigung der beiden Erzeugenden gegenüber g. Da wir im Folgenden noch den Schnittwinkel φ jeder Erzeugenden des Kegels und seiner Drehachse (also der $z-$ bzw. t-Achse) − welcher auch als halber Öffnungswinkel gedeutet werden kann − für unsere Argumentation benötigen werden, stellen wir fest, dass dieser zum Steigungswinkel α mit $\tan\alpha = w$ komplementär ist, woraus $\tan\varphi = \frac{1}{w}$ folgt.

Um jetzt zu einer analytischen Beschreibung der ebenen Schnitte dieser Drehkegelfläche zu gelangen, betrachten wir eine Ebene π mit der PDST

$$\pi : X = \underbrace{\begin{pmatrix} p_1 \\ p_2 \\ p_3 \end{pmatrix}}_{P} + \lambda \cdot \underbrace{\begin{pmatrix} u_1 \\ u_2 \\ u_3 \end{pmatrix}}_{\overrightarrow{u}} + \mu \cdot \underbrace{\begin{pmatrix} v_1 \\ v_2 \\ v_3 \end{pmatrix}}_{\overrightarrow{v}}.$$

Dabei dürfen wir von den Annahmen ausgehen, dass $\overrightarrow{u}$ und $\overrightarrow{v}$ aufeinander normal stehen und beide normiert sind.[111] Dadurch können wir wie zuvor λ und μ wieder als cartesische Koordinaten in π deuten, wobei der Ursprung in P liegt und die Koordinatenachsen die Richtungsvektoren $\overrightarrow{u}$ und $\overrightarrow{v}$ aufweisen. Kommen wir nun zum Schnitt der Drehkegelfläche mit π:

$$(p_3 + u_3 \cdot \lambda + v_3 \cdot \mu)^2 = w^2 [(p_1 + u_1 \cdot \lambda + v_1 \cdot \mu)^2 + (p_2 + u_2 \cdot \lambda + v_2 \cdot \mu)^2] \ (\#)$$

Dadurch entsteht beim Ausquadrieren und Ausmultiplizieren eine Kurve k mit einer Gleichung der Form

$$k : \ \mathcal{A}\lambda^2 + \mathcal{B}\lambda\mu + \mathcal{C}\mu^2 + \mathcal{D}\lambda + \mathcal{E}\mu + \mathcal{F} = 0,$$

---

[111]Bekanntlich sind PDSTen nicht eindeutig, womit wir o. B. d. A. diese Eigenschaften postulieren dürfen.

also eine algebraische Kurve zweiter Ordnung, womit die erste Frage beantwortet ist. Da der Startpunkt P für den Typ des Kegelschnitts irrelevant ist – Begründe! – und seine Koordinaten p_1, p_2 und p_3 nur in den Koeffizienten $\mathcal{A}$, $\mathcal{B}$ und $\mathcal{C}$ nicht auftauchen (Begründe!), interessieren wir uns im Folgenden deshalb nur für den quadratischen Teil $\mathcal{A}\lambda^2 + \mathcal{B}\lambda\mu + \mathcal{C}\mu^2$ von (#), weshalb wir den Rest lediglich durch Punkte andeuten:

$$[w^2(u_1^2 + u_2^2) - u_3^2] \cdot \lambda^2 + 2 \cdot [w^2(u_1v_1 + u_2v_2) - u_3v_3] \cdot \lambda \cdot \mu + [w^2(v_1^2 + v_2^2) - v_3^2] \cdot \mu^2 + \ldots = 0 \ (\#)$$

Wegen der Orthogonalität der Vektoren $\vec{u}$ und $\vec{v}$ verschwindet aufgrund des **Orthogonalitätskriteriums** deren *Skalares Produkt*, woraus

$$u_1v_1 + u_2v_2 + u_3v_3 = 0 \quad \text{bzw.} \quad u_1v_1 + u_2v_2 = -u_3v_3 \ (\#\#)$$

folgt. Aufgrund der Normiertheit von $\vec{u}$ und $\vec{v}$ gilt ferner

$$u_1^2 + u_2^2 + u_3^2 = 1 \ \wedge \ v_1^2 + v_2^2 + v_3^2 = 1 \quad \text{bzw.} \quad u_1^2 + u_2^2 = 1 - u_3^2 \ \wedge \ v_1^2 + v_2^2 = 1 - v_3^2,$$

was wir nun alles in die obige Gleichung (#) einsetzen und damit

$$[(1 - u_3^2)w^2 - u_3^2] \cdot \lambda^2 + 2 \cdot (-u_3v_3 \cdot w^2 - u_3v_3) \cdot \lambda \cdot \mu + [(1 - v_3^2)w^2 - v_3^2] \cdot \mu^2 + \ldots = 0$$

bzw.

$$[w^2 - u_3^2(w^2 + 1)] \cdot \lambda^2 - 2 \cdot u_3v_3(w^2 + 1) \cdot \lambda \cdot \mu + [w^2 - v_3^2(w^2 + 1)] \cdot \mu^2 + \ldots = 0 \ (\#)$$

erhalten. Nun war aber

$$\tan \varphi = \frac{1}{w} \quad \Rightarrow \quad w = \frac{1}{\tan \varphi} = \frac{1}{\frac{\sin \varphi}{\cos \varphi}} = \frac{\cos \varphi}{\sin \varphi}$$

$$\Rightarrow 1 + w^2 = 1 + \left(\frac{\cos \varphi}{\sin \varphi}\right)^2 = 1 + \frac{\cos^2 \varphi}{\sin^2 \varphi} = \frac{\sin^2 \varphi + \cos^2 \varphi}{\sin^2 \varphi} = \frac{1}{\sin^2 \varphi},$$

womit wir (#) mit $\sin^2 \varphi$ multiplizieren können (Da der halbe Öffnungswinkel sicher weder $0°$ noch $180°$ betragen wird – Begründe, warum! –, kann demnach $\sin \varphi$ und somit auch $\sin^2 \varphi$ nicht 0 sein.) und somit

$$(\cos^2 \varphi - u_3^2) \cdot \lambda^2 - 2 \cdot u_3v_3 \cdot \lambda \cdot \mu + (\cos^2 \varphi - v_3^2) \cdot \mu^2 + \ldots = 0$$

erhalten. In dieser Gleichung

$$k : \ A\lambda^2 + B\lambda\mu + C\mu^2 + \ldots = 0$$

interessieren wir uns jetzt (in Analogie zu quadratischen Gleichungen in einer Variable) für die Diskriminante $\Delta := B^2 - 4AC$, für die wir

$$\Delta = 4 \cdot [u_3^2v_3^2 - \cos^4 \varphi + (u_3^2 + v_3^2)\cos^2 \varphi - u_3^2v_3^2] = 4\cos^2 \varphi \cdot [u_3^2 + v_3^2 - \cos^2 \varphi]$$

erhalten. Ebenso wie das **Vorzeichen der Diskriminante** bei quadratischen Gleichungen in einer Variable über das Lösungsverhalten entscheidet (selbiges also *festlegt*, d.h. "*diskriminiert*"), ist auch hier das Vorzeichen der entscheidende Indikator für die Erkennung des entsprechenden Kegelschnittstyps[112], weshalb wir wiederum wegen $\cos\varphi \neq 0$ (Begründe!) und somit $4\cos^2\varphi > 0$ für $\boxed{u_3^2 + v_3^2 - \cos^2\varphi}$ das gleiche Vorzeichen erhalten als für Δ.

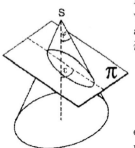

Nun hängt der Typ des Kegelschnitts aber gerade vom Schnittwinkel ε zwischen π und der Drehkegelachse, also der $z-$Achse ab. Zur Berechnung von ε benötigen wir einen Normalvektor $\overrightarrow{n_\pi}$ von π, welchen wir via

$$\overrightarrow{u} \times \overrightarrow{v} = \begin{pmatrix} u_1 \\ u_2 \\ u_3 \end{pmatrix} \times \begin{pmatrix} v_1 \\ v_2 \\ v_3 \end{pmatrix} = \begin{pmatrix} \cdots \\ \cdots \\ u_1 v_2 - u_2 v_1 \end{pmatrix}$$

erhalten. Die $x-$ und $y-$Komponente wurde deshalb nicht explizit berechnet, weil beide beim Einsetzen von $\overrightarrow{n_\pi}$ in die Formel für den Schnittwinkel zwischen π und der $z-$Achse) irrelevant sind:

$$\sin\varepsilon = \frac{\left| \begin{pmatrix} \cdots \\ \cdots \\ u_1 v_2 - u_2 v_1 \end{pmatrix} \cdot \begin{pmatrix} 0 \\ 0 \\ 1 \end{pmatrix} \right|}{\left| \begin{pmatrix} \cdots \\ \cdots \\ u_1 v_2 - u_2 v_1 \end{pmatrix} \right| \left| \begin{pmatrix} 0 \\ 0 \\ 1 \end{pmatrix} \right|}$$

Für den Betrag von $\overrightarrow{n_\pi} = \overrightarrow{u} \times \overrightarrow{v}$ brauchen wir keine Berechnung durchzuführen, sondern uns nur daran zu erinnern, dass der Betrag des Vektoriellen Produkts zweier Vektoren $\overrightarrow{u}$ und $\overrightarrow{v}$ den Flächeninhalt des von ihnen aufgespannten Parallelogramms angibt. Da $\overrightarrow{u}$ und $\overrightarrow{v}$ nach Annahme aufeinander orthogonal stehen und zudem beide normiert sind, spannen sie somit ein Quadrat mit der Seitenlänge 1 auf, welches auch einen Flächeninhalt von 1 hat, woraus $\boxed{\sin\varepsilon = |u_1 v_2 - u_2 v_1|}$ folgt. Gilt nun $\left\{ \begin{array}{c} \varepsilon > \varphi \\ \varepsilon = \varphi \\ \varepsilon < \varphi \end{array} \right\}$,

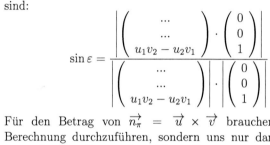

so wird durch (#) eine $\left\{ \begin{array}{c} \text{Ellipse} \\ \text{Parabel} \\ \text{Hyperbel} \end{array} \right\}$ beschrieben, was

$\left\{ \begin{array}{c} \sin\varepsilon > \sin\varphi \\ \sin\varepsilon = \sin\varphi \\ \sin\varepsilon < \sin\varphi \end{array} \right\}$ und somit auch $\left\{ \begin{array}{c} \sin^2\varepsilon > \sin^2\varphi \\ \sin^2\varepsilon = \sin^2\varphi \\ \sin^2\varepsilon < \sin^2\varphi \end{array} \right\}$ zur

Folge hat.

---

[112]Beachte, dass sich das Vorzeichen von $\Delta = B^2 - 4AC$ aus $Ax^2 + Bxy + Cy^2 + Dx + Ey + F = 0$ nach einer Multiplikation der Kegelschnittsgleichung mit einem Faktor $\kappa \neq 0$ wegen $A\kappa x^2 + B\kappa xy + C\kappa y^2 + D\kappa x + E\kappa y + F\kappa = 0$ und somit $\Delta' := (B\kappa)^2 - 4A\kappa C\kappa = \kappa^2(B^2 - 4AC) = \kappa^2 \cdot \Delta$ nicht ändert.

Aus (##) folgt durch Quadrieren

$$u_1^2 v_1^2 + 2u_1 u_2 v_1 v_2 + u_2^2 v_2^2 = u_3^2 v_3^2 \quad \text{bzw.} \quad -2u_1 u_2 v_1 v_2 = u_1^2 v_1^2 + u_2^2 v_2^2 - u_3^2 v_3^2,$$

was $\sin^2 \varepsilon = (u_1 v_2 - u_2 v_1)^2 = u_1^2 v_2^2 - 2u_1 u_2 v_1 v_2 + u_2^2 v_1^2 = u_1^2 v_2^2 + u_1^2 v_1^2 + u_2^2 v_2^2 - u_3^2 v_3^2 + u_2^2 v_1^2$ bzw.

$$\sin^2 \varepsilon = u_1^2(v_1^2 + v_2^2) + u_2^2(v_1^2 + v_2^2) - u_3^2 v_3^2 = (u_1^2 + u_2^2)(v_1^2 + v_2^2) - u_3^2 v_3^2 = (1 - u_3^2)(1 - v_3^2) - u_3^2 v_3^2 = 1 - u_3^2 - v_3^2$$

impliziert, womit durch (#) also genau dann eine $\left\{ \begin{array}{c} \text{Ellipse} \\ \text{Parabel} \\ \text{Hyperbel} \end{array} \right\}$ beschrieben wird, wenn

$$\left\{ \begin{array}{c} 1 - u_3^2 - v_3^2 > \sin^2 \varphi \\ 1 - u_3^2 - v_3^2 = \sin^2 \varphi \\ 1 - u_3^2 - v_3^2 < \sin^2 \varphi \end{array} \right\} \text{ bzw. } \left\{ \begin{array}{c} u_3^2 + v_3^2 < 1 - \sin^2 \varphi \\ u_3^2 + v_3^2 = 1 - \sin^2 \varphi \\ u_3^2 + v_3^2 > 1 - \sin^2 \varphi \end{array} \right\} \text{ bzw. } \left\{ \begin{array}{c} u_3^2 + v_3^2 < \cos^2 \varphi \\ u_3^2 + v_3^2 = \cos^2 \varphi \\ u_3^2 + v_3^2 > \cos^2 \varphi \end{array} \right\} \text{ gilt,}$$

was auf $\left\{ \begin{array}{c} \Delta < 0 \\ \Delta = 0 \\ \Delta > 0 \end{array} \right\}$ führt, womit durch den somit abgeleiteten Satz auch die zweite Frage (welche in der Formulierung des Satzes auch die Beantwortung der ersten Frage nochmals beinhaltet) beantwortet ist:

$\boxed{\text{SATZ}}$ (Klassifikationssatz für Kurven zweiter Ordnung, also Kegelschnitte): Kegelschnitte werden durch Gleichungen der Form $Ax^2 + Bxy + Cy^2 + Dx + Ey + F = 0$ (∗) beschrieben. Für die durch $\Delta := B^2 - 4AC$ definierte *Diskriminante* von (∗) gilt, dass (∗) im Fall von $\left\{ \begin{array}{c} \Delta < 0 \\ \Delta = 0 \\ \Delta > 0 \end{array} \right\}$ eine $\left\{ \begin{array}{c} \text{Ellipse} \\ \text{Parabel} \\ \text{Hyperbel} \end{array} \right\}$ beschreibt.

Dabei gilt es zu beachten, dass dadurch auch entartete Ellipsen, Parabeln und Hyperbeln inkludiert sind. Selbige entstehen, wenn die Schnittebene π die Spitze S (also in diesem Fall: den Koordinatenursprung) enthält.

4.12 Weitere Beweise des Klassifikationssatzes

In diesem äußerst vielseitig gestalteten Abschnitt wollen wir weitere unterschiedliche Beweise[113] des sogenannten **Klassifikationssatzes** für Kegelschnitte präsentieren, welcher besagt, dass ein Kegelschnitt ν in allgemeiner Lage mit der Gleichung $\nu: \ Ax^2 + Bxy + Cy^2 + Dx + Ey + F = 0$ sowie der zugehörigen via $\mathcal{D} := B^2 - 4AC$ definierten Diskriminante $\mathcal{D}$ für $\mathcal{D} \left\{ \begin{array}{c} < 0 \\ = 0 \\ > 0 \end{array} \right\}$ eine $\left\{ \begin{array}{c} \text{Ellipse} \\ \text{Parabel} \\ \text{Hyperbel} \end{array} \right\}$ beschreibt, wobei hierin auch Sonderfälle wie $\left\{ \begin{array}{c} \text{Kreis, Punkt, leere Menge,} \\ \text{Doppelgerade, Parallelenpaar sowie} \\ \text{kreuzendes Geradenpaar} \end{array} \right\}$ enthalten sind (Genaueres zu diesen Sonderformen im Abschnitt 5.2 über den Entartungssatz!).

---

[113]Ein Beweis erfolgte schon im Abschnitt 4.11!

4.12.1   Eine Klassifikation unter Verwendung von Polarkoordinaten

Wechselt man von der Gleichung

$$\nu: \ Ax^2 + Bxy + Cy^2 + Dx + Ey + F = 0$$

in cartesischen Koordinaten via

$$x(r,t) = r\cos t \quad \wedge \quad y(r,t) = r\sin t$$

zur Gleichung

$$\nu: \ Ar^2\cos^2 t + Br^2\sin t\cos t + Cr^2\sin^2 t + Dr\cos t + Er\sin t + F = 0$$

in Polarkoordinaten, so erkennt man nach Umformen ...

$$\nu: \ (A\cos^2 t + B\sin t\cos t + C\sin^2 t)r^2 + (D\cos t + E\sin t)r + F = 0$$

... und Division durch r^2 ...

$$\nu: \ A\cos^2 t + B\sin t\cos t + C\sin^2 t + \frac{D\cos t + E\sin t}{r} + \frac{F}{r^2} = 0$$

..., dass für $r \to \pm\infty$ die Bedingung

$$A\cos^2 t + B\sin t\cos t + C\sin^2 t = 0$$

... bzw. nach Division durch $\cos^2 t$ und Einführung der Abkürzung
$k := \frac{\sin t}{\cos t}$ für die Steigung der Trägergerade des entsprechenden Radius

$$Ck^2 + Bk + A = 0 \ (*)$$

gilt.

- Da es für die Hyperbel genau zwei unendlich ferne Punkte gibt (Fernpunkte ihrer Asymptoten), weist $(*)$ demnach zwei reelle Lösungen (die Steigungen der Asymptoten) auf.

- Im Fall der Parabel gibt es genau einen unendlich fernen Punkt (Fernpunkt ihrer Achse), daher hat $(*)$ eine Doppellösung (die Steigung der Achse).

- Ist ν eine Ellipse, so gibt es keinen unendlich fernen Punkt, weshalb $(*)$ keine reellen Lösungen besitzt.

Über die Diskriminantenbedingung[114] folgt damit der Klassifikationssatz ,□.

---

[114]Wenn wir die Steigung mit vertauschten Koordinaten definiert hätten (was ja ebenso rechtens wäre), sähe die Gestalt der Gleichung $(*)$ mit $Ak^2 + Bk + C = 0$ zwar anders aus, die Diskriminante und somit die Folgerung (Klassifikationssatz) wäre aber dieselbe.

4.12.2   Eine Klassifikation unter Verwendung eines Grenzwerts

Wenn wir davon ausgehen, dass für $Ax^2 + Bxy + Cy^2 + Dx + Ey + F = 0$ $(*)$ der Grenzwert $k := \lim\limits_{x,y \to \pm\infty} \dfrac{y}{x}$ existiert, so ergibt sich für selbige/n aufgrund der Umformungskette

$$(*) \;\Leftrightarrow\; \left(\frac{B}{2} \cdot x + Cy + E\right) \cdot y + \left(Ax + \frac{B}{2} \cdot y + D\right) \cdot x + F = 0$$

$$\Leftrightarrow\; \left(\frac{B}{2} \cdot x + Cy + E\right) \cdot y = -\left(Ax + \frac{B}{2} \cdot y + D\right) \cdot x - F$$

$$\Leftrightarrow\; \frac{y}{x} = -\frac{Ax + \frac{B}{2} \cdot y + D}{\frac{B}{2} \cdot x + Cy + E} - \frac{F}{x \cdot \left(\frac{B}{2} \cdot x + Cy + E\right)}$$

$$\Leftrightarrow\; \frac{y}{x} = -\frac{A + \frac{B}{2} \cdot \frac{y}{x} + \frac{D}{x}}{\frac{B}{2} + C \cdot \frac{y}{x} + \frac{E}{x}} - \frac{F}{x \cdot \left(\frac{B}{2} \cdot x + Cy + E\right)}$$

$$\Rightarrow\; k = -\frac{A + \frac{B}{2} \cdot k}{\frac{B}{2} + C \cdot k} \;\Leftrightarrow\; \frac{B}{2} \cdot k + Ck^2 = -A - \frac{B}{2} \cdot k$$

mit der quadratischen Gleichung $Ck^2 + Bk + A = 0$ $(**)$ eine notwendige Bedingung.

Da es für den Fall der Hyperbel zwei derartige reelle Steigungen $_1 k_2$ (jener ihrer Asymptoten) gibt und für die Ellipse aufgrund der Tatsache, dass sie ganz im Endlichen liegt, obiger Grenzwert nicht einmal existiert, folgt daraus über die Diskriminantenbedingung von $(**)$, dass $(*)$ im Fall von $B^2 - 4AC > 0$ bzw. $B^2 - 4AC < 0$ eine Hyperbel bzw. Ellipse beschreibt, womit für die Parabel nur noch der Fall $B^2 - 4AC = 0$ bleibt, $\square$.

4.12.3   Eine Variation vom vorherigen Beweis

Durch Ergänzen auf ein Quadrat lässt sich

$$Ax^2 + Bxy + Cy^2 + Dx + Ey + F = 0 \;(*)$$

auch in der Form

$$C \cdot \left(y^2 + \frac{B}{C} \cdot xy + \frac{A}{C} \cdot x^2\right) + Dx + Ey + F = 0$$

bzw.

$$C \cdot \left(y + \frac{B}{2C} \cdot x\right)^2 + \left(A - \frac{B^2}{4C}\right) \cdot x^2 + Dx + Ey + F = 0$$

resp. nach Division durch x^2

$$C \cdot \left(\frac{y}{x} + \frac{B}{2C}\right)^2 + A - \frac{B^2}{4C} + \frac{D}{x} + E \cdot \frac{y}{x^2} + \frac{F}{x^2} = 0$$

schreiben.

Gehen wir jetzt wieder von der Existenz des Grenzwerts $k := \lim\limits_{x,y \to \pm\infty} \dfrac{y}{x}$ aus, so impliziert dies

$$C \cdot \left(k + \frac{B}{2C}\right)^2 + A - \frac{B^2}{4C} = 0$$

bzw.

$$C \cdot \left(k + \frac{B}{2C}\right)^2 + \frac{4AC - B^2}{4C} = 0$$

bzw.

$$\left(k + \frac{B}{2C}\right)^2 = \frac{B^2 - 4AC}{4C^2}$$

bzw.

$$_1k_2 + \frac{B}{2C} = \pm\sqrt{\frac{B^2 - 4AC}{4C^2}}$$

bzw.

$$_1k_2 = -\frac{B}{2C} \pm \sqrt{\frac{B^2 - 4AC}{4C^2}}$$

bzw.

$$_1k_2 = \frac{-B \pm \sqrt{4AC - B^2}}{2C},$$

ergo ergeben sich die möglichen Werte für k offensichtlich als Lösungen der quadratischen Gleichung $Ck^2 + Bk + A = 0$.

Der Rest der Argumentation verläuft dann wie in den letzten Zeilen des vorherigen Beweises!

4.12.4   Eine zweite Variation vom vorletzten Beweis

Wenn es eine/zwei Gerade/n mit der/n Gleichung/en $_1y_2 = {_1}k_2 \cdot x + {_1}d_2$ gibt, welchen sich der Kegelschnitt mit der Gleichung

$$Ax^2 + Bxy + Cy^2 + Dx + Ey + F = 0 \ (*)$$

unbegrenzt nähert, so muss also der Grenzwert $y - {_1}y_2$ für $x \to \pm\infty$ existieren[115],

---

[115] Für alle zu den Asymptoten parallelen Geraden existiert dieser Grenzwert ebenso, aber nur für die passenden Werte $_1d_2$ ist er Null, wozu zusätzlich gefordert werden muss, dass der Grad des Polynoms im Zähler sogar Null ist:

$$2pq - s = 0 \ \Leftrightarrow \ 2 \cdot [(B + 2Ck) \cdot (E + 2Cd) - (BE - 2CD)] = 0 \ \Leftrightarrow \ 2CEk + 2BCd + 4C^2dk + 2CD = 0$$

Da $C = 0$ und somit auch $2C = 0$ im Allgemeinen nicht gelten wird, werden wir gar auf die notwendige Bedingung $\boxed{Ek + Bd + 2Cdk + D = 0 \ (\#)}$ geführt, welche mit folgender Überlegung zusammenhängt: Formt man $(**)$ − folgt nach dieser Fußnote! − zu

$$y_{1,2}(x) = \frac{-(Bx + E) \pm \sqrt{B^2 - 4AC} \cdot \sqrt{x^2 + 2 \cdot \frac{BE - 2CD}{B^2 - 4AC} \cdot x + \frac{E^2 - 4CF}{B^2 - 4AC}}}{2C}$$

um und ergänzt den Radikanden wie folgt auf ein Quadrat...

$$y_{1,2}(x) = \frac{-(Bx + E) \pm \sqrt{B^2 - 4AC} \cdot \sqrt{\left(x + \frac{BE - 2CD}{B^2 - 4AC}\right)^2 + \frac{E^2 - 4CF}{B^2 - 4AC} - \left(\frac{BE - 2CD}{B^2 - 4AC}\right)^2}}{2C},$$

so gelangt man nach einer weiteren Umformung ...

$$y_{1,2}(x) = \frac{-(Bx + E) \pm \sqrt{B^2 - 4AC} \cdot \left(x + \frac{BE - 2CD}{B^2 - 4AC}\right)\sqrt{1 + \frac{\frac{E^2 - 4CF}{B^2 - 4AC} - \left(\frac{BE - 2CD}{B^2 - 4AC}\right)^2}{\left(x + \frac{BE - 2CD}{B^2 - 4AC}\right)^2}}}{2C}$$

wobei sich $_1y_2$ durch Auflösung von $(*)$ nach x ergibt, was auf

$$Cy^2 + (Bx + E)y + Ax^2 + Dx + F = 0 \quad \Leftrightarrow \quad _1y_2 = \frac{-(Bx + E) \pm \sqrt{(Bx + E)^2 - 4C(Ax^2 + Dx + F)}}{2C}$$

bzw.

$$_1y_2 = \frac{-(Bx + E) \pm \sqrt{(B^2 - 4AC)x^2 + 2(BE - 2CD)x + E^2 - 4CF}}{2C} \quad (**)$$

und somit

$$y -_1 y_2 = \frac{(B + 2C)x + E + 2Cd \mp \sqrt{(B^2 - 4AC)x^2 + 2(BE - 2CD)x + E^2 - 4CF}}{2C}$$

führt. Um die **Essenz** des Terms, dessen Grenzwert für $x \to \pm\infty$ postuliert werden soll, einzufangen, wechseln wir für den Zähler $u(x)$ von $_1y_2$ zur Notation

$$u(x) := (px + q) \mp \sqrt{r \cdot x^2 + s \cdot x + t},$$

was sich zu

$$u(x) = \frac{(px + q)^2 - r \cdot x^2 - s \cdot x - t}{(px + q) \pm \sqrt{r \cdot x^2 + s \cdot x + t}},$$

umformen lässt. Damit $\lim\limits_{x \to \pm\infty} u(x)$ existiert, muss notwendigerweise der Grad des Polynoms im Zähler 1 sein, ergo der Koeffizient $p^2 - r$ verschwinden, was wir jetzt unter Verwendung der ursprünglichen Parameter, ergo (da es auf den konstanten Faktor $(2C)^{-1}$ nicht ankommt) $p = B + 2Ck$ sowie $r = B^2 - 4AC$, analysieren:

$$p^2 - r = 0 \quad \Leftrightarrow \quad (B + 2Ck)^2 - B^2 + 4AC = 0 \quad \Leftrightarrow \quad 4C^2k^2 + 4BCk + 4AC = 0$$

Da $C = 0$ und somit auch $4C = 0$ i.A. nicht gelten wird, werden wir gar auf die notwendige Bedingung $Ck^2 + Bk + A = 0$ geführt.
Der Rest der Argumentation verläuft dann wie in den letzten Zeilen des vorletzten Beweises!

... schließlich nach dem Grenzübergang $x \to \pm\infty$ via

$$h_{1,2} : y = \frac{-(Bx + E) \pm \sqrt{B^2 - 4AC} \cdot \left(x + \frac{BE - 2CD}{B^2 - 4AC}\right)}{2C}$$

zu den Gleichungen der Asymptoten des Kegelschnitts.
Somit gilt

$$_1k_2 = \frac{-B \pm \sqrt{B^2 - 4AC}}{2C} \quad \text{und} \quad _1d_2 = \frac{-E \pm \sqrt{B^2 - 4AC} \cdot \frac{BE - 2CD}{B^2 - 4AC}}{2C} = \frac{-E \pm \frac{BE - 2CD}{\sqrt{B^2 - 4AC}}}{2C},$$

was in $(\#)$ eingesetzt

$$\frac{-BE \pm E \cdot \sqrt{B^2 - 4AC} - BE \pm \frac{B^2E - 2BCD}{\sqrt{B^2 - 4AC}}}{2C} + \frac{\left(-B \pm \sqrt{B^2 - 4AC}\right) \cdot \left(-E \pm \frac{BE - 2CD}{\sqrt{B^2 - 4AC}}\right)}{2C} + D =$$

$$= \frac{-2BE \pm E \cdot \sqrt{B^2 - 4AC} \pm \frac{B^2E - 2BCD}{\sqrt{B^2 - 4AC}}}{2C} + \frac{BE \mp E \cdot \sqrt{B^2 - 4AC} \mp \frac{B^2E - 2BCD}{\sqrt{B^2 - 4AC}} + BE - 2CD}{2C} + D =$$

$$= \frac{-2CD}{2C} + D = -D + D = 0$$

liefert, $\square$.

4.13   Eine Reflexionseigenschaft der Ellipsentangente

In [21], S. 254 stösst man mit synthetischen Mitteln auf den folgenden

$\boxed{\text{SATZ.}}$ Die Normale in einem Ellipsenpunkt ist die Winkelsymmetrale der zugehörigen Brennstrahlen.

Als Kontrast zum obig zitierten Beweis führen wir auf Basis der in 4.1 angestellten Überlegungen einen analytischen

$\boxed{\text{BEWEIS.}}$ Ausgehend vom Ellipsenpunkt $T(x_T|y_T)$, den Foci $F_1(-e|0)$ und $F_2(e|0)$, der Ellipsengleichung ell:$b^2x^2 + a^2y^2 = a^2b^2$ sowie

$$d_1 = \overline{TF_1} = a + \frac{e}{a}\cdot x_T, \; d_2 = \overline{TF_2} = a - \frac{e}{a}\cdot x_T, \; \overrightarrow{TF_1} = \begin{pmatrix} -e - x_T \\ -y_T \end{pmatrix} \text{ und } \overrightarrow{TF_2} = \begin{pmatrix} e - x_T \\ -y_T \end{pmatrix}$$

ergibt sich somit ein Richtungsvektor $\overrightarrow{r}$ der Winkelsymmetrale w_α des Winkels $\alpha = \angle F_1TF_2$ via

$$\overrightarrow{r} = d_2 \cdot \overrightarrow{TF_1} + d_1 \cdot \overrightarrow{TF_2} \; \| \; d_2 \cdot \overrightarrow{F_1T} + d_1 \cdot \overrightarrow{F_2T}$$

$$= \left(a - \frac{e}{a}\cdot x_T\right) \cdot \begin{pmatrix} x_T + e \\ y_T \end{pmatrix} + \left(a + \frac{e}{a}\cdot x_T\right) \cdot \begin{pmatrix} x_T - e \\ y_T \end{pmatrix} =$$

$$= \begin{pmatrix} 2ax_T - \frac{2e^2}{a}\cdot x_T \\ 2ay_T \end{pmatrix} \; \| \; \begin{pmatrix} x_T \cdot \left(a - \frac{e^2}{a}\right) \\ ay_T \end{pmatrix} \; \| \; \begin{pmatrix} b^2x_T \\ a^2y_T \end{pmatrix} .$$

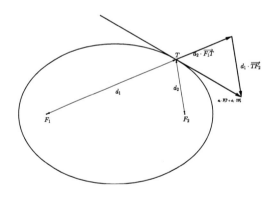

(Der   werte
L $\overset{e}{\underset{\ddot{o}}{}}$ ser   möge
zur Übung den
alternativen
Weg   der   in
der Abbildung
angedeuteten
äquivalenten
Konstruktion
eines   Rich-
tungsvektors

der Tangente beschreiten, was nach Anwendung der Kippregel wieder zurück auf den im vorliegenden Beweis eingeschlagenen Weg führt!)
Damit bleibt nur noch zu zeigen, dass

$$t_T : b^2x_Tx + a^2y_Ty = b^2x_T^2 + a^2y_T^2 \underset{T\in\text{ell}}{=} a^2b^2 \; (*)$$

in der Tat die Tangente an ell (ell:$b^2x^2 + a^2y^2 = a^2b^2$) in T ist, wozu wir t_T zunächst via

$$t_T : X = \begin{pmatrix} x_T \\ y_T \end{pmatrix} + \lambda \cdot \begin{pmatrix} a^2y_T \\ -b^2x_T \end{pmatrix}$$

in Parameterdarstellung beschreiben, um in einfacher(er) Weise [als über die Normalvektorform (*)] t_T mit ell zu schneiden:

$$t_T \cap \text{ell}: \ b^2 \cdot (x_T + a^2 \cdot y_T \cdot \lambda)^2 + a^2 \cdot (y_T - b^2 \cdot x_T \cdot \lambda)^2 = a^2 b^2$$

$\Downarrow$

$$b^2 x_T^2 + 2a^2 b^2 x_T y_T \lambda + b^2 a^4 y_T^2 \lambda^2 + a^2 y_T^2 - 2a^2 b^2 x_T y_T \lambda + a^2 b^4 x_T^2 \lambda^2 = a^2 b^2$$

$\Downarrow$ (Beachte $T \in$ ell!)

$$a^2 b^2 (b^2 x_T^2 + a^2 y_T^2)\lambda^2 = 0 \ \text{ bzw. } \ a^4 b^4 \lambda^2 = 0 \ \Rightarrow \ {}_1\lambda_2 = 0, \ \square$$

4.14 Plückers μ

In der **Algebraischen Geometrie** gibt es eine **Methode**, zu $\frac{n(n+3)}{2}$ Punkte eine algebraische Kurve n^{ter} Ordnung zu legen, **welche** als Plückers μ bezeichnet wird und wir für den Fall $n = 2$ auf Kegelschnitte anwenden wollen:

4.14.1 Kegelschnitte durch fünf Punkte

Wir wollen uns mit der Problemstellung befassen, den durch fünf Punkte A, B, C, D und E in allgemeiner Lage (d.h. keine drei oder mehr dieser fünf Punkte liegen auf einer Gerade) eindeutig festgelegten Kegelschnitt ν zu ermitteln, ergo eine Gleichung von $\nu: \ Ax^2 + Bxy + Cy^2 + Dx + Ey + F = 0$ aufzustellen, was in der Abbildung auf der nächsten Seite anhand der Punkte $A(2|1)$, $B(-2|5)$, $C(-1|0)$, $D(1|-2)$ und $E(0|4)$ exemplifiziert wird:

Zur Ermittlung einer Gleichung von ν folgen wir einer Idee von Julius PLÜCKER ($1801-1868$) und betrachten die folgenden Geraden:

g_1		A und D
g_2	durch die Punkte	C und E
h_1		A und E
h_2		C und D

$$g_1 : \overrightarrow{AD} = \begin{pmatrix} -1 \\ -3 \end{pmatrix} \perp \begin{pmatrix} 3 \\ -1 \end{pmatrix} \Rightarrow g_1 : 3x - y = 5 \text{ bzw. } g_1 : -3x + y + 5 = 0$$

$$g_2 : \overrightarrow{CE} = \begin{pmatrix} 1 \\ 4 \end{pmatrix} \perp \begin{pmatrix} -4 \\ 1 \end{pmatrix} \Rightarrow g_2 : -4x + y = 4 \text{ bzw. } g_2 : 4x - y + 4 - 0$$

$$h_1 : \overrightarrow{AE} = \begin{pmatrix} -2 \\ 3 \end{pmatrix} \perp \begin{pmatrix} 3 \\ 2 \end{pmatrix} \Rightarrow h_1 : 3x + 2y = 8 \text{ bzw. } h_1 : 3x + 2y - 8 = 0$$

$$h_2 : \overrightarrow{CD} = \begin{pmatrix} 2 \\ -2 \end{pmatrix} \parallel \begin{pmatrix} 1 \\ -1 \end{pmatrix} \perp \begin{pmatrix} 1 \\ 1 \end{pmatrix} \Rightarrow h_2 : x + y = -1 \text{ bzw. } h_2 : x + y + 1 = 0$$

Nun erfüllen alle auf

g_1		$g_1 : -3x + y + 5 = 0$
g_2	liegenden Punkte die Geradengleichung	$g_2 : 4x - y + 4 = 0$
h_1		$h_1 : 3x + 2y - 8 = 0$
h_2		$h_2 : x + y + 1 = 0$

$.$

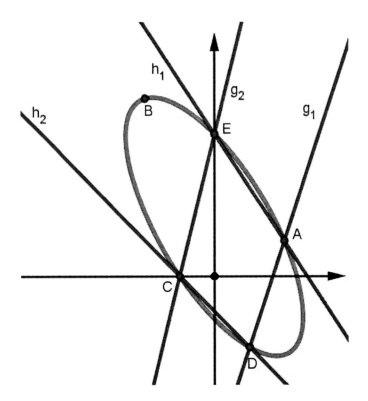

Aufgrund des Produkt-Nullsatzes gilt außerdem, dass durch die Gleichung

$(-3x + y + 5)(4x - y + 4) = 0$
$(3x + 2y - 8)(x + y + 1) = 0$ das sogenannte *Geradenpaar* (g_1, g_2) beschrieben wird.
(h_1, h_2)

Da die Punkte A, C, D und E auf beiden Geradenpaaren liegen, erfüllen deren Koordinaten somit auch $\forall (u, v) \in \mathbb{R}^2$ die Gleichung

$$u(-3x + y + 5)(4x - y + 4) + v(3x + 2y - 8)(x + y + 1) = 0 \; (*).$$

Verwenden wir jetzt noch die Abkürzungen

$$g(x, y) := (-3x + y + 5)(4x - y + 4) \text{ sowie } h(x, y) := (3x + 2y - 8)(x + y + 1),$$

so können wir $(*)$ auch als

$$u \cdot g(x, y) + v \cdot h(x, y) = 0$$

anschreiben.

Um jetzt noch zu erreichen, dass auch B die Gleichung $(*)$ erfüllt, setzen wir einfach $u = h(x_B, y_B)$ sowie $v = -g(x_B, y_B)$, weil dies ja gerade

$$h(x_B, y_B) \cdot g(x, y) - g(x_B, y_B) \cdot h(x, y) = 0 \; (*)$$

ergibt, was durch Einsetzen von B (d.h. $x = x_B$ und $y = y_B$) in die linke Seite von $(*)$ auf

$$h(x_B, y_B) \cdot g(x_B, y_B) - g(x_B, y_B) \cdot h(x_B, y_B),$$

also in der Tat 0 führt, womit also auch B auf der durch $(*)$ definierten Kurve zweiter Ordnung ν liegt.

Führen wir diese abstrakte Idee nun am konkreten Beispiel aus, so ergibt sich zunächst

$$u = h(-2,5) = (-6 + 10 - 8) \cdot (-2 + 5 + 1) = (-4) \cdot 4 = -16$$

sowie

$$v = -g(-2,5) = -(6 + 5 + 5) \cdot (-8 - 5 + 4) = (-16) \cdot (-9) = 144$$

und somit

$$\nu : -16(-3x + y + 5)(4x - y + 4) + 144(3x + 2y - 8)(x + y + 1) = 0$$

bzw. nach Division durch 16 und Ausmultiplizieren

$$\nu : 12x^2 - 4xy - 20x - 3xy + y^2 + 5y + 12x - 4y - 20 + 27x^2 + 18xy - 72x + 27xy + 18y^2 - 72y + 27x + 18y - 72 = 0$$

und schließlich

$$\boxed{\nu : \ 39x^2 + 38xy + 19y^2 - 53x - 53y - 92 = 0}.$$

ZUSAMMENFASSUNG, BEMERKUNGEN UND FOLGERUNG.

- Die Strategie bei dieser Methode zur Ermittlung einer Gleichung von ν bei fünf vorgegebenen Punkten in allgemeiner Lage besteht also darin, zunächst einen der fünf Punkte zu vernachlässigen und aus den verbleibenden vier Punkten zwei Geradenpaare zu wählen, wobei jedes der beiden Paare jeweils alle vier Punkte enthält.

- Kombinatorisch betrachtet gibt es dafür also insgesamt $5 \cdot 3$, also 15 Möglichkeiten, was eine reiche Vielzahl an Übungsaufgaben generiert. So würden ein bis zwei konkrete Angaben für eine ganze Klasse reichen und sichern, dass nicht 1 : 1 abgeschrieben werden kann.

- Eine naheliegende schöne Folgerung (die in [62] fehlt, woraus Plückers Idee stammt) ergibt sich, wenn man allgemein mit $A(x_1|y_1)$, $B(x_2|y_2)$, $C(x_3|y_3)$, $D(x_4|y_4)$ und $E(x_5|y_5)$ ansetzt, was zunächst zu den Geradengleichungen

$$\begin{aligned} g_1 : \ & (y_1 - y_4)x + (x_4 - x_1)y + x_1 y_4 - x_4 y_1 = 0, \\ g_2 : \ & (y_3 - y_5)x + (x_5 - x_3)y + x_3 y_5 - x_5 y_3 = 0, \\ h_1 : \ & (y_1 - y_5)x + (x_5 - x_1)y + x_1 y_5 - x_5 y_1 = 0, \\ h_2 : \ & (y_3 - y_4)x + (x_4 - x_1)y + x_3 y_4 - x_4 y_3 = 0 \end{aligned}$$

führt, die wir jetzt aber geschickt in Determinantenform anschreiben ...

$$g_1 : \ \det \begin{pmatrix} x & x_1 & x_4 \\ y & y_1 & y_4 \\ 1 & 1 & 1 \end{pmatrix} = 0, \quad g_2 : \ \det \begin{pmatrix} x & x_3 & x_5 \\ y & y_3 & y_5 \\ 1 & 1 & 1 \end{pmatrix} = 0$$

$$h_1 : \ \det \begin{pmatrix} x & x_1 & x_5 \\ y & y_1 & y_5 \\ 1 & 1 & 1 \end{pmatrix} = 0, \quad h_2 : \ \det \begin{pmatrix} x & x_3 & x_4 \\ y & y_3 & y_4 \\ 1 & 1 & 1 \end{pmatrix} = 0,$$

... was für ν die Darstellung

$$\nu:\ \det\begin{pmatrix} x_2 & x_1 & x_5 \\ y_2 & y_1 & y_5 \\ 1 & 1 & 1 \end{pmatrix}\cdot\det\begin{pmatrix} x_2 & x_3 & x_4 \\ y_2 & y_3 & y_4 \\ 1 & 1 & 1 \end{pmatrix}\cdot\det\begin{pmatrix} x & x_1 & x_4 \\ y & y_1 & y_4 \\ 1 & 1 & 1 \end{pmatrix}\cdot\det\begin{pmatrix} x & x_3 & x_5 \\ y & y_3 & y_5 \\ 1 & 1 & 1 \end{pmatrix}$$

$$-\det\begin{pmatrix} x_2 & x_1 & x_4 \\ y_2 & y_1 & y_4 \\ 1 & 1 & 1 \end{pmatrix}\cdot\det\begin{pmatrix} x_2 & x_3 & x_5 \\ y_2 & y_3 & y_5 \\ 1 & 1 & 1 \end{pmatrix}\cdot\det\begin{pmatrix} x & x_1 & x_5 \\ y & y_1 & y_5 \\ 1 & 1 & 1 \end{pmatrix}\cdot\det\begin{pmatrix} x & x_3 & x_4 \\ y & y_3 & y_4 \\ 1 & 1 & 1 \end{pmatrix}=0$$

nach sich zieht.

Beziehen wir zusätzlich noch die Determinante der aus den Koordinaten der **fünf** Punkte

$$A(x_1|y_1),\ B(x_2|y_2),\ C(x_3|y_3),\ D(x_4|y_4)\ \text{und}\ E(x_5|y_5)$$

hervorgehenden Matrix

$$\mathbf{F}:=\begin{pmatrix} x & x_1 & x_2 & x_3 & x_4 & x_5 \\ y & y_1 & y_2 & y_3 & y_4 & y_5 \\ xy & x_1y_1 & x_2y_2 & x_3y_3 & x_4y_4 & x_5y_5 \\ x^2 & x_1^2 & x_2^2 & x_3^2 & x_4^2 & x_5^2 \\ y^2 & y_1^2 & y_2^2 & y_3^2 & y_4^2 & y_5^2 \\ 1 & 1 & 1 & 1 & 1 & 1 \end{pmatrix}$$

mit ein, so ergibt sich eine (wegen jeweils einmaligem Spaltenwechsel sowohl im Minuenden als auch Subtrahenden mit -1 multiplizierte) Gleichung von ν in Form der folgenden $\boxed{\text{Unterdeterminanten von } F}$:

- Nun lässt sich mittels Computeralgebra (etwa unter Verwendung von DERIVE) zeigen, dass der letzte gigantische Ausdruck exakt der Determinante von F entspricht (siehe - in etwas abgewandelter Form! - auch [46], S. 309!), was sich nun wie folgt in DERIVE einprogrammieren lässt:

$$k(a,f,b,g,c,h,d,i,e,j) := DET([a,b,e;f,g,j;1,1,1]) \cdot DET([b,c,d;g,h,i;1,1,1])$$

$$\cdot DET([x,a,d;y,f,i;1,1,1]) \cdot DET([x,c,e;y,h,j;1,1,1])$$

$$- DET([a,b,d;f,g,i;1,1,1]) \cdot DET([b,c,e;g,h,j;1,1,1])$$

$$\cdot DET([x,a,e;y,f,j;1,1,1]) \cdot DET([x,c,d;y,h,i;1,1,1]) = 0$$

Nach Eingabe der fünf Punkte aus dem konkreten Beispiel via

```
k(2,1,-2,5,-1,0,1,-2,0,4)
```

liefert DERIVE die Gleichung

$$32 \cdot (39 \cdot x^2 + x \cdot (38 \cdot y - 53) + (y - 4) \cdot (19 + 23)) = 0,$$

welche DERIVE durch Eingabe der Befehle "Vereinfachen $\Rightarrow$ Multiplizieren" noch
zu

$$39 \cdot x^2 + 38 \cdot x \cdot y - 53 \cdot x - 19 \cdot y^2 - 53 \cdot y - 92 = 0$$

umformt.
Die zusätzliche Programmierzeile

```
K(a, f, b, g, c, h, d, i, e, j):=
```

$$[k(a,f,b,g,c,h,d,i,e,j), [a,f], [b,g], [c,h], [d,i], [e,j]]$$

veranlasst DERIVE dann nach Eingabe der insgesamt zehn Koordinaten sogar noch
dazu, den Kegelschnitt durch die fünf Punkte inkl. letzterer zu plotten, nachdem
man den Ausdruck durch Betätigung des =-Zeichens anzeigen und dann schließlich durch zweifache Verwendung des Plot-Buttons (einmal im Algebra-, und dann
nochmals im 2D-Graph-Fenster) visualisieren lässt (siehe Abbildung!).

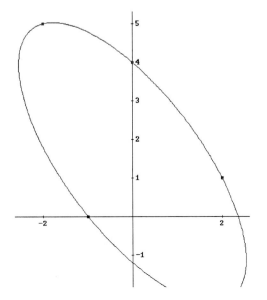

- Abschlussbemerkung: Wiewohl die
  Auflösung der GeoGebra-Grafik
  zweifelsohne besser als jene des
  2D-Derive-Plots ist, erfolgt die Eingabe in DERIVE (freilich mit Hilfe
  der obig programmierten Zeilen,
  was sich aber problemlos implementieren ließe!) weitaus schneller
  als in GeoGebra, da ebenda zuerst
  die fünf Punkte einzeln eingegeben
  werden müssen und dann noch
  der dort bereits implementierte
  Button "Kegelschnitt durch fünf
  Punkte" betätigt werden muss.

4.14.2   Plückers μ für die Parabel

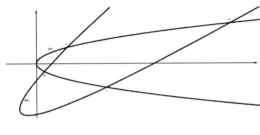

Durch die Punkte $A(9|-3)$, $B(1|-1)$, $C(4|2)$ und $D(25|5)$ verläuft offensichtlich die Parabel par_1 mit der Gleichung $\mathrm{par}_1 : \ y^2 = x$. Nebenstehende Abbildung suggeriert bereits, dass durch diese vier Punkte noch eine zweite Parabel par_2 verläuft. Warum dies im Allgemeinen so ist und wie man eine Gleichung der beiden Parabeln erhält, wollen wir uns im Folgenden überlegen:

Dazu erinnern wir uns zurück, dass wir bei der Ermittlung einer Gleichung für einen Kegelschnitt durch fünf Punkte zunächst einen der fünf Punkte außer Acht gelassen haben und uns dann eine Gleichung der Schar aller Kegelschnitte durch die verbleibenden vier Punkte verschafft haben, was ja nun in vorliegender Situation zunächst äußerst naheliegt. Im vorliegenden Fall führt dies (Man rechne dies selbst nach, denn man bedenke: ⏜*Mathematik ist kein Zuschauersport!*⏝) auf die Schargleichung[116]

$$(x + 4y + 3)(x - 7y + 10) + \mu(-x + 2y + 15)(-x + y + 2) = 0.$$

Nun verwenden wir, dass die Diskriminante $\mathcal{D} = B^2 - 4AC$ der quadratischen Gleichung

$$Ax^2 + Bxy + Cy^2 + Dx + Ey + F = 0 \ (*)$$

für den Fall, dass $(*)$ eine Parabel beschreibt, verschwinde, was uns auf die quadratische Gleichung

$$(\mu + 1)(\mu + 121) = 0$$

und somit auf die Gleichungen

$$\mathrm{par}_1 : y^2 = x \text{ (sic!) sowie } \mathrm{par}_2 : \ 4x^2 - 12xy + 9y^2 - 69x + 76y + 120 = 0$$

führt (was der werte L $\overset{\mathrm{e}}{\underset{\mathrm{ö}}{}}$ ser zur Übung selbst nachrechnen möge).

| Zusätzliche Übung für den werten L $\overset{\mathrm{e}}{\underset{\mathrm{ö}}{}}$ ser. | Zeige durch Auflösen des aus den letzten

beiden Parabelgleichungen resultierenden Gleichungssystems, dass par_1 und par_2 tatsächlich genau die vier angegebenen Punkte gemeinsam haben und begründe nun, warum im Gegensatz zu einem Kegelschnitt durch fünf Punkte in allgemeiner Lage eine Parabel durch vier Punkte nur zweideutig festgelegt wird.

---

[116]Zwei weitere Möglichkeiten laufen auf das hier nicht verwendete Geradenpaar g_{AB} und g_{CD} hinaus!

Nun bleibt es dem werten L $\overset{e}{\underset{\ddot{o}}{}}$ ser überlassen, die soeben am Beispiel von vier konkreten Punkten vollzogene Idee der Ermittlung beider Parabelgleichungen durch die Methode "Plückers μ" zu verallgemeinern, und zwar mit einer Reihe von Hinweisen und Lösungsteilen versehen:

- Als nächstes wollen wir genauer untersuchen, warum die quadratische Gleichung in μ immer (eine) reelle Lösung(en) hat, wobei wir uns vorerst auf folgende Situation beschränken:

- Ausgehend von den Punkten $A(2pa^2|2pa)$, $B(2pb^2|2pb)$, $C(2pc^2|2pc)$ und $D(2pd^2|2pd)$, welche offensichtlich auf der Parabel par_1 ($\text{par}_1 : y^2 = 2px$) liegen, ermitteln wir wie oben die zu par_1 "konjugierte" Parabel par_2:

$$\text{par}_2 : 4x^2 - 4(a+b+c+d)xy + (a+b+c+d)^2 y^2 + 2p((a+b+c+d)^2 - 2(a^2+b^2+c^2+d^2))x - 8p(bcd+acd+abd+abc)y + 16p^2 abcd = 0$$

bzw. unter Verwendung der Notationen $A(x_1|y_1)$, $B(x_2|y_2)$, $C(x_3|y_3)$ sowie $D(x_4|y_4)$

$$\text{par}_2 : 4x^2 - \frac{2}{p} \cdot \left(\sum_{k=1}^{4} y_k \right) \cdot xy + \left(\frac{1}{2p} \cdot \sum_{k=1}^{4} y_k \right)^2 \cdot y^2 + \left(\left(\frac{1}{2p} \cdot \left(\sum_{k=1}^{4} y_k \right) \right)^2 - 2 \cdot \sum_{k=1}^{4} x_k \right) \cdot x - \left(\frac{\prod_{k=1}^{4} y_k}{p^2} \cdot \sum_{k=1}^{4} \frac{1}{y_k} \right) \cdot y + \frac{\prod_{k=1}^{4} y_k}{p^2} = 0$$

resp. nach Multiplikation mit $4p^2$

$$\text{par}_2 : 16p^2 x^2 - 8p \cdot \left(\sum_{k=1}^{4} y_k \right) \cdot xy + \left(\sum_{k=1}^{4} y_k \right)^2 \cdot y^2 + \left(2p \cdot \left(\sum_{k=1}^{4} y_k \right)^2 - 8p^2 \cdot \sum_{k=1}^{4} x_k \right) \cdot x - \left(4 \cdot \prod_{k=1}^{4} y_k \cdot \sum_{k=1}^{4} \frac{1}{y_k} \right) \cdot y + 4 \prod_{k=1}^{4} y_k = 0$$

bzw. äquivalent

$$\mathfrak{x}^t \cdot M \cdot \mathfrak{x} = 0$$

mit

$$M = \begin{pmatrix} 4 & -2(a+b+c+d) & p((a+b+c+d)^2 - 2(a^2+b^2+c^2+d^2)) \\ -2(a+b+c+d) & (a+b+c+d)^2 & -4p(bcd+acd+abd+abc) \\ p((a+b+c+d)^2 - 2(a^2+b^2+c^2+d^2)) & -4p(bcd+acd+abd+abc) & 16p^2 abcd \end{pmatrix}$$

- Hinweis zur Herleitung:
Verwendet man das Geradenpaar (g_{AC}, g_{BD}) nicht, so gilt in

$$(x-(a+b)y+2pab)(x-(c+d)y+2pcd)+\mu(x-(b+c)y+2pbc)(x-(a+d)y+2pad) = 0$$

für die Lösungen von μ die Darstellung

$$\mu_1 = -1 \text{ sowie } \mu_2 = -\left(\frac{a-c+(b-d)}{a-c-(b-d)} \right)^2 .$$

4.14.3 Plückers μ für die gleichseitige Hyperbel

Wird die gleichseitige Hyperbel hyp mit der Gleichung hyp: $xy = 1$ einer Drehstreckung und anschließender Translation unterworfen, so weist die Bildhyperbel hyp* die Gleichung

$$\text{hyp*} : \ (ax+by+c)(bx-ay+d) = 1 \ \text{ bzw. } \ abx^2 + (b^2-a^2)xy - aby^2 + ... = 0$$

auf, woraus sich ergibt, dass für eine gleichseitige Hyperbel in allgemeiner Lage mit der Gleichung

$$Ax^2 + Bxy + Cy^2 + Dx + Ey + F = 0$$

also stets $A + C = 0$ gilt[117].

In Analogie zur Vorgehensweise im vorherigen Abschnitt möge der werte L$\overset{e}{\underset{..}{ö}}$ nun selbst bearbeiten:

Durch die Punkte $A(2|24)$, $B(3|16)$, $C(4|12)$ und $D(6|8)$ verläuft offensichtlich die gleichseitige Hyperbel hyp mit der Gleichung hyp: $xy = 48$. Zeige, dass die Methode "Plückers μ" für diese vier Punkte bei Verwendung der Geradenpaare (AB, CD) und (AD, BC) auf die Schargleichung

$$(8x + y - 40)(2x + y - 20) + \mu(4x + y - 28)(4x + y - 32) = 0$$

führt und verifiziere, dass die Forderung $A + C = 0$ auf eine lineare Bestimmungsgleichung für μ mit der eindeutigen Lösung $\mu = -1$ und somit (was nicht sonderlich überraschen sollte) wieder auf die obige Hyperbelgleichung führt. Es ergibt sich also (im Gegensatz zur Parabel), dass durch vier Punkte in allgemeiner Lage genau eine gleichseitige Hyperbel geht (zunächst zumindest am obigen konkreten Beispiel).

Um die letzte Klammerbemerkung fallen lassen zu können, wollen wir die Situation verallgemeinern:

- Ausgehend von den Punkten $P\left(p|\frac{t}{p}\right)$, $Q\left(q|\frac{t}{q}\right)$, $R\left(r|\frac{t}{r}\right)$ und $S\left(s|\frac{t}{s}\right)$, welche offensichtlich auf der Hyperbel hyp (hyp: $xy = t$) liegen, ermitteln wir wie oben die entsprechende aus Plückers μ resultierende Schargleichung unter Verwendung der Geradenpaare (PQ, RS) und (PR, QS):

$$[tx + pqy - (p+q)t] \cdot [tx + rsy - (r+s)t] + \mu \cdot [tx + pry - (p+r)t] \cdot [tx + qsy - (q+s)t] = 0$$

- Zeige, dass dies auf $\mu = -1$ und schließlich wieder auf hyp (hyp$_1$: $xy = t$) führt.

Anhang

Eine prinzipiell andere Möglichkeit zur Herleitung der Formel $A + C = 0$ für die Koeffizienten A und C in der Gleichung

$$\nu: \quad Ax^2 + Bxy + Cy^2 + Dx + Ey + F = 0 \quad (**)$$

einer gleichseitigen Hyperbel ν in allgemeiner Lage besteht darin, $(**)$ zunächst (etwa[118]) nach y aufzulösen, was auf

$$Cy^2 + (Bx + E)y + Ax^2 + Dx + F = 0 \quad \Leftrightarrow$$

---

[117]In der Terminologie der **Linearen Algebra**: Da sich die Gleichung
$\nu: Ax^2 + Bxy + Cy^2 + Dx + Ey + F = 0$ der Kegelschnittkurve ν auch mit Hilfe der symmetrischen Matrix
$\mathcal{A} = \begin{pmatrix} A & \frac{B}{2} \\ \frac{B}{2} & C \end{pmatrix}$ sowie den Bezeichnungen $\vec{x} = \begin{pmatrix} x \\ y \end{pmatrix}$, $\vec{x}^t = (x, y)$ und $\vec{b}^t = (D, E)$ auch in der Form
$\nu: \vec{x}^t \cdot \mathcal{A} \cdot \vec{x} + \vec{b}^t \cdot \vec{x} + F = 0 \ (*)$ anschreiben lässt (wie man durch Bilden der entsprechenden Matrix/Vektor-Produkte unschwer verifiziert!), kann man das soeben erhaltene Resultat auch so formulieren, dass für eine gleichseitige Hyperbel in der Darstellungsform $(*)$ für die korrespondierende Matrix $\mathcal{A}$ die Gleichung sp$\mathcal{A} = 0$ gilt. Ferner gilt es zu beachten, dass auch bei einer Multiplikation der Gleichung von ν mit einem Faktor $k \neq 0$ für die dadurch neu entstehende Matrix $\mathcal{A}'$ die Gleichung
sp$\mathcal{A}' = k(A + C) = k \cdot$sp$\mathcal{A} = k \cdot 0 = 0$ in entsprechend adaptierter Form ihre Gültigkeit behält. Eine andere Möglichkeit der Herleitung der Gleichung sp$\mathcal{A} = 0$ zeigen wir im Anhang dieses Abschnitts.

[118]Der werte L$\overset{e}{\underset{..}{ö}}$ ser führe die verbleibende Alternative selbst aus und vergewissere sich, dass sie zum selben Resultat führt!

$$\Leftrightarrow \quad y_{1,2}(x) = \frac{-(Bx+E) \pm \sqrt{(Bx+E)^2 - 4C(Ax^2 + Dx + F)}}{2C}$$

$$\Rightarrow \quad y_{1,2}(x) = \frac{-(Bx+E) \pm \sqrt{(B^2 - 4AC)x^2 + 2(BE - 2CD)x + E^2 - 4CF}}{2C}$$

führt. Im Hinblick auf einen Grenzprozess für $x \to \ \pm\infty$ erhalten wir nach weiteren Umformungen

$$y_{1,2}(x) = \frac{-(Bx+E) \pm \sqrt{B^2 - 4AC} \cdot \sqrt{x^2 + 2 \cdot \frac{BE-2CD}{B^2-4AC} \cdot x + \frac{E^2-4CF}{B^2-4AC}}}{2C}$$

bzw.

$$y_{1,2}(x) = \frac{-(Bx+E) \pm \sqrt{B^2 - 4AC} \cdot \sqrt{\left(x + \frac{BE-2CD}{B^2-4AC}\right)^2 + \frac{E^2-4CF}{B^2-4AC} - \left(\frac{BE-2CD}{B^2-4AC}\right)^2}}{2C}$$

und schließlich

$$y_{1,2}(x) = \frac{-(Bx+E) \pm \sqrt{B^2 - 4AC} \cdot \left(x + \frac{BE-2CD}{B^2-4AC}\right)\sqrt{1 + \frac{\frac{E^2-4CF}{B^2-4AC} - \left(\frac{BE-2CD}{B^2-4AC}\right)^2}{\left(x + \frac{BE-2CD}{B^2-4AC}\right)^2}}}{2C}.$$

Jetzt können wir den Grenzprozess $\lim\limits_{x\to\infty} y_{1,2}(x)$ vollziehen und erhalten demnach

$$\lim\limits_{x\to\infty} y_{1,2}(x) = \frac{-(Bx+E) \pm \sqrt{B^2 - 4AC} \cdot \left(x + \frac{BE-2CD}{B^2-4AC}\right)}{2C}$$

und somit via

$$_1a_2 : y = \frac{-(Bx+E) \pm \sqrt{B^2 - 4AC} \cdot \left(x + \frac{BE-2CD}{B^2-4AC}\right)}{2C}$$

Gleichungen der Hyperbelasymptoten $_1a_2$, welchen man unschwer die Steigungen $k_1 = \frac{-B+\sqrt{B^2-4AC}}{2C}$ sowie $k_2 = \frac{-B-\sqrt{B^2-4AC}}{2C}$ entnimmt, für deren Produkt sich

$$k_1 \cdot k_2 = \frac{-B + \sqrt{B^2-4AC}}{2C} \cdot \frac{-B + \sqrt{B^2-4AC}}{2C} = \frac{B^2 - (B^2 - 4AC)}{4C^2} = \frac{4AC}{4C^2} = \frac{A}{C}$$

ergibt. Da bei einer gleichseitigen Hyperbel die Asymptoten aufeinander normal stehen (weshalb ja auch die Bezeichnung *rechtwinklige Hyperbel* gebräuchlich ist), muss demnach gemäß Abschnitt 2.1.6 $k_1 \cdot k_2 = -1$ gelten, was zu $\frac{A}{C} = -1$ bzw. $A = -C$, also schließlich $A + C = 0$ äquivalent ist, $\Box$.

4.14.4   Plückers μ für die gleichseitige Ellipse

Wird die gleichseitige Ellipse ell mit der Gleichung ell: $x^2 + 2y^2 = 1$ einer Drehstreckung und anschließender Translation unterworfen, so weist die Bildellipse ell* die Gleichung

ell* : $(ax+by+c)^2 + 2(bx-ay+d)^2 - 1 = 0$ bzw. $(a^2+2b^2)x^2 - 2abxy + (2a^2+b^2)y^2 + ... = 0$

auf, für deren Diskriminante $\mathcal{D}$ somit

$$\mathcal{D} = 4 \cdot [a^2b^2 - (a^2 + 2b^2) \cdot (2a^2 + b^2)] = 4 \cdot (-2a^4 - 4a^2b^2 - 2b^4) = (-8) \cdot (a^2 + b^2)^2$$

gilt, was auf die Standardnotation ell*: $Ax^2 + Bxy + Cy^2 + Dx + Ey + F = 0$ bezogen insbesondere wegen

$$A = a^2 + 2b^2 \text{ und } C = 2a^2 + b^2 \text{ somit } a^2 + b^2 = \frac{A + C}{3} \text{ und schließlich } \mathcal{D} = \frac{-8}{9} \cdot (A + C)^2$$

impliziert.[119].

In Analogie zur Vorgehensweise im vorletzten Abschnitt möge der werte L $\overset{e}{\ddot{o}}$ ser nun selbst bearbeiten:

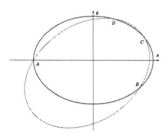

Durch die Punkte $A(-27|0)$, $B(21|-12)$, $C(23|10)$ und $D(9|18)$ verläuft offensichtlich die gleichseitige Ellipse ell_1 mit der Gleichung ell_1 : $x^2 + 2y^2 = 729$. Nebenstehende Abbildung suggeriert bereits, dass durch diese vier Punkte noch eine zweite gleichseitige Ellipse ell_2 verläuft. Warum dies so ist (wobei wir uns hier auf das vorliegende konkrete Beispiel beschränken) und wie man eine Gleichung der beiden Ellipsen erhält, möge der werte

L $\overset{e}{\ddot{o}}$ ser nun mit einer Reihe von Hinweisen und Lösungsteilen versehen bearbeiten:

- Zeige, dass die Methode "Plückers μ" für diese vier Punkte bei Verwendung der Geradenpaare (AB, CD) und (AC, BD) auf die Schargleichung

$$(x + 4y + 27)(4x + 7y - 162) + \mu(x - 5y + 27)(5x + 2y - 81) = 0$$

führt und verifiziere, dass die Forderung $\mathcal{D} = \frac{-8}{9} \cdot (A + C)^2$ auf eine quadratische Bestimmungsgleichung für μ mit den Lösungen $\mu_1 = 1$ und $\mu_2 = \frac{8921}{6761}$ und führt.

- Zeige, dass $\mu_1 = 1$ wieder auf ell_1 führt.

Es ergibt sich also (wie bei der Parabel), dass durch vier Punkte in allgemeiner Lage zwei gleichseitige Ellipsen hindurchgehen [wenngleich (hier) auch nur am obigen konkreten Beispiel verifiziert].

---

[119]In der Terminologie der **Linearen Algebra**: Da sich die Gleichung

$$\nu : \quad Ax^2 + Bxy + Cy^2 + Dx + Ey + F = 0$$

der Kegelschnittskurve ν auch mit Hilfe der symmetrischen Matrix $\mathcal{A} = \begin{pmatrix} A & \frac{B}{2} \\ \frac{B}{2} & C \end{pmatrix}$ sowie den Bezeichnungen $\vec{x} = \begin{pmatrix} x \\ y \end{pmatrix}$, $\vec{x}^t = (x, y)$ und $\vec{b}^t = (D, E)$ auch in der Form $\nu : \vec{x}^t \cdot \mathcal{A} \cdot \vec{x} + \vec{b}^t \cdot \vec{x} + F = 0$ (∗) anschreiben lässt (wie man durch Bilden der entsprechenden Matrix/Vektor-Produkte unschwer verifiziert!), kann man das soeben erhaltene Resultat auch so formulieren, dass für eine gleichseitige Ellipse in der Darstellungsform (∗) für die korrespondierende Matrix $\mathcal{A}$ die Gleichung $\mathcal{D} = \frac{-8}{9} \cdot \text{sp}^2 \mathcal{A}$ gilt. Ferner gilt es zu beachten, dass bei einer Multiplikation der Gleichung von ν mit einem Faktor $k \neq 0$ für die dadurch neu entstehende Matrix $\mathcal{A}'$ die Gleichungen $\mathcal{D}' = (kB)^2 - 4(kA)(kC) = k^2(B^2 - 4AC) = k^2 \cdot \mathcal{D}$ und $\frac{-8}{9} \cdot (kA + kC)^2 = k^2 \cdot \frac{-8}{9}(A + C)^2$ gelten, was zeigt, dass $\mathcal{D} = \frac{-8}{9} \cdot \text{sp}^2 \mathcal{A}$ durch Multiplikation mit k^2 in $\mathcal{D}' = \frac{-8}{9} \cdot \text{sp}^2 \mathcal{A}'$ übergeht und die Gleichung $\mathcal{D} = \frac{-8}{9} \cdot \text{sp}^2 \mathcal{A}$ somit in entsprechend adaptierter Form ihre Gültigkeit behält.

4.15 Kegelschnitte & Architektur / Exkurs Abbildungsgeometrie

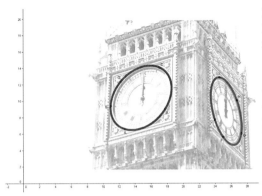

In der linken Abbildung ist ganz deutlich die Turmuhr am Palace of Westminster in London mit der legendären 13,5 Tonnen schweren Glocke *Big Ben* ("The Voice of Britain") zu erkennen, deren Ziffernblätter kreisförmig sind. Jedoch werden deren Ränder in Zentralprojektion **nicht** als Kreislinien abgebildet, sondern als Ellipsen. Dies wirft nun für den explorierenden Mathematiker freilich gleich mehrere Fragen auf, nämlich:

- Wie erhält man (resp. ein dynamisches Geometrieprogramm wie zum Beispiel GeoGebra) die Gleichung der Ellipse durch fünf Punkte (was etwa für die linke Abbildung äußerst relevant ist)?

1. Wie lässt sich die Transformation des Kreises in die Bildellipse via Zentralprojektion analytisch beschreiben?

2. Wie lassen sich aus der Abbildung die Scheitel der Ellipse ermitteln?

Die Beantwortung der ersten (<u>bewusst</u> nicht nummerierten) Frage haben wir bereits erledigt ($\rightarrow$ Plückers μ), $\checkmark$.

Frage 1 führt uns in das nächste Unterkapitel und damit in die faszinierende Welt der $\boxed{\textbf{perspektiven Kollineationen}}$.

Die Beantwortung von Frage 2 wird im übernächsten Abschnitt, welcher sich als Anwendung perspektiver Kollineationen mit der $\boxed{\textbf{direkten Achsenkonstruktion}}$ beschäftigt, erfolgen.

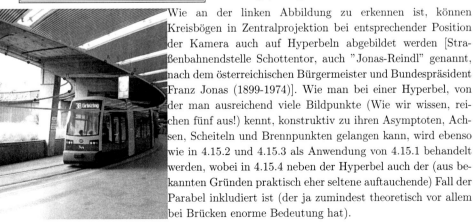

Wie an der linken Abbildung zu erkennen ist, können Kreisbögen in Zentralprojektion bei entsprechender Position der Kamera auch auf Hyperbeln abgebildet werden [Straßenbahnendstelle Schottentor, auch "Jonas-Reindl" genannt, nach dem österreichischen Bürgermeister und Bundespräsident Franz Jonas (1899-1974)]. Wie man bei einer Hyperbel, von der man ausreichend viele Bildpunkte (Wie wir wissen, reichen fünf aus!) kennt, konstruktiv zu ihren Asymptoten, Achsen, Scheiteln und Brennpunkten gelangen kann, wird ebenso wie in 4.15.2 und 4.15.3 als Anwendung von 4.15.1 behandelt werden, wobei in 4.15.4 neben der Hyperbel auch der (aus bekannten Gründen praktisch eher seltene auftauchende) Fall der Parabel inkludiert ist (der ja zumindest theoretisch vor allem bei Brücken enorme Bedeutung hat).

4.15.1   Perspektive Kollineationen

Um diesen besonderen Abbildungstyp nicht vom Himmel fallen zu lassen (was in der Mathematik zuweilen häufig passiert und wir hier wann immer möglich tunlichst vermeiden wollen), setzen wir folgende *Problemstellung aus der Raumgeometrie* an den Anfang:

Eine gerade rechteckige Pyramide ABCDS wird von einer Ebene ε geschnitten, welche durch drei Punkte P_1, P_2 und P_3 auf den Seiten-kanten CS, DS und AS festgelegt ist. Gesucht ist der Schnittpunkt P_4 von ε mit der vierten Seitenkante BS, und zwar mit konstruktiven Mitteln.[120]

Der Leser möge zunächst selbst zeitweilig zum Löser mutieren und überlegen, wie man vorgehen könnte und dann erst den anschließen-den Ausführungen folgen:

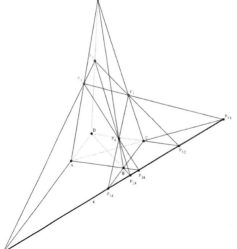

- ε schneidet die Trägerebene π der Ba-sisfläche längs einer Gerade s.

- s schneidet die Trägergeraden der Ba-siskanten sowie der Diagonalen AC und BD.

- $g_{P_2P_3}$ kann ε nur in einem Punkt schnei-den. Da $g_{P_2P_3}$ in der Seitenebene σ_{ADS} liegt und nicht zu g_{AD} parallel verläuft, hat sie folglich mit g_{AD} einen Punkt P_{23} gemeinsam, der somit der Schnittpunkt von $g_{P_2P_3}$ mit π sein muss.

- Analog gilt dies für die Geraden $g_{P_1P_3}$ und $g_{P_1P_2}$, es entstehen entsprechend die Schnittpunkte P_{13} und P_{12}.

- Da die gemeinsamen Punkte von ε und π gerade die Punkte von s sind, liegen die Punkte P_{23}, P_{13} und P_{23} somit auf einer Gerade, nämlich s.

- Für den gesuchten Punkt P_4 und seine drei möglichen Verbindungsgeraden mit P_1, P_2 und P_3 funktioniert dies ebenso, weshalb etwa lediglich der Schnittpunkt $g_{BC} \cap s$ mit P_1 zu verbinden und diese Strecke mit BS zu schneiden ist (Die anderen drei Möglichkeiten sind ebenso in der Abbildung illustriert.), um P_4 zu erhalten.

Das Bemerkenswerte ist hierbei gar nicht so sehr die Lösung - so bestechend einfach und klar sie auch sein mag. Vielmehr sind es die Gesetzesmäßigkeiten, die an diesem geometrischen Schauplatz zwischen den beteiligten Akteuren herrschen, was es wert

---

[120]Durch geschickte Koordinatisierung könnte dieses Problem natürlich auch mit Methoden der analy-tischen Geometrie gelöst werden.

ist, sich genauer damit zu befassen, wozu wir einige Beobachtungen notieren und *manchen* davon auch schon auf den logischen Grund gehen werden (*Rest:* Abschnitt 4.15.1 später!).

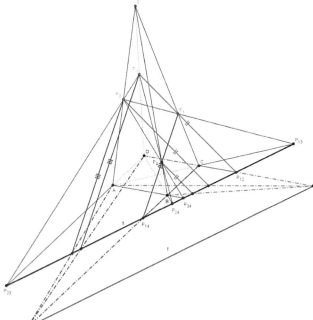

Jeder der vier Basiseckpunkte A, B, C und D entsteht durch Zentralprojektion eines P_k ($1 \leq k \leq 4$) von S aus in die Ebene π. Dadurch schneiden einander alle vier Geraden, welche je einen **Urbildpunkt** P_k ($1 \leq k \leq 4$) mit seinem zugehörigen **Bildpunkt** (C für P_1, D für P_2, A für P_3 und B für P_4,) verbinden, im gemeinsamen Punkt S. Ebenso werden die Trägergeraden der Viereckseiten und Diagonalen P_iP_j ($1 \leq i \neq j \leq 4$) auf die Basiskanten und Basisdiagonalen der Pyramide abgebildet, was man sich auch punktweise vorstellen kann, womit die Abbildung also geradentreu ("kollinear") operiert, also Geraden wieder auf Geraden abbildet. Überdies schneiden alle sechs vorkommenden **Urbildgeraden** ihre entsprechenden **Bildgeraden** jeweils auf ein und derselben Gerade s (in diesem Fall die Schnittgerade jener beiden Ebenen, welche durch diese Zentralprojektion aufeinander abgebildet werden), deren Punkte allesamt nicht mehr wirklich abgebildet werden müssen, da sie ja bereits in ε liegen. Es handelt sich also um **Fixpunkte**, das sind Punkte, die mit ihren Bildpunkten übereinstimmen, was man bei der Konstruktion von Bildgeraden nutzen kann, wie etwa bei den Bildgeraden der zu $g_{P_1P_2}$ parallelen und durch P_3 und P_4 hindurchgehenden Geraden, deren Schnittpunkte mit s somit nur mehr mit den Bildern von P_3 und P_4 (also A und B) verbunden werden müssen, um die Bildgeraden (punkt-strichliert) zu erhalten, an denen auffällig erscheint, dass sie nicht mehr zueinander parallel verlaufen, sondern einander vielmehr (alle?[121]) in einem gemeinsamen Punkt (in diesem Fall: T) schneiden. Analoge Beobachtungen lassen sich bei der zweiten Parallelenschar (generiert durch $g_{P_1P_4}$) anstellen.

Die Beobachtung über das "Zusammenfluchten" des Bildes einer Parallelenschar kann durch folgende Überlegung in den Status eines mathematischen Satzes erhoben werden, ist uns von der Fotografie her nur allzu bekannt und spielt auch bei optischen Täuschungen eine tragende Rolle (z.B. Müller-Lyer- oder Ponzo-Täuschung). Eine Begründung dafür (Mit genaueren Beweisen werden wir uns im weiteren Verlauf von 4.15.1 befassen, hier soll lediglich der Appetit dafür geweckt werden!) liegt darin, dass jede Bildgerade durch

---

[121]Eingezeichnet sind ja nur drei Geraden dieser sogenannten *Parallelenschar*! Der Leser ist dazu eingeladen, weitere Vertreter dieser Schar ("Repräsentanten") einzuzeichnen und sich davon zu überzeugen, dass deren Bilder auch dem sogenannten durch T generierten *Geradenbüschel* angehören.

den Schnitt der "Verbindungsebene" von S mit der entsprechenden Urbildgerade und π entsteht. Da aber nur zueinander parallele Ebenen eine feste Ebene (hier: π) in zueinander parallelen Geraden schneiden, muss dies hier zwangsläufig scheitern. Denn alle derartigen Verbindungsebenen enthalten die Richtung der Parallelenschar, wodurch ein sogenanntes *Ebenenbüschel* entsteht, von dem je zwei Vertreter einander längs einer zur Parallelenschar zugehörigen Gerade durch S schneiden. Wird schließlich die durch S gehende Repräsentantengerade der Parallelenschar abgebildet, so entartet das Bild zu einem Punkt (Man nennt solche Urbildgeraden dann "projizierend".), bei dem es sich gerade um jenen Punkt handelt, in dem alle Vertreter der Parallelenschar zusammenfluchten (Der Leser möge dies durch Parallelverschieben kontrollieren.), man nennt ihn daher den *Fluchtpunkt* der Bilder der Parallelenschar.

Äußerst merkwürdig mutet der Eindruck an, dass die beiden Fluchtpunkte eine Gerade[122] f erzeugen, welche parallel zu s verläuft und als *Fluchtgerade* bezeichnet wird. Die Parallelität von f und s ist im Gegensatz zur letzten Fußnote einfach erklärt, da ST und SW eine Ebene aufspannen, welche gerade die Richtungen der beiden Parallelenscharen enthält und somit zu ε parallel verläuft, weshalb die Ebenen ε und τ_{STW} die Bildebene π folglich in zueinander parallelen Geraden schneiden.

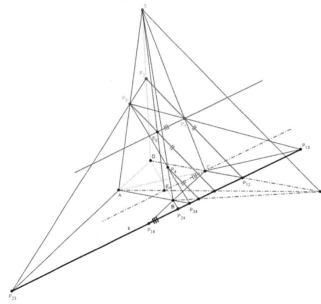

Wenn Parallelenscharen im Allgemeinen auch nicht wieder auf Parallelenscharen abgebildet werden, so gibt es doch eine besondere Schar zueinander paralleler Geraden, die hier eine Sonderstatus innehat, nämlich jene der zu s parallelen Geraden, was etwa anhand der durch P_1 gehenden und zu s parallelen Urbildgerade wie folgt einsichtig ist: Da die Verbindungsebene $\alpha_{E_0 P_1 S}$ mit $g_{E_0 P_1}$ ebenso wie π (mit s selbst) die Richtung von s enthält, muss die *Schnittgerade dieser beiden Ebenen* folglich parallel zu s liegen. Weil es sich dabei

aber gerade um die Bildgerade von $g_{E_0 P_1}$ handelt, ist somit alles gezeigt.[123]

---

[122]Dass die Fluchtpunkte aller Parallelenscharen überhaupt auf einer Gerade liegen, ist schon alles andere als selbstverständlich und wird in 4.15.1 detailliert erörtert werden.

[123]"Abschließend" - bevor wir uns nach dieser Motivation zu perspektiven Kollineationen ebenjenen systematisch zuwenden werden - sei noch erwähnt, wie sich das Bild von $g_{E_0 P_1}$ exakt konstruieren lässt: Abbilden führt P_1 in C über, womit von der Bildgerade bereits ein Punkt vorliegt. Das Bild E von E_0 (der auf der Parallelen zu $g_{P_1 P_2}$ durch P_3 liegt) liegt daher aufgrund der Geradentreue der Zentralprojektion auf dem Bild dieser Parallelen und ergibt sich dadurch als Schnittpunkt der Projektionsgerade $g_{E_0 S}$ mit g_{AT}.

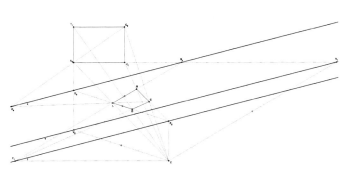

Aus den zuvor herausgearbeiteten Eigenschaften der Zentralprojektion ergibt sich jetzt für den Spezialfall, dass Urbild- und Bildebene zusammenfallen, die sogenannte **perspektive Kollineation** $\kappa : \mathbb{R}^2 \to \mathbb{R}^2$, welche durch Vorgabe des **Kollineationszentrums** Z, der **Kollineationsachse** s sowie eines Urbildpunkts A_0 ($A_0 \neq Z \land A_0 \notin s$) und dessen Bildpunkt $A = \kappa(A_0)$ − wiederum mit $A \neq Z \land A \notin s$ − eindeutig festgelegt ist. Dabei lässt sich der Bildpunkt jedes anderen Urbildpunkts B_0 wie aus der Abbildung ersichtlich aufgrund der übertragenen Eigenschaften der Zentralprojektion konstruieren, indem man ihn mit A_0 verbindet, den Schnittpunkt B_s von $g_{A_0 B_0}$ mit s ermittelt und schließlich g_{AB_s} (ergo $\kappa(g_{A_0 B_0})$) mit $g_{B_0 Z}$ schneidet. Anhand der obigen Figur (die nebst dem vorgegebenen Quadrupel (Z, s, A_0, A), welche κ charakterisiert, außerdem auch das Bild $ABCD$ eines Rechtecks $A_0 B_0 C_0 D_0$ unter κ enthält) lassen sich nun einige Vermutungen bezüglich diverser Eigenschaften von κ aufstellen, die wir zunächst auflisten wollen (Man versuche vor dem Weiterlesen durchaus selbst, entsprechende Beobachtungen zu formulieren):

1. Bildgeraden zueinander paralleler Geraden schneiden einander in einem gemeinsamen Punkt, dem sogenannten **Fluchtpunkt**, bei dem es sich um das Bild des Fernpunkts der Parallelenschar handelt. Für die Bilder AB und CD bzw. AD und BC der Rechteckseiten $A_0 B_0$ und $C_0 D_0$ bzw. $A_0 D_0$ und $B_0 C_0$ ist dies F_1 bzw. F_2.

2. Alle Fluchtpunkte liegen auf einer zu s parallelen Gerade f, der sogenannten **Fluchtgerade** von κ.

3. Ist F das Bild des Fernpunkts einer Parallelenschar, so gehört auch FZ dieser Parallelenschar an.

4. Für je zwei Fluchtpunkte F_1 und F_2 *zueinander orthogonaler Parallelenscharen*[124] und das Kollineationszentrum Z gilt stets $\angle F_1 Z F_2 = 90°$.

5. Im Gegensatz zur Fluchtgerade f, bei der es sich um das Bild der Ferngerade (welche alle Fernpunkte enthält) der Ebene handelt, gibt es eine Gerade v, welche von jeder Urbildgerade jenen Punkt enthält, der unter κ auf einen Fernpunkt abgebildet wird. Gemäß der eingangs erörterten Bildpunktkonstruktion erhält man diesen Punkt dadurch, indem man die Urbildgerade mit einer Parallelen zu ihrer Bildgerade durch das Kollineationszentrum schneidet. Für die Urbildgeraden $g_{A_0 B_0}$ und $g_{A_0 D_0}$ ist das in der Abbildung die Punkte V_1 und V_2, welche als **Verschwindungspunkte** (der entsprechenden Urbildgerade) bezeichnet werden. Alle Verschwindungspunkte liegen auf einer Gerade v, der sogenannten **Verschwindungsgerade**, welche (ebenso wie die Fluchtgerade f) parallel zu s verläuft, wobei $d(f, s) = d(Z, v)$ sowie $d(s, v) = d(Z, f)$ gilt.

---

[124]*Dies* bedeutet, dass jeder Vertreter der einen Schar auf jeden Vertreter der anderen Schar normal steht.

Um diese Vermutungen zu **beweisen**, untersuchen wir κ mit Mitteln der *Analytischen Geometrie*, wozu wir das Kollineationszentrum o. B. d. A in den Ursprung [d.h. $Z(0|0)$] sowie s parallel zur x-Achse ($s:\ y = c$) legen. Aus $A_0(a|b)$ ergibt sich wegen $Z(0|0)$ somit $A(da|db)$. Zur analytischen Modellierung der vor der Formulierung der Vermutungen sowohl ikonisch als auch verbal beschriebenen Konstruktion des Bildpunkts B von B_0 unter κ übersetzen wir diese Konstruktionsschritte durch *Algebraisierung* in die Sprache der *Analytischen Geometrie*, wobei wir von $B_0(u|v)$ ausgehen, woraus sich zunächst

$$\overrightarrow{A_0B_0} = \begin{pmatrix} u - a \\ v - b \end{pmatrix} \perp \begin{pmatrix} b - v \\ u - a \end{pmatrix} \quad \text{und somit} \quad g_{A_0B_0}:\ (b - v)x + (u - a)y = bu - av$$

ergibt. Wegen $B_s(x|c)$ und $B_s \in g_{A_0B_0}$ folgt daraus die Darstellung

$$B_s\left(\left.\frac{u(b - c) + a(c - v)}{b - v}\right| c\right).$$

Ferner gilt für g_{B_0Z} die Parameterdarstellung

$$g_{B_0Z}: \mathfrak{X} = \lambda \cdot \begin{pmatrix} u \\ v \end{pmatrix}$$

und für g_{AB_s} wegen

$$\overrightarrow{AB_s} = \begin{pmatrix} \frac{u(b-c)+a(c-v)}{b-v} \\ c \end{pmatrix} - \begin{pmatrix} da \\ db \end{pmatrix} \parallel \begin{pmatrix} \overbrace{u(b - c) + a(c - v) - da(b - v)}^{\alpha} \\ \underbrace{(c - db)(b - v)}_{\beta} \end{pmatrix} \perp \begin{pmatrix} -\beta \\ \alpha \end{pmatrix}$$

die Darstellung $g_{AB_s}:\ -\beta \cdot x + \alpha \cdot y = -\beta \cdot da + \alpha \cdot db$, ergo aufgrund der Nebenrechnung

$$-\beta \cdot da + \alpha \cdot db = (db - c)(b - v)da + [u(b - c) + a(c - v) - da(b - v)]db =$$

$$= d(ab^2d - abc - abdv + acv + ub^2 - ubc + abc - abv - ab^2d + abdv) = d(acv + ub^2 - ubc - abv) =$$

$$= d[av(c - b) + bu(b - c)] = d(c - b)(av - bu)$$

schließlich

$$g_{AB_s}:\ (db - c)(b - v)x + [u(b - c) + a(c - v) - da(b - v)]y = d(c - b)(av - bu).$$

Dies führt für $\{B\} = g_{AB_s} \cap g_{B_0Z}$ auf

$$\lambda \cdot (b^2du - bcu - bduv + cuv + buv - cuv + acv - av^2 - abdv + adv^2) = d(c - b)(av - bu)$$

bzw.

$$\lambda \cdot [dv(av - bu) - bd(av - bu) - v(av - bu) + c(av - bu)] = d(c - b)(av - bu),$$

also zum Resultat

$$\lambda = \frac{d(c - b)}{(d - 1)v + c - bd},$$

was wiederum mit

$$B\left(\frac{du(c-b)}{(d-1)v+c-bd}\,\bigg|\,\frac{dv(c-b)}{(d-1)v+c-bd}\right)$$

den Bildpunkt $B = \kappa(B_0)$ hervorbringt.

Fassen wir dies in folgendem Satz zusammen:

$\boxed{\text{SATZ.}}$ Für die durch das Kollineationszentrum $Z(0|0)$, die Kollineationsachse $s : y = c$ sowie den Urbildpunkt $A_0(a|b)$ mit $A_0 \neq Z \;\wedge\; A_0 \notin s$ und seinen zugeordneten Bildpunkt $A(da|db)$ – ebenso mit $A \neq Z \;\wedge\; A \notin s$ – festgelegte *perspektive Kollineation* $\kappa : \mathbb{R}^2 \to \mathbb{R}^2$

$$\text{gilt mit } \mathfrak{x} = \begin{pmatrix} x \\ y \end{pmatrix} \text{ die Abbildungsgleichung } \mathfrak{y} = \kappa(\mathfrak{x}) = \begin{pmatrix} \frac{dx(c-b)}{(d-1)y+c-bd} \\ \frac{dy(c-b)}{(d-1)y+c-bd} \end{pmatrix}.$$

Mit diesem analytischen Werkzeug ausgestattet können wir nun die eingangs aufgestellten Vermutungen beweisen[125] und überdies auch noch auf weitere Fragestellungen eingehen:

Da wäre zunächst die Frage nach **Fixpunkten** der Abbildung κ, wozu wir die Gleichung

$$\kappa(\mathfrak{x}) = \mathfrak{x}, \text{ ergo } \begin{pmatrix} \frac{dx(c-b)}{(d-1)y+c-bd} \\ \frac{dy(c-b)}{(d-1)y+c-bd} \end{pmatrix} = \begin{pmatrix} x \\ y \end{pmatrix}$$

untersuchen, was komponentenweise betrachtet auf das Gleichungssystem

$$\left\{ \begin{array}{l} \frac{dx(c-b)}{(d-1)y+c-bd} = x \\ \frac{dy(c-b)}{(d-1)y+c-bd} = y \end{array} \right\} \text{ führt.}$$

Da wir von $\mathfrak{x} \neq Z$, also $(x|y) \neq (0|0)$ ausgehen können (Begründe!), sind beide Gleichungen dieses Systems äquivalent zu

$$d(c-b) = (d-1)y + c - bd \;\Leftrightarrow\; cd - bd = (d-1)y + c - bd \;\Leftrightarrow\; cd - c = (d-1)y \;\Leftrightarrow\; c(d-1) = (d-1)y \;\Leftrightarrow\; \boxed{y = c} \;(\ast),$$

wobei zusätzlich zu beachten ist, dass der gemeinsame Nenner dieses Systems $\neq 0$ ist, da

$$(d-1)y + c - bd = 0 \;\Leftrightarrow\; y = \frac{bd - c}{d - 1}$$

gilt, was aber unmöglich ist, da $bd - c = 0$ wegen $bd = y_A$ zu $y_A = c$ äquivalent ist, was im Widerspruch zur Annahme $A \notin s$ steht. Überdies kann auch der Sonderfall $d - 1 = 0 \;\wedge\; c - bd = 0$ nicht eintreten, da dies $d = 1$ zur Folge hätte, was $A = A_0$ impliziert, womit κ die identische Abbildung wäre, was aber i.A. nicht der Fall sein wird.

Letztlich führt $\boxed{\text{obige Gleichung}}$ auf die Bedingung $\mathfrak{x} \in s$, was bedeutet, dass alle Fixpunkte bezüglich κ auf deren Kollineationsachse liegen, welche somit eine **Fixgerade** von κ ist, wobei in diesem Fall sogar jeder einzelne Punkt fix bleibt.

---

[125]Freilich besteht auch die Möglichkeit einer synthetischen Argumentation, vgl. etwa [49], S. 6f!

Zur Ermittlung *weiterer Fixgeraden* betrachten wir das
Bild einer Gerade g_0 mit der Parameterdarstellung

$$g_0 : \; \mathfrak{X} = \begin{pmatrix} u + vt \\ w + zt \end{pmatrix}, \text{ also dem Startpunkt } G(u|w) \text{ und dem Richtungsvektor } \mathfrak{r} = \begin{pmatrix} v \\ z \end{pmatrix}$$

unter κ und erledigen damit gleich auch den Nachweis, dass κ geradentreu ("Kollinea-ritätseigenschaft") ist, mit.

Für das Bild $g = \kappa(g_0)$ erhalten wir

$$g : \; \mathfrak{X} = \begin{pmatrix} \frac{d(u+vt)(c-b)}{(d-1)(w+zt)+c-bd} \\ \frac{d(w+zt)(c-b)}{(d-1)(w+zt)+c-bd} \end{pmatrix}.$$

Damit $g_0 \equiv g$ gilt, muss zum Beispiel die Parameterdarstellung von g die parameterfreie
Darstellung

$$g_0 : \; zx - vy = zu - vw$$

erfüllen, was auf die Gleichung

$$\frac{d(c-b)}{(d-1)(w+zt)+c-bd}(z(u+vt)-v(w+zt)) = zu - vw$$

bzw.

$$\frac{d(c-b)}{(d-1)(w+zt)+c-bd}(zu-vw) = zu - vw$$

führt, welche genau dann erfüllt wird, wenn

$$\Leftrightarrow \; zu - vw = 0 \; (1) \quad \vee \quad \frac{d(c-b)}{(d-1)(w+zt)+c-bd} = 1 \; (2)$$

gilt.

Nun impliziert (1), dass g den Ursprung enthält, woraus folgt, dass alle Geraden durch das
Kollineationszentrum Z Fixgeraden sind, man nennt diese auch **Kollineationsgeraden**.
(2) lässt sich zu

$$dc-bd = (d-1)(w+zt)+c-bd \; \Leftrightarrow \; dc-c = (d-1)(w+zt) \; \Leftrightarrow \; c(d-1) = (d-1)(w+zt) \; \Leftrightarrow \; c = w+zt$$

umformen, was wieder auf die Kollineationsachse s führt, von der wir ja schon nachge-wiesen haben, dass es sich um eine (sogar punktweise!) Fixgerade handelt, $\square$.

Zum Nachweis der Geradentreue von κ betrachten wir zwei Punkte $P_0(u+vt|w+zt)$
und $Q_0(u+vt_1|w+zt_1)$ mit $t \neq t_1$ (sic!) auf g_0 und deren Bildpunkte $P = \kappa(P_0)$ und
$Q = \kappa(Q_0)$, für die wir nach oben

$$P\left(\frac{d(u+vt)(c-b)}{(d-1)(w+zt)+c-bd} \middle| \frac{d(w+zt)(c-b)}{(d-1)(w+zt)+c-bd}\right)$$

und

$$Q\left(\frac{d(u+vt_1)(c-b)}{(d-1)(w+zt_1)+c-bd} \middle| \frac{d(w+zt_1)(c-b)}{(d-1)(w+zt_1)+c-bd}\right)$$

erhalten. Für den Vektor $\overrightarrow{PQ}$ ergibt sich dann (unter Vernachlässigung der Nenner sowie des gemeinsamen Faktors $d(c-b)$!)

$$\overrightarrow{PQ} \parallel \begin{pmatrix} (u+vt_1)((d-1)(w+zt)+c-bd)-(u+vt)((d-1)(w+zt_1)+c-bd) \\ (w+zt_1)((d-1)(w+zt)+c-bd)-(w+zt)((d-1)(w+zt_1)+c-bd) \end{pmatrix} =$$

$$= \begin{pmatrix} (d-1)(uw+vwt_1+uzt+vztt_1-uw-vwt-uzt_1-vztt_1)+v(t_1-t)(c-bd) \\ z(t_1-t)(c-bd) \end{pmatrix} =$$

$$= \begin{pmatrix} (d-1)(vw(t_1-t)+uz(t-t_1))+v(t_1-t)(c-bd) \\ z(t_1-t)(c-bd) \end{pmatrix} =$$

$$= \begin{pmatrix} (d-1)(t_1-t)(vw-uz)+v(t_1-t)(c-bd) \\ z(t_1-t)(c-bd) \end{pmatrix} =$$

$$= \begin{pmatrix} (t_1-t)((d-1)(vw-uz)+v(c-bd)) \\ z(t_1-t)(c-bd) \end{pmatrix} =$$

$$= (t_1-t) \cdot \begin{pmatrix} (d-1)(vw-uz)+v(c-bd) \\ z(c-bd) \end{pmatrix}.$$

Wegen $t \neq t_1$ folgt demnach, dass

$$\overrightarrow{PQ} \parallel \begin{pmatrix} (d-1)(vw-uz)+v(c-bd) \\ z(c-bd) \end{pmatrix}$$

gilt, also die Richtung nicht von den Parametern t und t_1 abhängt.
Somit bildet κ Geraden wieder auf Geraden ab, $\square$.

Überdies erkennt man im Faktor $vw-uz$ bis auf das Vorzeichen wieder die rechte Seite der obigen parameterfreien Darstellung von g_0, woraus folgt, dass sich für $vw-uz=0$

$$\overrightarrow{PQ} \parallel \begin{pmatrix} v(c-bd) \\ z(c-bd) \end{pmatrix} \parallel \begin{pmatrix} v \\ z \end{pmatrix}$$

ergibt, was wiederum auf die Kollineationsgeraden als Fixgeraden führt.

Vergleicht man ferner mit

$$\begin{pmatrix} v \\ z \end{pmatrix} \quad \text{und} \quad \begin{pmatrix} (d-1)(vw-uz)+v(c-bd) \\ z(c-bd) \end{pmatrix}$$

Richtungsvektoren von g_0 und g und stellt sich die Frage nach der möglichen Parallelität der beiden Geraden, so ergibt sich die Bedingung

$$\det \begin{pmatrix} (d-1)(vw-uz)+v(c-bd) & v \\ z(c-bd) & z \end{pmatrix} = z(d-1)(vw-uz) = 0.$$

Der Fall $vw-uz=0$ führt einmal mehr auf die Kollineationsgeraden als Fixgeraden und der Fall $z=0$ auf all jene Geraden, welche zur Kollineationsachse s parallel verlaufen und somit auch auf Geraden parallel zu s abgebildet werden!

Liegt nun umgekehrt eine Gerade a_0 nicht parallel zu s, so gilt demnach $z \neq 0$ und somit (da ja sicher $bd \neq c$ wegen $A \notin s$!) auch $z(c-bd) \neq 0$, womit also auch die Bildgerade

a nicht parallel zu s liegt. Nutzen wir jetzt überdies noch, dass die Gerade g_0 mit dem Startpunkt $G(u|w)$ und dem Richtungsvektor $\mathfrak{r} = \begin{pmatrix} v \\ z \end{pmatrix}$ unter κ auf die Gerade g mit dem Richtungsvektor $\begin{pmatrix} (d-1)(vw - uz) + v(c - bd) \\ z(c - bd) \end{pmatrix}$ abgebildet wird und setzen wir $g_0 \nparallel s$ und somit auch $g \nparallel s$ voraus, so erhalten wir über einen Richtungsvektor hinaus auch sehr einfach eine parameterfreie Darstellung von g, da g wegen $g \nparallel s$ somit einen Schnittpunkt S mit der x-Achse besitzt − den wir aus der Parameterdarstellung von g durch die Wahl $t = -\frac{w}{z}$ erhalten, nämlich

$$S = \left(\frac{d \cdot \left(u - \frac{vw}{z}\right)(c - b)}{c - bd} \middle| 0 \right) \text{ bzw. } S\left(\frac{d \cdot (zu - vw)(c - b)}{z(c - bd)} \middle| 0 \right) -$$

und sich schließlich unter Verwendung eines Normalvektors $\mathfrak{n}$ von g − den wir wegen

$$\mathfrak{n} \perp \begin{pmatrix} (d-1)(vw - uz) + v(c - bd) \\ z(c - bd) \end{pmatrix}$$

unter Anwendung der Kippregel via

$$\mathfrak{n} = \begin{pmatrix} z(bd - c) \\ (d-1)(vw - uz) + v(c - bd) \end{pmatrix}$$

erhalten − mit

$$g: \ z(bd - c)x + [(d-1)(vw - uz) + v(c - bd)]y = d(vw - uz)(c - b)$$

eine Gleichung von g ergibt.

Gehen wir jetzt vom Startpunkt $G(u|w)$ von g_0 zu einem Startpunkt $G'(u'|w')$ über, für den $G' \notin g_0$ gilt (was zu $\det\left(\overrightarrow{GG'}, \mathfrak{r}\right) \neq 0$, ergo $(u' - u)z - (w' - w)v \neq 0$ (∗) äquivalent ist), so liefert dies auch einen anderen Startpunkt S' (in dem gegenüber S einfach u durch u' sowie w durch w' zu ersetzen ist) und somit mit

$$g': \ z(bd - c)x + [(d-1)(vw' - u'z) + v(c - bd)]y = d(vw' - u'z)(c - b)$$

eine Gleichung der Bildgerade einer zu g_0 parallelen Gerade g_0'.

Der Schnitt $g \cap g' = \{F\}$ gelingt rasch durch Elimination von x und führt zunächst zu

$$(d-1)(v(w - w') - z(u - u'))y_F = d(c - b)(v(w - w') - z(u - u')).$$

Wegen (∗) kann dies zu

$$y_F = \frac{d(c - b)}{d - 1} \ (\ast\ast)$$

vereinfacht werden und durch Einsetzen von (∗∗) in g auch noch

$$z(bd - c)x_F + d(c - b)(vw - uz) + \frac{vd(c - b)(c - bd))}{d - 1} = d(c - b)(vw - uz) \Rightarrow x_F = \frac{v}{z} \cdot \frac{d(c - b)}{d - 1}$$

hervorbringen, was zu

$$F\left(\frac{v}{z} \cdot \frac{d(c - b)}{d - 1} \middle| \frac{d(c - b)}{d - 1} \right)$$

führt und es jetzt ganz genau zu analysieren gilt:

- Da F nur vom Richtungsvektor[126] $\mathfrak{r}$ von g_0 und g_0', aber nicht von den Startpunkten G und G' abhängt, folgt somit die Richtigkeit der ersten Vermutung, $\square$.

- y_F hängt überhaupt nur von κ, aber nicht von g_0 (sowie g_0') ab, woraus folgt, dass die Fluchtpunkte der Bildgeraden <u>aller</u> Parallelenscharen konstante $y-$Koordinate aufweisen und somit auf einer zu s parallelen Gerade f, der sogenannten Fluchtgerade, liegen, woraus Vermutung 2 folgt, $\square$.
  Mehr noch erhalten wir damit via $f : y = \frac{d(c-b)}{d-1}$ eine *Gleichung* der Fluchtgerade f.

- Wegen $d \neq 1$ (Sonst wäre κ die Identität.) ist y_F stets definiert, wegen $c \neq b$ (Andernfalls wäre $A_0 \notin s$ verletzt.) sowie $d \neq 0$ (Diesfalls wäre $\ker \kappa = \mathbb{R}^2$!) ist $y_F = 0$ und somit auch $f : y = 0$ nicht möglich, womit also stets $Z \notin f$ gilt!

- Ferner ist wegen

$$\frac{d(c-b)}{d-1} = c \iff cd - bd = cd - c \iff c = bd,$$

was aber im Widerspruch zu $bd \neq c$ steht, auch $y_F = c$ nicht erfüllbar, womit f also stets *echt parallel* zu s liegt.

- Wegen

$$\mathfrak{r} = \begin{pmatrix} v \\ z \end{pmatrix} \perp \begin{pmatrix} -z \\ v \end{pmatrix}$$

ergibt sich somit ausgehend vom Fluchtpunkt

$$F_1\left(\frac{v}{z} \cdot \frac{d(c-b)}{d-1} \,\middle|\, \frac{d(c-b)}{d-1} \right)$$

der Bildgeraden einer Parallelenschar für den Fluchtpunkt F_2 der Bildgeraden der dazu orthogonalen Parallelenschar

$$F_2\left(\frac{-z}{v} \cdot \frac{d(c-b)}{d-1} \,\middle|\, \frac{d(c-b)}{d-1} \right),$$

was wegen

$$\overrightarrow{ZF_1} \parallel \begin{pmatrix} \frac{v}{z} \\ 1 \end{pmatrix} \parallel \begin{pmatrix} v \\ z \end{pmatrix}$$

sowie

$$\overrightarrow{ZF_2} \parallel \begin{pmatrix} \frac{-z}{v} \\ 1 \end{pmatrix} \parallel \begin{pmatrix} -z \\ v \end{pmatrix}$$

auch die dritte und wegen der daraus auch folgenden Eigenschaft

$$\overrightarrow{ZF_1} \perp \overrightarrow{ZF_2}$$

überdies die vierte Vermutung bestätigt, $\square$.

---

[126]Nota bene: Eine homogene Vervielfachung von v und z bewirkt dasselbe im Parallelvektor zu $\overrightarrow{PQ}$ sowie in x_F!

- Schneiden wir g_0 mit der Parallelen p zu g durch Z, erhalten wir den Verschwindungspunkt V, wozu wir folgendes Gleichungssystem zu lösen haben[127]:

$$\text{I. } zx - vy = zu - vw$$
$$\text{II. } z(bd - c)x + ((d - 1)(vw - uz) + v(c - bd))y = 0$$

Multiplikation von I. mit $c - bd$ und anschließende Addition von II führt auf

$$(v(bd - c) + (d - 1)(vw - uz) + v(c - db))y_V = (zu - vw)(c - bd) \text{ bzw. } y_V = \frac{bd - c}{d - 1}.$$

Somit ergibt sich, dass alle Verschwindungspunkte dieselbe y−Koordinate besitzen und somit auf einer Parallelen v zu s zu liegen kommen, der sogenannten Verschwindungsgeraden, wobei sich noch die folgenden wichtigen Bemerkungen (die einerseits die Richtigkeit der fünften Vermutung komplettieren und andererseits wiederum Absicherungen (wie zuvor schon mehrmals getroffen) vornehmen) anschließen:

- Wegen $bd \neq c$ ist $y_V = 0$ und somit auch $Z \in v$ nicht möglich.

-

$$y_V = y_S \Leftrightarrow c = \frac{bd - c}{d - 1} \Leftrightarrow cd - c = bd - c \Leftrightarrow cd = bd \Leftrightarrow b = c$$

Wegen $b \neq c$ ist somit $y_V \neq y_S$, womit s und v zueinander *echt parallel* sind.

-

$$y_F = y_V \Leftrightarrow \frac{d(c - b)}{d - 1} = \frac{bd - c}{d - 1} \Leftrightarrow cd - bd = bd - c \Leftrightarrow \boxed{d = \frac{c}{2b - c}} \; (**)$$

-

$$\left\{ \begin{array}{l} d(f, s) = c - y_F = c - \frac{d(c-b)}{d-1} = \frac{cd-c-cd+bd}{d-1} = \frac{bd-c}{d-1} \\ d(Z, v) = y_V - 0 = y_V = \frac{bd-c}{d-1} \end{array} \right\} \Rightarrow d(f, s) = d(Z, v), \; \square$$

-

$$\left\{ \begin{array}{l} d(s, v) = c - y_V = c - \frac{bd-c}{d-1} = \frac{cd-c-bd+c}{d-1} = \frac{d(c-b)}{d-1} \\ d(Z, f) = y_F - 0 = y_F = \frac{d(c-b)}{d-1} \end{array} \right\} \Rightarrow d(s, v) = d(Z, f), \; \square$$

- Bezüglich der letzten Fußnote liegt es nur nahe, die zu κ zugehörige Umkehrabbildung κ^{-1} zu betrachten (was uns u.a.(!) zeigen wird, dass diese als Definitionsbereich tatsächlich $\mathbb{R}^2 \setminus \{f\}$ besitzt). Zur Ermittlung der entsprechenden Abbildungsgleichung gehen wir von

$$\mathfrak{j} = \kappa(\mathfrak{x}) \text{ mit } \mathfrak{j} = \begin{pmatrix} j \\ k \end{pmatrix} \text{ und } \mathfrak{x} = \begin{pmatrix} x \\ y \end{pmatrix}$$

aus, was gemäß des Satzes über die Abbildungsgleichung von κ auf das Gleichungs-system $\left\{ \begin{array}{l} \text{(III.) } j = \frac{dx(c-b)}{(d-1)y+c-bd} \\ \text{(IV.) } k = \frac{dy(c-b)}{(d-1)y+c-bd} \end{array} \right\} \; (***)$

---

[127]Eine andere Möglichkeit bestünde darin, den gemeinsamen Nenner von x_B und y_B aus dem SATZ (Abbildungsgleichungen von κ) Null zu setzen, was ebenso auf y_V führen würde und viel mehr der legitimen Vorgehensweise entspräche, wenn wir nicht bereits Vermutungen aufgestellt hätten, von denen eine auf eine Definitionslücke hindeutet und uns ja dann zu $\kappa : \mathbb{R}^2 \setminus \{v\} \rightarrow \mathbb{R}^2 \setminus \{f\}$ führt.

führt, für das wir wegen der Umformungen

$$(IV.) \iff ((d-1)k + d(b-c))y = k(bd-c) \iff y = \frac{k(bd-c)}{d(b-c) + k(d-1)}$$

$$\Rightarrow \text{ wegen } \frac{j}{k} = \frac{x}{y} \Rightarrow x = \frac{j}{k} \cdot y \Rightarrow x = \frac{j(bd-c)}{d(b-c) + k(d-1)}$$

$$\text{die Lösung}(x|y) = \left(\frac{j(bd-c)}{d(b-c) + k(d-1)} \,\middle|\, \frac{k(bd-c)}{d(b-c) + k(d-1)} \right)$$

erhalten. Dies liefert (wenn wir j und k − wie es der Konvention entspricht − wieder durch x und y ersetzen) uns die Umkehrabbildung

$$\kappa^{-1}: \; D \; \rightarrow \; \mathbb{R}^2\backslash\{v\}, \; \mathfrak{y} = \kappa^{-1}(\mathfrak{r}) = \left(\frac{x(bd-c)}{d(b-c) + y(d-1)} \,\middle|\, \frac{y(bd-c)}{d(b-c) + y(d-1)} \right),$$

wobei sich D durch Nullsetzen der gemeinsamen Nenner von $\mathfrak{y}$ ergibt:

$$d(b-c) + y(d-1) = 0 \iff y = \frac{d(c-b)}{d-1} \underline{= y_F}$$

<u>Deshalb</u> gilt tatsächlich $D = \mathbb{R}^2\backslash\{f\}$, $\square$.[128]

− Dass f und v durchaus zusammenfallen können (was genau dann passiert, wenn $(**)$ erfüllt ist und dann überdies impliziert, dass f (und somit auch v) die *Mittelparallele* von s und der Parallele zu s durch Z ist), zeigt die untere Abbildung.

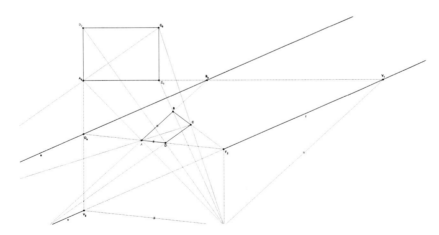

4.15.2 Die direkte Achsenkonstruktion

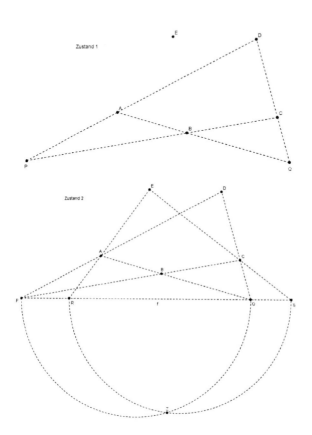

In [79] (S. 118f) wird eine Konstruktion der Ellipsenscheitel bei fünf vorgegebenen Ellipsenpunkten in äußerst knapper Form erläutert, die wir nun in diesem Abschnitt ausführlich ergründen werden, und zwar gleichsam als "Ernte" unseres im vorherigen Abschnitt erarbeiteten Wissens und Könnens. Dazu gehen wir von fünf Punkten aus, von denen keine drei oder mehr kollinear sind (vgl. linke Abbildung: Zustand 1). Wir sehen *zunächst* ($\to$ Plückers μ!) von einem der fünf Punkte ab (im vorliegenden Fall: E) und ergänzen das Viereck $ABCD$ abgesehen von seinem (nicht eingezeichneten) Diagonalenschnittpunkt zum *vollständigen Vierseit* (vgl. Abschnitt 2.4 über die GAUSS-Gerade!), was die neuen Punkte P und Q hervorbringt.

Jetzt *interpretieren* wir $ABCD$ als das Bild eines Rechtecks $A_0 B_0 C_0 D_0$ unter einer *geeigneten* **perspektiven Kollineation** κ. Der Umkreis dieses Rechtecks ist somit das Urbild k_0 der Ellipse k durch A, B, C, D (und E, wozu wir gleich kommen werden). Somit handelt es sich bei P und Q um die Bilder der Fernpunkte der beiden Rechteckseitenpaare unter κ, weshalb g_{PQ} die **Fluchtgerade** f von κ festlegt. Da das Urbild E_0 von E unter κ auf k_0 liegen soll (weil ja auch k den Punkt E enthalten soll), ist der Winkel $\angle A_0 E_0 C_0$ (ebenso wie der Winkel $\angle B_0 E_0 D_0$) somit aufgrund des Satzes von THALES ein rechter Winkel, was für die Bilder der Fernpunkte R und S der Geraden $g_{A_0 E_0}$ und $g_{C_0 E_0}$ zur Folge hat, dass sie aufgrund der *Umkehrung des Satzes von Thales* die Endpunkte des Durchmessers eines Halbkreises bilden, auf dessen Rand das Kollineationszentrum Z liegen muss. Selbiges gilt aufgrund der orthogonalen Seitenpaare des Rechtecks aber auch für die Punkte P und Q, wodurch sich durch Schnitt der beiden Halbkreise nunmehr Z eindeutig ergibt (vgl. Zustand 2).

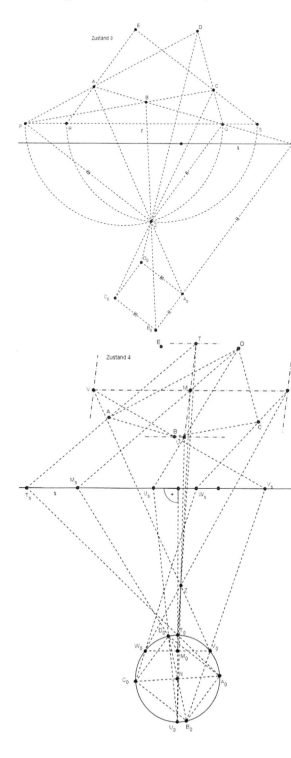

Die Kollineationsachse s verläuft parallel zu f, weshalb wir s demnach beliebig wählen können (so lange nur die Parallelität gewährleistet ist!). Da das Bild P bzw. Q des Fernpunkts des Parallelenpaars (A_0D_0, B_0C_0) bzw. (A_0B_0, C_0D_0) mit Z verbunden parallel zu A_0D_0 und B_0C_0 bzw. A_0B_0 und C_0D_0 verläuft, liegen damit schon die Richtungen der Rechteckseiten fest und wir können mit der konstruktiven Durchführung der Umkehrabbildung κ^{-1} beginnen. Dazu schneiden wir die Bildgerade g_{AB} mit s und erhalten A_s, was aber auch dem Schnittpunkt der **Urbildgerade** $g_{A_0B_0}$ mit s entspricht. Da ferner die Richtung der **Urbildgerade** schon feststeht und A_0 überdies auch auf der **Kollineationsgerade** g_{AZ} liegt, ist A_0 dadurch als **deren Schnittpunkt** eindeutig bestimmt. Entsprechend wird bezüglich der Punkte B, C und D vorgegangen, womit das Rechteck fertig konstruiert ist (vgl. Zustand 3).

Um bei den nächsten Konstruktionsschritten eine bessere "geometrische Lesbarkeit" zu erzielen, wurden für die weiteren (im folgenden erläuterten) Konstruktionen in Zustand 4 unwichtige Punkte weggelassen und wir fahren mit der konstruktiven Ermittlung des Ellipsenmittelpunkts M fort. Dazu verwenden wir, dass zu s parallele Geraden unter κ auch auf ebensolche abgebildet werden, was wir uns jetzt bezüglich der zu s parallelen Kreistangenten zunutze machen, welche k_0 in T_0 und U_0 berühren. Deren Bildpunkte T und U ermitteln wir unter Verwendung von A und D und haben somit auch schon die Tangentenrichtungen von k in T und U (punkt-strichliert eingezeichnet).

Nun ist **äußerste Vorsicht** geboten, da die **Versuchung groß** ist, durch den Kreismittelpunkt N den zu T_0U_0 normalen Durchmesser zu ziehen, dessen Endpunkte zu ermitteln und dann via κ^{-1} zu den Endpunkten des per definitionem zu TU konjugierten Ellipsendurchmessers zu gelangen. Wir müssen jetzt aber bedenken, dass κ zwar geradentreu, aber **nicht** teilverhältnistreu operiert, weshalb zuerst der Urbildpunkt M_0 von M aufgesucht werden muss und ebenda die zum Durchmesser T_0U_0 normale Kreissehne V_0W_0 ermittelt wird, deren Endpunkte dann via κ^{-1} auf die Endpunkte V und W des zu TU konjugierten Ellipsendurchmessers führen. Dies liegt zunächst aber überhaupt nicht auf der Hand liegt, weil man die Teilverhältnistreue von den linearen Abbildungen her noch sehr gewöhnt ist und daher nicht so ohne weiters auf die Idee kommt, das Urbild des zu TU konjugierten Ellipsendurchmessers in einer Kreissehne zu suchen, die nicht auch zugleich Kreisdurchmesser ist (was durch die wegfallende Teilverhältnistreue aber alles andere als ungewöhnlich ist). Aufgrund der wichtigen Eigenschaft konjugierter Ellipsendurchmesserpaare, dass die Tangenten in den Endpunkten parallel zum anderen Durchmesser verlaufen, können wir auch in V und W schon die Tangentenrichtungen von k (wieder punkt-strichliert) einzeichnen, womit Zustand 4 zur Gänze hergestellt ist und wir (abermals unter Verzicht nunmehr unwichtiger Punkte, in diesem Fall: alle Urbilder inkl. Kollineationsstrahlen sowie Urbild- und Bildgeraden!) in Zustand 5 wechseln, in dem wir unter Anwendung der RYTZschen Achsenkonstruktion[129] ausgehend vom konjugierten Durchmesserpaar (TU, VW) die Achsen und Scheitel der Ellipse konstruieren: Um

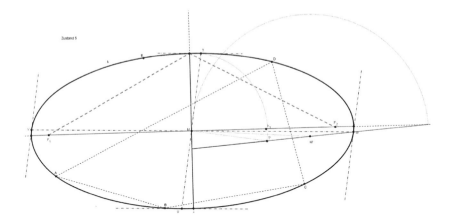

dann z.B. mit dem dynamischen Geometrieprogramm GeoGebra die Ellipse auch zeichnen (lassen) zu können, werden neben einem(!)[130] Ellipsenpunkt noch die Brennpunkte benötigt, welche man ja einfach durch Abtragen der halben Hauptachsenlänge von einem Nebenscheitel aus auf die Hauptachse erhält.[131]

---

[129]Vgl. Abschnitt 2.7, weshalb diese Konstruktion hier nicht noch einmal erläutert (oder gar bewiesen: → Abschnitt 2.7) sondern "nur" visualisiert wird.

[130]Mittlerweile haben wir die fünf Angabepunkte, die vier Endpunkte des konjugierten Durchmesserpaars sowie die vier Scheitel, also ingesamt 13(!) Punkte!

[131]Nota bene: GeoGebra zeichnet die Ellipse bereits ausgehend von fünf Punkten, nur hilft dies nicht bei der Ermittlung der Achsen!

4.15.3   Anwendung der direkten Achsenkonstruktion auf ein Drei-/Sechseck

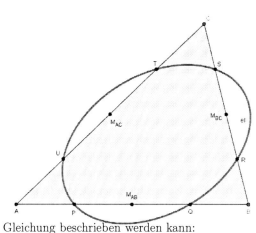

In der linken Abbildung wurden die Seiten eines Dreiecks $\triangle ABC$ in jeweils vier gleich lange Teile geteilt. Von den insgesamt neun Teilungspunkten (ausgenommen den Eckpunkten) konzentrieren wir uns jetzt auf jene sechs Punkte P, Q, R, S, T und U, welche nicht auch gleichzeitig Seitenmittelpunkte sind. Es ist nun eine nette Übung, mittels "Plückers μ" zu zeigen, dass durch diese sechs Punkte stets eine Ellipse k verläuft, welche für die geschickt gewählte Anordnung $A(0|0)$, $B(4a|0)$ und $C(4b|4c)$ durch die folgende Gleichung beschrieben werden kann:

$$k: \ c^2x^2 + c(a-2b)xy + (a^2 - ab + b^2)y^2 - 4ac^2x + 4ac(b-a)y + 3a^2c^2 = 0^{132}$$

Was hier nun aber zusätzlich gilt und uns zur titelgebenden Anwendung der direkten Achsenkonstruktion führt, ist der Sachverhalt, dass der Mittelpunkt M von k mit dem Schwerpunkt des Dreiecks zusammenfällt. Dies wollen wir nun beweisen, indem wir parallel konstruktiv und analytisch die direkte Achsenkonstruktion durchführen:

Wir wählen uns aus den sechs Punkten aus Gründen der Einfachheit die vier Punkte $P(a|0)$, $Q(3a|0)$, $T(3b|3c)$ und $U(b|c)$ aus und erhaltend dadurch mit A bereits einen Punkt der Fluchtgerade f. Da g_{PU} aufgrund des Strahlensatzes zu g_{QT} parallel verläuft, ist der zweite Punkt auf f somit der Fernpunkt dieser beiden zueinander parallelen Geraden, womit sich f als Parallele zu g_{PU} (und g_{QT}) durch A ergibt (ergo: $f : \ \mathfrak{X} = \lambda \cdot (b-a|c)$). Zur Ermittlung des Kollineationszentrums Z bringen wir jetzt den Punkt $R(3a+b|c)$ ins Spiel, ermitteln die Fluchtpunktepaare (F_{PR}, F_{RT}) und (F_{QR}, F_{RU}) der entsprechenden orthogonalen Geradenpaare $(g_{P_0R_0}, g_{R_0T_0})$ und $(g_{Q_0R_0}, g_{R_0U_0})$ und daraus über den Schnitt der entsprechenden THALES-Kreise schließlich Z:

$$\overrightarrow{PR} = \begin{pmatrix} 2a+b \\ c \end{pmatrix} \ \perp \ \begin{pmatrix} -c \\ 2a+b \end{pmatrix} \ \Rightarrow \ \underline{g_{PR}: \ -cx + (2a+b)y = -ac}$$

---

[132] Daran erkennen wir inbesondere, dass diese Ellipse für den Fall $c^2 = a^2 - ab + b^2$ (1) sowie $a = 2b$ (2) zu einem Kreis entartet. Aus (2) folgt, dass $\triangle ABC$ gleichschenklig mit der Basis AB ist, eingesetzt in (1) ergibt dies $c^2 = 4b^2 - 2b^2 + b^2$ bzw. $c^2 = 3b^2$, ergo $\overline{AC}^2 = 16(b^2 + c^2) = 16 \cdot 4b^2 = 64b^2 \ \Rightarrow \ \overline{AC} = 8b = \overline{AB}$, womit also genau dann ein Kreis vorliegt, wenn es sich um ein gleichseitiges Dreieck handelt. Ferner verschwindet für den Fall $a = 2b$ das gemischte Glied xy in der Ellipsengleichung, womit die Achsen der Ellipse zu den Koordinatenachsen parallel verlaufen und sich (wie der Leser nachrechnen möge) die Gleichung der Ellipse (durch Ergänzen auf vollständige Quadrate und Übergang zur Achsenabschnittsform) in der Form $\frac{(x-4b)^2}{\frac{28b^2}{3}} + \frac{(x-\frac{4c}{3})^2}{\frac{28c^2}{3}} = 1$ anschreiben lässt, woraus insbesondere folgt, dass $(4b|\frac{4c}{3})$, ergo der Schwerpunkt des gleichschenkligen Dreiecks $\triangle ABC[A(0|0), \ B(8b|0), \ C(4b|4c)]$, der Ellipsenmittelpunkt ist und die Halbachsenlängen $\frac{2\sqrt{21} \cdot b}{3}$ und $\frac{2\sqrt{7} \cdot c}{3}$ betragen. Für $c = b\sqrt{3}$ sind die beiden Achsen überdies gleich lang, was uns somit wieder auf das gleichseitige Dreieck und den Kreis führt.

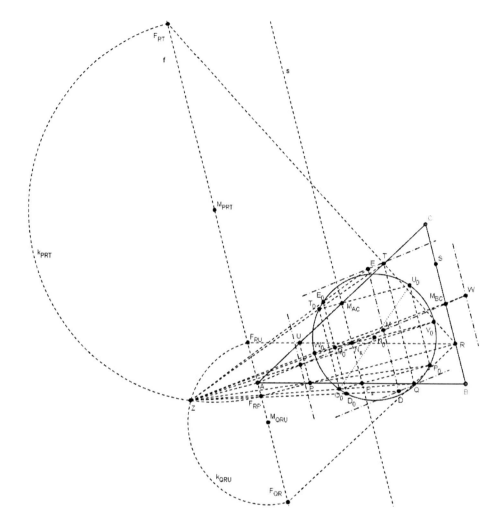

Aufgrund des Strahlensatzes gilt schon einmal sicher $F_{PR}\left(x_{F_{PR}}|-\frac{c}{3}\right)$, was durch Einsetzen in die <u>obige Gleichung</u> schließlich auf $F_{PR}\left(\frac{a-b}{3}\middle|-\frac{c}{3}\right)$ führt. Durch ähnliche Überlegungen erhalten wir $F_{RU}\,(b-a|c)$, $F_{QR}\,(3(a-b)|-3c)$ und $F_{RT}\,(9(b-a)|9c)$. Daraus ergibt sich für die Mittelpunkte und Radien der beiden Thaleskreise $M_{PRT}\left(\frac{13(b-a)}{3}\middle|\frac{13c}{3}\right)$ und $r_{PRT}=\frac{14}{3}\cdot\left|\begin{pmatrix} b-a \\ c \end{pmatrix}\right|$ sowie $M_{QRU}(a-b|-c)$ und $r_{QRU}=2\cdot\left|\begin{pmatrix} b-a \\ c \end{pmatrix}\right|$. Aus ökonomischen Gründen können wir daher die Gleichungen der entsprechenden Kreise k_{PRT} und k_{QRU} unter Verwendung der (vorläufigen!) Abkürzungen $M_{PRT}(u_1|v_1)$ und $r_{PRT}=r_1$ sowie $M_{QRU}(u_2|v_2)$ und $r_{QRU}=r_2$ via

$$k_1:(x-u_1)^2+(y-v_1)^2=r_1^2 \text{ bzw. } k_1:\ x^2+y^2-2u_1x-2v_1y+u_1^2+v_1^2-r_1^2=0$$

sowie

$$k_2 : (x - u_2)^2 + (y - v_2)^2 = r_2^2 \text{ bzw. } k_2 : x^2 + y^2 - 2u_2x - 2v_2y + u_2^2 + v_2^2 - r_2^2 = 0$$

anschreiben. Subtraktion der beiden Gleichungen liefert dann die Potenzgerade p von k_1 und k_2, welche dann geschnitten mit k_1 oder k_2 auf Z (bzw. eine der beiden möglichen Lösungen!) führt:

$$p : 2(u_1 - u_2)x + 2(v_1 - v_2)y + u_2^2 - u_1^2 + v_2^2 - v_1^2 + r_1^2 - r_2^2 = 0$$

bzw. durch Inversion der Abkürzungen unter Beachtung von

$$u_1 - u_2 = \frac{16}{3} \cdot (b - a), \ v_1 - v_2 = \frac{16}{3} \cdot c,$$

$$u_2^2 - u_1^2 = (u_2 - u_1) \cdot (u_2 + u_1) = \frac{16}{3} \cdot (a - b) \cdot \frac{10}{3} \cdot (b - a) = \frac{-160}{9} \cdot (a - b)^2, \ v_2^2 - v_1^2 = \frac{-160}{9} \cdot c^2,$$

$$\text{sowie } r_1^2 - r_2^2 = \frac{160}{9} \cdot ((b - a)^2 + c^2) :$$

$$p : \frac{32}{3} \cdot (b - a) \cdot x + \frac{32}{3} \cdot c \cdot y = 0 \text{ resp. } p : (b - a)x + cy = 0 \ \Rightarrow \ p : \mathfrak{X} = \mu \cdot (c | a - b)$$

Die analytische Durchführung der Schnittaufgabe $p \cap k_{QRU}$ können wir wegen $A \in p$ insofern abkürzen (also unter Vermeidung der Auflösung einer entsprechenden quadratischen Gleichung), alsdass wir wegen $\overline{AM_{QRU}} = \left| \begin{pmatrix} b - a \\ c \end{pmatrix} \right|$ sowie $\overline{ZM_{QRU}} = 2 \cdot \left| \begin{pmatrix} b - a \\ c \end{pmatrix} \right|$ unter Anwendung des Satzes von PYTHAGORAS schließlich $\overline{ZA} = \sqrt{3} \cdot \left| \begin{pmatrix} b - a \\ c \end{pmatrix} \right|$ und somit $Z\left(-\sqrt{3} \cdot c | \sqrt{3} \cdot (b - a)\right)$ erhalten. Für die Kollineationsachse s wählen wir eine beliebige **echte** Parallele zu f (**d.h.** $d \neq 0$), was auf $s : c \cdot x + (a - b) \cdot y = d \ (d \in \mathbb{R})$ führt. Zur Ermittlung des Urbilds P_0 von P bzgl. der zugehörigen perspektiven Kollineation κ schneiden wir die Bildgerade g_{PQ} (i.e. die x−Achse) mit s, was uns $P_s(\frac{d}{c}|0)$ liefert.

Da A der Fluchtpunkt von PQ und TU ist, verlaufen die Urbilder $g_{P_0Q_0}$ und $g_{T_0U_0}$ von g_{PQ} und g_{TU} demnach parallel zu g_{AZ}, was wegen $P_s \in g_{P_0Q_0}$ zunächst

$$g_{P_0Q_0} : \mathfrak{X} = \begin{pmatrix} \frac{d}{c} \\ 0 \end{pmatrix} + \sigma \cdot (c | a - b)$$

liefert.[133] Wegen $\overrightarrow{ZP} = (a + \sqrt{3} \cdot c | \sqrt{3} \cdot (a - b))$ ergibt sich für die Kollineationsgerade g_{PZ} die Gleichung

$$g_{PZ} : \sqrt{3} \cdot (b - a) \cdot x + (a + \sqrt{3} \cdot c) \cdot y = \sqrt{3} \cdot (b - a) \cdot a.$$

$g_{P_0Q_0} \cap g_{PZ}$ führt auf P_0:

$$\sqrt{3} \cdot (b - a) \cdot \left(\frac{d}{c} + c \cdot \sigma\right) + (a + \sqrt{3} \cdot c) \cdot (a - b) \cdot \sigma = \sqrt{3} \cdot (b - a) \cdot a$$

---

[133]Dies zeigt ferner, dass die Urbilder der Seiten PQ und TU normal zur Kollineationsachse verlaufen!

$$\Leftrightarrow \quad \sqrt{3} \cdot (b-a) \cdot \frac{d}{c} + a \cdot (a-b) \cdot \sigma = \sqrt{3} \cdot (b-a) \cdot a$$

Wenn wir nun $a \neq b$ annehmen (was $\angle ABC \neq 90°$ bedeutet[134]) und ferner $d = kac$ $(k \neq 1)$[135] setzen, kann dies zu

$$-\sqrt{3} \cdot ka + a \cdot \sigma = -\sqrt{3} \cdot a \quad \Leftrightarrow^{136} \quad \boxed{\sigma = \sqrt{3} \cdot (k-1)}$$

umgeformt werden, was durch die "aktualisierte" Form der Parameterdarstellung

$$g_{P_0 Q_0} : \quad \mathfrak{X} = (\,ka\,|\,0\,) + \sigma \cdot (\,c\,|\,a-b\,)$$

eben darin eingesetzt auf

$$P_0 = (\,ka\,|\,0\,) + \sqrt{3} \cdot (k-1) \cdot (\,c\,|\,a-b\,), \text{ ergo } P_0(ka + \sqrt{3}(k-1)c\,|\,\sqrt{3}(k-1)(a-b))$$

führt. Aus $k = 2$ folgt schließlich die einfache Form[137]

$$P_0(2a + \sqrt{3} \cdot c\,|\,\sqrt{3} \cdot (a-b))$$

und durch analoge Überlegungen ferner

$$Q_0 \left(2a - \frac{\sqrt{3}}{3} \cdot c \,\middle|\, \frac{\sqrt{3}}{3} \cdot (b-a) \right), \; T_0 \left(2b - \frac{\sqrt{3}}{3} \cdot c \,\middle|\, -\frac{\sqrt{3}}{3} \cdot a + \frac{\sqrt{3}}{3} \cdot b + 2c \right) \text{ und } U_0(2b + \sqrt{3} \cdot c\,|\,\sqrt{3} \cdot a - \sqrt{3} \cdot b + 2c).$$

Daraus ergibt sich außerdem der Mittelpunkt

$$N_0 \left(a + b + \frac{\sqrt{3}}{3} \cdot c \,\middle|\, \frac{\sqrt{3}}{3} \cdot a - \frac{\sqrt{3}}{3} \cdot b + c \right)$$

des Urbildkreises der Ellipse unter κ. Wie man ebenso leicht nachrechnet, gilt

$$\overline{P_0 Q_0} = \frac{4\sqrt{3}}{3} \cdot \left| \begin{pmatrix} c \\ a-b \end{pmatrix} \right| \text{ sowie } \overline{P_0 U_0} = 2 \cdot \left| \begin{pmatrix} b-a \\ c \end{pmatrix} \right|,$$

woraus sich aus dem Lehrsatz des PYTHAGORAS

$$\overline{U_0 Q_0} = \frac{2}{3} \cdot \sqrt{21} \cdot \left| \begin{pmatrix} c \\ a-b \end{pmatrix} \right|$$

und somit schließlich

$$W_0(V_0) = N_0 \pm \frac{1}{3} \cdot \sqrt{21} \cdot \begin{pmatrix} c \\ a-b \end{pmatrix}$$

---

[134]Dass diese spezielle Situation (eines rechtwinkligen Dreiecks) die Rechnung nur unwesentlich vereinfacht, möge der Leser selbst überprüfen!

[135]Dies würde $P \in s$ implizieren, womit P ein Fixpunkt wäre, was i.A. nicht der Fall sein wird. Zwar würde dies die Allgemeinheit nicht einschränken, da ja die Wahl von s (solange nur die Parallelität zu f gewährleistet ist) beliebig ist, jedoch würde sich die Rechnung im Vergleich zur in Kürze getroffenen Wahl $k = 2$ nicht wirklich vereinfachen (Der Leser möge sich davon durch eigene Rechnung überzeugen (u.a. auch, dass das Rechteck $P_0Q_0T_0U_0$ in seinen Längenmaßen nur halb so groß wäre als das aus der Wahl $k = 2$ resultierende!), denn *Mathematik ist kein Zuschauersport!*).

[136]Beachte, dass $a \neq 0$ wegen $A \neq B$ gilt!

[137]Diese Wahl ($k = 2$) ist auch in der Abbildung illustriert!

ergibt. Schneiden wir nun s (Nota bene: $s: cx + (a-b)y = 2ac$) mit

$$g_{W_0V_0}: \mathfrak{X} = \left(a + b + \frac{\sqrt{3}}{3} \cdot c \,\middle|\, \frac{\sqrt{3}}{3} \cdot a - \frac{\sqrt{3}}{3} \cdot b + c\right) + \rho \cdot \begin{pmatrix} c \\ a-b \end{pmatrix},$$

so führt dies auf (Rechne selbst nach!) $N_s(a+b|c)$. Da das Urbild von g_{VW} zur selben Parallelenschar gehört als jene von g_{PQ} und g_{TU}, muss g_{VW} demnach ebenso durch A (das Bild des Fernpunkts ebenjener Parallelenschar) gehen, woraus schon einmal folgt, dass wegen $N_s = \frac{1}{2} \cdot M_{BC}$ die Bildgerade g_{VW} auf der Schwerlinie s_a mit der Parameterdarstellung

$$s_a: \mathfrak{X} = \xi \cdot (a + b|c)$$

liegt. Bleibt nur noch der Schnitt der Kollineationsgeraden g_{V_0Z} und g_{W_0Z} mit s_a, um via $g_{V_0Z} \cap s_a = \{V\}$ und $g_{W_0Z} \cap s_a = \{W\}$ zu erhalten. Um dann zu zeigen, dass der Mittelpunkt dieses Durchmessers tatsächlich dem Schwerpunkt $\left(\frac{4}{3} \cdot (a+b) \,\middle|\, \frac{4}{3} \cdot c\right)$ entspricht, ist lediglich $\frac{\xi_1 + \xi_2}{2} = \frac{4}{3}$ bzw. $\xi_1 + \xi_2 = \frac{8}{3}$ zu verifizieren. Nundenn:

$$\text{Aus } \overrightarrow{ZV_0} = \left(a + b + \frac{\sqrt{3}}{3} \cdot (4 + \sqrt{7})c \,\middle|\, \frac{\sqrt{3}}{3} \cdot (4 + \sqrt{7})(a-b) + c\right)$$

und

$$\overrightarrow{ZW_0} = \left(a + b + \frac{\sqrt{3}}{3} \cdot (4 - \sqrt{7})c \,\middle|\, \frac{\sqrt{3}}{3} \cdot (4 - \sqrt{7})(a-b) + c\right)$$

folgt (wie man leicht durch Anwendung der Kippregel und Einsetzen von Z nachrechnet)

$$g_{V_0Z}: \left(\frac{\sqrt{3}}{3} \cdot (4 + \sqrt{7})(a-b) + c\right) \cdot x - \left(a + b + \frac{\sqrt{3}}{3} \cdot (4 + \sqrt{7})c\right) \cdot y = \sqrt{3} \cdot (a^2 - b^2 - c^2)$$

sowie

$$g_{W_0Z}: \left(\frac{\sqrt{3}}{3} \cdot (4 - \sqrt{7})(a-b) + c\right) \cdot x - \left(a + b + \frac{\sqrt{3}}{3} \cdot (4 - \sqrt{7})c\right) \cdot y = \sqrt{3} \cdot (a^2 - b^2 - c^2).$$

$g_{V_0Z} \cap s$:

$$\xi_1 \cdot \left(\frac{\sqrt{3}}{3} \cdot (4 + \sqrt{7})(a^2 - b^2) + c(a+b) - c(a+b) - \frac{\sqrt{3}}{3} \cdot (4 + \sqrt{7}) \cdot c^2\right) = \sqrt{3} \cdot (a^2 - b^2 - c^2)$$

$$\Rightarrow \xi_1 = \frac{\sqrt{3} \cdot (a^2 - b^2 - c^2)}{\frac{\sqrt{3}}{3} \cdot (4 + \sqrt{7})\left((a^2 - b^2 - c^2)\right)} = \frac{3}{4 + \sqrt{7}} = \frac{3(4 - \sqrt{7})}{9} = \frac{4 - \sqrt{7}}{3}$$

$g_{W_0Z} \cap s$:

$$\xi_2 \cdot \left(\frac{\sqrt{3}}{3} \cdot (4 - \sqrt{7})(a^2 - b^2) + c(a+b) - c(a+b) - \frac{\sqrt{3}}{3} \cdot (4 - \sqrt{7}) \cdot c^2\right) = \sqrt{3} \cdot (a^2 - b^2 - c^2)$$

$$\Rightarrow \xi_2 = \frac{\sqrt{3} \cdot (a^2 - b^2 - c^2)}{\frac{\sqrt{3}}{3} \cdot (4 - \sqrt{7})\left((a^2 - b^2 - c^2)\right)} = \frac{3}{4 - \sqrt{7}} = \frac{3(4 + \sqrt{7})}{9} = \frac{4 + \sqrt{7}}{3}$$

$$\Rightarrow \xi_1 + \xi_2 = \frac{8}{3}, \ \square$$

In der unteren Abbildung ist schließlich noch die Achsenkonstruktion der Ellipse (abstrahiert von den vorherigen Konstruktionen via κ) illustriert.

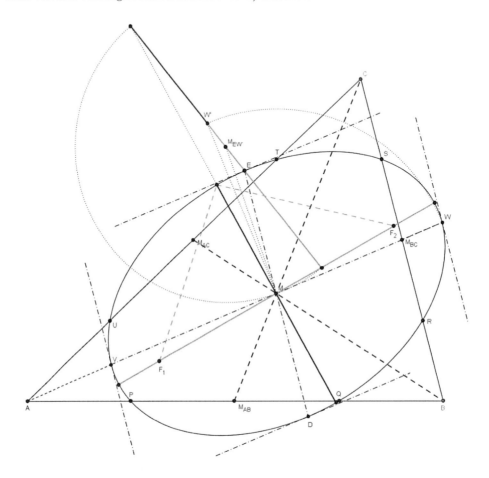

Abbildung 9: Konstruktion der Ellipse

Abschließend sei noch bemerkt, dass eine alternative Möglichkeit des Nachweises, dass es sich bei $\left(\frac{4}{3} \cdot (a+b) \mid \frac{4}{3} \cdot c\right)$ tatsächlich um den Mittelpunkt der Ellipse handelt, darin besteht, den Begriff "Mittelpunkt einer Ellipse" genauer zu untersuchen:

Wenn $(u|v)$ den Mittelpunkt des Kegelschnitts ν mit der Gleichung

$$\nu : \underbrace{Ax^2 + Bxy + Cy^2 + Dx + Ey + F}_{f(x,y)} = 0$$

bezeichnet, so erfüllen seine Koordinaten u und v folgende Eigenschaft: Ist $X(u+x|v+y)$ ein Punkt von ν, dann automatisch auch der aus Spiegelung von X an M hervorgehende

Punkt $X'(u - x | v - y)$. Demnach können wir u und v aus der Gleichung

$$f(u + x, v + y) = f(u - x, v - y) \ (= 0)$$

berechnen:

$$A(u + x)^2 + B(u + x)(v + y) + C(v + y)^2 + D(x + u) + E(y + v) + F =$$

$$= A(u - x)^2 + B(u - x)(v - y) + C(v - y)^2 + D(x - u) + E(y - v) + F \quad \Leftrightarrow$$

$$Ax^2 + Bxy + Cy^2 + (2Au + Bv + D)x + (Bu + 2Cv + E)y + Au^2 + Buv + Cv^2 + Du + Ev + F =$$

$$= Ax^2 + Bxy + Cy^2 - (2Au + Bv + D)x - (Bu + 2Cv + E)y + Au^2 + Buv + Cv^2 + Du + Ev + F$$

Ein Koeffizientenvergleich liefert mit

$$\left\{ \begin{matrix} 2Au + Bv = -D \\ Bu + 2Cv = -E \end{matrix} \right\}$$

schließlich ein lineares Gleichungssystem für u und v. Dass die Parabel nicht mitspielt, zeigt hier einmal mehr die Determinante $\det M = 4AC - B^2$ der entsprechenden Koeffizientenmatrix $M = \begin{pmatrix} 2A & B \\ B & 2C \end{pmatrix}$.

Im vorliegenden Fall erhalten wir wegen $A = c^2$, $B = c(a - 2b)$, $C = a^2 - ab + b^2$, $D = -4ac^2$ und $E = 4ac(b - a)$ das Gleichungssystem

$$\left\{ \begin{matrix} 2c^2u + c(a - 2b)v = 4ac^2 \\ c(a - 2b)u + 2(a^2 - ab + b^2)v = 4ac(a - b) \end{matrix} \right\} \text{ bzw.}$$

$$\overbrace{\begin{pmatrix} 2c^2 & c(a - 2b) \\ c(a - 2b) & 2(a^2 - ab + b^2) \end{pmatrix}}^{K} \cdot \begin{pmatrix} u \\ v \end{pmatrix} = \begin{pmatrix} 4ac^2 \\ 4ac(a - b) \end{pmatrix},$$

welches man mittels CRAMERscher Regel löst:

$$(u | v) = \left(\frac{\det K_x}{\det K} \,\middle|\, \frac{\det K_y}{\det K} \right) \text{ mit } K_x = \begin{pmatrix} 4ac^2 & c(a - 2b) \\ 4ac(a - b) & 2(a^2 - ab + b^2) \end{pmatrix}$$

$$\text{und } K_y = \begin{pmatrix} 2c^2 & 4ac^2 \\ c(a - 2b) & 4ac(a - b) \end{pmatrix}$$

$$\Rightarrow u = \frac{4ac \cdot \det \begin{pmatrix} c & c(a - 2b) \\ a - b & 2(a^2 - ab + b^2) \end{pmatrix}}{c^2(4a^2 - 4ab + 4b^2 - (a - 2b)^2)} = \frac{4ac^2 \cdot \det \begin{pmatrix} 1 & a - 2b \\ a - b & 2(a^2 - ab + b^2) \end{pmatrix}}{3a^2c^2} =$$

$$= \frac{4 \cdot (2a^2 - 2ab + 2b^2 - a^2 + 3ab - 2b^2)}{3a} = \frac{4(a^2 + ab)}{3a} = \frac{4a(a + b)}{3a} = \frac{4}{3} \cdot (a + b),$$

$$v = \frac{\det \begin{pmatrix} 2c^2 & 4ac^2 \\ c(a - 2b) & 4ac(a - b) \end{pmatrix}}{3a^2c^2} = \frac{c \cdot 4ac \cdot \det \begin{pmatrix} 2c & c \\ a - 2b & a - b \end{pmatrix}}{3a^2c^2} = \frac{4ac^3 \cdot \det \begin{pmatrix} 2 & 1 \\ a - 2b & a - b \end{pmatrix}}{3a^2c^2} = \frac{4a^2c^3}{3a^2c^2} = \frac{4c}{3},$$

was auf den Schwerpunkt $\left(\frac{4}{3} \cdot (a + b) \,\middle|\, \frac{4}{3} \cdot c \right)$ des Dreiecks $\triangle ABC$ führt, $\square$

4.15.4 Perspektiv-kollineare Kreisbilder: Ellipse, Hyperbel und Parabel

Am Ende von Abschnitt 4.15.1 haben wir die Abbildungsgleichung für die Umkehrabbildung κ^{-1} der perspektiven Kollineaton $\kappa(Z, s, A_0, A)$ ermittelt, die wir nun auf folgende *Fragestellung* anwenden werden:

Unter welchen Umständen wird ein Kreis k_0 mit dem Mittelpunkt $(m|n)$ und dem Radius r unter κ auf eine Ellipse/Parabel/Hyperbel abgebildet?

Ein **geeigneter Kandidat**, der uns bei der Beantwortung dieser Frage behilflich sein kann, ist die **Verschwindungsgerade** v von κ, da diese ja von jeder Urbildgerade das Urbild des Fernpunkts der Bildgerade enthält. Da nun eine Hyperbel genau zwei Fernpunkte (die Fernpunkte ihrer Asymptoten) besitzt, muss k_0 für den Fall, dass $\kappa(k_0) = k$ eine Hyperbel ist, zwei Punkte (nämlich die Urbildpunkte der Asymptotenfernpunkte) mit v gemeinsam haben. Bei der Parabel liegt genau ein Punkt auf der Ferngerade, nämlich der Fernpunkt ihrer Achse, weshalb k_0 für den Fall, dass er unter κ das Urbild einer Parabel k ist, von v berührt wird.

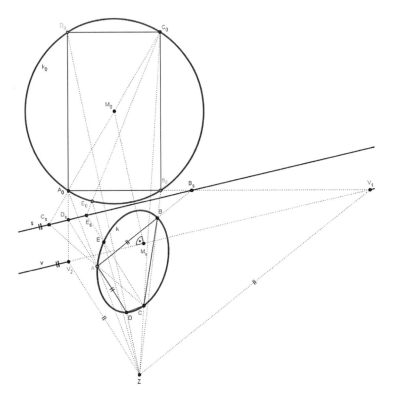

Liegt eine Ellipse als Kreisbild vor, so hat k_0 mit v keine Punkte gemeinsam,[138] was man an der linken Abbildung auch anschaulich einsehen kann, da der Normalabstand des Kreismittelpunkts zu v größer als der Kreisradius ist. Entsprechende Illustrationen zur Parabel sowie zur Hyperbel inkl. entsprechend detaillierter Analysen sind auf den nächsten beiden Seiten zu finden.

---

[138]Deshalb empfiehlt es sich in einer Situation wie in 4.15.2, nach Konstruktion von Z, Wahl von s sowie Konstruktion von drei Urbild/Bildpunktepaaren zuallererst zu untersuchen, ob k_0 von v berührt oder gar geschnitten wird, was im positiven Fall die RYTZsche Achsenkonstruktion nutzlos macht, da diese ja nur für die Ellipse gilt bzw. überhaupt sinnstiftend ist!

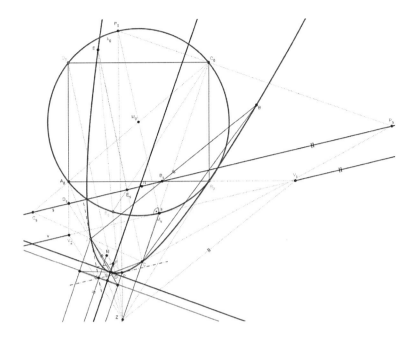

In der oberen Abbildung ist sehr schön zu erkennen, wie die Bewegung von A_0 über D_0, C_0 und B_0 auf k_0 auch auf k eine Bewegung von A über D, C und B induziert, wobei M_v (als Tangentialpunkt von k_0 und v) auf den Fernpunkt von k abgebildet wird, den B bei seiner weiteren Bewegung passieren muss, um schließlich über E wieder nach A zurückzukehren. Eine Richtung der Parabelachse ist jedenfalls durch die Gerade $g_{M_v Z}$ gegeben. Will man auch den Scheitel konstruieren, so kann man mit der gleichen Idee wie in 4.15.2 bei den konjugierten Durchmessern (im Fall der Parabel aber nur in einem Punkt P) die Tangente parallel zu s konstruieren. Der Rest läuft über die Konstruktion einer Parabel bei zwei gegebenen Linienelementen (vgl. etwa [49], S. 16!), wobei die Tangente in einem zweiten Punkt (hier: A) dadurch ermittelt wird, dass durch den Mittelpunkt der Parabelsehne AP eine Parallele zur Parabelachse (Die Richtung ist uns ja schon bekannt!) gelegt wird, auf der dann der Schnittpunkt der Tangenten t_A und t_P liegt (auch in der Linienelemente-Konstruktion enthalten), wodurch sich auch t_A ergibt und dann der Rest der Linienelemente-Konstruktion durchgeführt wird. Um dann z.B. mit dem dynamischen Geometrieprogramm GeoGebra die Parabel auch zeichnen (lassen) zu können, werden lediglich der Focus und die Leitgerade benötigt[139], was im Anschluss an die Linienelemente-Konstruktion erfolgen kann, indem man noch die Normale auf eine der beiden Tangenten durch den Schnittpunkt mit der Scheiteltangente mit der Parabelachse schneidet, was den Focus und durch eine Spiegelung am Scheitel auch den Schnittpunkt von Leitgerade und Parabelachse liefert, womit die Leitgerade dann als Normale auf die Parabelachse durch den letztgenannten Schnittpunkt auch noch ermittelt wurde, □.

---

[139]Nota bene: GeoGebra zeichnet die Parabel bereits ausgehend von fünf Punkten, nur hilft dies nicht bei der Ermittlung der Achse und des Focus!

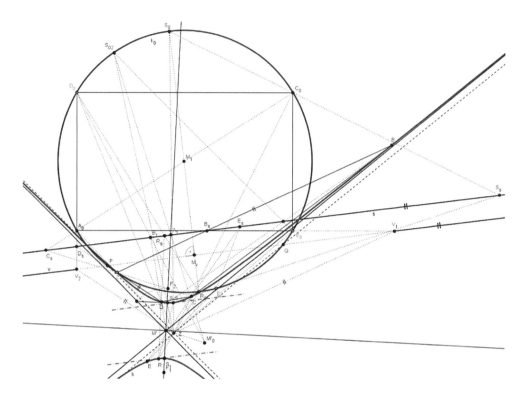

In der oberen Abbldung wird k_0 von v in zwei Punkten P und Q geschnitten, womit die Geraden g_{PZ} und g_{QZ} die Asymptotenrichtungen angeben. Wie zuvor schon in 4.15.2 bei der Ellipse sowie soeben erst in diesem Abschnitt bei der Parabel helfen uns auch hier wieder die zu s parallelen Kreistangenten in den Punkten R_0 und S_0, die uns zwei weitere Hyperbelpunkte R und S samt Tangenten sowie (was durch die Parallelität der Tangenten begründet und uns sehr hilfreich ist!) den Mittelpunkt M' der Hyperbel liefern, der ja auch der Asymptotenschnittpunkt ist, womit wir durch das Legen von Parallelen zu g_{PZ} und g_{QZ} auch schon die Asymptoten haben. Die Achsen der Hyperbel erhalten wir über das Winkelsymmetralenpaar, wobei die Hauptachse durch jene beiden Winkelfelder verläuft, in denen sich (zumindest in einem davon!) Hyperbelpunkte befinden. Durch Aufsuchen der Urbildgerade der Hauptachse kann der Urbildpunkt einer der beiden Hyperbelscheitel S_{02} mit k_0 ermittelt und dann via κ in einen Hyperbelscheitel S_2 transformiert werden, der durch Spiegelung an M' sofort auch den zweiten Scheitel S_1 liefert. Um dann z.B. mit dem dynamischen Geometrieprogramm GeoGebra die Hyperbel auch zeichnen (lassen) zu können, werden neben einem(!)[140] Hyperbelpunkt noch die Brennpunkte benötigt.[141] Deshalb werden diese schließlich auf elementare Weise über eine Scheiteltangente und eine Asymptote durch das charakteristische Dreieck bestimmt, $\square$.

---

[140]Mittlerweile haben wir die fünf Angabepunkte, die zwei Endpunkte R und S des Durchmessers sowie die zwei Scheitel, also ingesamt neun(!) Punkte!

[141]Nota bene: GeoGebra zeichnet die Hyperbel bereits ausgehend von fünf Punkten, nur hilft dies nicht bei der Ermittlung der Achsen!

So schön diese faszinierenden Abbildungen inkl. den zugehörigen Erläuterungen den Zusammenhang zwischen Urbildkreis und Verschwindungsgerade auch illustrieren mögen, möchte der Mathematiker aber doch auch einen rechnerischen Indikator zur Klassifikation dieser drei besonderen (interessantesten![142]) Kegelschnittstypen, wozu man lediglich den Normalabstand $d(M_0, v)$ heranzuziehen braucht, welcher aufgrund der besonders (geschickt![143]) gewählten Lage von v durch den Betrag der Differenz der $y-$Koordinaten von M und jedes Verschwindungspunkts gegeben ist, also $d(M_0, v) = |y_v - n|$ beträgt.

$$\text{Somit liegt im Fall} \left\{ \begin{array}{l} r < |y_V - n| \\ r = |y_V - n| \\ r > |y_V - n| \end{array} \right\} \text{eine} \left\{ \begin{array}{c} \text{Ellipse} \\ \text{Parabel} \\ \text{Hyperbel} \end{array} \right\} \text{vor. } (\#)$$

Um nun den Zusammenhang zu den Kegelschnittsgleichungen herzustellen, ist lediglich zu beachten, dass das Urbild $X_0 = \kappa^{-1}(X)$ jedes Punkts $X(x|y)$ von k die Kreisgleichung

$$k_0 : (x - n)^2 + (y - m)^2 = r^2$$

erfüllt, was wegen der am Ende von Abschnitt 4.15.1 hergeleiteten Abbildungsgleichungen von κ^{-1} auf

$$k : \left(\frac{x(bd - c)}{d(b - c) + y(d - 1)} - m \right)^2 + \left(\frac{y(bd - c)}{d(b - c) + y(d - 1)} - n \right)^2 = r^2$$

führt und angesichts der Oppulenz der Klammerminuenden wenig Freude und viel mehr Aussicht auf langwierige (und langweilige!) Termumformungen[144] aufkommen lässt. Doch um derart Profanes brauchen wir uns hier nicht im geringsten zu sorgen, da wir nach all der geleisteten Aufbauarbeit in Abschnitt 4.15.1 die Minuenden umformen und so in ihnen bereits Bekanntes[145] sichten können, nämlich:

$$k : \left(\frac{\frac{x(bd-c)}{d-1}}{\frac{d(b-c)}{d-1} + y} - m \right)^2 + \left(\frac{\frac{y(bd-c)}{d-1}}{\frac{d(b-c)}{d-1} + y} - n \right)^2 = r^2$$

bzw. (Man denke selbst an manch schöne in Abschnitt 4.15.1 abgeleitete Formel und sehe nicht sofort in der nächsten Formelzeile nach, denn – wie es der österreichische Mathematiker und Mathematikdidaktiker Hans-Christian REICHEL (1945-2002) oft formuliert hat – "Mathematik ist kein Zuschauersport!"!)

---

[142]nebst leerer Menge, Punkt, Doppelgerade, Parallelenpaar, kreuzendem Geradenpaar und Kreis!

[143]Warum die am Beginn von Abschnitt 4.15.1 getroffene Wahl $Z(0|0)$ und $s : y = c$ bezüglich all unserer gewonnenen Erkenntnisse tatsächlich keine Einschränkung der Allgemeinheit darstellt, wird am Ende dieses Abschnitts noch erörtert werden!

[144]Manchmal sind diese aber unumgänglich und gehören nun einmal zu einem sehr wichtigen mathematischen Handwerkszeug, doch wenn wir uns durch Raffinesse und Eleganz diese Arbeit ersparen können, dann siegt gleichsam der Künstler über den Handwerker (was keinesfalls wertend gemeint ist, zumal es oft auch anders kommt!) und die Freude ist ganz besonders groß (Freilich freut man sich auch nach langer "Handarbeit" – wie zum Beispiel in Abschnitt 4.15.1 beim Nachweis der Geradentreue von κ! – über das erhaltene Resultat resp. die gewonnene Erkenntnis, nur ist das eine andere Art von geistiger Befriedigung als bei der Anwendung ganz besonders geschickter Sichtweisen wie im Folgenden)!

[145]Beim Erwerben von mathematischem know-how geht es nicht zuletzt oft über das bloße Können hinaus eben auch um das Wiedererkennen (einfaches Beispiel: Erkennen eines vollständigen Quadrats)!

$$k : \left(\frac{y_V \cdot x}{y - y_F} - m\right)^2 + \left(\frac{y_V \cdot y}{y - y_F} - n\right)^2 = r^2 \quad \text{[146]}$$

bzw.

$$k : (y_V \cdot x - m \cdot y + y_F m)^2 + ((y_V - n) \cdot y + y_F n)^2 = r^2 (y - y_F)^2$$

resp.

$$k : y_V^2 x^2 - 2 y_V m xy + (m^2 + (y_V - n)^2 - r^2) y^2 + \dots = 0,$$

wobei mit ... die (für uns im Folgenden nicht relevanten) linearen Anteile von x und y und das konstante Glied lediglich angedeutet werden, da wir uns in

$$k : Ax^2 + Bxy + Cy^2 + Dx + Ey + F = 0$$

nur für die via $\mathcal{D} := B^2 - 4AC$ definierte Diskriminante $\mathcal{D}$ interessieren, für welche wir demnach

$$\mathcal{D} = 4 y_V^2 (m^2 - m^2 - (y_V - n)^2 + r^2) = 4 y_V^2 (r^2 - (y_V - n)^2)$$

erhalten, woraus wegen $y_V \neq 0$ zusammen mit (#) (wiederum eine mathematische Selbstoffenbarung, welche einmal mehr die Lebendigkeit dieser schönen Wissenschaft zeigt, die man natürlich nur dann als solche wahrhaftig erkennen kann, wenn man sich auf sie (und somit auf das Denken sui generis) einlässt) folgt, dass

$$k \text{ im Fall } \begin{Bmatrix} \mathcal{D} < 0 \\ \mathcal{D} = 0 \\ \mathcal{D} > 0 \end{Bmatrix} \text{ eine } \begin{Bmatrix} \text{Ellipse} \\ \text{Parabel} \\ \text{Hyperbel} \end{Bmatrix} \text{ beschreibt.}$$

Nun noch zur Legitimation der speziell gewählten Anordnung $Z(0|0)$ und $s : y = c$ in 4.15.1, welche i.A. nicht erfüllt sein wird, wenn auf eine Figur eine perspektive Kollineation angewendet wird. Alle für diese spezielle Anordnung hergeleiteten Eigenschaften ändern sich aber nicht, wenn man diese besondere Anordnung in eine allgemeine(re) überführt, da dies stets durch eine Verkettung einer Translation sowie einer Drehung erreicht werden kann. Gegenüber dieser Abbildungen sind aber sämtliche von uns untersuchten Eigenschaften invariant, womit unsere angestellten Überlegungen demnach für alle perspektiven Kollineationen gültig sind, $\Box$.

Auch die Untersuchung der Diskriminante $\mathcal{D} = B^2 - 4AC$ von

$$k : Ax^2 + Bxy + Cy^2 + Dx + Ey + F = 0$$

fällt unter diese Invarianz-Eigenschaft, da k durch Anwendung einer Verkettung von Translation und Rotation (Man spricht in diesem Zusammenhang auch von einer sogenannten **Bewegung**.) in

$$k' : A(ax + by + c)^2 + B(ax + by + c)(-bx + ay + d) + C(-bx + ay + d)^2 + \dots = 0$$

übergeht, wobei $a^2 + b^2 = 1$ zu beachten ist sowie durch ... wieder nur der lineare sowie der konstante Anteil angedeutet sind. Für die Diskriminante $\mathcal{D}'$ ergibt sich wegen

$$k' : (a^2 A - abB + b^2 C)x^2 + (2abA - b^2 B + a^2 B - 2abC)xy + (b^2 A + abB + a^2 C)y^2 + \dots = 0$$

---

[146] Wow! Die Flucht- und Verschwindungsgerade bahnen sich also von selbst jeweils ihren Weg! Ferner sind die Minuenden immer definiert, da wegen $\kappa : \mathbb{R}^2 \setminus \{v\} \rightarrow \mathbb{R}^2 \setminus \{f\}$ niemals Bildpunkte auf f zu finden sind, was wegen $f : y = y_F$ somit $y \neq y_F$ und deshalb $y - y_F \neq 0$ impliziert.

also $\mathcal{D}' = ((a^2 - b^2)B + 2ab(A - C))^2 - 4(a^2A - abB + b^2C)(b^2A + abB + a^2C) =$

$= (a^2 - b^2)^2B^2 + 4ab(a^2 - b^2)B(A - C) + 4a^2b^2(A - C)^2 - 4a^2b^2A^2 + 4ab^3AB - 4b^4AC$

$= -4a^3bAB + 4a^2b^2B^2 - 4ab^3BC - 4a^4AC + 4a^3bBC - 4a^2b^2C^2 =$

$= (a^2 + b^2)^2B^2 + 4ab(a^2 - b^2 + b^2 - a^2)AB + 4ab(b^2 - a^2 - b^2 + a^2)BC$

$+ 4a^2b^2(1 - 1)A^2 + 4a^2b^2(1 - 1)C^2 - 4(2a^2b^2 + b^4 + a^4)AC =$

$= (a^2 + b^2)^2B^2 - 4(a^2 + b^2)^2AC = (a^2 + b^2)^2(B^2 - 4AC) = B^2 - 4AC = \mathcal{D},$

woraus die Invarianz von $\mathcal{D}$ unter einer Bewegung folgt, $\square$.[147]

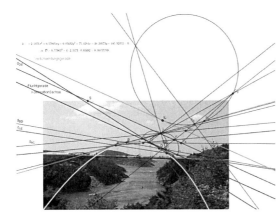

Gleichsam als krönenden Abschluss wie auch als schöne praktische Abrundung dieses Abschnitts sehen wir uns (ohne auf genaue Details einzugehen, da selbige nach Erarbeitung der vielen interessanten und vor allem hilfreichen Eigenschaften perspektiver Kollineationen in Abschnitt 4.15.1 selbst unter Verwendung dynamischer Geometriesoftware wie etwa GeoGebra behandelt werden können) anhand der *Svinesundbrücke* (an der Grenze Norwegens und Schwedens gelegen, siehe Abbildung!) an, wie die Parabelform möglichst genau mittels Computergeometrie rekonstruiert werden kann:

Mit der schon in 4.15.2 verwendeten Methode kann ausgehend von vier der fünf Kontrollpunkte die Fluchtgerade f sowie das Kollineationszentrum Z ermittelt und dann die Kollineationsgerade s beliebig als Parallele zu f gewählt werden. Nach Rekonstruktion des Urbildkreises k_0 sowie der Verschwindungsgerade v wird man durch geschicktes geringfügiges Verschieben unterschiedlicher Kontrollpunkte versuchen, k_0 möglichst nahe an v zu bringen, damit die für die Parabel charakteristische Berührungseigenschaft zumindest annähernd erfüllt ist. Auch wenn es nicht exakt möglich ist (Da die Parabel ja den Grenzfall zwischen Ellipse und Hyperbel darstellt!), kann man dennoch unter Beobachtung sowohl der Nähe der Schnittpunkte von k_0 und v als auch der Form der zugehörigen algebraischen Gleichung zweiten Grades in zwei Variablen (im Algebra-Fenster) im Hinblick auf $\mathcal{D}$ permanent überwachen, wie nahe die Ellipse oder Hyperbel schon an der Parabel ist. In der Abbildung weist die Gleichung etwa nur mehr eine sehr kleine Diskriminante (im Vergleich zur Größenordnung der Koeffizienten) auf. Dabei empfiehlt es sich, nicht nur geringfügige Änderungen der fünf Kontrollpunkte, sondern auch der Lage der Kollineationsachse vorzunehmen, da dies die Feinheit des Zusammenrückens der beiden Verschwindungspunkte bei geschickter Bewegung noch erhöhen kann.

---

[147]Nota bene: Der für die Berechnung von $\mathcal{D}'$ notwendige Rechenaufwand steht in keinem Verhältnis zu jener Bürde, die wir uns auferlegt hätten, wenn wir stattdessen Z sowie s allgemein via $Z(u|v)$ und $s : y = kx + d$ angesetzt hätten!

4.15.5   Perspektive Kollineationen und das Doppelverhältnis

Dass eine perspektive Kollineation κ trotz ihrer Geradentreue Teilverhältnisse im Allgemeinen nicht überträgt, ist uns (ganz besonders bei der direkten Achsenkonstruktion) bereits aufgefallen. Bildet man nun aber zu vier Punkten in kollinearer Lage das Verhältnis zweier Teilverhältnisse, so stellt sich der bemerkenswerte Sachverhalt heraus, dass es sich bei dem dadurch entstehenden **Doppelverhältnis** um eine Invariante unter κ handelt. Um all dies einer analytischen Behandlung zugänglich zu machen, nehmen wir zunächst einmal eine präzise Definition der Begriffe *Teilverhältnis* und *Doppelverhältnis* vor:

DEFINITION. Es seien A, B und C Punkte einer Geraden g. Dann bezeichnen wir die durch die *Vektorgleichung*

$$\overrightarrow{AB} = t \cdot \overrightarrow{BC}$$

definierte reelle Zahl t als *Teilverhältnis der Punkte A, B und C in dieser Reihenfolge* und schreiben *dafür $TV(A,B,C)$.*

Darauf aufbauend definieren wir nun:

DEFINITION. Es seien A, B, C und D Punkte einer Geraden g. Dann bezeichnen wir den Quotienten der Teilverhältnisse $TV(A,B,C)$ und $T(A,D,C)$ als das *Doppelverhältnis der Punkte A, B, C und D in dieser Reihenfolge* und schreiben *dafür*

$$DV(A,B,C,D) = \frac{TV(A,B,C)}{TV(A,D,C)}.$$

Zum **Beweis** der obigen Behauptung gehen wir von vier Punkten P_{00}, P_{01}, P_{02} und P_{03} einer Gerade g mit dem Startpunkt $G(u|w)$ und dem Richtungsvektor

$$\overrightarrow{\mathfrak{r}} = \begin{pmatrix} v \\ z \end{pmatrix}$$

aus, für die sich aus den Parameterwerten t_0, t_1, t_2 und t_3 zunächst die Darstellungen

$P_{00}(u+vt_0|w+zt_0)$, $P_{01}(u+vt_1|w+zt_1)$, $P_{02}(u+vt_2|w+zt_2)$ und $P_{03}(u+vt_3|w+zt_3)$

ergeben. Für die zugehörigen Bildpunkte P_0, P_1, P_2 und P_3 erhalten wir aufgrund unserer Überlegungen aus 4.15.1 entsprechend

$$P_0\left(\underbrace{\frac{d(u+vt_0)(c-b)}{(d-1)(w+zt_0)+c-bd}}_{N_0} \,\middle|\, \frac{d(w+zt_0)(c-b)}{(d-1)(w+zt_0)+c-bd}\right), \; P_1\left(\underbrace{\frac{d(u+vt_1)(c-b)}{(d-1)(w+zt_1)+c-bd}}_{N_1} \,\middle|\, \frac{d(w+zt_1)(c-b)}{(d-1)(w+zt_1)+c-bd}\right),$$

$$P_2\left(\underbrace{\frac{d(u+vt_2)(c-b)}{(d-1)(w+zt_2)+c-bd}}_{N_2} \,\middle|\, \frac{d(w+zt_2)(c-b)}{(d-1)(w+zt_2)+c-bd}\right) \; \text{und } P_3\left(\underbrace{\frac{d(u+vt_3)(c-b)}{(d-1)(w+zt_3)+c-bd}}_{N_3} \,\middle|\, \frac{d(w+zt_3)(c-b)}{(d-1)(w+zt_3)+c-bd}\right).$$

Ebenso unter Gebrauch von Resultaten aus 4.15.1 ergibt sich somit unter zusätzlicher Verwendung der Abkürzung

$$\kappa(\overrightarrow{\mathfrak{r}}) := \begin{pmatrix} (d-1)(vw-uz)+v(c-bd) \\ z(c-bd) \end{pmatrix}$$

für das Bild von $\mathfrak{r}$ unter κ somit

$$\overrightarrow{P_0P_1} = (t_1 - t_0) \cdot \frac{d(c-b)}{N_0N_1} \cdot \kappa(\overrightarrow{\mathfrak{r}}), \ \overrightarrow{P_1P_2} = (t_2 - t_1) \cdot \frac{d(c-b)}{N_1N_2} \cdot \kappa(\overrightarrow{\mathfrak{r}}),$$

$$\overrightarrow{P_0P_3} = (t_3 - t_0) \cdot \frac{d(c-b)}{N_0N_3} \cdot \kappa(\overrightarrow{\mathfrak{r}}) \text{ sowie } \overrightarrow{P_3P_2} = (t_2 - t_3) \cdot \frac{d(c-b)}{N_2N_3} \cdot \kappa(\overrightarrow{\mathfrak{r}}),$$

was für das entsprechende Doppelverhältnis $DV(P_0, P_1, P_2, P_3)$ deshalb

$$DV(P_0, P_1, P_2, P_3) = TV(P_0, P_1, P_2) : TV(P_0, P_3, P_2) = \left(\frac{t_1 - t_0}{N_0N_1} : \frac{t_2 - t_1}{N_1N_2} \right) : \left(\frac{t_3 - t_0}{N_0N_3} : \frac{t_2 - t_3}{N_2N_3} \right) =$$

$$= \left(\frac{t_1 - t_0}{N_0N_1} \cdot \frac{N_1N_2}{t_2 - t_1} \right) : \left(\frac{t_3 - t_0}{N_0N_3} \cdot \frac{N_2N_3}{t_2 - t_3} \right) = \frac{N_2(t_1 - t_0)}{N_0(t_2 - t_1)} : \frac{N_2(t_3 - t_0)}{N_0(t_2 - t_3)} = \frac{N_2(t_1 - t_0)}{N_0(t_2 - t_1)} \cdot \frac{N_0(t_2 - t_3)}{N_2(t_3 - t_0)} =$$

$$= \frac{(t_1 - t_0)(t_2 - t_3)}{(t_2 - t_1)(t_3 - t_0)}$$

zur Folge hat. Ein Vergleich mit

$$\overrightarrow{P_{00}P_{01}} = (t_1 - t_0) \cdot \mathfrak{r}, \ \overrightarrow{P_{01}P_{02}} = (t_2 - t_1) \cdot \mathfrak{r}, \ \overrightarrow{P_{00}P_{03}} = (t_3 - t_0) \cdot \mathfrak{r} \text{ sowie } \overrightarrow{P_{03}P_{02}} = (t_2 - t_3) \cdot \mathfrak{r}$$

führt auf

$$DV(P_{00}, P_{01}, P_{02}, P_{03}) = TV(P_{00}, P_{01}, P_{02}) : TV(P_{00}, P_{03}, P_{02}) =$$

$$= \frac{t_1 - t_0}{t_2 - t_1} : \frac{t_3 - t_0}{t_2 - t_3} = \frac{t_1 - t_0}{t_2 - t_1} \cdot \frac{t_2 - t_3}{t_3 - t_0} = \frac{(t_1 - t_0)(t_2 - t_3)}{(t_2 - t_1)(t_3 - t_0)} = DV(P_0, P_1, P_2, P_3), \ \square$$

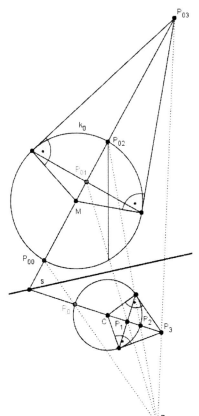

Ausblick: Harmonische Punktequadrupel

Die linke Abbildung zeigt zum einen, wie man ausgehend von drei Punkten P_{00}, P_{02} und P_{03} *konstruktiv* zu jenem Punkt P_{01} gelangt, sodass das *Punktequadrupel* $(P_{00}, P_{01}, P_{02}, P_{03})$ ein Doppelverhältnis von -1 aufweist. Man nennt *dieses* dann ein *harmonisches Punktequadrupel*, welches etwa vom Höhenschnittpunkt, Schwerpunkt, Umkreismittelpunkt und Feuerbachkreis-Mittelpunkt eines Dreiecks oder von den Mittelpunkten zweier Kreise sowie den Schnittpunkten ihrer gemeinsamen "inneren" und "äußeren" Tangenten gebildet wird (vgl. nächster Abschnitt!). Zum anderen demonstriert sie auch, dass diese Konstruktion eben aufgrund der Invarianz des Doppelverhältnisses bei Anwendung einer perspektiven Kollineation auch für die entsprechenden Bildpunkte P_0, P_1, P_2 und P_3 funktioniert. Zum **Beweis** dieser Konstruktion gehen wir o. B. d. A. von $k_0 : x^2 + y^2 = r^2$ sowie $P_{03}(d|0)$ aus, was für die *Polare* p von P_{03} bezüglich k_0 sofort $p : dx = r^2$ und somit $P_{01}\left(\frac{r^2}{d}\Big|0\right)$ liefert. Daraus ergibt sich unmittelbar $DV(P_{00}, P_{01}, P_{02}, P_{03}) = \frac{\frac{r^2}{d} + r}{r - \frac{r^2}{d}} : \frac{d+r}{-(d-r)} = \frac{\frac{r}{d}(d+r)}{\frac{r}{d}(d-r)} \cdot \frac{-(d-r)}{d+r} = -1, \ \square.$

4.15.6 Harmonische Punktequadrupel bei zwei Kreisen mit gemeinsamen Tangenten

Gilt für den Abstand $z = \overline{M_r M_R}$ der Mittelpunkte M_r und M_R zweier Kreislinien k_r und k_R mit den Radien r und R die Ungleichung $r + R < z$, so besitzen k_r und k_R vier gemeinsame Tangenten (zwei "äußere" und zwei "innere", wobei in der Abbildung nur jeweils eine davon eingezeichnet ist). Zur Konstruktion einer äußeren gemeinsamen Tangente t_1

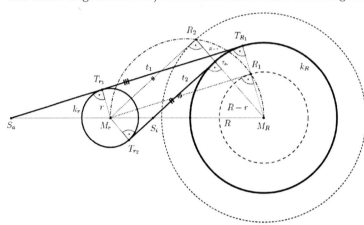

konstruiert man die zu k_R konzentrische Kreislinie mit dem Radius $R - r$ (lang-strichliert eingezeichnet) und legt an diesen von M_r aus unter Verwendung des THALES-Kreises (punktiert-strichliert eingezeichnet) über der Strecke $M_r M_R$ eine

Tangente (punktiert eingezeichnet). Verschiebt man letztere parallel im Parallelabstand r weg von M_R, so erhalten wir die äußere gemeinsame Tangente t_1, welche k_R in T_{R_1} sowie k_r in T_{r_1} berührt. Es bleibt dem werten L $\overset{e}{\underset{o}{}}$ ser überlassen, die entsprechende Argumentation für die eingezeichnete innere Tangente t_2 anhand der Abbildung vorzunehmen! Nun schneidet t_1 bzw. t_2 die Zentrale $g_{M_r M_R}$ in S_a bzw. S_i. Wir werden nun zeigen, dass $DV(S_a, M_r, S_i, M_R) = -1$ gilt, wozu wir zunächst $d = \overline{S_a M_r}$ durch Anwendung des Strahlensatzes auf die zueinander ähnlichen Dreiecke $\Delta S_a M_r T_{r_1}$ und $\Delta S_a M_R T_{R_1}$ (andere Möglichkeit als Übung für den werten L $\overset{e}{\underset{o}{}}$ ser, die – anders als bei unserer Art der Argumentation! – dann aber die Konstruktion von t_1 und t_2 als Voraussetzung verwendet: die ähnlichen Dreiecke $\Delta S_a M_r T_{r_1}$ und $\Delta M_r M_R R_1$) berechnen:

$$d : r = (d + z) : R \quad \Leftrightarrow \quad dR = dr + rz \quad \Leftrightarrow \quad d(R - r) = rz \quad \Leftrightarrow \quad \boxed{d = \tfrac{rz}{R-r} \; (*)}$$

Es bleibt wiederum dem werten L $\overset{e}{\underset{o}{}}$ ser überlassen, die entsprechende Argumentation (auf zwei Arten, und zwar erneut mit bzw. ohne Verwendung der Konstruktion mittels Hilfskreis) für $d' = \overline{M_r S_i}$ vorzunehmen, um das Resultat

$$\boxed{d' = \tfrac{rz}{R+r} \; (**)}$$

zu erhalten.

Somit ergibt sich wegen

$$\overrightarrow{S_a M_r} = \frac{d}{d'} \cdot \overrightarrow{M_r S_i}$$

sowie

$$\overrightarrow{S_a M_R} = \frac{d+z}{d'-z} \cdot \overrightarrow{M_R S_i}$$

also

$$DV(S_a, M_r, S_i, M_R) = \frac{TV(S_a, M_r, S_i)}{TV(S_a, M_R, S_i)} = \frac{d}{d'} : \frac{d+z}{d'-z} = \frac{d(d'-z)}{d'(d+z)}$$

bzw. wegen $\boxed{(*)}$ und $\boxed{(**)}$

$$DV(S_a, M_r, S_i, M_R) = \frac{\frac{rz}{R-r} \cdot \frac{-Rz}{R+r}}{\frac{rz}{R+r} \cdot \frac{Rz}{R-r}} = -1, \ \square$$

4.15.7 Tangententreue perspektiver Kollineationen

Wie schon im *Anhangs-Abschnitt bei den perspektiven Affinitäten*[148] wollen wir nun auch für perspektive Kollineationen zeigen, dass diese Tangenten wieder auf Tangenten abbilden, wozu wir sowohl die Abbildungsgleichungen $\kappa : \left\{ \begin{array}{l} x \mapsto \frac{dx(c-b)}{(d-1)y+c-bd} \\ y \mapsto \frac{dy(c-b)}{(d-1)y+c-bd} \end{array} \right\}$ der perspektiven Kollineation κ als auch deren Umkehrabbildung $\kappa^{-1} : \left\{ \begin{array}{l} x \mapsto \frac{x(bd-c)}{d(b-c)+y(d-1)} \\ y \mapsto \frac{y(bd-c)}{d(b-c)+y(d-1)} \end{array} \right\}$ benötigen werden:

$$k : \ X(t) = \begin{pmatrix} x(t) \\ y(t) \end{pmatrix}$$

$$\mathfrak{k} := \kappa(k) \ \Rightarrow \ \mathfrak{k} : \ X(t) = \begin{pmatrix} \frac{dx(t)(c-b)}{(d-1)y(t)+c-bd} \\ \frac{dy(t)(c-b)}{(d-1)y(t)+c-bd} \end{pmatrix}$$

$$Q_0(x(t_0)|y(t_0)) \in k \ \Rightarrow \ \overrightarrow{t_0} = \begin{pmatrix} x'(t_0) \\ y'(t_0) \end{pmatrix}$$

$$Q := \kappa(Q_0) \ \Rightarrow \ Q \in \mathfrak{k} \ \Rightarrow \ Q\left(\frac{dx(t_0)(c-b)}{(d-1)y(t_0)+c-bd} \middle| \frac{dy(t_0)(c-b)}{(d-1)y(t_0)+c-bd} \right)$$

$$\Rightarrow \ \overrightarrow{t} = \begin{pmatrix} \frac{dx'(t_0)(c-b)\cdot[(d-1)y(t_0)+c-bd]-dx(t_0)(c-b)\cdot(d-1)y'(t_0)}{[(d-1)y(t_0)+c-bd]^2} \\ \frac{dy'(t_0)(c-b)\cdot[(d-1)y(t_0)+c-bd]-dy(t_0)(c-b)\cdot(d-1)y'(t_0)}{[(d-1)y(t_0)+c-bd]^2} \end{pmatrix} \ \parallel$$

$$\parallel \ \begin{pmatrix} (d-1)\cdot[x'(t_0)y(t_0)-x(t_0)y'(t_0)] \mid (c-db)\cdot x'(t_0) \\ (c-db)\cdot y'(t_0) \end{pmatrix}$$

$$\overrightarrow{t_0} = \begin{pmatrix} x'(t_0) \\ y'(t_0) \end{pmatrix} \perp \begin{pmatrix} y'(t_0) \\ -x'(t_0) \end{pmatrix} \ \Rightarrow \ t_0 : \ y'(t_0)\cdot x - x'(t_0)\cdot y = y'(t_0)\cdot x(t_0) - x'(t_0)\cdot y(t_0)$$

$$\mathfrak{t} := \kappa(t_0) \ \Rightarrow \ \mathfrak{t} : \ y'(t_0)\cdot\frac{x(bd-c)}{d(b-c)+y(d-1)} - x'(t_0)\cdot\frac{y(bd-c)}{d(b-c)+y(d-1)} = y'(t_0)\cdot x(t_0) - x'(t_0)\cdot y(t_0)$$

bzw.

$$\mathfrak{t} : \ y'(t_0)\cdot(bd-c)\cdot x + \{x'(t_0)\cdot(c-bd)+(d-1)\cdot[x'(t_0)\cdot y(t_0)-x(t_0)\cdot y'(t_0)]\}\cdot y = d(b-c)\cdot[y'(t_0)\cdot x(t_0)-x'(t_0)\cdot y(t_0)]$$

---

[148]*Ebenda* möge man deshalb auch kurz nachsehen, welche <u>Beweisidee</u> dort verwendet wird, weil uns <u>selbige</u> **mutatis mutandis** auch hier (jedoch unkommentiert!) sehr gute Dienste leisten wird!

$$\vec{t} \perp \begin{pmatrix} y'(t_0) \cdot (bd - c) \\ x'(t_0) \cdot (c - bd) + (d - 1) \cdot [x'(t_0)y(t_0) - x(t_0)y'(t_0)] \end{pmatrix}$$

$$\Rightarrow \quad t: \ y'(t_0) \cdot (bd - c) \cdot x + \{x'(t_0) \cdot (c - bd) + (d - 1) \cdot [x'(t_0) \cdot y(t_0) - x(t_0) \cdot y'(t_0)]\} \cdot y = \mathcal{C}$$

mit

$$\mathcal{C} = \frac{y'(t_0) \cdot (bd - c) \cdot dx(t_0)(c - b)}{(d - 1)y(t_0) + c - bd} + \frac{\{x'(t_0) \cdot (c - bd) + (d - 1) \cdot [x'(t_0) \cdot y(t_0) - x(t_0) \cdot y'(t_0)]\} \cdot dy(t_0)(c - b)}{(d - 1)y(t_0) + c - bd} =$$

$$= \frac{d(c - b)}{(d - 1)y(t_0) + c - bd} \cdot \{-x(t_0) \cdot y'(t_0) \cdot (c - bd) + x'(t_0) \cdot y(t_0) \cdot (c - bd) + (d - 1) \cdot y(t_0) \cdot [x'(t_0) \cdot y(t_0) - x(t_0) \cdot y'(t_0)]\} =$$

$$= d(c - b) \cdot [x'(t_0) \cdot y(t_0) - y'(t_0) \cdot x(t_0)] = d(b - c) \cdot [y'(t_0) \cdot x(t_0) - x'(t_0) \cdot y(t_0)] \quad \Rightarrow \quad t \equiv \mathfrak{t}, \ \square$$

4.16 Die projektive Verwandtschaft zwischen Ellipse und Parabel

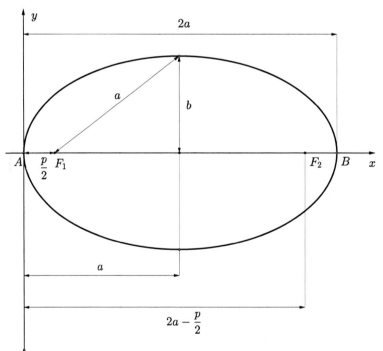

Verschieben wir eine Ellipse in erster Hauptlage mit den Halbachsenlängen a und b ($a > b$) derart in Richtung der $x-$Achse, sodass der linke Hauptscheitel in den Koordinatenursprung rückt, dann können die Foci $_1F_2$ von ell via $F_1\left(\frac{p}{2}\Big|0\right)$ und $F_2\left(2a - \frac{p}{2}\Big|0\right)$ beschrieben werden, was zur Darstellung in der linken Figur führt. Lassen wir nun F_2 (bei fest bleibendem F_1!) in Richtung der $x-$Achse ins Unendliche wandern (also *projektiv betrachtet*: zum Fernpunkt der $x-$Achse werden), so stellt sich die interessante Frage, welche Auswirkung dies auf ell hat (ergo welche Kurve nach Abschluss dieses Grenzprozesses aus ell hervorgeht). Dazu definieren wir die Hilfsgröße z via

$$z := 2a - \frac{p}{2} \quad \Leftrightarrow \quad a = \frac{z}{2} + \frac{p}{4} \ (*).$$

Aus der obigen Figur geht ferner unmittelbar

$$\left(a - \frac{p}{2}\right)^2 + b^2 = a^2 \quad \Leftrightarrow \quad b^2 = ap - \frac{p^2}{4} \ (**)$$

hervor, was zusammen mit $(*)$ auf $b^2 = \frac{pz}{2}$ führt.

Nun bedienen wir uns zweier bereits erarbeiteter ($\rightarrow$ Abschnitte 4.1 und 4.13) Eigenschaften der Ellipse (vgl. Abbildung!):

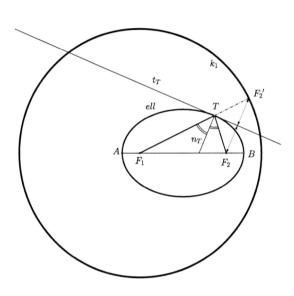

1) Für jeden Ellipsenpunkt T gilt, dass die Abstandssumme $\overline{F_1T} + \overline{F_2T}$ konstant $2a = \overline{AB}$ ist.

2) Die Normale n_T an ell in T halbiert den Winkel $\angle F_1 T F_2$.

Daraus ergibt sich nun, dass die um $\overline{F_2T}$ verlängerte Strecke F_1T über T hinaus zu einem Punkt F_2' führt, der wegen der dreifach auftretenden Komplementärwinkel des von n_T halbierten Winkels der Spiegelpunkt von F_2 an der Ellipsentangente t_T ist und somit unabhängig von der Lage des Ellipsenpunkts T stets auf einer Kreislinie k_1 um F_1 mit dem Radius

$\overline{F_1T} + \overline{F_2'T} = \overline{F_1T} + \overline{F_2T} = 2a$ liegt. Dies führt (unter Beachtung des Umstands, dass wegen $e < a$ somit auch $\overline{F_1F_2} = 2e < 2a$ gilt) zur folgenden alternativen

DEFINITION (Leitkreisdefinition der Ellipse): Unter einer Ellipse ell mit den Brennpunkten F_1 und F_2 versteht man die Menge aller Punkte, für die der Abstand zum Kreis k_1 um F_1 mit dem Radius $2a$ gleich dem Abstand zum Punkt F_2 (mit $\overline{F_1F_2} < 2a$, d.h. F_2 liegt innerhalb der von k_1 umschlossenen Kreisfläche) ist.

Mit Hilfe dieser alternativen Definition (welche natürlich auch bei vertauschten Rollen von F_1 und F_2 gilt, was wir nun auch verwenden werden) werden wir jetzt untersuchen, was mit dem Leitkreis k_2 der Ellipse ell aus der vorletzten Abbildung bei fest bleibendem F_1 passiert, wozu wir wegen $F_2(z|0)$ sowie der aus $(*)$ folgenden Gleichung $2a = z + \frac{p}{2}$ die Kreisgleichung

$$k_z : (x - z)^2 + y^2 = \left(z + \frac{p}{2}\right)^2 \quad \text{bzw.} \quad k_z : x^2 + y^2 - 2zx + z^2 = z^2 + pz + \frac{p^2}{4}$$

bzw.

$$k_z : x^2 + y^2 - 2zx = pz + \frac{p^2}{4}$$

erhalten[149].

Wenn wir nun den Grenzprozess $z \to \pm\infty$[150] vollziehen, führt uns dies durch Betrachtung der letzten Gleichung von k_z (noch!) zu keinerlei Erkenntnis, was sich aber schlagartig ändert, wenn wir ebenjene Gleichung durch z dividieren:

$$k_z : \frac{x^2}{z} + \frac{y^2}{z} - 2x = p + \frac{p^2}{4z}$$

Nennen wir die Grenzkurve der Kreisschar k_z nun l, so erhalten wir demnach durch Übergang zu den Limiten von $\frac{x^2}{z}$, $\frac{y^2}{z}$ und $\frac{p^2}{4z}$ für $z \to \pm\infty$, welche allesamt 0 betragen, die Gleichung

$$l : -2x = p \quad \text{bzw.} \quad l : x = -\frac{p}{2},$$

also die Gleichung einer Gerade l (i.e. die Grenzkurve der Leitkreisschar).

Damit ergibt sich also als Grenzkurve eine Kurve, für die gilt, dass der (Normal-)Abstand eines beliebigen Kurvenpunkts $X(x|y)$ zu l gleich dem Abstand von X zu F_1 (den wir ja fest behielten) ist, woraus sich wegen

$$\overline{F_1 X} = \left| \begin{pmatrix} x - \frac{p}{2} \\ y \end{pmatrix} \right| \quad \text{und} \quad d(X, l) = x + \frac{p}{2}$$

durch Quadrieren sowohl von $\overline{F_1 X}$ als auch $d(X, l)$ schließlich

$$\left(x - \frac{p}{2} \right)^2 + y^2 = \left(x + \frac{p}{2} \right)^2 \quad \Leftrightarrow \quad x^2 - px + \frac{p^2}{4} + y^2 = x^2 - px + \frac{p^2}{4} \quad \Leftrightarrow \quad y^2 = 2px$$

ergibt und somit als Grenzkurve einer Ellipsenschar mit festem linken Brennpunkt F_1 bei zum Fernpunkt der Hauptachse werdenden zweiten Brennpunkt F_2 eine Parabel mit dem Brennpunkt F_1 und dem Scheitel A entsteht.

Der sich nun ergebende (m.E. für das Verständnis der projektiven Verwandtschaft von Ellipse und Parabel immens wichtige) Sachverhalt, dass der zweite Brennstrahl bei der Parabel parallel zur Parabelachse ist (weil der zweite Brennpunkt bei der Parabel der Fernpunkt der Parabelachse ist) impliziert nun zusammen mit Eigenschaft 2) (welche auch im Limes, also demnach auch für die Parabeltangente, gilt), dass *jeder zur Parabelachse parallele Strahl derart an der Parabel reflektiert wird, dass der reflektierte Strahl stets durch den Brennpunkt der Parabel verläuft* und umgekehrt **jeder durch den Brennpunkt der Parabel verlaufende Strahl derart an der Parabel reflektiert wird, dass der reflektierte Strahl parallel zur Parabelachse verläuft.**

Mit der Nennung zweier wichtiger Anwendungen dieser *beiden* **Eigenschaften** wollen wir nun schließen:

Die erste Eigenschaft ist für die Funktionsweise einer Satellitenschüssel maßgebend, auf der **zweiten Eigenschaft** beruht das Prinzip des Parabolscheinwerfers![151]

---

[149]Dabei bezeichnen wir k_2 deshalb mit k_z, weil dessen Form und Lage ja von der zuvor eingeführten Hilfsgröße z abhängt.

[150]Dies zeigt im Folgenden, dass man sich dem Fernpunkt einer Gerade von beliebiger Seite nähern kann und räumt auch den zuweilen bestehenden **Irrglauben** aus, dass **jede Gerade zwei Fernpunkte besitzt**, nämlich in jeder Richtung einen!

[151]Schließlich sei ergänzend auch noch vermerkt, dass die entsprechende Reflexionseigenschaft bei der Ellipse ebenso Anwendungen findet (wie etwa bei sogenannten **Flüstergewölben** oder aber dem m.E. äußerst faszinierenden **Nierensteinzertrümmerer**, welcher ganz im Gegensatz zu seiner äußerst bedrohlich wirkenden Bezeichnung in ziemlich raffinierter Weise einen chirurgischen Eingriff obsolet macht).

4.17   Der Satz von IVORY

Ein weiterer wahrhaft **schöner Satz aus der Geometrie** *der Kegelschnitte* (*Deshalb ist selbiger nicht im Kapitel über* **schöne und/oder wichtige Sätze der Geometrie** inkludiert!) ist der Satz von IVORY. Seit seinem Erscheinen vor ca. 200 Jahren hat der Satz von IVORY zahlreiche Beweise erfahren (Eine gute Übersicht gibt der Artikel [66].), der hier vorgestellte benötigt für seine Argumentation keinerlei zuätzliche Kenntnisse (wie z.B. im Beweis in [77] die Hyperbelfunktionen). Schließlich wird in vorliegendem Artikel auch noch eine (meines Wissens noch nicht bekannte) (geo)metrische Interpretation der Aussage des Satzes von IVORY gegeben.

Wir formulieren zunächst folgenden

SATZ (Satz von IVORY).   Gegeben sei ein Netz konfokaler Kegelschnitte und ein beliebiges darin enthaltenes Netzviereck. Dann sind seine Diagonalen gleich lang.

Ein Beweis

Wir gehen von den Brennpunkten $F_1(-e|0)$ und $F_2(e|0)$ aus. Dann sind die beiden Ellipsen

$$\text{ell}_1 : a^2x^2 + (a^2 + e^2)y^2 = a^2(a^2 + e^2) \quad (1) \quad \text{und} \quad \text{ell}_2 : b^2x^2 + (b^2 + e^2)y^2 = b^2(b^2 + e^2) \quad (2)$$

konfokal mit den Brennpunkten F_1 und F_2, was ebenso für die beiden Hyperbeln

$$\text{hyp}_1 : c^2x^2 - (e^2 - c^2)y^2 = c^2(e^2 - c^2) \quad (3) \quad \text{und} \quad \text{hyp}_2 : d^2x^2 - (e^2 - d^2)y^2 = d^2(e^2 - d^2) \quad (4)$$

gilt. Bezugnehmend auf die untere Abbildung berechnen wir nun die Koordinaten des

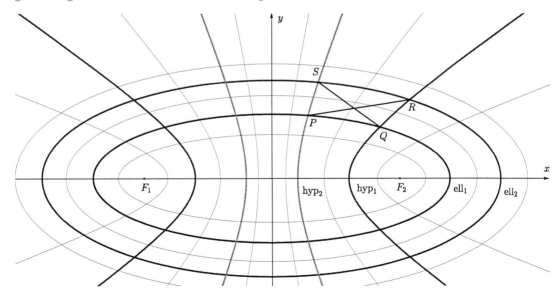

Schnittpunkts P von ell_1 mit hyp_2, wozu wir (1) mit d^2 sowie (3) mit a^2 multiplizieren und durch anschließendes Subtrahieren

$$(a^2d^2 + d^2e^2 + a^2e^2 - a^2d^2)y^2 = a^4d^2 + a^2d^2e^2 - a^2d^2e^2 + a^2d^4$$

bzw. nach Vereinfachung

$$e^2(a^2 + d^2)y^2 = a^2d^2(a^2 + d^2),$$

ergo

$$y = \frac{ad}{e}$$

erhalten, was eingesetzt in (1)

$$a^2x^2 + \left(a^2 + e^2\right)\frac{a^2d^2}{e^2} = a^2(a^2 + e^2)$$

und nach Vereinfachung

$$a^2x^2 = \frac{a^2}{e^2}\left(a^2 + e^2\right)\left(e^2 - d^2\right)$$

bzw.

$$x = \frac{\sqrt{(a^2 + e^2)(e^2 - d^2)}}{e}$$

liefert, womit wir also für den Schnittpunkt $\{P\} = \text{ell}_1 \cap \text{hyp}_2$ schließlich

$$P\left(\frac{\sqrt{(a^2 + e^2)(e^2 - d^2)}}{e} \,\middle|\, \frac{ad}{e}\right)$$

erhalten.

Mutatis mutandis ergibt sich dann für die verbleibenden Schnittpunkte $\{Q\} = \text{ell}_1 \cap \text{hyp}_1$, $\{R\} = \text{ell}_2 \cap \text{hyp}_1$ und $\{S\} = \text{ell}_2 \cap \text{hyp}_2$ entsprechend

$$Q\left(\frac{\sqrt{(a^2 + e^2)(e^2 - c^2)}}{e} \,\middle|\, \frac{ac}{e}\right), \quad R\left(\frac{\sqrt{(b^2 + e^2)(e^2 - c^2)}}{e} \,\middle|\, \frac{bc}{e}\right) \quad \text{und} \quad S\left(\frac{\sqrt{(b^2 + e^2)(e^2 - d^2)}}{e} \,\middle|\, \frac{bd}{e}\right).$$

Damit können wir nun $\ell_1 := \overline{PR}$ und $\ell_2 := \overline{QS}$ bzw. der Einfachheit wegen gleich $e^2\ell_1^2$ und $e^2\ell_2^2$ berechnen, beginnen wir mit $e^2\ell_1^2$:

$$e^2\ell_1^2 = \left(\sqrt{(b^2 + e^2)(e^2 - c^2)} - \sqrt{(a^2 + e^2)(e^2 - d^2)}\right)^2 + (bc - ad)^2$$

bzw.

$$e^2\ell_1^2 = b^2e^2 + e^4 - b^2c^2 - c^2e^2 + a^2e^2 + e^4 - a^2d^2 - d^2e^2 + b^2c^2 - 2abcd + a^2d^2 - 2 \cdot \sqrt{b^2 + e^2} \cdot \sqrt{e^2 - c^2} \cdot \sqrt{a^2 + e^2} \cdot \sqrt{e^2 - d^2}$$

bzw.

$$\ell_1 = \sqrt{(a^2 + b^2 - c^2 - d^2 + 2e^2) - \frac{2}{e^2} \cdot \left(abcd + \sqrt{b^2 + e^2} \cdot \sqrt{e^2 - c^2} \cdot \sqrt{a^2 + e^2} \cdot \sqrt{e^2 - d^2}\right)} \quad (*)$$

Nun noch $e^2\ell_2^2$:

$$e^2\ell_2^2 = \left(\sqrt{(b^2 + e^2)(e^2 - d^2)} - \sqrt{(a^2 + e^2)(e^2 - c^2)}\right)^2 + (bd - ac)^2$$

bzw.

$$e^2\ell_2^2 = b^2e^2 + e^4 - b^2d^2 - d^2e^2 + a^2e^2 + e^4 - a^2c^2 - c^2e^2 + b^2d^2 - 2abcd + a^2c^2 - 2\cdot\sqrt{b^2+e^2}\cdot\sqrt{e^2-d^2}\cdot\sqrt{a^2+e^2}\cdot\sqrt{e^2-c^2}$$

bzw.

$$\ell_2 = \sqrt{(a^2 + b^2 - c^2 - d^2 + 2e^2) - \frac{2}{e^2}\cdot\left(abcd + \sqrt{b^2+e^2}\cdot\sqrt{e^2-d^2}\cdot\sqrt{a^2+e^2}\cdot\sqrt{e^2-c^2}\right)} \quad (**)$$

Aus den identen rechten Seiten von (*) und (**) folgt somit, dass $\ell_1 = \ell_2$, also $\overline{PR} = \overline{QS}$ gilt, *qu.e.d.*

Ein Korollar

Betrachtet man die Gleichungen (1) bis (4) sowie (*) [und (**)], so kann man in gegenseitiger Wechselwirkung dieser fünf (sechs) Gleichungen formulieren:

KOROLLAR. Zwei Ellipsen und zwei Hyperbeln aus einem Netz konfokaler Kegelschnitte begrenzen zusammen vier Bogenvierecke. Dann sind die Diagonalen jeweils gleich lang und diese gemeinsame Länge ℓ errechnet sich aus der Formel

$$\boxed{\ell = \sqrt{\sigma - 2e^2 - \frac{2\pi}{e^2}}\,,}$$

wobei σ die Summe der Quadrate aller halben Hauptachsenlängen (der vier beteiligten Kegelschnitte), e die konstante lineare Exzentrität aller Kegelschnitte aus dem Netz und schließlich π die Summe vom Produkt aller vier halben Hauptachsenlängen und vom Produkt aller vier halben Nebenachsenlängen bezeichnet.

4.18   Die Drei-Punkte-Formel

Wie wir in 4.14.3 erkannt haben, kann eine gleichseitige Hyperbel ν in allgemeiner Lage durch vier Punkte in allgemeiner Lage festgelegt werden, wobei in

$$\nu:\ Ax^2 + Bxy + Cy^2 + Dx + Ey + F = 0 \ (\#)$$

die Bedingung $A + C = 0$ (*) gilt.

Da (*) insbesondere im Fall $A = C = 0$ (**) erfüllt wird und (\#) dann sowohl nach x als auch nach y aufgelöst als gebrochen-lineare Funktion (vgl. Abschnitt 2.20) dargestellt werden kann, überlegen wir uns im Folgenden für die Funktion f mit der Funktionsgleichung

$$y = f(x) = \frac{ax + b}{cx + d},$$

wie wir die Parameter a, b, c und d zu bestimmen haben, wenn drei nicht kollinear liegende Punkte $P_1(x_1|y_1)$, $P_2(x_2|y_2)$ und $P_3(x_3|y_3)$ vorgegeben sind. Dabei reduziert sich die Anzahl der ursprünglich notwendigen (vier) Punkte wegen der Sonderbedingung (**) auf drei.

Zur Berechnung der vier Parameter beachten wir, dass $y_k = f(x_k)$ für $1 \le k \le 3$ gilt und beginnen demgemäß mit der Berechnung der Differenz $y_1 - y_3$, ergo:

$$y_1 - y_3 = f(x_1) - f(x_3) = \frac{ax_1+b}{cx_1+d} - \frac{ax_3+b}{cx_3+d} = \frac{(ax_1+b)\cdot(cx_3+d) - (ax_3+b)\cdot(cx_1+d)}{(cx_1+d)\cdot(cx_3+d)} =$$

$$= \frac{(bc-ad)\cdot x_3 + (ad-bc)\cdot x_1}{(cx_1+d)\cdot(cx_3+d)} = \frac{(ad-bc)\cdot(x_1-x_3)}{(cx_1+d)\cdot(cx_3+d)}$$

Für die Differenz $y_1 - y_2$ erhalten wir auf analoge Weise

$$y_1 - y_2 = \frac{(ad-bc)\cdot(x_1-x_2)}{(cx_1+d)\cdot(cx_2+d)}$$

und somit in weiterer Folge

$$\frac{y_1-y_3}{y_1-y_2} = \frac{(ad-bc)\cdot(x_1-x_3)}{(cx_1+d)\cdot(cx_3+d)} : \frac{(ad-bc)\cdot(x_1-x_2)}{(cx_1+d)\cdot(cx_2+d)} =$$

$$= \frac{(ad-bc)\cdot(x_1-x_3)}{(cx_1+d)\cdot(cx_3+d)} \cdot \frac{(cx_1+d)\cdot(cx_2+d)}{(ad-bc)\cdot(x_1-x_2)} = \frac{x_1-x_3}{x_1-x_2} \cdot \frac{cx_2+d}{cx_3+d}.$$

Für $\frac{x-x_2}{x-x_3}\cdot\frac{y-y_3}{y-y_2}$ ergibt sich entsprechend

$$\frac{x-x_2}{x-x_3}\cdot\frac{y-y_3}{y-y_2} = \frac{x-x_2}{x-x_3}\cdot\frac{\frac{(ad-bc)\cdot(x-x_3)}{(cx+d)\cdot(cx_3+d)}}{\frac{(ad-bc)\cdot(x-x_2)}{(cx+d)\cdot(cx_2+d)}} = \frac{cx_2+d}{cx_3+d},$$

was summa summarum auf

$$\frac{y_1-y_3}{y_1-y_2} = \frac{x_1-x_3}{x_1-x_2}\cdot\frac{x-x_2}{x-x_3}\cdot\frac{y-y_3}{y-y_2}$$

bzw.

$$\frac{y_1-y_3}{x_1-x_3}\cdot\frac{x_1-x_2}{y_1-y_2} = \frac{y-y_3}{x-x_3}\cdot\frac{x-x_2}{y-y_2}$$

bzw.

$$\frac{y_1-y_3}{x_1-x_3}:\frac{y_1-y_2}{x_1-x_2} = \frac{y-y_3}{x-x_3}:\frac{y-y_2}{x-x_2} \quad (***)$$

führt, also gilt der folgende

SATZ (3-Punkte-Formel): Zu drei nicht kollinear liegenden Punkten $P_1(x_1|y_1)$, $P_2(x_2|y_2)$ und $P_3(x_3|y_3)$ gibt es genau eine Funktion f mit der Funktionsgleichung $y = f(x) = \frac{ax+b}{cx+d}$, sodass $y_k = f(x_k)$ für $1 \le k \le 3$ gilt. Dabei besitzt f dann die (implizite) Darstellung $\frac{y_1-y_3}{x_1-x_3}\cdot\frac{x_1-x_2}{y_1-y_2} = \frac{y-y_3}{x-x_3}\cdot\frac{x-x_2}{y-y_2} \quad (\#\#)$.

BEISPIEL UND ...

Für das konkrete Beispiel der Punkte $P_1(2|-1)$, $P_2(7|9)$ und $P_3(17|4)$ erhalten wir durch Anwendung der 3-Punkte-Formel (was der werte Löser zunächst selbst durchführen mag, bevor er mit der folgenden Rechnung vergleicht)

$$\frac{-5}{-15}\cdot\frac{-5}{-10} = \frac{y-4}{x-17}\cdot\frac{x-7}{y-9} \quad \text{bzw.} \quad \frac{1}{3}\cdot\frac{1}{2} = \frac{xy-4x-7y+28}{xy-9x-17y+153}$$

resp.

$$xy-9x-17y+153 = 6xy-24x-42y+168 \quad \text{bzw.} \quad 15x-15 = 5xy-25y$$

resp.

$$15 \cdot (x - 1) = 5y \cdot (x - 5) \quad \text{bzw.} \quad y = 3 \cdot \frac{x - 1}{x - 5}$$

... BEMERKUNGEN:

- Setzt man in (##) die Koordinaten von P_k ein, so wird daraus für $k = 1$ die wahre Aussage $1 = 1$, $\surd$. Für $k = 2$ bzw. $k = 3$ wird nach Multiplikation mit $y - y_2$ bzw. $x - x_3$ die wahre Aussage $0 = 0$, $\surd$.

- Wie schon in 2.20 angemerkt, spielen MÖBIUS-Transformationen in der **Komplexen Analysis** (oder auch **Funktionentheorie**, vgl. dazu auch Abschnitt 3.7.1) eine besondere Rolle, wo man unter Verwendung des Begriffs "**Doppelverhältnis**" (eigentlich ein Terminus technicus aus der **Projektiven Geometrie**) die 3-Punkte-Formel als die Gleichheit zweier solcher Doppelverhältnisse [im Wesentlichen das Verhältnis zweier Verhältnisse, bei denen es sich im Fall der 3-Punkte-Formel um Steigungen handelt, was man an der Darstellungsform (∗∗∗) direkt ablesen kann] erhält. Dabei firmiert dieser wunderschöne Satz ebenda als 6-Punkte-Formel, da $\mathbb{C}$ als Vektorraum über $\mathbb{R}$ zweidimensional ist (wobei sich selbiger über die komplexe Multiplikation zu einem Körper machen lässt), vgl. etwa [24], S. 238f!

- Eine andere Sichtweise der 3-Punkte-Formel findet man in [29], wo selbige (etwas modifiziert formuliert, um im Rahmen unserer Darstellung zu bleiben) als Lemma über Hyperbelvierecke auftaucht:

  LEMMA. Es seien $P_i(x_i|y_i)$ vier Punkte in allgemeiner Lage mit $x_i \neq x_k$ sowie $y_i \neq y_k$ für $i \neq k$. Dann liegen diese vier Punkte genau dann auf einer Hyperbel mit der Gleichung $y = \frac{p}{x-q} + r$, wenn

  $$\frac{(y_4 - y_1) \cdot (x_4 - x_2)}{(x_4 - x_1) \cdot (y_4 - y_2)} = \frac{(y_3 - y_1) \cdot (x_3 - x_2)}{(x_3 - x_1) \cdot (y_3 - y_2)}$$

gilt.

Der werte L$\overset{e}{\underset{o}{}}$ser möge als Übung sowohl die Äquivalenz dieses Lemmas mit der 3-Punkte-Formel als auch jene unseres Ansatzes $y = f(x) = \frac{ax+b}{cx+d}$ mit der Hyperbelgleichung aus dem Lemma (welche sich ja nur scheinbar von unserem Ansatz unterscheidet!) nachweisen sowie im letzten Fall a, b, c und d auch explizit durch p, q und r ausdrücken!

5   Ergänzungen

In diesem **Abschlusskapitel** werden zunächst drei äußerst interessante "Schmankerln" über Kegelschnitte behandelt, welche diesem Buch noch den letzten Feinschliff geben sollen. Es handelt sich dabei um eine zwar durchaus bekannte Anwendung von Kegelschnitten in der Astronomie (jedoch mit einer sehr überraschenden Möglichkeit, *da*mit auf wahrhaft unkonventionelle Weise die sogenannte kleine Lösungsformel für quadratische Gleichungen herzuleiten und somit dem Abschnitt 3.3 über quadratische Gleichungen noch eine siebente Herleitung hinzufügt!) sowie zwei weitere Aspekte von Kurven zweiter Ordnung in allgemeiner Lage, wobei ersterer in geradezu spektakulärer Weise einen Zusammenhang zwischen einer Determinante einerseits und einer Diskriminante andererseits herstellt und zweiterer den Aspekt der Kegelschnitte als Zentralprojektion eines Kreises vorstellt und damit einen weiteren Beweis des Klassifikationssatzes aus 4.12 (sowie 2.3.2, 4.3 und 4.5, ferner 4.11 und schließlich 4.15.4) liefert. Im Anschluss an diesen Beweis umfasst der Abschnitt 5.4 gleichsam zum Abschluss weitere Beweise des Klassifikationssatzes, womit in diesem Buch eine überaus reiche Vielzahl an möglichen Beweisen des Klassifikationssatzes für Kurven zweiter Ordnung enthalten sind. Danach bieten die Abschnitte 5.5 und 5.6 nach den Abschnitten 2.2, 2.3.1, 2.5, 2.8, 2.10 bis 2.12, 2.14 bis 2.18 sowie 4.15.1 noch zwei letzte Ausflüge in die Raumgeometrie. Nach der Behandlung des ungewöhnlichen Themas des Radizierens quadratischer Matrizen in 5.7 rundet der abschließende Abschnitt 5.8 die Termini *vollständiges Vierseit* sowie *Doppelverhältnis* aus der *projektiven Geometrie* noch in nahezu (zumindest im Rahmen dieses Buchs) vollendeter Form ab.

5.1   Astronomie und quadratische Gleichungen

In 4.1 haben wir gezeigt, dass die Brennstrahlen TF_1 und TF_2 eines Punkts $T(x_T|y_T)$ auf der Ellipse ell (ell:$b^2x^2 + a^2y^2 = a^2b^2$) mit den Brennpunkten $F_1(-e|0)$ und $F_2(e|0)$ die Längen $\ell_1 = \overline{TF_1} = a + \frac{e}{a} \cdot x_T$ sowie $\ell_2 = \overline{TF_1} = a - \frac{e}{a} \cdot x_T$ aufweisen. Nun hat der berühmte Astronom und Mathematiker Johannes KEPLER $(1571-1630)$ beim Erforschen der Planetenbahnen durch intensives Studium der Kegelschnitte herausgefunden, dass sich die Erde auf einer Ellipsenbahn um die Sonne bewegt, wobei die Sonne einem der beiden Brennpunkte der Bahnellipse (je nach Perspektive!) entspricht. Der *sonnennächste* bzw. *sonnenfernste* Punkt auf der Bahnellipse wird als *Perihel* $\mathcal{P}$ bzw. *Aphel* $\mathcal{A}$ bezeichnet, wobei diese Position von der Erde *zwischen dem 2. und 5. Jänner* bzw. *zwischen dem 3. und 6. Juli* eingenommen wird und der exakte Zeitpunkt davon abhängt, wie lange das letzte Schaltjahr her ist. Da sich die Erde in Sonnennähe schneller bewegt, ist das Winterhalbjahr der nördlichen Halbkugel trotz der annähernd kreisförmigen Bahn (Die via $\varepsilon := \frac{e}{a}$ definierte numerische Exzentrizität ε der Bahnellipse beträgt nur ca. $\frac{1}{60}$.) um gute sechs Tage kürzer, worin auch der Grund dafür liegt, dass der Februar nur 28 Tage hat, dafür aber Juli und August jeweils über 31 Tage verfügen sowie der Herbst als einzige der vier Jahreszeiten um zwei Tage später beginnt (23. statt 21. des Monats). Abgesehen von diesen astronomischen Details[152] interessieren wir uns nun für die Apheldistanz α sowie die Periheldistanz π (also für den größten sowie den kleinsten Abstand der Erde zur Sonne, die wir in F_2 annehmen wollen).

---

[152]Genaueres dazu in [26], S. 221f!

Wegen

$$\ell_2 = a - \frac{e}{a} \cdot x_T$$

wird ℓ_2 somit maximal, wenn x_T minimal wird, was auf $x_T = -a$, also den linken Hauptscheitel der Bahnellipse für $\mathcal{A}$ und somit $\alpha = a + e$ führt.

Umgekehrt wird ℓ_2 minimal, wenn x_T maximal wird, was schließlich $x_T = a$, also den rechten Hauptscheitel der Bahnellipse für $\mathcal{P}$ und damit $\pi = a - e$ liefert.[153] Es ergeben sich demnach für α und π die Zusammenhänge $\alpha + \pi = 2a$ sowie $\alpha \cdot \pi = a^2 - e^2 = b^2$, woraus aufgrund der Wurzelsätze von VI-ETA folgt, dass α und β die Lösungen der quadratischen Gleichung

$$z^2 - 2az + b^2 = 0$$

sind.

Setzen wir jetzt noch $p := -2a$ sowie $q = b^2$, so erhalten wir

$$\alpha = z_1 = a + e = a + \sqrt{a^2 - b^2} = -\frac{p}{2} + \sqrt{\left(\frac{p}{2}\right)^2 - q}$$

sowie

$$\pi = z_2 = a - e = a - \sqrt{a^2 - b^2} = -\frac{p}{2} - \sqrt{\left(\frac{p}{2}\right)^2 - q},$$

was zur Lösungsformel

$$_1z_2 = -\frac{p}{2} - \sqrt{\left(\frac{p}{2}\right)^2 - q} \quad \text{für die quadratische Gleichung} \quad z^2 + pz + q = 0$$

führt, jedoch nur für $p < 0$ und $q > 0$.

5.2   Ein Entartungssatz

Schneidet man eine Drehkegelfläche Γ mit einer Ebene ε, welche die Drehachse a von Γ enthält, so entsteht als Schnittkurve k von Γ und ε ein **kreuzendes Geradenpaar** (diametral gegenüberliegende Erzeugende von Γ). Ist ε eine Tangentialebene von Γ, so ist k eine **(doppeltzählige) Gerade** (Erzeugende von Γ). Ist die Kegelspitze ein Fernpunkt, so mutiert Γ zu einer Zylinderfläche, welche dann von jeder die Zylinderachse a' enthaltenden Ebene ε' nach einem **Parallelenpaar** geschnitten wird. Ist der Parallelabstand von a' und ε' schließlich größer als der Zylinderradius, so ist k die **leere Menge**. Schließlich gehört zu diesen **Sonderformen** auch noch der **Punkt**, der als Schnitt von Γ mit einer zur Kegelachse normalen Ebene durch die Kegelspitze entsteht.

Zusammen mit Kreis, Ellipse, Hyperbel und Parabel ergeben sich dadurch die insgesamt neun Kegelschnittstypen. Aufgrund des Klassifikationssatzes wissen wir, dass die Kurve ν mit der Gleichung

$$\nu: \ Ax^2 + Bxy + Cy^2 + Dx + Ey + F = 0 \quad (*)$$

---

[153]Daraus ergibt sich für die numerische Exzentrizität $\varepsilon = \frac{e}{a}$ die alternative Darstellung $\varepsilon = \frac{\alpha - \pi}{\alpha + \pi} \left(= \frac{2e}{2a} = \frac{e}{a}, \checkmark \right)$.

genau dann eine

$$\left\{\begin{array}{l}\text{Ellipse,}\\ \text{Parabel,}\\ \text{Hyperbel,}\end{array}\right\} \text{ beschreibt, wenn ihre Diskriminante } \Delta = B^2 - 4AC \left\{\begin{array}{l}< 0,\\ = 0,\\ > 0,\end{array}\right\} \text{ ist.}$$

Doch wie kann man jetzt zusätzlich feststellen, ob es sich nicht um eine entartete Ellipse bzw. Hyperbel bzw. Parabel handelt?

Nunja, da hilft uns eine ähnliche Idee wie in 4.12.4 weiter, wo wir $(*)$ nach y aufgelöst haben, was wir deshalb jetzt nicht erneut durchführen, sondern einfach von ebenda übernehmen werden:

$$y_{1,2}(x) = \frac{-(Bx + E) \pm \sqrt{(B^2 - 4AC)x^2 + 2(BE - 2CD)x + E^2 - 4CF}}{2C} \quad (\#)$$

Wir beginnen mit der Argumentation für entartete Ellipsen:

Der Graph $\Gamma_{\mathcal{P}}$ des Radikandenpolynoms $\mathcal{P}$ in $(\#)$ ist wegen $\Delta < 0$ eine nach unten geöffnete Parabel. Ist jetzt die Diskriminante $\Delta(\mathcal{P})$ von $\mathcal{P}$ auch 0, so existiert $\sqrt{\mathcal{P}(x)}$ in $\mathbb{R}$ nur für ein einziges x_M, woraus folgt, dass ell nur aus einem einzigen Punkt $M(x_M|y_M)$ besteht [wobei wegen $(\#)$ dann $y_M = \frac{-1}{2C} \cdot (Bx_M + E)$ gilt], es sich also um eine sogenannte Nullellipse handelt, welche in $\mathbb{C}^2$ in zwei echt-komplexe Gerade zerfällt. Dies gilt es nun in ein analytisches pendant zu übersetzen:

$$\Delta(\mathcal{P}) := 4(BE - 2CD)^2 - 4(B^2 - 4AC)(E^2 - 4CF) =$$
$$= 4[B^2E^2 - 4BCDE + 4C^2D^2 - B^2E^2 + 4ACE^2 + 4B^2CF - 16AC^2F] = 0$$
$$\Updownarrow$$
$$-4BCDE + 4C^2D^2 + 4ACE^2 + 4B^2CF - 16AC^2F = 0$$
$$\Updownarrow$$
$$-BCDE + C^2D^2 + ACE^2 + B^2CF - 4AC^2F = 0$$

bzw. (da $C = 0$ i.A. **nicht**, und im speziellen Fall der Ellipse gar **nie** gilt!)

$$\Delta(\mathcal{P}) = 0 \quad \Leftrightarrow \quad -BDE + CD^2 + AE^2 + B^2F - 4ACF = 0$$

Multiplikation mit $\frac{-1}{4}$ ...

$$\frac{1}{4} \cdot BDE - \frac{1}{4} \cdot CD^2 - \frac{1}{4} \cdot AE^2 - \frac{1}{4} \cdot B^2F + ACF = 0,$$

... Umordnen ...

$$ACF - \frac{1}{4} \cdot AE^2 + \frac{1}{8} \cdot BDE - \frac{1}{4} \cdot B^2F + \frac{1}{8} \cdot BDE - \frac{1}{4} \cdot CD^2 = 0$$

... und anschließendes partielles Herausheben offenbart eine Determinantenstruktur ...

$$\Delta(\mathcal{P}) = 0 \quad \Leftrightarrow \quad A \cdot \left[CF - \left(\frac{E}{2}\right)^2\right] - \frac{B}{2} \cdot \left(\frac{B}{2} \cdot F - \frac{D}{2} \cdot \frac{E}{2}\right) + \frac{D}{2} \cdot \left(\frac{B}{2} \cdot \frac{E}{2} - C \cdot \frac{D}{2}\right) = 0,$$

und zwar jener der durch ν induzierten symmetrischen Matrix (Anwendung des LA-PLACEschen Entwicklungssatzes — vgl. etwa [31] — nach der ersten Zeile bzw. Spalte)

$$\mathcal{M}_\nu = \begin{pmatrix} A & \frac{B}{2} & \frac{D}{2} \\ \frac{B}{2} & C & \frac{E}{2} \\ \frac{D}{2} & \frac{E}{2} & F \end{pmatrix} \text{[154]}.$$

Bis jetzt haben wir für den Fall der Ellipse ν mit der Gleichung $(*)$ bewiesen, dass sie entartet ist, wenn $\det \mathcal{M}_\nu = 0$ gilt.

Nun der Beweis für den Fall, dass es sich bei ν um eine Parabel handelt (ergo $\Delta = 0$ gilt)

Wegen $\Delta = 0$ ergibt sich einerseits gleich zu Beginn der Berechnung, dass

$$y_{1,2}(x) = \frac{-(Bx + E) \pm \sqrt{2(BE - 2CD)x + E^2 - 4CF}}{2C} \quad (\#\#)$$

gilt und die Parabel somit zu einem Paar von Geraden[155] entartet, wenn auch $BE - 2CD = 0$ (1) zutrifft, was zusammen mit $B^2 - 4AC = 0$ (2) auf $\frac{B}{2} = \frac{CD}{E}$ (1') und $A = \frac{CD^2}{E^2}$ führt und somit für

$$\det \mathcal{M}_\nu = 0 \iff A \cdot \left[CF - \left(\frac{E}{2}\right)^2 \right] - \frac{B}{2} \cdot \left(\frac{B}{2} \cdot F - \frac{D}{2} \cdot \frac{E}{2} \right) + \frac{D}{2} \cdot \left(\frac{B}{2} \cdot \frac{E}{2} - C \cdot \frac{D}{2} \right) =$$

$$= \frac{CD^2}{E^2} \cdot \left[CF - \left(\frac{E}{2}\right)^2 \right] - \frac{CD}{E} \cdot \left(\frac{CDF}{E} - \frac{DE}{4} \right) + \frac{D}{2} \cdot \left(\frac{CD}{2} - \frac{CD}{2} \right) =$$

$$= \frac{C^2 D^2 F}{E^2} - \frac{CD^2}{4} - \frac{C^2 D^2 F}{E^2} + \frac{C^2 D^2}{4} + 0 = 0$$

zur Folge hat, womit also auch für den Fall der Parabel ν mit der Gleichung $(*)$ bewiesen ist, dass sie entartet ist, wenn $\det \mathcal{M}_\nu = 0$ gilt.

Für die Hyperbel schließlich gilt wieder unter Verwendung der Berechnungen bei der Ellipse und wegen $\Delta > 0$, dass für den Fall $\Delta \mathcal{P} = 0$ ein Paar einander schneidender Geraden entsteht (also eine bis auf ihre Asymptoten abgemagerte Hyperbel), womit wir insgesamt den folgenden Satz bewiesen haben:

SATZ (Entartungssatz für Kurven zweiter Ordnung). Die durch $\nu: Ax^2 + Bxy + Cy^2 + Dx + Ey + F = 0$ beschriebene Kurve zweiter Ordnung ν ist genau dann entartet, wenn $\det \begin{pmatrix} A & \frac{B}{2} & \frac{D}{2} \\ \frac{B}{2} & C & \frac{E}{2} \\ \frac{D}{2} & \frac{E}{2} & F \end{pmatrix} = 0$ gilt.

---

[154]Merkregel: Jene Koeffizienten aus der Gleichung von ν, welche bei der Spaltform halbiert werden, werden auch in der induzierten Matrix durch 2 dividiert.

[155]Gilt zusätzlich $E^2 - 4CF = 0$ bzw. $E^2 - 4CF < 0$, dann degeneriert die Parabel sogar zu einer Doppelgerade bzw. zu einem imaginären Kegelschnitt (leere Menge), was in Abschnitt 5.4.3 noch genauer erörtert werden wird, da wir dort die Non-Existenz eines Mittelpunkts der Parabel noch genauer studieren werden, wobei die dort erhaltenen analytischen Resultate zugleich überraschenderweise auch zu einer unmittelbaren Einsicht über eben gerade genau die beiden obig angeführten Degenerationsfälle führen.

5.3   Kegelschnitte als projektive Bilder eines Kreises

Eine im vorliegenden Abschnitt behandelte Sichtweise von Kegelschnitten besteht darin,
einen Kreis, den wir wie in der Abbildung in π_2 legen, von einem in π_3 liegenden Punkt
Z aus in eine Ebene (die wir gemäß der Figur mit π_1 gleichsetzen) zu projizieren, m.a.W.
also die *Zentralprojektion* dieses Kreises mit dem *Projektionszentrum* Z und der *Bildebene*
π_1 zu studieren. Diese Idee ist nun nicht wirklich neu (vgl. [42], S. 171, von wo auch die
Abbildung entnommen und ergänzt worden ist bzw. [12], S. 132f), jedoch die Methode,
die wir hier wählen und insbesondere die untersuchten Folgerungen für Kurven zweiter
Ordnung in allgemeiner Lage, was zu einem weiteren Beweis des Klassifikationssatzes
führen wird. Im Gegensatz zu [42] und [12] verwenden wir bei einer Herleitung einer
Gleichung der Bildkurve des Kreises unter obig beschriebener Zentralprojektion nicht den
Grund- und Kreuzriss als Hilfsmittel, sondern gehen rein analytisch vor:
Wir schneiden die durch $Z(-d|0|h)$ und den Kreispunkt $K(0|u|v)$ eindeutig festgelegte

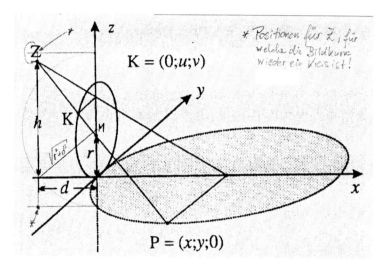

Projektionsgerade p_K mit π_1:

$$\overrightarrow{ZK} = \begin{pmatrix} d \\ u \\ v-h \end{pmatrix} \quad \Rightarrow \quad p_K : X = \begin{pmatrix} -d \\ 0 \\ h \end{pmatrix} + \lambda \cdot \begin{pmatrix} d \\ u \\ v-h \end{pmatrix}$$

$$p_K \cap \pi_1 = \{P\}: \quad h + \lambda \cdot (v-h) = 0 \quad \Rightarrow \quad \lambda = \frac{h}{h-v} \quad \Rightarrow \quad P = \begin{pmatrix} \frac{dv}{h-v} \\ \frac{hu}{h-v} \\ 0 \end{pmatrix}$$

Da $K(0|u|v)$ auf dem Kreis mit dem Mittelpunkt $M(0|0|r)$ und dem Radius r liegt, gilt
folglich $u^2 + (r-v)^2 = r^2$ bzw. $u^2 + v^2 - 2rv = 0$ $(*)$. Beachtet man ferner die aus der
Darstellung von P folgenden Gleichungen

$$x = \frac{dv}{h-v} \quad \text{und} \quad y = \frac{hu}{h-v},$$

so ergibt sich aus ihnen via ...

$$x(h - v) = dv \ \Leftrightarrow \ hx = v(d + x) \ \Leftrightarrow \ v = \frac{hx}{d + x},$$

$$y(h - v) = hu \ \Leftrightarrow \ u = \frac{y}{h} \cdot (h - v) \ \text{ bzw.}$$

$$u = \frac{y}{h} \cdot \left(h - \frac{hx}{d + x} \right) = \frac{y}{h} \cdot \frac{dh}{d + x} = \frac{dy}{d + x}$$

... durch Einsetzen in ($*$) mit

$$\frac{d^2 y^2}{(d + x)^2} + \frac{h^2 x^2}{(d + x)^2} - \frac{2rhx}{d + x} = 0 \ \text{ bzw. } \ d^2 y^2 + h^2 x^2 - 2rhx(d + x) = 0 \ \text{ resp. } \ d^2 y^2 = 2dhrx + h(2r - h)x^2$$

eine Gleichung des Kreisbildes unter der Zentralprojektion mit Projektionszentrum Z und Bildebene π_1, welche es nun zu analysieren gilt:

- Da das Kreisbild für $h = 0$ nur aus $Z = P$ bestehen würde, können wir i.F. $h \neq 0$ annehmen und unterscheiden deshalb wie folgt:

- Bei festem $h \in \mathbb{R} \backslash \{0\}$ existieren wegen der obigen Darstellung von P für $h \neq 2r$ genau zwei Punkte auf dem Kreis, welche keinem eigentlichen Punkt der Bildebene entsprechen (da ja die Nenner in den Koordinaten von P verschwinden), d.h. die Bildkurve besitzt zwei Fernpunkte, was aber nur für $\boxed{0 < h < 2r}$ funktioniert und somit als Bildkurve eine $\boxed{\text{Hyperbel}}$ liefert.

- Gilt $\boxed{h = 2r}$, so entspricht genau einem Kreispunkt, nämlich $(0|0|2r)$ kein eigentlicher Punkt, weshalb die Bildkurve genau einen Fernpunkt aufweist, ergo eine $\boxed{\text{Parabel}}$ sein muss.[156]

- Für $\boxed{h < 0 \ \lor \ h > 2r}$ können die Nenner in der Darstellung von P nicht verschwinden, woraus folgt, dass die Bildkurve nur aus eigentlichen Punkten besteht, es sich also um eine $\boxed{\text{Ellipse}}$ handelt.[157]

Um abschließend noch den Konnex zu Kurven zweiter Ordnung in allgemeiner Lage herzustellen und einen weiteren Beweis des Klassifikationssatzes zu liefern, drehen wir die ganze

---

[156]Aus der durch $2r = h$ resultierenden Gleichung $d^2 y^2 = dh^2 x$ bzw. $y^2 = \frac{h^2}{d} \cdot x$ ist noch genauer sogar ersichtlich, dass es sich um eine Parabel in erster Hauptlage mit dem Parameter $p = \frac{h^2}{2d}$ handelt.

[157]Beachtet man ferner, dass für $h(2r - h) = -d^2$ speziell ein Kreis als Bildkurve entsteht und formt man diese Gleichung weiter um, so erhält man mit $\boxed{_1 h_2 = r \pm \sqrt{r^2 + d^2}}$ jene zwei Werte h_1 und h_2 für h, für welche der Bildkreis wieder ein Kreis mit dem Radius $\boxed{_1 R_2 = \frac{r}{d} \cdot \left(\sqrt{r^2 + d^2} \pm r \right)}$ ist. Dies lässt sich auch geometrisch interpretieren, vgl. händische Ergänzung zu Fig. 112! Ferner eignen sich die in dieser Fußnote nur mitgeteilten Resultate gut als Übungsaufgabe(n), da sich all dies sehr leicht begründen bzw. nachrechnen lässt. Ebenso kann man zeigen, dass für $_3 h_4 = r \pm \sqrt{r^2 - d^2}$ die entstehende Hyperbel gleichseitig ist, was aber auch nur für $-r \leq d \leq r$ funktioniert, sonst gibt es keine gleichseitigen Hyperbeln als Kreisbilder.

Konfiguration um den Drehwinkel φ mit der $z-$Achse als Drehachse um den Ursprung, was dann zur Bildkurvengleichung

$$d^2(-\sin\varphi \cdot x + \cos\varphi \cdot y)^2 = 2dhr(\cos\varphi \cdot x + \sin\varphi \cdot y) + h(2r-h)(\cos\varphi \cdot x + \sin\varphi \cdot y)^2 \ (\dagger)$$

führt. Da sich die Rolle von h bei der Drehung nicht geändert hat, wird also durch die via (†) beschriebene Kurve zweiter Ordnung nach wie vor im Fall

$$\left\{ \begin{array}{c} \boxed{0 < h < 2r} \\ \boxed{h = 2r} \\ \boxed{h < 0 \ \vee \ h > 2r} \end{array} \right\} \quad \text{eine} \quad \left\{ \begin{array}{c} \boxed{\text{Hyperbel}} \\ \boxed{\text{Parabel}} \\ \boxed{\text{Ellipse}} \end{array} \right\}$$

beschrieben. Umformen von (†) liefert

$$\underbrace{\left[h(h-2r)\cos^2\varphi + d^2\sin^2\varphi\right]}_{=:A}x^2 + \underbrace{2\sin\varphi\cos\varphi\left[d^2 + h(2r-h)\right]}_{=:B}xy + \underbrace{\left[h(h-2r)\sin^2\varphi + d^2\cos^2\varphi\right]}_{=:C}y^2 + ... = 0 \ (\dagger),$$

worin wir uns einerseits nur für die Koeffizienten A, B und C interessieren und andererseits noch bemerkt gehört, dass der Umstand der Inzidenz des durch (†) beschriebenen Kegelschnitts mit dem Ursprung durch eine Translation aufgehoben werden kann, was dann zur allgemein(st)en Lage eines Kegelschnitts führt, jedoch die Parameter A, B und C invariant lässt, womit wir o.B.d.A. mit der obigen Gleichung von (†) argumentieren können, nundenn:
Für $\Delta := B^2 - 4AC$ gilt

$$\frac{1}{4} \cdot \Delta = \sin^2\varphi\cos^2\varphi\left[d^4 + 2d^2h(2r-h) + h^2(2r-h)^2\right]$$

$$-h^2(h-2r)^2\sin^2\varphi\cos^2\varphi - d^4\sin^2\varphi\cos^2\varphi + d^2h(h-2r)\sin^4\varphi - d^2h(h-2r)\cos^4\varphi =$$

$$= -d^2h(h-2r)\underbrace{(\sin^4\varphi + 2\sin^2\varphi\cos^2\varphi + \cos^4\varphi)}_{(\sin^2\varphi + \cos^2\varphi)^2} = -d^2h(h-2r).$$

$$\Rightarrow \quad \text{Für} \left\{ \begin{array}{l} \boxed{0 < h < 2r}, \text{ergo} \ \boxed{\Delta > 0} \\ \boxed{h = 2r}, \text{ergo} \ \boxed{\Delta = 0} \\ \boxed{h < 0 \ \vee \ h > 2r}, \text{ergo} \ \boxed{\Delta < 0} \end{array} \right\} \quad \text{ergibt sich eine} \ \left\{ \begin{array}{c} \boxed{\text{Hyperbel}} \\ \boxed{\text{Parabel}} \\ \boxed{\text{Ellipse}} \end{array} \right\},$$

woraus ein weiteres Mal der Klassifikationssatz folgt, □.

5.4   Zehn weitere Beweise des Klassifikationssatzes

5.4.1   Ein weiterer Zugang über Asymptoten

In diesem Abschnitt werden wir über bestimmte Beziehungen zwischen den Asymptotengleichungen und (zunächst nur) der Hyperbelgleichung in (ebenso zunächst!) erster Hauptlage ohne aufwändiges Auflösen der allgemeinen Gleichung zweiten Grades zum Klassifikationssatz gelangen, und zwar wie folgt:
Durch

$$g_1 : bx - ay = 0 \quad \text{und} \quad g_2 : bx + ay = 0$$

sind Gleichungen der Asymptoten g_1 und g_2 der Hyperbel hyp mit der Gleichung

$$\text{hyp: } b^2x^2 - a^2y^2 = a^2b^2$$

gegeben, was man daher auch so sehen kann, dass sich die linke Seite der Gleichung von hyp als Produkt der linken Seiten der Gleichungen von g_1 und g_2 ergibt.

Bezieht man noch die HESSEsche Abstandsformel mitein, so ist hyp auch in der Form

$$\text{hyp: } d(X, g_1) \cdot d(X, g_2) = \frac{a^2b^2}{e^2} \;\; (*)$$

schreibbar, wobei $X = (x|y)$ ein beliebiger Hyperbelpunkt ist.

Da sich Abstände bei einer Drehung sowie einer Translation nicht ändern, ist $(*)$ daher auch für die Hyperbel in allgemeiner Lage gültig und es ergibt sich daher für letztere die Gleichung

$$\text{hyp: } (ax + by + c) \cdot (dx + ey + f) = p \;\; (**) \;\; \text{mit } p \in \mathbb{R}^+.$$

Umformen dieser Gleichung von hyp führt (wie man leicht nachrechnet) auf

$$\text{hyp: } adx^2 + (bd + ae)xy + bey^2 + ... = 0,$$

womit sich für die Diskriminante Δ von $(**)$ demnach

$$\Delta = (bd + ae)^2 - 4abde = b^2d^2 + 2abde + a^2e^2 - 4abde = b^2d^2 - 2abde + a^2e^2 = (bd - ae)^2,$$

ergo eine nicht-negative reelle Zahl ergibt.

Jetzt müssen wir nur noch zeigen, dass der Ausdruck $\psi(a, b, d, e) := bd - ae$ sogar stets positiv ist, was durch einen *Sichtweisenwechsel* schnell offenkundig wird:

$\psi(a, b, d, e)$ lässt sich nämlich auch in der Form

$$\psi(a, b, d, e) = \det \begin{pmatrix} d & a \\ e & b \end{pmatrix}$$

anschreiben, worin man in den Spalten der Matrix sofort Normalvektoren der gedrehten Asymptoten aus $(**)$ erkennt, deren Determinante aber nur verschwinden kann, wenn diese Vektoren linear abhängig sind. Dies ist aber unmöglich, da die Asymptoten diesfalls zueinander parallel sein müssten, was auf einen Widerspruch führt, womit also $\Delta > 0$ gilt und somit der die Hyperbel betreffende Teil des Klassifikationssatzes bewiesen ist.

Bei der Ellipse verhält es sich aufgrund ihrer Gleichung so, dass *in Ermangelung reeller Asymptoten* der Weg unausweichlich übers *Komplexe* führt, ergo ell in Hauptlage in der Form

$$\text{ell: } (bx + aiy) \cdot (bx - aiy) = a^2b^2$$

geschrieben werden kann. Nun sind aufgrund der involvierten komplexen Elemente (genauer: Steigungen) auch komplexe Argumentationen vonnöten, was also die Verwendung der HESSEschen Abstandsformel obsolet macht. So ist hier für die weitere Vorgehensweise der Umstand maßgeblich, dass es sich bei den beiden komplexen Steigungen in den Faktoren der Gleichung von ell um zueinander konjugiert-komplexe Zahlen handelt.[158]

Somit können wir ell in allgemeiner Lage via

$$\text{ell: } (z \cdot x + w \cdot y + u) \cdot (\overline{z} \cdot x + \overline{w} \cdot y + v) = t \;\; (\dagger)$$

---

[158]En detail lässt sich dies unter Verwendung der geometrischen Interpretation des Multiplizierens komplexer Zahlen als Dreh(streck)ung zeigen, indem man von den Richtungsvektoren $\begin{pmatrix} 1 \\ k \cdot i \end{pmatrix}$ und

bzw. ausmultipliziert in der Form

$$\text{ell: } \overline{z} \cdot z \cdot x^2 + (\overline{z} \cdot w + \overline{w} \cdot z) \cdot xy + \overline{w} \cdot w \cdot y^2 + \ldots = 0$$

anschreiben, womit sich für die Diskriminante Δ von (†)

$$\Delta = (\overline{z} \cdot w + \overline{w} \cdot z)^2 - 4 \cdot \overline{z} \cdot z \cdot \overline{w} \cdot w$$

$$= \overline{z}^2 \cdot w^2 + 2 \cdot \overline{z} \cdot z \cdot \overline{w} \cdot w + \overline{w}^2 \cdot z^2 - 4 \cdot \overline{z} \cdot z \cdot \overline{w} \cdot w =$$

$$= \overline{z}^2 \cdot w^2 - 2 \cdot \overline{z} \cdot z \cdot \overline{w} \cdot w + \overline{w}^2 \cdot z^2 =$$

$$= (\overline{z} \cdot w - \overline{w} \cdot z)^2 \quad (\dagger\dagger)$$

ergibt, wobei sich der letzte Klammerinhalt über die Ansätze $w = p + qi$ und $z = r + si$ wegen

$$(r - si)(p + qi) - (p - qi)(r + si) = pr + qs + (qr - ps)i - pr - qs + (qr - ps)i = 2(qr - ps)i$$

als rein imiganär entpuppt und somit

$$\Delta = -4(qr - ps)^2,$$

ergo $\Delta \leq 0$ gilt.

Dass der Fall $\Delta = 0$ nicht eintreten kann, führt man durch Umformung von $(\dagger\dagger) = 0$ auf

$$\frac{z}{w} = \frac{\overline{z}}{\overline{w}}$$

auf den Widerspruch zurück, dass die Steigungen der beiden komplexen Asymptoten identisch sind, womit also für die Ellipse $\Delta < 0$ gilt und somit auch der die Ellipse betreffende Teil des Klassifikationssatzes bewiesen ist.

Für die Parabel bleibt nun nur noch der Fall $\Delta = 0$ übrig, womit also der gesamte Klassifikationssatz auf eine weitere Art und Weise bewiesen ist. $\square$

5.4.2 Ein Zugang über die HESSEsche Abstandsformel

Beachtet man die Interpretation der $x-$ bzw. $y-$Koordinate eines Punkts $(x|y)$ im cartesischen Koordinatensystem als *siginierten Normalabstand* zur $y-$ bzw. $x-$Achse und ersetzt die Koordinatenachsen in diesem Sinn in den Hauptlagengleichungen der Kegelschnitte durch beliebige aufeinander normal stehende Geraden, so ergibt sich für die Ellipse bzw. Hyperbel die Gleichung

$$b^2(px + qy + r)^2 \pm a^2(qx - py + s)^2 = a^2 b^2 (p^2 + q^2),$$

$\begin{pmatrix} 1 \\ -k \cdot i \end{pmatrix}$ mit $k \in \mathbb{R}$ ausgeht und hernach beide Vektoren mit einer komplexen Zahl $z = a + bi$,

welche man mit dem Vektor $\begin{pmatrix} a \\ b \end{pmatrix}$ identifziert, multipliziert, was dann auf die neuen Richtungsvekto-

ren $\begin{pmatrix} a - bk \cdot i \\ b + ak \cdot i \end{pmatrix}$ und $\begin{pmatrix} a + bk \cdot i \\ b - ak \cdot i \end{pmatrix}$ führt, aus denen man unmittelbar unter Anwendung bekannter Rechengesetze die Konjugationsabbildung betreffend abliest, dass auch die Steigungen der gedrehten Richtungsvektoren zueinander konjugiert-komplex sind, wobei aber zu bemerken ist, dass wir hier bereits von $\mathbb{C}^2$, und nicht von $\mathbb{R}^2$ ausgegangen sind, ja ausgehen mussten.

welche sich zu

$$(b^2p^2 \pm a^2q^2) \cdot x^2 + 2(b^2 \mp a^2)pq \cdot xy + (b^2q^2 \pm a^2p^2) \cdot y^2 + \ldots = 0$$

umformen lässt, was für die Diskriminante Δ im Fall der

$$\left\{ \begin{array}{c} \text{Hyperbel} \\ \text{Ellipse} \end{array} \right\} \quad \Delta = 4 \cdot \left\{ \begin{array}{c} [p^2q^2(b^2+a^2)^2 - (b^2p^2 - a^2q^2)(b^2q^2 - a^2p^2)] \\ [p^2q^2(b^2-a^2)^2 - (b^2p^2 + a^2q^2)(b^2q^2 + a^2p^2)] \end{array} \right\}$$

bzw.

$$\frac{\Delta}{4} = \left\{ \begin{array}{c} p^2q^2(b^2+a^2)^2 - b^4p^2q^2 + a^2b^2q^4 + a^2b^2p^4 - a^4p^2q^2 \\ p^2q^2(b^2-a^2)^2 - b^4p^2q^2 - a^2b^2q^4 - a^2b^2p^4 - a^4p^2q^2 \end{array} \right\}$$

resp.

$$\frac{\Delta}{4} = \left\{ \begin{array}{c} 2a^2b^2p^2q^2 + a^2b^2q^4 + a^2b^2p^4 = a^2b^2(p^2+q^2)^2 > 0 \\ -2a^2b^2p^2q^2 - a^2b^2q^4 - a^2b^2p^4 = -a^2b^2(p^2+q^2)^2 < 0 \end{array} \right\}$$

ergibt. Für die Parabel bleibt nun nur noch der Fall $\Delta = 0$, was man via

$$\text{par: } (px + qy + r)^2 = 2t(qx - py + s)\sqrt{p^2 + q^2}$$

auch direkt durch Umformen erhält ...

$$\text{par: } p^2x^2 + 2pqxy + q^2y^2 + \ldots = 0 \quad \Rightarrow \quad \Delta = 4p^2q^2 - 4p^2q^2 = 0$$

..., womit wir einen weiteren Beweis des Klassifikationssatzes abgeschlossen hätten.

5.4.3   Ein symmetrischer Zugang

Ausgehend vom Kegelschnitt ν in allgemeiner Lage mit der Gleichung

$$\nu : \; Ax^2 + Bxy + Cy^2 + Dx + Ey + F = 0$$

setzen wir mit dem (zunächst!) unbestimmten Mittelpunkt $M(u|v)$ von ν[159] die Geradengleichung ("*Durchmessergerade*" von ν)

$$g : X = \begin{pmatrix} u \\ v \end{pmatrix} + \lambda \cdot \begin{pmatrix} a \\ b \end{pmatrix}$$

an und schneiden ν mit g, was dann aufgrund der Mittelpunktseigenschaft von M bezüglich ν auf eine *rein-quadratische* Gleichung in λ (ergo mit verschwindendem Koeffizienten des linearen Glieds) führen muss:

$$\nu \cap g : \; A(a^2\lambda^2 + 2au\lambda + u^2) + B(ab\lambda^2 + (bu+av)\lambda + uv) + C(b^2\lambda^2 + 2bv\lambda + v^2) + D(a\lambda + u) + E(b\lambda + v) + F = 0$$

Für den Koeffizienten des linearen Glieds gilt demnach

$$2Aau + Bbu + Bav + 2Cbv + Da + Eb = 0 \quad \text{bzw.} \quad (2Au + Bv + D)a + (Bu + 2Cv + E)b = 0.$$

Da die letzte Gleichung für jedes Zahlenpaar $(a|b)$ gültig ist (Schließlich existieren unendlich viele Durchmessergeraden durch M!), muss demnach das lineare Gleichungssystem

$$\left\{ \begin{array}{c} 2Au + Bv = -D \\ Bu + 2Cv = -E \end{array} \right\} \quad (\#)$$

---

[159]Dies bedeutet, dass wir uns zunächst auf die Ellipse und die Hyperbel beschränken.

erfüllt sein, welches wir für den Mittelpunkt $M(u|v)$ von ν in Abschnitt 4.15.3 bereits auf drei andere Arten als hier hergeleitet haben. Die Determinante der hinter (#) steckenden Koeffizientenmatrix stimmt bis auf das Vorzeichen mit der Diskriminante Δ von ν überein, was nicht sonderlich überraschen sollte, da dies lediglich ausdrückt, dass (#) für $4AC - B^2 = 0$ keine eindeutige Lösung besitzt, was nur für die Parabel gelten kann und bereits auf $\Delta = 0$ führt.[160]

Analysieren wir die aus dem Schnitt $\nu \cap g$ resultierende Gleichung jetzt genauer, so ergibt sich konkret (nachdem der Koeffizient des linearen Gliedes ja verschwindet) die Gleichung

$$(a^2 A + abB + b^2 C)\lambda^2 + Au^2 + Buv + Cv^2 + Du + Ev + F = 0$$

bzw.

$$_1\lambda_2 = \sqrt{-\frac{Au^2 + Buv + Cv^2 + Du + Ev + F}{a^2 A + abB + b^2 C}} \quad (\dagger),$$

wobei der Zähler des Radikanden konstant ist (da u und v ja via (#) ausgerechnet werden können) und der Nenner eine Polynomfunktion ψ zweiten Grades in den Variablen a und b mit der Funktionsgleichung $\boxed{\psi(a,b) = Aa^2 + Bab + Cb^2}$ ist[161].

Wenn ν eine Ellipse beschreibt, so muss $|_1\lambda_2|$ beschränkt sein, was notwendigerweise die Existenz von Extremstellen der Funktion ψ erfordert. Um diese Existenz nachzuweisen,

---

[160]Folgende Ergänzung zu Abschnitt 5.2 − ebenda in Fußnote 155 bereits angekündigt! − ist an dieser Stelle aber adäquaterweise hinzuzufügen: Für $4AC - B^2 = 0$ kann (#) sowohl keine als auch unendlich viele Lösungen besitzen. Dass der zweite Fall nicht eintreten kann, wurde bislang noch nicht gezeigt, was eine Lücke darstellt, die wir jetzt schließen wollen: Unendlich viele Lösungen kann es nur dann geben, wenn die beiden Gleichungen aus (#) zueinander proportional sind, was die Gleichungskette $\frac{B}{2A} = \frac{2C}{B} = \frac{E}{D}$ bzw. die separate Gleichungen $4AC - B^2 = 0$ (sic!) sowie die für unsere folgende Argumentation relevanten Bedingungen $\boxed{2CD = BE \text{ (I)}}$ und $\boxed{2AE = BD \text{ (II)}}$ bzw. $\boxed{BE - 2CD = 0 \text{ (I')}}$ und $\boxed{BD - 2AE = 0 \text{ (II')}}$ impliziert, was − wie wir in 5.2. schon erkannt haben, und zwar anhand von (I')! − auf eine entartete Parabel führt, womit also gezeigt ist, dass für nicht-degenerierte Parabeln (#) in der Tat keine Lösung besitzt, Parabeln also keinen Mittelpunkt aufweisen. Mehr noch erkennen wir nun aber in Ergänzung zu 5.2, dass bei Auflösung der Gleichung von ν nach x (siehe Abschnitt 4.12.4!) aus der Argumentation in 5.2 die Gültigkeit von (II') folgt, ergo im Fall einer entarteten Parabel (I') **und** (II') gelten müssen, da es ja unerheblich ist, ob man die Gleichung von ν nach x oder y auflöst, was die Argumentationskette bezüglich der unerwarteten Verzahnung entarteter Parabeln und der Non-Existenz von Parabelmittelpunkten bei eigentlichen (ergo nichtdegenerierten) Parabeln sehr schön schließt. Darüber hinaus führt dies aber auch noch zu einer Einsicht die drei(!) möglichen Entartungsfälle einer Parabel betreffend, da die konstanten Glieder $D^2 - 4AF$ (1) und $E^2 - 4CF$ (2) in den Radikanden der nach x bzw. y aufgelösten Gleichung von ν in 4.12.4 (bzw. zu 50% auch in 5.2 zu finden!) unter Beachtung der Gleichung $4AC - B^2 = 0$ auch in der Form $\frac{1}{C}(CD^2 - 4ACF) = \frac{1}{C}(CD^2 - B^2 F)$ (1') und $\frac{1}{A}(AE^2 - 4ACF) = \frac{1}{A}(AE^2 - B^2 F)$ (2') geschrieben werden können. Da aufgrund der Gleichung $4AC - B^2 = 0$ die Koeffizienten A und C gleiche Vorzeichen aufweisen müssen gilt daher, dass $D^2 - 4AF$ und $E^2 - 4CF$ das gleiche Vorzeichen aufweisen als $CD^2 - B^2 F$ und $AE^2 - B^2 F$, was aber natürlich auch für $2CD^2 - 2B^2 F$ und $2AE^2 - 2B^2 F$ gilt. Da aber die Minuenden in den letzten beiden Termen nichts weiter als das $D-$ bzw. $E-$fache der linken Seiten von (I) und (II) sind, können wir sie ebenso durch das $D-$ bzw. $E-$fache der rechten Seiten von (I) und (II) ersetzen und erhalten somit ersatzweise die Terme $BDE - 2B^2 F$ und $BDE - 2B^2 F$, die also identisch sind! Damit ist gezeigt, dass $D^2 - 4AF$ und $E^2 - 4CF$ stets gleiche Vorzeichen haben, was dann im Falle eines negativen bzw. positiven Signums auf die leere Menge bzw. ein Parallelenpaar resp. im Fall $D^2 - 4AF = E^2 - 4CF = 0$ auf eine Doppelgerade führt, was eindrucksvoll zeigt, welche Vielfalt an Sonderformen der (sonst eigentlich sehr einfache) Kegelschnittstyp Parabel im Fall der Entartung in sich trägt.

[161]An dieser Stelle werden wir in Abschnitt 5.4.4 nochmals ansetzen, um anders als wie im Folgenden argumentiert auf den Klassifikationssatz zu stoßen!

führen wir jetzt den kompletten Extremwerttest durch, wozu wir die zu ψ zugehörige HESSE-Matrix aufstellen:[162]

$$H_\psi(a,b) = \begin{pmatrix} \psi_{aa}(a,b) & \psi_{ab}(a,b) \\ \psi_{ba}(a,b) & \psi_{bb}(a,b) \end{pmatrix} =$$

− wegen $\psi_a = 2Aa + Bb$ und $\psi_b = Ba + 2Cb$ −

$$= \begin{pmatrix} 2A & B \\ B & 2C \end{pmatrix} \quad .$$

Es stellt sich also heraus, dass $\det H_\psi = 4AC - B^2$ gilt und somit nur im Fall $4AC - B^2 > 0$ Extremstellen existieren, was uns auf die äquivalente Bedingung $B^2 - 4AC < 0$ für die Ellipse führt. Da der Fall $B^2 - 4AC = 0$ zuvor (sogar äußerst ausführlich: siehe Fußnote 160!) gezeigt wurde, bleibt also für die Hyperbel nur mehr der Fall $B^2 - 4AC > 0$ übrig, womit ein weiterer Beweis des Klassifikationssatzes abgeschlossen ist.

5.4.4   Ein weiterer symmetrischer Zugang

Wir kehren nochmals an jene Stelle in 5.4.3 zurück, an der der Ausdruck (†) analysiert wurde und führen nun folgende Vereinfachung ein:

Da a und b ja nichts weiter als Komponenten eines Richtungsvektors von g waren, kommt es ja lediglich auf das Verhältnis $b : a$, m.a.W. also auf die Steigung $k = \frac{b}{a}$ von g an, womit (†) wegen $a = 1$ und $b = k$ auch in der Form

$$_1\lambda_2 = \sqrt{-\frac{Au^2 + Buv + Cv^2 + Du + Ev + F}{Ck^2 + Bk + A}} \quad (†')$$

geschrieben werden kann. Jetzt argumentieren wir nicht wie in 5.4.3 für den Fall der Ellipse, sondern für jenen der Hyperbel und konstatieren, dass $|_1\lambda_2|$ für zwei Werte von k unbeschränkt sein muss (nämlich die Steigungen der Hyperbelasymptoten), womit es sich bei diesen beiden Werten für k um Polstellen der hinter (†') steckenden rationalen Funktion handeln muss, ergo das Nennerpolynom über zwei unterschiedliche reelle Nullstellen verfügt, wozu aber dessen Diskriminante $B^2 - 4AC$ positiv sein muss, woraus nebst dem Fall $B^2 - 4AC = 0$ für die Parabel (Fußnote 160!) nunmehr für die Hyperbel $B^2 - 4AC > 0$ und somit für die Ellipse $B^2 - 4AC < 0$ folgt, womit auch dieser Beweis des Klassifikationssatzes vollendet ist.

5.4.5   Ein Zugang über die Analysis

Wie schon in 4.15.4 (und auch teilweise in 5.3!) erörtert, ist die Diskriminante Δ der Gleichung

$$Ax^2 + Bxy + Cy^2 + Dx + Ey + F' = 0$$

(welche einen Kegelschnitt α' beschreibt) gegenüber Translationen invariant, womit wir o.B.d.A. α' durch den Vektor $\overrightarrow{MO}$[163] translatieren können (vgl. Abbildung!), was (siehe

---

[162]In [59] befindet sich eine Herleitung dieses Kriteriums auf Schulniveau!

[163]Dabei bezeichnet $M(u|v)$ den Mittelpunkt von α' und kann gemäß (u.a.!) 5.4.3 via $\left\{ \begin{array}{l} 2Au + Bv + D = 0 \\ Bu + 2Cv + E = 0 \end{array} \right\}$ (#) berechnet werden. Eine Gleichung von α lautet dann aufgrund der Translation $\alpha: A(x+u)^2 + B(x+u)(y+v) + C(y+v)^2 + D(x+u) + E(y+v) + F' = 0$ bzw. wegen (#) vereinfacht: $Ax^2 + Bxy + Cy^2 + \underbrace{(2Au + Bv + D)}_{0}x + \underbrace{(Bu + 2Cv + E)}_{0}y + \underbrace{Au^2 + Buv + Cv^2 + Du + Ev + F'}_{F} = 0$

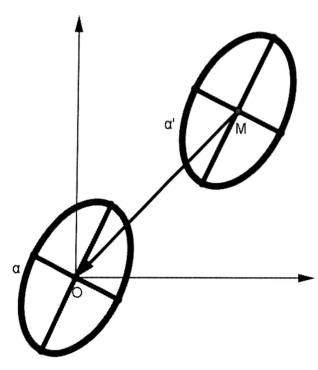

letzte Fußnote!) dann zur Gleichung

$$\underbrace{Ax^2 + Bxy + Cy^2}_{f(x,y)} + F = 0 \quad (\dagger)$$

führt, weshalb wir im Folgenden o.B.d.A. den zugehörigen Kegelschnitt α studieren können, welcher wegen $f(x,y) = f(-x,-y)$ punktsymmetrisch zum Ursprung verläuft, also **seinen Mittelpunkt im Ursprung hat**[164]

Diese Eigenschaft erleichtert uns nun die Berechnung jener Punkte auf α (wobei α "trotz" der Abbildung ebenso eine Hyperbel beschreiben kann!), welche von O extremalen Abstand haben, was insbesondere dann der Fall ist, wenn $x^2 + y^2$ [unter der Nebenbedingung $(\dagger)$!] extre-

mal wird, was sich unter Verwendung der Methode der LAGRANGEschen Multiplikatoren mit der wie folgt definierten Funktion L von $D \subset \mathbb{R}^3 \to W \subset \mathbb{R}$ lösen lässt:

$$L(x,y,\lambda) = x^2 + y^2 - \lambda(Ax^2 + Bxy + Cy^2 + F)$$

Nullsetzen der partiellen Ableitungen $\frac{\partial L}{\partial x}$ und $\frac{\partial L}{\partial y}$ ergibt

$$2x - \lambda(2Ax + By) = 0 \text{ und } 2y - \lambda(Bx + 2Cy) = 0 \text{ bzw. } \lambda = \frac{2x}{2Ax + By} \text{ und } \lambda = \frac{2y}{Bx + 2Cy},$$

was durch Gleichsetzen auf

$$x(Bx + 2Cy) = y(2Ax + By) \text{ bzw. } By^2 - 2(C - A)xy - Bx^2 = 0$$

führt.

Durch Einführung der Hilfsvariable $k = \frac{y}{x}$ (welche somit die Steigungen der Achsen von α angibt) lässt sich dies zu

$$x^2[Bk^2 - 2(C - A)k - B] = 0$$

---

[164]Wie schon an früherer/n Stelle/n [ausführlich(st!)] erörtert, besitzt die Parabel keinen Mittelpunkt, was die Determinante von $(\#)$ verschwinden lässt, ergo für die Parabel $4AC - B^2 = 0$ und somit auch $B^2 - 4AC = 0$ gilt, womit wir unsere Überlegungen also in diesem Zugang auf die *Mittelpunktskegelschnitte*, ergo: Ellipse und Hyperbel focussieren.

resp. - da $x = 0$ i.A. nicht gelten wird und $B \neq 0$ angenommen werden darf[165] -

$$k^2 - \frac{2(C - A)}{B} - 1 = 0$$

umformen, was uns wegen dem konstanten Glied -1 zeigt, dass die Achsenrichtungen aufeinander orthogonal stehen.

Setzt man $_1k_2$ in die Gleichung von α ein, so ergibt sich

$$Ax^2 + B_1k_2x^2 + C_1k_2^2x^2 + F = 0 \text{ bzw. } x^2 = -\frac{F}{C_1k_2^2 + B_1k_2 + A} \text{ resp. } {}_1x_2 = \sqrt{\frac{-F}{C_1k_2^2 + B_1k_2 + A}} \text{ (§)}.$$

Da der Nenner des Radikanden in (§) im Fall der Hyperbel verschiedene Vorzeichen aufweist[166], muss das Polynom im Nenner aufgrund des Zwischenwertsatzes und des Monotonieverhaltens quadratischer Funktionen demnach zwei reelle Nullstellen aufweisen, was impliziert, dass dessen Diskriminante $\Delta = B^2 - 4AC$ positiv ist. Ist α eine Ellipse, so weist er/sie mit jedem orthogonalen Geradenpaar aus dem durch 0 generierten Geradenbüschel vier reelle Schnittpunkte auf, womit der Nenner gänzlich positive oder negative Werte annimmt, das Polynom also keine reellen Nullstellen besitzt, was $\Delta < 0$ impliziert, womit wir auf eine weitere Art und Weise den Klassifikationssatz bewiesen haben.

5.4.6   Ein abbildungsgeometrischer Zugang

Eine äußerst naheliegende Idee ist es, die Abbildungsgleichung[167]

$$\begin{pmatrix} x \\ y \end{pmatrix} \mapsto \begin{pmatrix} \frac{x-ky}{\sqrt{1+k^2}} \\ \frac{kx+y}{\sqrt{1+k^2}} \end{pmatrix}$$

für eine Drehung um den Ursprung durch einen Drehwinkel φ mit $\tan\varphi = k$ auf die drei bekannten Kegelschnittsgleichungen in Hauptlage anzuwenden und damit eine Klassifikation vorzunehmen, wobei wir mit der Ellipse und der Hyperbel in einem Aufwasch beginnen:

$$\text{ell}(+) \text{ bzw. } \text{hyp}(-): \quad b^2x^2 \pm a^2y^2 = a^2b^2$$

geht durch Drehung über in

$$b^2(x - ky)^2 \pm a^2(kx + y)^2 = a^2b^2(1 + k^2),$$

was für die Koeffizienten A, B und C in der ausmultiplizierten und vereinfachten Form

$$Ax^2 + Bxy + Cy^2 - a^2b^2(1 + k^2) = 0$$

---

[165]Andernfalls lägen die Achsen von α bereits parallel zu den Koordinatenachsen (was in 5.4.8 noch genau(er) begründet wird!) und die Unterscheidung zwischen Ellipse und Hyperbel würde sich auf $AC > 0$ bzw. $AC < 0$ reduzieren und somit wegen $B = 0 \Rightarrow B^2 = 0$ wieder auf $B^2 - 4AC < 0$ bzw. $B^2 - 4AC > 0$ führen.

[166]Beachte: Die Nebenscheitel $(0|bi)$ und $(0| - bi)$ einer Hyperbel (in erster Hauptlage) liegen im Komplexen!

[167]Eine entsprechende Herleitung sei dem werten L$\overset{e}{\ddot{o}}$ser analog zur Vorgehensweise Abschnitt 2.12 als Übung empfohlen!

somit
$$A = b^2 \pm a^2 k^2, \quad B = -2(b^2 \mp a^2)k \text{ sowie } C = b^2 k^2 \pm a^2$$

liefert, womit sich für die Diskriminante

$$\Delta = B^2 - 4AC = 4[(b^4 k^2 \mp 2a^2 b^2 k^2 + a^4 k^2) - b^4 k^2 \mp a^2 b^2 k^4 - a^4 k^2 \mp a^2 b^2] =$$

$$= \mp 4(k^4 + 2a^2 b^2 + 1)a^2 b^2 = \mp 4(k^2 + 1)^2 a^2 b^2$$

ergibt, welche also im Fall der Ellipse bzw. Hyperbel negativ bzw. positiv ist.
Für die Parabel wird

$$y^2 = 2px$$

entsprechend in

$$(kx + y)^2 = \sqrt{1 + k^2} \cdot 2p(x - ky)$$

transformiert, was

$$k^2 x^2 + 2kxy + y^2 + \ldots = 0,$$

ergo $A = k^2$, $B = 2k$ und $C = 1$ und somit

$$B^2 - 4AC = 4k^2 - 4k^2 = 0$$

liefert, womit ein weiterer Beweis des Klassifikationssatzes geglückt ist, jedoch noch zu bemerken ist, dass wir eigentlich um $-\varphi°$ gedreht haben. (Der werte L $\overset{e}{\underset{\ddot{o}}{}}$ ser möge selbst begründen, warum!)

5.4.7   Ein Zugang über eine verallgemeinerte Berührungsbedingung

Sogenannte *Berührungsbedingungen* für Kegelschnitte (in besonderen Lagen) werden für gewöhnlich zumeist dadurch gewonnen, indem man die dem Schnitt von Gerade und Kegelschnitt entsprechende quadratische Gleichung untersucht und deren Diskriminante gleich Null setzt[168], was wir jetzt für einen weiteren Beweis des Klassifikationssatzes für Kegelschnitte in allgemeiner Lage durchführen werden, wobei nicht alle Rechenschritte bis ins kleinste Detail angeführt werden:
Der Schnitt des Kegelschnitts ν mit der Gleichung

$$\nu: \quad Ax^2 + Bxy + Cy^2 + Dx + Ey + F = 0$$

mit der Gerade g mit der Gleichung

$$g: \quad y = kx + d$$

führt auf die quadratische Gleichung

$$(Ck^2 + Bk + A)x^2 + (Bd + Ek + 2Cdk + D)x + Cd^2 + Ed + F = 0,$$

für deren Diskriminante $\mathcal{D}$ sich

$$\mathcal{D} = (B^2 - 4AC)d^2 + 2(2CD - BE)kd + (E^2 - 4CF)k^2 + 2(BD - 2AE)d + 2(DE - 2BF)k + D^2 - 4AF$$

---

[168]Siehe etwa [54], S. 185!

ergibt.

Da es für jede vorgegebene jedoch von der Achse der Parabel verschiedene Steigung k genaue eine Tangente gibt[169], weist $\mathcal{D} = 0$[170] somit bei vorgegebenem k stets genau eine Lösung für d auf, woraus folgt, dass der Koeffizient von d^2 identisch verschwinden muss. Daraus folgt schon einmal $B^2 - 4AC = 0$ für die Parabel.

Bei der Ellipse jedoch hat die Gleichung $\mathcal{D} = 0$ bei vorgegebenem k stets[171] genau zwei voneinander verschiedene reelle Lösungen $_1d_2$, da es zu jeder Ellipsentangente t eine dazu parallele Tangente t' gibt, welche durch Spiegelung von t am zu t parallelen Ellipsendurchmesser entsteht, also muss die Diskriminante $\mathcal{D}'(k)$ des Polynoms

$$\mathcal{P}(d) = (B^2-4AC)d^2+2[(2CD-BE)k+BD-2AE]d+(E^2-4CF)k^2+2(DE-2BF)k+D^2-4AF$$

$\forall k \in \mathbb{R}$ positiv sein.

Nach einigen Umformungen ergibt sich

$$\mathcal{D}'(k) = 4(\overbrace{CD^2 - BDE - 4ACF + AE^2 + B^2F}^{\varphi})(\overbrace{Ck^2 + Bk + A}^{\psi(k)}).$$

Damit diese Forderung erfüllt ist, muss die Diskriminante $\mathcal{D}''(k)$ von ψ negativ und der Koeffizient C für den Fall $\varphi > 0$ positiv bzw. für $\varphi < 0$ negativ sein, m.A.W. also das Produkt $C \cdot \varphi$ positiv sein, was uns auf

$$C \cdot \varphi = C^2D^2 - BCDE - 4AC^2F + AEC^2 + B^2CF$$

führt, worin wir nun trickreich umformen ...

$$C \cdot \varphi = \left(CD - \frac{BE}{2}\right)^2 - \frac{B^2E^2}{4} - 4AC^2F + ACE^2 + B^2CF =$$

$$= \left(CD - \frac{BE}{2}\right)^2 - \frac{B^2}{4}(E^2 - 4CF) + AC(E^2 - 4CF) =$$

$$= \left(CD - \frac{BE}{2}\right)^2 + \frac{4AC - B^2}{4}(E^2 - 4CF) =$$

$$= \frac{1}{4} \cdot \left[(2CD - BE)^2 + (4AC - B^2)(E^2 - 4CF)\right]$$

... und auf das geradezu phänomenale Resultat stoßen, dass $C \cdot \varphi$ gleich dem sechzehnten Bruchteil der Diskriminante $\mathcal{D}$ **von(!)** $\mathcal{D}$ (kurz: $\mathcal{D}^2$)[172] ist, womit wir nun ohne weitere Berechnungen einfach über eine inhaltliche Interpretation von $\mathcal{D}^2$ die Ungleichung $C \cdot \varphi > 0$ nachweisen können, und zwar wie folgt:

Die Gleichung $\mathcal{D} = 0$ legt einen Kegelschnitt κ im cartesischen $(d|k)$−Koordinatensystem

---

[169]Ein Beweis dieser Behauptung sei dem werten L$\overset{e}{\ddot{o}}$ser als Übung empfohlen!

[170]Übrigens gewinnt man durch Belegung der Koeffizienten A bis F mit den Koeffizienten spezieller Kegelschnitte in Hauptlage im deduktiven Sinn sehr rasch bereits bekannte (aber auch neue, wie z.B. für die Hyperbel hyp:$xy = a$!) Berührungsbedingungen (zurück).

[171]Bezüglich der "Lösung" $k = \pm\infty$ sei auf den Inhalt der Fußnote 165 verwiesen und der entsprechende Zusammenhang mit dem somit gegebenen Hinweis selbst herzustellen!

[172]Dabei ist hier das Quadrat im Sinne der Operatorenrechnung (siehe z.B. [10] und [11]) zu verstehen!

fest. Jedem auf κ liegenden Punkt $(d|k)$ ist in eindeutiger Weise eine Ellipsentangente $t : y = kx + d$ im $(x|y)$−Koordinatensystem zugeordnet. Da es zu jeder Ellipse beliebig steile Tangenten (also mit unbegrenzt betragsgroßem k) mit ebenso unbegrenzt betragsgroßem Ordinatenabschnitt d gibt, muss sich κ demnach *in Richtung beider Koordinatenachsen* unbegrenzt ausweiten können, was nur möglich ist, wenn κ eine Hyperbel ist, da jede Parabel zumindest einen linkesten/rechtesten oder höchsten/tiefsten Punkt aufweisen muss, weil ja nur eine Tangentensteigung nicht angenommen wird.[173]

Nun zeigen aber (siehe Fußnote 165!) Ellipse und Hyperbel in ihrer Diskriminante schon in Hauptlage verschiedene Vorzeichen (nämlich die Ellipse ein negatives und die Hyperbel ein positives). Da wir bereits wissen, dass die Diskriminante translationsinvariant ist, bleibt nur noch zu zeigen, dass sich ihr Vorzeichen bei einer Drehung nicht ändert, da daraus dann folgt, dass $\mathcal{D}^2 > 0$ und somit auch $C \cdot \varphi > 0$ gilt, womit sich der die Ellipse betreffende Teil des Klassifikationssatzes aus dem die Hyperbel betreffenden Teil ergibt (aber ohne den logischen Schluss, dass nur mehr eine Relation zwischen B^2 und $4AC$ übrig bleibt, was wir bei einigen anderen der vorherigen Beweise des Klassifikationssatzes verwendet haben), wobei die noch nachzuweisende Eigenschaft gar als eigenständiger Zugang gerechnet werden könnte, wenn er nicht im vorliegenden Beweis als Hilfsmethode Verwendung finden würde.[174]

Zum Nachweis der Invarianz des Vorzeichens der Diskriminante unter einer Drehung wenden wir die entsprechende Abbildungsgleichung aus 5.4.6 auf

$$Ax^2 + Bxy + Cy^2 + Dx + Ey + F = 0 \quad (*) \quad (\text{mit } \Delta = B^2 - 4AC)$$

an und erhalten

$$A(x - ky)^2 + B(x - ky)(kx + y) + C(kx + y)^2 + \ldots = 0$$

bzw.

$$(A + Bk + Ck^2)x^2 + (2Ck - 2Ak + B - Bk^2)xy + (A^2 - Bk + c)y^2 + \ldots = 0 \quad (**),$$

was für die Diskriminante Δ' der gedrehten Kurve

$$\Delta' = [-Bk^2 + 2(C - A)k + B]^2 - 4(Ak^2 - Bk + C)(Ck^2 + Bk + A) =$$

$$= \begin{matrix} B^2k^4 + 4B(A - C)k^3 + [4(A - C)^2 - 2B^2]k^2 + 4B(C - A)k + B^2 \\ -4ACk^4 + 4BCk^3 - 4C^2k^2 - 4ABk^3 + 4B^2k^2 - 4BCk - 4A^2k^2 + 4ABk - 4AC \end{matrix}$$

$$= (B^2 - 4AC)k^4 + 2(B^2 - 4AC)k^2 + B^2 - 4AC = (B^2 - 4AC)(k^4 + 2k^2 + 1) = \underbrace{(k^2 + 1)^2}_{>0} \Delta$$

ergibt, was zeigt, dass für $k \neq 0$ (also einer *echten* Drehung!) Δ ihr Vorzeichen behält, □.

---

[173]Die Ellipse ist diesbezüglich über jeden Verdacht erhaben, da sie ja ganz im Endlichen liegt.
[174]Eine ähnliche (aber von der Ausführung her gänzlich andere) Idee werden wir dann im Anschluss sogleich in Abschnitt 5.4.8 verfolgen!

5.4.8 Ein Zugang über Drehungen und Hauptlagengleichungen

Wie schon im letzten Abschnitt in Fußnote 174 angekündigt, werden wir uns jetzt wieder vermöge einer Drehung einen Weg zum Klassifikationssatz bahnen, und zwar, indem wir zunächst in der Gleichung (∗∗) aus 5.4.7 den Koeffizienten vor xy gleich Null setzen. Dies bedeutet ja lediglich, dass wir den hinter

$$Ax^2 + Bxy + Cy^2 + Dx + Ey + F = 0 \ (*)$$

steckenden Kegelschnitt derart drehen, dass seine Achsen parallel zu den Koordinatenachsen zu liegen kommen, da ja (∗) für $B = 0$ durch Quadratergänzungen in die Form

$$A\left(x + \frac{D}{2A}\right)^2 + C\left(y + \frac{E}{2C}\right)^2 = \frac{D^2}{4A^2} + \frac{E^2}{4C^2} - F$$

übergeführt werden kann, an der man erkennt, dass es sich für

$$\left\{ \begin{array}{c} AC > 0 \\ AC < 0 \end{array} \right\} \text{ um eine } \left\{ \begin{array}{c} \text{(u.U. entartete) Ellipse} \\ \text{Hyperbel} \end{array} \right\} \text{ handelt } (*\,*\,*).$$

Nullsetzen des Koeffizienten von xy in (∗∗) liefert nun die quadratische Gleichung

$$2Ck - 2Ak + B - Bk^2 = 0$$

bzw. (da wir ja von $B \neq 0$ ausgehen, weil eine Drehung ja sonst nicht nötig wäre!)

$$k^2 - 2 \cdot \frac{C - A}{B} - 1 = 0 \ (\#),$$

welche uns ja schon aus 5.4.5 bekannt ist.

Wegen (∗ ∗ ∗) brauchen wir jetzt nur mehr das Vorzeichen des Produkts $\wp$ der reinquadratischen Glieder aus (∗∗) zu untersuchen:

$$\wp = (Ck^2 + Bk + A) \cdot (Ak^2 - Bk + C) = ACk^4 + B(A-C)k^3 + (A^2 - B^2 + C^2)k^2 + B(C-A)k + AC$$

Hier offenbart sich jetzt via

$$\wp = AC(k^4 + 1) + B(A - C)(k^3 - k) + (A^2 - B^2 + C^2)k^2$$

bzw.

$$\wp = k^2 \cdot \left[AC \cdot \left(k^2 + \frac{1}{k^2}\right) + B(A - C) \cdot \left(k - \frac{1}{k}\right) + A^2 - B^2 + C^2 \right]$$

eine (fast) symmetrische Struktur, auf welche man {siehe etwa [2] oder [17][175], wobei in [2] auch ein genauer Beweis dafür zu finden ist, warum die im Folgenden verwendete Substitution (nach [17] modifiziert!) sogar für symmetrische Gleichungen beliebigen Grades funktioniert!} nun die Variablentransformation

$$k - \frac{1}{k} = z \ \Rightarrow \ k^2 - 2 + \frac{1}{k^2} = z^2 \ \Rightarrow \ k^2 + \frac{1}{k^2} = z^2 + 2$$

---

[175]Übrigens wird diese als Fortbildungsmedium für Lehrer an AHS und BHS konzipierte und seit 1963 herausgegebene Zeitschrift ab Vol. 142 ausschließlich in elektronischer Form unter www.bmukk.gv.at/wissenschaftliche-nachrichten erscheinen, womit der angeführte Artikel somit aus der letzten Print-Version stammt! Elektronische Versionen einiger älterer Ausgaben aus den 1960er- und 1970er-Jahren sind unter http://www.zbp.univie.ac.at/projekte/wissnachr/uebersicht.htm abrufbar

anwenden kann, was auf

$$\wp = k^2 \cdot \left[AC(z^2 + 2) + B(A - C)z + A^2 - B^2 + C^2\right]$$

bzw.

$$\wp = k^2 \cdot \left[ACz^2 + B(A - C)z + (A + C)^2 - B^2\right]$$

führt.

Setzen wir das Polynom in der eckigen Klammer gleich Null, erhalten wir

$$_1z_2 = \frac{B(C - A) \pm \sqrt{B^2(C - A)^2 - 4AC[(A + C)^2 - B^2]}}{2AC}$$

bzw.

$$_1z_2 = \frac{B(C - A) \pm \sqrt{B^2(C + A)^2 - 4AC(A + C)^2}}{2AC}$$

resp.

$$_1z_2 = \frac{B(C - A) \pm (C + A) \cdot \sqrt{B^2 - 4AC}}{2AC}.$$

Gilt nun $B^2 - 4AC < 0$, so hat dies die folgenden Konsequenzen:

- $AC > 0$ (1)

- Die Faktor-Polynome in $\wp$ haben beide keine reellen Nullstellen.[176] (2)

- Aus (1) ergibt sich, dass die hinter den beiden Polynomen steckenden Funktions-graphen (Parabeln) beide in die gleiche Richtung geöffnet sind, was zusammen mit (2) impliziert, dass $\wp > 0$ gilt [und zwar $\forall k \in \mathbb{R}$ und somit insbesondere für die Lösungen der quadratischen Gleichung (#)!] und uns somit wegen $(\ast\ast\ast)$ auf die Ellipse führt, für die demnach
  $B^2 - 4AC < 0$ gilt.

Für den Fall $B^2 - 4AC = 0$ ergibt sich für $_1z_2$ die Doppellösung

$$_1z_2 = \frac{B(C - A)}{2AC},$$

welche durch Rücktransformation ...

$$k - \frac{1}{k} = z \quad \Rightarrow \quad k^2 - zk - 1 = 0$$

... auf die quadratische**n** Gleichung**en**[177]

$$k^2 - \frac{B(C - A)}{2AC} \cdot k - 1 = 0 \quad (\#\#)$$

führt, womit die hinter $\wp$ steckende Polynomfunktion vierten Grades zwei doppelte Null-stellen aufweist. Von letzteren ist jetzt noch zu zeigen, dass sie mit den Lösungen von

---

[176]Dies lässt sich auch dadurch einsehen, dass wegen $B^2 - 4AC < 0$ sowohl z_1 als auch z_2 echt-komplex sind, was dann auch für die vier Lösungen k_1 bis k_4 der Gleichung $\wp = 0$ gilt.

[177]Nota bene: Jede Lösung für z erzeugt zwei Lösungen für k. Da $z_1 = z_2$ gilt, zählt somit jede Lösung von $(\#\#)$ doppelt!

(#) koinzidieren, da daraus dann folgt, dass sich für den Fall $B^2 - 4AC = 0$ automatisch $\wp = 0$ ergibt, was in Erweiterung von $(***)$ auf die Parabel führt, da in $y^2 = 2px$ ja im Vergleich zu $Ax^2 + Bxy + Cy^2 + Dx + Ey + F = 0$ eben $A = 0$, $B = 0$ und $C = 1$, ergo $B^2 - 4AC = 0 - 0 = 0$ gilt.

Dazu haben wir aber lediglich zu zeigen, dass die Koeffizienten der linearen Glieder in (#) und (##) übereinstimmen:

$$-2 \cdot \frac{C - A}{B} = -\frac{B(C - A)}{2AC} \quad \Leftrightarrow \quad 4AC(C - A) = B^2(C - A) \ (\#\#\#)$$

Da $C = A$ im Widerspruch zu $B^2 - 4AC = 0$ steht (außer für $A = C = 0$, was dann aber auch $B = 0$ implizieren würde und wieder auf einen Widerspruch führt, da diesfalls nur mehr eine Gerade übrig bliebe!), werden wir demnach von $(\#\#\#)$ auf die wahre Aussage $B^2 = 4AC$ geführt wird, womit also für die Parabel $B^2 - 4AC = 0$ und somit wegen $B^2 - 4AC < 0$ für die Ellipse jetzt für die Hyperbel nur noch der Fall $B^2 - 4AC > 0$ bleibt, womit sich ein weiteres Mal der Klassifikationssatz ergibt.

5.4.9 Ein Zugang über Koordinatentransformationen

In [31], S.192f wird eine äußerst interessante alternative Klassifizierungsmöglichkeit an einem **konkreten Beispiel** einer Kurve zweiter Ordnung **erläutert** (was dem **Unter-Titel** "Lineare Algebra - **nicht vertieft** gerecht wird), die wir hier nun verallgemeinern wollen:

Die Umformung

$$Ax^2 + Bxy + Cy^2 + Dx + Ey + F = Ax^2 + C \cdot \left(y + \frac{B}{2C} \cdot x\right)^2 - \frac{B^2}{4C} \cdot x^2 + Dx + E \cdot \left(y + \frac{B}{2C} \cdot x\right) - \frac{BE}{2C} \cdot x + F$$

kaschiert also in der Kurvengleichung

$$\nu : \ Ax^2 + Bxy + Cy^2 + Dx + Ey + F = 0 \ (\#)$$

das gemischte Glied Bxy und lässt unter Verwendung der via $x_1 = x$ und $y_1 = y + \frac{B}{2C} \cdot x$ definierten neuen Koordinaten x_1 und y_1 die Beschreibung

$$\nu : \ \frac{4AC - B^2}{4C} \cdot x_1{}^2 + C \cdot y_1{}^2 + \frac{2CD - BE}{2C} \cdot x_1 + E \cdot y_1 + F = 0 \ (*)$$

zu.

- Gilt $C = 0$, so lässt sich die Gleichung (#) *eindeutig* nach y auflösen, und zwar als gebrochen-lineare Funktion in x, womit es sich bei ν also um eine Hyperbel handelt.

- Gilt $4AC - B^2 = 0$ (was auch $\boxed{B^2 - 4AC = 0}$ impliziert und an späterer Stelle noch relevant sein wird!), dann lässt sich $(*)$ eindeutig nach x_1 auflösen, und zwar als quadratische Funktion in y_1, woraus sich eine Parabel ergibt, deren Symmetrieachse somit parallel zur x_1−Achse verläuft. Da letztere via $y_1 = 0$ beschrieben werden kann, was aber im ursprünglichen Koordinatensystem zu $y = -\frac{B}{2C} \cdot x$ äquivalent ist, handelt es sich also $\boxed{\text{diesfalls}}$ bei ν um eine Parabel, deren Symmetrieachse somit parallel zur Geraden mit der Gleichung $y = -\frac{B}{2C} \cdot x$ verläuft.

Wenn wir nun $C \neq 0$ sowie $4AC - B^2 \neq 0$ (und wie schon bemerkt somit auch automatisch $B^2 - 4AC \neq 0$) voraussetzen, können wir $(*)$ mit $4C$ multiplizieren und erhalten (unter Verwendung der Abkürzung $\Delta := B^2 - 4AC$)

$$\nu : \ (-\Delta) \cdot x_1{}^2 + 4C^2 \cdot y_1{}^2 + 2 \cdot (2CD - BE) \cdot x_1 + 4CE \cdot y_1 + 4CF = 0,$$

was wir durch die Quadratergänzung

$$\nu : \ (-\Delta) \cdot \left(x_1 - \frac{2CD - BE}{\Delta} \right)^2 - \frac{(2CD - BE)^2}{\Delta^2} + 4C^2 \cdot \left(y_1 + \frac{E}{2C} \right)^2 - E^2 + 4CF = 0$$

unter Verwendung der via $x_2 = x_1 - \frac{2CD-BE}{\Delta}$ und $y_2 = y_1 + \frac{E}{2C}$ definierten neuen Koordinaten x_2 und y_2 auch in der Form

$$\nu : \ -\Delta \cdot x_2{}^2 + 4C^2 \cdot y_2{}^2 - \frac{(2CD - BE)^2}{\Delta^2} - E^2 + 4CF = 0 \quad (**)$$

schreiben können.

Dies lässt nun Folgendes erkennen:

- Für $\Delta < 0$ haben die Koeffizienten von $x_2{}^2$ und $y_2{}^2$ beide positive Vorzeichen, weshalb es sich bei ν im $(x_2|y_2)$–**Koordinatensystem** um eine Ellipse handelt.

- Für $\Delta > 0$ haben die Koeffizienten von $x_2{}^2$ und $y_2{}^2$ unterschiedliche Vorzeichen, weshalb es sich bei ν im $(x_2|y_2)$–**Koordinatensystem** um eine Hyperbel handelt.

- Wenn wir jetzt noch zeigen (können, und: Yes, we can!), dass das Vorzeichen der Diskriminante $\Delta = B^2 - 4AC$ von ν [sprachlich ganz korrekt: der Gleichung (#) von ν] invariant gegenüber *affinen Transformationen*

$$- \ \text{ergo:} \ x \mapsto px + qy + r \ \wedge \ y \mapsto sx + ty + u \ (\#\#) \ -$$

ist, so folgt damit, dass im Fall $\Delta < 0$ bzw. $\Delta > 0$ nicht nur durch $(**)$ im $(x_2|y_2)$–Koordinatensystem, sondern auch durch (#) im $(x|y)$–Koordinatensystem eine Ellipse bzw. Hyperbel beschrieben wird, da affine Transformationen (vgl. Kapitel 2.3!) ja Ellipsen bzw. Hyperbeln wieder auf Ellipsen bzw. Hyperbeln abbilden (aufgrund mangelnder Einbeziehung von Fernelementen im Gegensatz zu den perspektiven Kollineationen einsichtig).

Also transformieren wir

$$\nu : \ Ax^2 + Bxy + Cy^2 + Dx + Ey + F = 0$$

via der obigen affinen Transformation $(\#\#)$, was zu

$$A(px + qy + r)^2 + B(px + qy + r)(sx + ty + u) + C(sx + ty + u)^2 + \ldots = 0$$

und somit zu

$$\underbrace{(Ap^2 + Bps + Cs^2)}_{=:A'}x^2 + \underbrace{[2(Apq + Cst) + B(pt + qs)]}_{=:B'}xy + \underbrace{(Aq^2 + Bqt + Ct^2)}_{=:C'}y^2 + \ldots = 0$$

führt. Dadurch erhalten wir

$$\Delta' = B'^2 - 4A'C' = 4(Apq + Cst)^2 + 4(Apq + Cst)(Bpt + Bqs) + (Bpt + Bqs)^2 - 4(Ap^2 + Bps + Cs^2)(Aq^2 + Bqt + Ct^2) =$$

$$= 4 \cdot \left(\begin{array}{llll} A^2p^2q^2 & +2ACpqst & +C^2s^2t^2 & +ABp^2qt & +BCpst^2 \\ & & & +ABpq^2s & +BCqs^2t \\ -A^2p^2q^2 & -ACs^2q^2 & -C^2s^2t^2 & -ABpq^2s & -BCqs^2t & -B^2pqst \\ -ACp^2t^2 & & & -ABp^2qt & -BCpst^2 \end{array} \right) + (Bpt + Bqs)^2 =$$

$$= -4AC \cdot (p^2t^2 - 2pqst + s^2q^2) + B^2[(pt + qs)^2 - 4pqst] = -4AC(pt - qs)^2 + B^2(pt - qs)^2 =$$

$$= (B^2 - 4AC) \cdot (pt - qs)^2 = \Delta \cdot \left\{ \det \left[\left(\begin{array}{cc} p & q \\ r & s \end{array} \right) \right] \right\}^2 .$$

Da die hinter (#) steckende affine Transformation $\alpha : \mathbb{R}^2 \to \mathbb{R}^2$ auch in der Form

$$\vec{y} = \alpha(\vec{x}) = \left(\begin{array}{cc} p & q \\ r & s \end{array} \right) \cdot \vec{x} + \left(\begin{array}{c} r \\ u \end{array} \right) \quad \text{mit} \quad \vec{x} = \left(\begin{array}{c} x \\ y \end{array} \right)$$

angeschrieben werden kann, entpuppt sich der Faktor nach Δ in der Darstellung von Δ' gerade als das Quadrat der Determinante der zu α zugehörigen Koeffizientenmatrix. Da nun α notwendigerweise invertierbar sein muss, verschwindet folglich auch die Determinante der Koeffizientenmatrix nicht, womit also sgnΔ' =sgnΔ gilt und dadurch alles gezeigt ist.[178]

Bezüglich weiterer Zugänge zum Klassifikationssatz für Kurven zweiter Ordnung konsultiere man etwa [61]!

5.4.10 Ein Zugang über orientierte Normalabstände

Unterwerfen wir den Kegelschnitt ν' mit der Gleichung

$$\nu' : \ A'x^2 + B'xy + C'y^2 + D'x + E'y + F' = 0$$

derart einer Translation, sodass der verschobene Kegelschnitt ν durch den Koordinatenursprung verläuft, so fällt das konstante Glied weg, ν kann via

$$\nu : \ Ax^2 + Bxy + Cy^2 + Dx + Ey = 0$$

beschrieben und insbesondere (zweideutig) nach y aufgelöst werden:

$$Cy^2 + (Bx + E)y + Ax^2 + Dx = 0$$

$$\Rightarrow \ _1y_2 = \frac{-(Bx + E) \pm \sqrt{(Bx + E)^2 - 4C(Ax^2 + Dx)}}{2C} =$$

$$= \frac{-Bx - E \pm \sqrt{(B^2 - 4AC)x^2 + 2(BE - 2CD)x + E^2}}{2C}$$

---

[178]Für ganz genaue Beobachter: Am Ende von 4.15.4 haben wir bereits für den Spezialfall, dass es sich bei α um eine **Bewegung** handelt, die Invarianz des Diskriminantenvorzeichens gezeigt!

Da in $\pm$ nur das positive Vorzeichen auf jenen Teil von ν führt, welcher den Koordinatenursprung enthält, konzentrieren wir uns auf den Graphen Γ_f der Funktion f mit der Funktionsgleichung

$$y = f(x) = \frac{1}{2C} \cdot \left(-Bx - E + \sqrt{(B^2 - 4AC)x^2 + 2(BE - 2CD)x + E^2}\right)$$

und bilden zwecks Ermittlung der Tangentensteigung von ν in $(0|0)$ die erste Ableitung:

$$f'(x) = \frac{1}{2C} \cdot \left(-B + \frac{(B^2 - 4AC)x + BE - 2CD}{\sqrt{(B^2 - 4AC)x^2 + 2(BE - 2CD)x + E^2}}\right)$$

Dadurch erhalten wir

$$f'(0) = \frac{1}{2C} \cdot \left(-B + \frac{BE - 2CD}{E}\right) = \frac{1}{2C} \cdot \left(-B + B - \frac{2CD}{E}\right) = \frac{1}{2C} \cdot \frac{-2CD}{E} = \frac{-D}{E},$$

woraus sich für die entsprechende Tangente t die Gleichung

$$t: \ y = \frac{-D}{E} \cdot x \quad \text{bzw. in HESSEscher Normalform} \quad t: \ \frac{Dx + Ey}{\sqrt{D^2 + E^2}} = 0$$

ergibt.

Wenn ν (und somit auch ν', da Translationen den Kegelschnittstyp invariant lassen) nun eine Hyperbel ist, so liefern Punkte verschiedener Hyperbeläste unterschiedlich signierte Normalabstände zu t, d.h.

$$\frac{Dx + Ey}{\sqrt{D^2 + E^2}} \quad \text{und somit auch} \quad -Dx - Ey$$

kann für Punkte von ν sowohl positiv als auch negativ [bzw. 0 für $(x|y) = (0|0)$] sein.

Wegen $\nu: \ Ax^2 + Bxy + Cy^2 + Dx + Ey = 0 \ \Rightarrow \ -Dx - Ey = Ax^2 + Bxy + Cy^2$

nimmt für den Fall, dass ν eine Hyperbel beschreibt, die quadratische Form

$$\varphi(x, y) = Ax^2 + Bxy + Cy^2$$

sowohl positive als auch negative Werte an, was wir mit der folgenden quadratischen Ergänzung genauer untersuchen:

$$\varphi(x, y) = C \cdot \left(y^2 + \frac{B}{C} \cdot xy + \frac{A}{C} \cdot x^2\right) = C \cdot \left[\left(y + \frac{B}{2C} \cdot x\right)^2 + \left(\frac{A}{C} - \frac{B^2}{4C^2}\right) \cdot x^2\right] =$$

$$= C \cdot \left[\left(y + \frac{B}{2C} \cdot x\right)^2 + \frac{4AC - B^2}{4C^2} \cdot x^2\right]$$

Unter Verwendung der Schreibweise $\Delta := B^2 - 4AC$ für die **Diskriminante** Δ von ν (und wegen der *Translationsinvarianz* von Δ' auch von ν', was im letzten Abschnitt weiter gefasst für **Bewegungen** - welche ja Translationen beinhalten - bewiesen wurde) ergibt sich somit

$$\varphi(x, y) = C \cdot \left[\left(y + \frac{B}{2C} \cdot x\right)^2 - \frac{\Delta}{4C^2} \cdot x^2\right].$$

- Aus $\Delta < 0$ folgt nun $-\frac{\Delta}{4C^2} \cdot x^2 > 0 \; \forall x \in \mathbb{R}\backslash\{0\}$, was wegen

$$\left(y + \frac{B}{2C} \cdot x\right)^2 > 0 \; \forall x \in \mathbb{R}^2\backslash\{(x|y)\,|\,y + \frac{B}{2C} \cdot x = 0\}$$

impliziert, dass $\varphi(x,y)$ für alle Punkte auf ν mit Ausnahme des Ursprungs gleiche Vorzeichen liefert, womit es sich also bei ν und somit auch bei ν' um eine Ellipse handelt.

- Aus $\Delta = 0$ folgt mit Ausnahme aller Punkte der Gerade mit der Gleichung $y + \frac{B}{2C} \cdot x = 0$, dass $\varphi(x,y)$ für alle Punkte auf ν mit Ausnahme des Ursprungs[179] gleiche Vorzeichen liefert, womit es sich also bei ν und somit auch bei ν' um eine Parabel handelt, da es bei einer Ellipse **nicht** möglich ist, dass sie mit einer Geraden nur einen Punkt gemeinsam hat, wenn diese keine Tangente ist.

- Aus $\Delta > 0$ folgt, dass $\varphi(x,y)$ für Punkte auf ν sowohl positive als auch negative Werte annehmen kann, womit es sich um eine Hyperbel (wegen der zwei Äste) handelt.

5.5 (Weitere) Elemente der Raumgeometrie

5.5.1 Würfel, Kegel und Parabel

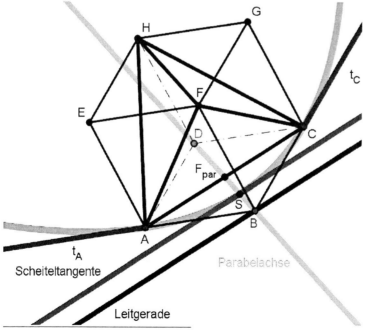

In der linken Figur ist ein Würfel $ABCDEFGH$ der Seitenlänge 12 abgebildet. Wir betrachten jetzt die Drehkegelfläche Γ mit der Spitze F und den Erzeugenden FA, FC und FH, wobei der Umkreis des Dreiecks $\triangle ACH$ ein Leitkreis k von Γ sein soll und wollen zeigen, dass die Schnittkurve von Γ mit der

---

[179]Der werte L $\overset{e}{\ddot{o}}$ ser möge dies zeigen, indem er (unter Beachtung von $\Delta = 0$!) die Gerade mit der Gleichung $y + \frac{B}{2C} \cdot x = 0$ mit ν schneidet und zeigt, dass dies auf die Gleichung $\left(D - \frac{BE}{2C}\right) \cdot x = 0$ und somit exklusiv auf den Koordinatenursprung führt.

Trägerebene ε der Würfelfläche $ABCD$ eine Parabel ν ist.[180]

Dazu legen wir ein räumliches cartesisches Koordinatensystem derart geeignet in diese Konfiguration, dass A den Ursprung bildet, sowie B bzw. D bzw. E auf der positiven $x-$ bzw. $y-$ bzw. $z-$Achse liegt. Da es sich bei ΔACH um ein gleichseitiges Dreieck handelt, entspricht der Mittelpunkt M von k dem Schwerpunkt des Dreiecks ΔACH, für welchen wir unter Anwendung der vektoriellen Schwerpunktsformel $M = \frac{1}{3}(A + C + H)$ wegen $A(0|0|0)$, $C(12|12|0)$ und $H(0|12|12)$ das Resultat $M(4|8|4)$ erhalten. Die Achse a von Γ ist somit durch F und M festgelegt, was uns wegen $F(12|0|12)$ mit

$$\overrightarrow{MF} = \begin{pmatrix} 8 \\ -8 \\ 8 \end{pmatrix} \; \middle\| \; \boxed{\frac{1}{\sqrt{3}} \cdot \begin{pmatrix} 1 \\ -1 \\ 1 \end{pmatrix}}$$

einen $\boxed{\text{normierten Richtungsvektor}}$ von a liefert.

Nun wenden wir den folgenden $\boxed{\text{SATZ}}$ an[181]:

$\boxed{\text{SATZ.}}$ Es sei $a : X = S + \lambda \cdot \vec{v}$ (mit $|\vec{v}| = 1$) die Parameterdarstellung der Achse a eines geraden Kreiskegels mit der Spitze S und dem Neigungswinkel φ. Dann liegt $X \in \mathbb{R}^3$ genau dann auf Γ, wenn

$$(X - S)^2 \cos^2 \varphi = ((X - S) \times \vec{v})^2$$

gilt.

Um diesen Satz anwenden zu können, benötigen wir noch den Neigungswinkel φ einer Erzeugenden gegenüber jeder Normalebene zu a, wozu wir z.B. AF heranziehen und wegen

$$\overrightarrow{AF} = \begin{pmatrix} 12 \\ 0 \\ 12 \end{pmatrix} \; \middle\| \; \begin{pmatrix} 1 \\ 0 \\ 1 \end{pmatrix}$$

zu

$$\sin \varphi = \frac{\begin{pmatrix} 1 \\ 0 \\ 1 \end{pmatrix} \cdot \begin{pmatrix} 1 \\ -1 \\ 1 \end{pmatrix}}{\left|\begin{pmatrix} 1 \\ 0 \\ 1 \end{pmatrix}\right| \cdot \left|\begin{pmatrix} 1 \\ -1 \\ 1 \end{pmatrix}\right|} = \frac{2}{\sqrt{2} \cdot \sqrt{3}} = \frac{2}{\sqrt{6}}$$

bzw. wegen $\cos^2 \varphi + \sin^2 \varphi = 1$ schließlich zu

$$\cos^2 \varphi = \frac{1}{3}$$

gelangen.

---

[180]Weitere sich bereits aus der Figur ergebende Details bezüglich ν werden dann im Verlauf dieses Abschnitts gezeigt werden.

[181]Ein Beweis dieses Satzes wird dem werten L $\overset{e}{\underset{ö}{}}$ ser als Übung wärmstens ans Herz gelegt.

Damit lautet eine Gleichung von Γ gemäß des obigen Satzes

$$\Gamma: \quad \frac{1}{3} \cdot \begin{pmatrix} x - 12 \\ y \\ z - 12 \end{pmatrix}^2 = \frac{1}{3} \cdot \left[\begin{pmatrix} x - 12 \\ y \\ z - 12 \end{pmatrix} \times \begin{pmatrix} 1 \\ -1 \\ 1 \end{pmatrix} \right]^2 \quad (*).$$

Somit läuft die Bestimmung einer Gleichung der Schnittkurve ν von Γ mit ε auf das Lösen des aus den Gleichungen $(*)$ und $z = 0$ (da ε ja π_1 entspricht!) resultierenden Gleichungssystems hinaus, womit durch

$$\nu: \quad \begin{pmatrix} x - 12 \\ y \\ -12 \end{pmatrix}^2 = \left[\begin{pmatrix} x - 12 \\ y \\ -12 \end{pmatrix} \times \begin{pmatrix} 1 \\ -1 \\ 1 \end{pmatrix} \right]^2$$

(wenn auch noch in äußerst latenter Form) eine Gleichung von ν gegeben ist, die wir jetzt weiter umformen:

$$\nu: \quad x^2 - 24x + 144 + y^2 + 144 = \begin{pmatrix} y - 12 \\ -x \\ -x - y + 12 \end{pmatrix}^2$$

$$\nu: \quad x^2 + y^2 - 24x + 288 = y^2 - 24y + 144 + x^2 + x^2 + y^2 + 144 + 2xy - 24x - 24y$$

$$\nu: \quad x^2 + 2xy + y^2 - 48y = 0 \quad (**)$$

Wegen $\Delta = 4 - 4 \cdot 1 \cdot 1 = 0$ ist ν also eine Parabel. Da ferner

$$\det \begin{pmatrix} 1 & 1 & 0 \\ 1 & 1 & -24 \\ 0 & -24 & 0 \end{pmatrix} = 24 \cdot \det \begin{pmatrix} 1 & 0 \\ 1 & -24 \end{pmatrix} = -24^2 \neq 0$$

gilt, ist ν gemäß des Entartungssatzes aus 5.2 nicht entartet, weshalb wir nun sämtliche Charakteristika von ν ermitteln:

Schneidet man ν nun mit einer beliebigen Gerade g mit der Gleichung $y = kx + d$, so möge der werte L $\overset{\text{e}}{\text{ö}}$ ser als Übung zeigen, dass die dadurch enstehende "Schnittgleichung"

$$g \cap \nu: \quad \underbrace{(k^2 + 2k + 1)}_{(k+1)^2} \cdot x^2 + [(2d - 48)k + 2d]x + d^2 - 48d = 0$$

lautet und somit $\forall k \in \mathbb{R}\backslash\{-1\}$ eine quadratische Gleichung in x liefert, welche je nach Lage von g keine reellen Lösungen, eine (reelle) Doppellösung oder zwei reelle Lösungen liefert, was g dem Status einer Passante, Tangente oder Sekante von ν verleiht. Für den Sonderfall $k = -1$ (unabhängig vom Wert für d) wird aus der Schnittgleichung aber eine lineare Gleichung, womit also alle Geraden mit der Steigung -1 die Parabel in genau einem Punkt **schneiden** (Eine Berührung würde ja eine Doppellösung erfordern!). Daher weist insbesondere die Parabelachse eine Steigung von -1 auf, womit die Steigung der Scheiteltangente t_S demnach $+1$ beträgt[182], was uns zum Ansatz

$$t_S: x = y + 2d$$

---

[182]Vgl. Abschnitt 2.1.6!

und in weiterer Folge auf[183]

$$\nu \cap t_S : \ (2y + d)^2 = 48y \ \Leftrightarrow \ 4y^2 + 4(2d - 12)y + 4d^2 = 0$$

bzw.

$$y^2 + 2(d - 6)y + d^2 = 0 \quad (**)$$

führt, wobei $(**)$ genau dann eine Doppellösung aufweist, wenn

$$4(d - 6)^2 - 4d^2 = 0 \ \Leftrightarrow \ (d - 6)^2 - d^2 = 0 \ \Leftrightarrow \ -12d + 36 = 0 \ \Leftrightarrow \ d = 3$$

gilt, was in $(**)$ eingesetzt auf

$$y^2 - 6y + 9 = (y - 3)^2 = 0 \ \Rightarrow \ y = 3$$

und schließlich wegen

$$t_S : x = y + 6$$

zum Scheitelpunkt $S(9|3)$ führt.

Nun ist der werte L $\overset{e}{\underset{\ddot{o}}{}}$ ser wieder dazu aufgerufen, in Aktion zu treten, um die folgenden beiden Sätze A und B zu beweisen:

$\boxed{\text{SATZ A.}}$ Liegt $T(x_T|y_T)$ auf dem durch die Gleichung

$$\nu : \ Ax^2 + Bxy + Cy^2 + Dx + Ey + F = 0$$

beschriebenen Kegelschnitt, so ist eine Gleichung der Tangente t_T an ν in T durch

$$t_T : \ Ax_T x + \frac{B}{2} \cdot (x_T y + y_T x) + C y_T y + \frac{D}{2} \cdot (x_T + x) + \frac{E}{2} \cdot (y_T + y) + F = 0 \ (\text{"Spaltform"})$$

gegeben.

$\boxed{\text{SATZ B.}}$ Die Normale auf eine Parabeltangente t_T durch den Schnittpunkt von t_T mit der Scheiteltangente schneidet die Parabelachse im Brennpunkt der Parabel.

Da ν offensichtlich durch A verläuft, wenden wir die Sätze A und B auf $T = A$ an und erhalten (wobei wir die alternative Darstellung von ν aus der letzten Fußnote verwenden!)

$$t_A : \ 0 = 24y \ \text{bzw.} \ t_A : \ y = 0,$$

was die bereits aus der Figur zu vermutende Eigenschaft beweist, dass ν die x−Achse in A berührt.

Der Schnitt $t_A \ \cap \ t_S$ führt somit auf den Punkt $(6|0)$ und in weiterer Folge (weil die Normale auf t_A durch $(6|0)$ parallel zur y−Achse verläuft und mit(tlerweile mit)

$$a' : \ x + y = 12$$

eine Gleichung der Achse a' von ν vorliegt) auf den Brennpunkt $F_{\text{par}}(6|6)$, welcher an S gespiegelt den Schnittpunkt $(12|0)$ (ergo: B!) von Parabelachse und Leitgerade ergibt, womit schließlich mit

$$\ell : \ x - y = 12$$

auch eine Gleichung der Leitgerade ℓ von ν vorliegt.

Da $F_{\text{par}} = M_{AC}$ und überdies $C \in \nu$ wegen $C \in \Gamma$ gilt und ferner g_{AC} parallel zu t_S und (sic!) ℓ verläuft, entsteht die Tangente t_C durch Spiegelung von t_A an BD, woraus folgt, dass ν in C von der Würfelkante BC berührt wird.

---

[183]zwecks Vereifachung unter Beachtung der alternativen Darstellung $\nu : (x + y)^2 = 48y$!

5.5.2 Würfel, Kegel und Hyperbel

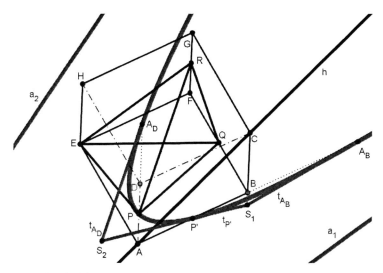

In der Figur ist ein Würfel $ABCDEFGH$ der Seitenlänge 12 zusammen mit drei Kantenmittelpunkten P, Q und R abgebildet. Wir betrachten jetzt die Drehkegelfläche Γ mit der Spitze E und den Erzeugenden EP, EQ und ER, wobei der Umkreis des Dreiecks ΔPQR ein Leitkreis k von Γ sein soll und wollen zeigen, dass die Schnittkurve von Γ mit der Trägerebene ε der Würfelfläche $ABCD$ eine Hyperbel ν ist.[184]

Dazu legen wir ein räumliches cartesisches Koordinatensystem derart geeignet in diese Konfiguration, dass A den Ursprung bildet, sowie B bzw. D bzw. E auf der positiven $x-$ bzw. $y-$ bzw. $z-$Achse liegt. Da es sich bei ΔPQR wegen

$$\overrightarrow{QP} = \begin{pmatrix} -12 \\ 6 \\ -6 \end{pmatrix} \parallel \begin{pmatrix} 2 \\ -1 \\ 1 \end{pmatrix}$$

und

$$\overrightarrow{QR} = \begin{pmatrix} 0 \\ 6 \\ 6 \end{pmatrix} \parallel \begin{pmatrix} 0 \\ 1 \\ 1 \end{pmatrix}$$

sowie

$$\begin{pmatrix} 2 \\ -1 \\ 1 \end{pmatrix} \cdot \begin{pmatrix} 0 \\ 1 \\ 1 \end{pmatrix} = 0$$

um ein rechtwinkliges Dreieck mit der Hypotenuse PR handelt, entspricht der Mittelpunkt M von k aufgrund des Lehrsatzes von THALES dem Mittelpunkt der Strecke PR, für welchen wir unter Verwendung der vektoriellen Mittelpunktsformel $M = \frac{1}{2}(P + R)$ wegen $P(0|6|0)$ und $R(12|6|12)$ das Resultat $M(6|6|6)$, ergo den Mittelpunkt des Würfels (Schnittpunkt der Raumdiagonalen) erhalten.

---

[184]Weitere sich bereits aus der Figur ergebende Details bezüglich ν werden dann im Verlauf dieses Abschnitts gezeigt werden.

Die Achse a von Γ ist somit durch E und M festgelegt, was uns wegen $E(0|0|12)$ mit

$$\vec{ME} = \begin{pmatrix} -6 \\ -6 \\ 6 \end{pmatrix} \parallel \boxed{\frac{1}{\sqrt{3}} \cdot \begin{pmatrix} 1 \\ 1 \\ -1 \end{pmatrix}}$$

einen $\boxed{\text{normierten Richtungsvektor}}$ von a liefert.

Um den ersten Satz aus 5.5.1 anwenden zu können, benötigen wir noch den Neigungswinkel φ einer Erzeugenden gegenüber jeder Normalebene zu a, wozu wir z.B. EP heranziehen und wegen

$$\vec{EP} = \begin{pmatrix} 0 \\ 6 \\ -12 \end{pmatrix} \parallel \begin{pmatrix} 0 \\ 1 \\ -2 \end{pmatrix}$$

zu

$$\sin\varphi = \frac{\begin{pmatrix} 0 \\ 1 \\ -2 \end{pmatrix} \cdot \begin{pmatrix} 1 \\ 1 \\ -1 \end{pmatrix}}{\left| \begin{pmatrix} 0 \\ 1 \\ -2 \end{pmatrix} \right| \cdot \left| \begin{pmatrix} 1 \\ 1 \\ -1 \end{pmatrix} \right|} = \frac{3}{\sqrt{5} \cdot \sqrt{3}} = \frac{3}{\sqrt{15}}$$

bzw. wegen $\cos^2\varphi + \sin^2\varphi = 1$ schließlich zu

$$\cos^2\varphi = \frac{2}{5}$$

gelangen.

Damit lautet eine Gleichung von Γ gemäß des ersten Satzes aus 5.5.1

$$\Gamma : \quad \frac{2}{5} \cdot \begin{pmatrix} x \\ y \\ z-12 \end{pmatrix}^2 = \frac{1}{3} \cdot \left[\begin{pmatrix} x \\ y \\ z-12 \end{pmatrix} \times \begin{pmatrix} 1 \\ 1 \\ -1 \end{pmatrix} \right]^2 \quad (*).$$

Somit läuft die Bestimmung einer Gleichung der Schnittkurve ν von Γ mit ε auf das Lösen des aus den Gleichungen $(*)$ und $z = 0$ (da ε ja π_1 entspricht!) resultierenden Gleichungssystems hinaus, womit durch

$$\nu : \quad 6 \cdot \begin{pmatrix} x \\ y \\ -12 \end{pmatrix}^2 = 5 \cdot \left[\begin{pmatrix} x \\ y \\ -12 \end{pmatrix} \times \begin{pmatrix} 1 \\ 1 \\ -1 \end{pmatrix} \right]^2$$

(wenn auch noch in äußerst latenter Form) eine Gleichung von ν gegeben ist, die wir jetzt weiter umformen:

$$\nu : \quad 6 \cdot (x^2 + y^2 + 144) = 5 \cdot \begin{pmatrix} -y+12 \\ 12-x \\ x-y \end{pmatrix}^2$$

$$\nu : \quad 6x^2 + 6y^2 + 864 = 10 \cdot (x^2 - xy + y^2 - 12x - 12y + 144)$$

$$\nu : \quad 2x^2 - 5xy + 2y^2 - 60x - 60y + 288 = 0 \quad (\#)$$

Wegen $\Delta = 25 - 4 \cdot 2 \cdot 2 = 9 > 0$ ist ν also eine Hyperbel. Da ferner

$$\det \begin{pmatrix} 2 & -\frac{5}{2} & -30 \\ -\frac{5}{2} & 2 & -30 \\ -30 & -30 & 288 \end{pmatrix} = \left(\frac{-1}{2}\right)^2 \cdot (-6) \cdot \det \begin{pmatrix} -4 & 5 & 5 \\ 5 & -5 & 5 \\ 60 & 60 & -8 \end{pmatrix} =$$

$$= \frac{3}{2} \cdot \begin{pmatrix} -4 \\ 5 \\ 60 \end{pmatrix} \times \begin{pmatrix} 5 \\ -4 \\ 60 \end{pmatrix} \cdot \begin{pmatrix} 5 \\ 5 \\ -8 \end{pmatrix} =$$

$$= \frac{3}{2} \cdot \begin{pmatrix} 540 \\ 540 \\ -9 \end{pmatrix} \cdot \begin{pmatrix} 5 \\ 5 \\ -8 \end{pmatrix} =$$

$$= \frac{27}{2} \cdot \begin{pmatrix} 60 \\ 60 \\ -1 \end{pmatrix} \cdot \begin{pmatrix} 5 \\ 5 \\ -8 \end{pmatrix} = \frac{27}{2} \cdot 608 = 8208 \neq 0$$

gilt, ist ν gemäß des Entartungssatzes aus 5.2 nicht entartet, weshalb wir nun *einige* Charakteristika von ν ermitteln:

Lösen wir (#) nach y auf ...

$$\nu: \ 2y^2 - (5x + 60)y + 2x^2 - 60x + 288 = 0$$

...

$$_1y_2 = \frac{5x + 60 \pm \sqrt{25x^2 + 600x + 3600 - 16x^2 + 480x - 2304}}{4}$$

...

$$_1y_2 = \frac{5x + 60 \pm \sqrt{9x^2 + 1080x + 1296}}{4},$$

... ergänzen zu einem Quadrat ...

$$y_{1,2}(x) = \frac{5x + 60 \pm \sqrt{(3x + 180)^2 - 311104}}{4}$$

... und formen um ...

$$y_{1,2}(x) = \frac{5x + 60 \pm (3x + 180)\sqrt{1 - \frac{3456}{(x+60)^2}}}{22},$$

... so erhalten wir schließlich für $x \to \pm\infty$ mit

$$a_{1,2}: y = \frac{5x + 60 \pm (3x + 180)}{4}$$

bzw. einzeln

$$a_1: y = \frac{1}{2} \cdot x - 30 \quad \text{und} \quad a_2: y = 2x + 60$$

Gleichungen der Asymptoten a_1 und a_2, welche einander (Gleichsetzungsmethode!) somit im Punkt $(-60|-60)$ schneiden.

Die aus den beiden Gleichungen der Asymptoten a_1 und a_2 resultierenden Normalvektoren letzterer lauten

$$\begin{pmatrix} 1 \\ 2 \end{pmatrix} \quad \text{und} \quad \begin{pmatrix} 1 \\ \frac{1}{2} \end{pmatrix} \ \| \ \begin{pmatrix} 2 \\ 1 \end{pmatrix},$$

womit wegen der Betragsgleichheit von $\begin{pmatrix} 1 \\ 2 \end{pmatrix}$ und $\begin{pmatrix} 2 \\ 1 \end{pmatrix}$ via

$$\begin{pmatrix} 1 \\ 2 \end{pmatrix} \pm \begin{pmatrix} 2 \\ 1 \end{pmatrix}, \quad \text{ergo} \quad \begin{pmatrix} 3 \\ 3 \end{pmatrix} \ \| \ \begin{pmatrix} 1 \\ 1 \end{pmatrix} \quad \text{und} \quad \begin{pmatrix} -1 \\ 1 \end{pmatrix}$$

Richtungsvektoren der Achsen von ν gegeben sind, welche wegen der Inzidenz mit $(-60| - 60)$ somit (etwa) durch die Gleichungen

$$x + y = -120 \quad \text{und} \quad y = x$$

beschrieben werden können.

Da ν invariant gegenüber Vertauschung von x und y ist, ist die zweite der beiden Gleichungen keine Überraschung und beschreibt somit automatisch die Hauptachse h von ν (siehe Figur!).

Weitere der Abbildung zu entnehmenden (und über die Gleichung von ν bzw. die Spaltform für Tangenten an ν einfach nachzuweisenden[185]) Eigenschaften von ν sind, dass ...

- ... die Spiegelpunkte A_B und A_D von A an B und D auch auf ν liegen,

- ... $t_{P'}$ und t_{A_B} einander auf der Gerade g_{BC} schneiden,

- ... $t_{P'}$ und t_{A_D} einander auf der Parallele zu g_{BD} durch A schneiden.

Zum Abschluss dieses vorletzten Unterabschnitts sei der werte L$\overset{e}{\underset{\ddot{}}{}}$ser vor eine (weitere[186])herausfordernde *Übungsaufgabe* gestellt:

Wenn man die Lage der Kegelspitze S auf a variieren lässt (wobei $S \neq M$ und — da wir diesen Fall ja in diesem Unterabschnitt bereits ausführlich analysiert haben! — auch $S \neq E$ gelten soll), erhält man unterschiedliche Kegelformen und somit auch unterschiedliche Kegelschnittsformen.

Beweise, dass

- *alle Punkte auf der offenen Strecke P_1P_2 mit $P_1(-2| - 2|14)$ und $P_2(14|14| - 2)$ als Schnittkurve eine Hyperbel liefern, welche für die Punkte $Q_\pm(6 \pm \sqrt{12}|6 \pm \sqrt{12}|6 \mp \sqrt{12})$ gleichseitig ist, wobei diesfalls die Asymptoten parallel zu den Koordinatenachsen verlaufen.*

- *P_1 und P_2 Parabeln generieren.*

- *alle übrigen Punkte auf a Ellipsen erzeugen.[187]*

---

[185]Übung für den werten L$\overset{e}{\underset{\ddot{}}{}}$ser!

[186]in diesem Fall aber nicht in weiterer Folge verwendete!

[187]Durch diese Aufgabe wird die projektive Verwandtschaft von Ellipse, Hyperbel und Parabel in sehr schöner Weise (wenn auch *grundsätzlich anders* als in 4.16!) aufgezeigt!

5.5.3 Würfel, Kegel und Ellipse

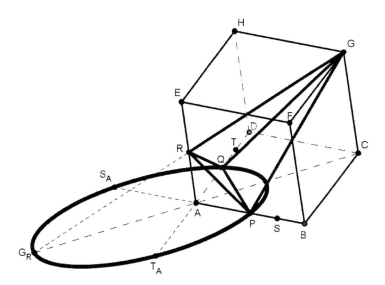

In der Figur ist ein Würfel $ABCDEFGH$ der Seitenlänge 12 abgebildet zusammen mit drei Kantenmittelpunkten P, Q und R abgebildet. Wir betrachten jetzt die Drehkegelfläche Γ mit der Spitze G und den Erzeugenden GP, GQ und GR, wobei

der Umkreis des Dreiecks ΔPQR ein Leitkreis k von Γ sein soll und wollen zeigen, dass die Schnittkurve von Γ mit der Trägerebene ε der Würfelfläche $ABCD$ eine Ellipse ν ist.[188]

Dazu legen wir ein räumliches cartesisches Koordinatensystem derart geeignet in diese Konfiguration, dass A den Ursprung bildet, sowie B bzw. D bzw. E auf der positiven $x-$ bzw. $y-$ bzw. $z-$Achse liegt. Da es sich bei ΔPQR um ein gleichseitiges Dreieck handelt, entspricht der Mittelpunkt M von k dem Schwerpunkt des Dreiecks ΔPQR, für welchen wir wiederum unter Anwendung der vektoriellen Schwerpunktsformel $M = \frac{1}{3}(P+Q+R)$ wegen $P(6|0|0)$, $Q(0|6|0)$ und $R(0|0|6)$ das Resultat $M(2|2|2)$ erhalten.
Die Achse a von Γ ist somit durch G und M festgelegt, was uns wegen $G(12|12|12)$ mit

$$\overrightarrow{MG} = \begin{pmatrix} 10 \\ 10 \\ 10 \end{pmatrix} \parallel \boxed{\frac{1}{\sqrt{3}} \cdot \begin{pmatrix} 1 \\ 1 \\ 1 \end{pmatrix}}$$

einen $\boxed{\text{normierten Richtungsvektor}}$ von a liefert.
Um den ersten Satz aus 5.5.1 anwenden zu können, benötigen wir noch den Neigungswinkel φ einer Erzeugenden gegenüber jeder Normalebene zu a, wozu wir z.B. PG heranziehen und wegen

$$\overrightarrow{PG} = \begin{pmatrix} 6 \\ 12 \\ 12 \end{pmatrix} \parallel \begin{pmatrix} 1 \\ 2 \\ 2 \end{pmatrix}$$

---

[188]Weitere sich bereits aus der Figur ergebende Details bezüglich ν werden dann im Verlauf dieses Abschnitts gezeigt werden.

zu

$$\sin \varphi = \frac{\begin{pmatrix} 1 \\ 2 \\ 2 \end{pmatrix} \cdot \begin{pmatrix} 1 \\ 1 \\ 1 \end{pmatrix}}{\left| \begin{pmatrix} 1 \\ 2 \\ 2 \end{pmatrix} \right| \cdot \left| \begin{pmatrix} 1 \\ 1 \\ 1 \end{pmatrix} \right|} = \frac{5}{3 \cdot \sqrt{3}}$$

bzw. wegen $\cos^2 \varphi + \sin^2 \varphi = 1$ schließlich zu

$$\cos^2 \varphi = \frac{2}{27}$$

gelangen.

Damit lautet eine Gleichung von Γ gemäß des ersten Satzes aus 5.5.1

$$\Gamma : \quad \frac{2}{27} \cdot \begin{pmatrix} x - 12 \\ y - 12 \\ z - 12 \end{pmatrix}^2 = \frac{1}{3} \cdot \left[\begin{pmatrix} x - 12 \\ y - 12 \\ z - 12 \end{pmatrix} \times \begin{pmatrix} 1 \\ 1 \\ 1 \end{pmatrix} \right]^2 \quad (*).$$

Somit läuft die Bestimmung einer Gleichung der Schnittkurve ν von Γ mit ε auf das Lösen des aus den Gleichungen $(*)$ und $z = 0$ (da ε ja π_1 entspricht!) resultierenden Gleichungssystems hinaus, womit durch

$$\nu : \quad 2 \cdot \begin{pmatrix} x - 12 \\ y - 12 \\ -12 \end{pmatrix}^2 = 9 \cdot \left[\begin{pmatrix} x - 12 \\ y - 12 \\ -12 \end{pmatrix} \times \begin{pmatrix} 1 \\ 1 \\ 1 \end{pmatrix} \right]^2$$

(wenn auch noch in äußerst latenter Form) eine Gleichung von ν gegeben ist, die wir jetzt weiter umformen:

$$\nu : \quad 2 \cdot (x^2 + y^2 - 24x - 24y + 432) = 9 \cdot \begin{pmatrix} y \\ -x \\ x - y \end{pmatrix}^2$$

$$\nu : \quad 2x^2 + 2y^2 - 48x - 48y + 864 = 18 \cdot (x^2 - xy + y^2)$$

$$\nu : \quad 8x^2 - 9xy + 8y^2 + 24x + 24y - 432 = 0 \quad (\#)$$

Wegen $\Delta = 81 - 4 \cdot 8 \cdot 8 = -175 < 0$ ist ν also eine Ellipse. Da ferner

$$\det \begin{pmatrix} 8 & -\frac{9}{2} & 12 \\ -\frac{9}{2} & 8 & 12 \\ 12 & 12 & -432 \end{pmatrix} = 144 \cdot \det \begin{pmatrix} 8 & -\frac{9}{2} & 1 \\ -\frac{9}{2} & 8 & 1 \\ 1 & 1 & -3 \end{pmatrix} =$$

$$= 144 \cdot \det \begin{pmatrix} 8 & -\frac{25}{2} & 25 \\ -\frac{9}{2} & \frac{25}{2} & -\frac{25}{2} \\ 1 & 0 & 0 \end{pmatrix} = 144 \cdot \left(\frac{25}{2} \right)^2 \cdot \det \begin{pmatrix} -1 & 2 \\ 1 & -1 \end{pmatrix} = -900 \neq 0$$

gilt, ist ν gemäß des Entartungssatzes aus 5.2 nicht entartet, weshalb wir nun einige Charakteristika von ν ermitteln:

Lösen wir (#) nach y auf ...

$$\nu: \ 8y^2 - (9x - 24)y + 8x^2 + 24x - 432 = 0$$

... und formen um

$$_1y_2 = \frac{9x - 24 \pm \sqrt{81x^2 - 432x + 576 - 256x^2 - 768x + 13824}}{16}$$

...

$$_1y_2 = \frac{9x - 24 \pm \sqrt{-175x^2 - 1200x + 14400}}{16}$$

..., so erhalten wir

$$y_{1,2}(x) = \frac{9x - 24 \pm 5 \cdot \sqrt{-7x^2 - 48x + 576}}{16} \quad (\#\#).$$

Um uns ökonomisch auf die Suche nach Gitterpunkten von ν zu machen, ermitteln wir den Definitionsbereich des Radikandenpolynoms, indem wir zunächst dessen Nullstellen $_1x_2$ berechnen:

$$_1x_2 = \frac{-48 \pm \sqrt{48^2 + 28 \cdot 576}}{14} = \frac{-48 \pm 48\sqrt{1 + 7}}{14} =$$

$$= \frac{-48 \pm 96\sqrt{2}}{14} = \frac{-24}{7} \cdot (1 \pm 2\sqrt{2}) \ \Rightarrow x_1 \approx -13.13, \quad x_2 \approx 6.27$$

Durch Auswertung des Radikandenpolynoms $\wp$ für $[-13; 6] \cap \mathbb{Z}$ erhalten wir ausschließlich für die x−Werte $-12, -9, 0$ und 6 Quadratzahlen als Funktionswerte, was durch Einsetzen in (##) nicht auf acht, aber immerhin fünf Gitterpunkte, nämlich

$$G_R(-12|-12), \quad S_A(-9|0), \quad T_A(0|-9), \quad \underbrace{Q(0|6) \text{ und } P(6|0)}_{\text{(sic!)}}$$

führt, für die sehr einfach folgende Eigenschaften nachgewiesen werden können, was der werte L $\overset{e}{\underset{\ddot{o}}{}}$ ser als Übung selbst zeigen möge:

- Ist S der Mittelpunkt der Strecke BP, dann ist S_A der Spiegelpunkt von S an A.

- Ist T der Mittelpunkt der Strecke DQ, dann ist T_A der Spiegelpunkt von T an A.

- G_R ist der Spiegelpunkt von G an R und auch ein Hauptscheitel von ν.[189]

---

[189]Diese Eigenschaft überrascht schon deshalb nicht sonderlich, weil ν invariant gegenüber Vertauschung von x und y ist, womit die erste Mediane *eine* Symmetrieachse ist. Dass es sich dabei um die Haupt− (und nicht die Neben-)achse handelt, kann man etwa wie folgt zeigen: Man ermittelt die Schnittpunkte der ersten Mediane mit ν, berechnet sich den Mittelpunkt dieser Schnittpunkte sowie deren Abstand, führt dies ebenso mit der Normalen auf die erste Mediane durch den berechneten Mittelpunkt durch und vergleicht die Längen, was bei der ersten Mediane auf $\frac{60}{7} \cdot \sqrt{2}$ und bei der Normalen auf $\frac{12}{7} \cdot \sqrt{14}$ führt, womit also wegen $\frac{60}{7} \cdot \sqrt{2} > \frac{12}{7} \cdot \sqrt{14}$ die erste Mediane die Haupt- und die Normale die Nebenachse von ν trägt.

5.6   Vektorielles Produkt, Spatprodukt und Koordinatenwechsel

In Anwendungsfeldern wie Robotik und Geodäsie wird man oftmals vor die Aufgabe gestellt, die Lage eines Punktes P im $\mathbb{R}^3$, von dem die (gewöhnlichen) cartesischen Koordinaten via $P(x_P|y_P|z_P)$ gegeben sind, bezüglich dreier Vektoren

$$\mathfrak{r}_1 = \begin{pmatrix} x_1 \\ y_1 \\ z_1 \end{pmatrix}, \; \mathfrak{r}_2 = \begin{pmatrix} x_2 \\ y_2 \\ z_2 \end{pmatrix} \text{ und } \mathfrak{r}_3 = \begin{pmatrix} x_3 \\ y_3 \\ z_3 \end{pmatrix},$$

welche nicht allesamt mit den Einheitsvektoren

$$\mathfrak{e}_1 = \begin{pmatrix} 1 \\ 0 \\ 0 \end{pmatrix}, \; \mathfrak{e}_2 = \begin{pmatrix} 0 \\ 1 \\ 0 \end{pmatrix} \text{ und } \mathfrak{e}_3 = \begin{pmatrix} 0 \\ 0 \\ 1 \end{pmatrix}$$

der sogenannten *Standardbasis* $\mathcal{B} = \{\mathfrak{e}_1, \mathfrak{e}_2, \mathfrak{e}_3\}$ identisch sind, darzustellen.

Dabei wird aber vorausgesetzt, dass $\mathcal{B}' = \{\mathfrak{r}_1, \mathfrak{r}_2, \mathfrak{r}_3\}$ ebenso eine Basis des $\mathbb{R}^3$ bildet, was zu

$$\det(\mathfrak{r}_1, \mathfrak{r}_2, \mathfrak{r}_3) \neq 0$$

äquivalent ist. Anschaulich bedeutet dies einfach, dass $\mathfrak{r}_1$, $\mathfrak{r}_2$ und $\mathfrak{r}_3$ nicht in einer Ebene liegen (was ja auch auf $\mathfrak{e}_1$, $\mathfrak{e}_2$ und $\mathfrak{e}_3$ zutrifft), sondern grob gesagt den dreidimensionalen Raum *aufspannen* (oder auch erzeugen, deshalb auch der Begriff *Basis*). Nun kann man zeigen, dass

$$\det(\mathfrak{r}_1, \mathfrak{r}_2, \mathfrak{r}_3) = (\mathfrak{r}_1 \times \mathfrak{r}_2) \cdot \mathfrak{r}_3$$

gilt und in diesem Zusammenhang für das Gleichungssystem

$$\left\{ \begin{array}{l} x_1 x + x_2 y + x_3 z = s_1 \\ y_1 x + y_2 y + y_3 z = s_2 \\ z_1 x + z_2 y + z_3 z = s_3 \end{array} \right\}$$

durch sukzessiven Übergang zur äquivalenten Schreibweise

$$x \cdot \mathfrak{r}_1 + y \cdot \mathfrak{r}_2 + z \cdot \mathfrak{r}_3 = \mathfrak{s}$$

mit

$$\mathfrak{r}_1 = \begin{pmatrix} x_1 \\ y_1 \\ z_1 \end{pmatrix}, \; \mathfrak{r}_2 = \begin{pmatrix} x_2 \\ y_2 \\ z_2 \end{pmatrix}, \; \mathfrak{r}_3 = \begin{pmatrix} x_3 \\ y_3 \\ z_3 \end{pmatrix} \text{ und } \mathfrak{s} = \begin{pmatrix} s_1 \\ s_2 \\ s_3 \end{pmatrix}$$

die sogenannte CRAMERsche Regel

$$(x|y|z) = \left(\frac{(\mathfrak{s} \times \mathfrak{r}_2) \cdot \mathfrak{r}_3}{(\mathfrak{r}_1 \times \mathfrak{r}_2) \cdot \mathfrak{r}_3} \middle| \frac{(\mathfrak{r}_1 \times \mathfrak{s}) \cdot \mathfrak{r}_3}{(\mathfrak{r}_1 \times \mathfrak{r}_2) \cdot \mathfrak{r}_3} \middle| \frac{(\mathfrak{r}_1 \times \mathfrak{r}_2) \cdot \mathfrak{s}}{(\mathfrak{r}_1 \times \mathfrak{r}_2) \cdot \mathfrak{r}_3} \right)$$

herleiten (vgl. etwa [18]!), was wir uns nun im Rahmen unserer gestellten Aufgabe zunutze machen werden:

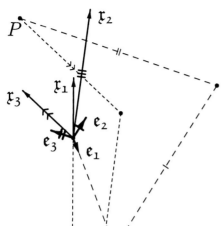

Wir wollen nun wie in der linken Abbildung illustriert den Punkt $P(x_P|y_P|z_P)$ (bzw. dazu äquivalent: den zugehörigen Ortsvektor) als *Linearkombination* der Vektoren

$$\mathfrak{r}_1 = \begin{pmatrix} x_1 \\ y_1 \\ z_1 \end{pmatrix}, \ \mathfrak{r}_2 = \begin{pmatrix} x_2 \\ y_2 \\ z_2 \end{pmatrix} \text{ und } \mathfrak{r}_3 = \begin{pmatrix} x_3 \\ y_3 \\ z_3 \end{pmatrix}$$

darstellen, d.h. wir suchen reelle Koeffizienten k_1, k_2 und k_3 derart, dass

$$\begin{pmatrix} x_P \\ y_P \\ z_P \end{pmatrix} = k_1 \cdot \begin{pmatrix} x_1 \\ y_1 \\ z_1 \end{pmatrix} + k_2 \cdot \begin{pmatrix} x_2 \\ y_2 \\ z_2 \end{pmatrix} + k_3 \cdot \begin{pmatrix} x_3 \\ y_3 \\ z_3 \end{pmatrix}$$

gilt.

In Matrix/Vektor-Schreibweise kann man dies auch via

$$\underbrace{\begin{pmatrix} x_1 & x_2 & x_3 \\ y_1 & y_2 & y_3 \\ z_1 & z_2 & z_3 \end{pmatrix}}_{C} \cdot \underbrace{\begin{pmatrix} k_1 \\ k_2 \\ k_3 \end{pmatrix}}_{\mathfrak{k}} = \underbrace{\begin{pmatrix} x_P \\ y_P \\ z_P \end{pmatrix}}_{\mathfrak{p}}$$

anschreiben, was zu

$$\mathfrak{k} = C^{-1} \cdot \mathfrak{p}$$

äquivalent ist und uns somit in Analogie zum Fall einer Matrix aus $\mathbb{R}^{(2,2)}$ in Abschnitt 2.3.2 vor die interessante Herausforderung stellt, die Inverse $C^{-1} = (c_{ij}{}')$ zur Koeffizientenmatrix

$$C = (c_{ij}) \text{ mit } c_{ij} = \left\{ \begin{array}{l} x_j \text{ für } i=1 \\ y_j \text{ für } i=2 \\ z_j \text{ für } i=3 \end{array} \right\} \text{ zu ermitteln:}$$

$$\begin{pmatrix} c_{11} & c_{12} & c_{13} \\ c_{21} & c_{22} & c_{23} \\ c_{31} & c_{32} & c_{33} \end{pmatrix} \cdot \underbrace{\begin{pmatrix} c_{11}{}' & c_{12}{}' & c_{13}{}' \\ c_{21}{}' & c_{22}{}' & c_{23}{}' \\ c_{31}{}' & c_{32}{}' & c_{33}{}' \end{pmatrix}}_{C^{-1}} = \begin{pmatrix} 1 & 0 & 0 \\ 0 & 1 & 0 \\ 0 & 0 & 1 \end{pmatrix}$$

Dabei leiten wir nur Darstellungen für die Elemente der ersten Spalte von C^{-1} her, die (hier ohne Beweis, weil analog herleitbaren) mitgeteilten Darstellungen für die beiden verbleibenden Spalten möge der werte Löser als Übungsaufgabe(n) selbst herleiten!

$$\Rightarrow \begin{pmatrix} c_{11} & c_{12} & c_{13} \\ c_{21} & c_{22} & c_{23} \\ c_{31} & c_{32} & c_{33} \end{pmatrix} \cdot \begin{pmatrix} c_{11}{}' \\ c_{21}{}' \\ c_{31}{}' \end{pmatrix} = \begin{pmatrix} 1 \\ 0 \\ 0 \end{pmatrix}$$

$\Downarrow$ (unter Verwendung der CRAMERschen Regel und des LAPLACEschen Entwicklungssatzes − bzgl. letzterem vgl. man etwa [35] − ...)

$$(c_{11}{}'|c_{21}{}'|c_{31}{}') = \left(\frac{c_{22}c_{33} - c_{32}c_{23}}{\det C} \middle| \frac{-(c_{21}c_{33} - c_{31}c_{23})}{\det C} \middle| \frac{c_{21}c_{32} - c_{31}c_{22}}{\det C} \right)$$

$\Downarrow$ (... sowie des Begriffs des Minors M_{ij} eines Elements c_{ij} einer quadratischen Matrix $C = (c_{ij})$ als die Determinante jener Matrix, die sich aus C durch Streichen sowohl der i−ten Zeile als auch der j−ten Spalte ergibt)

$$(c_{11}{}'|c_{21}{}'|c_{31}{}') = \left(\frac{M_{11}}{\det C} \middle| \frac{-M_{12}}{\det C} \middle| \frac{M_{13}}{\det C} \right)$$

Führt man diese Überlegungen auch für die zweite und dritte Spalte durch, so ergibt sich die allgemeingültige $\boxed{\text{Invertierungsformel}}$ (welche man gar für beliebige n in $\mathbb{R}^{(n,n)}$ beweisen kann)

$$\boxed{(c_{ij})^{-1} = (\det C)^{-1} \cdot ((-1)^{i+j} \cdot M_{ji})}.$$

Auf unsere ursprüngliche Problemstellung angewandt (von welcher wir uns jetzt aufgrund der interessanten Herausforderung der Invertierung quadratischer Matrizen ein klein wenig entfernt haben[190]) führt dies auf

$$\begin{pmatrix} k_1 \\ k_2 \\ k_3 \end{pmatrix} = \frac{1}{(\mathfrak{r}_1 \times \mathfrak{r}_2) \cdot \mathfrak{r}_3} \begin{pmatrix} y_2z_3 - y_3z_2 & -(x_2z_3 - x_3z_2) & x_2y_3 - x_3y_2 \\ -(y_1z_3 - y_3z_1) & x_1z_3 - x_3z_1 & -(x_1y_3 - x_3y_1) \\ y_1z_2 - y_2z_1 & -(x_1z_2 - x_2z_1) & x_1y_2 - x_2y_1 \end{pmatrix} \cdot \begin{pmatrix} x_P \\ y_P \\ z_P \end{pmatrix}$$

bzw.

$$\begin{pmatrix} k_1 \\ k_2 \\ k_3 \end{pmatrix} = \frac{1}{(\mathfrak{r}_1 \times \mathfrak{r}_2) \cdot \mathfrak{r}_3} \begin{pmatrix} y_2z_3 - y_3z_2 & -(x_2z_3 - x_3z_2) & x_2y_3 - x_3y_2 \\ y_3z_1 - y_1z_3 & -(x_3z_1 - x_1z_3) & x_3y_1 - x_1y_3 \\ y_1z_2 - y_2z_1 & -(x_1z_2 - x_2z_1) & x_1y_2 - x_2y_1 \end{pmatrix} \cdot \begin{pmatrix} x_P \\ y_P \\ z_P \end{pmatrix}.$$

Unter Verwendung der Beziehungen bzw. Bezeichnungen

$$\mathfrak{r}_{23} := \mathfrak{r}_2 \times \mathfrak{r}_3 = \begin{pmatrix} y_2z_3 - y_3z_2 \\ -(x_2z_3 - x_3z_2) \\ x_2y_3 - x_3y_2 \end{pmatrix} =: \begin{pmatrix} x_{23} \\ y_{23} \\ z_{23} \end{pmatrix},$$

$$\mathfrak{r}_{13} := \mathfrak{r}_3 \times \mathfrak{r}_1 = \begin{pmatrix} y_3z_1 - y_1z_3 \\ -(x_3z_1 - x_1z_3) \\ x_3y_1 - x_1y_3 \end{pmatrix} =: \begin{pmatrix} x_{13} \\ y_{13} \\ z_{13} \end{pmatrix}$$

sowie

$$\mathfrak{r}_{12} := \mathfrak{r}_1 \times \mathfrak{r}_2 = \begin{pmatrix} y_1z_2 - y_2z_1 \\ -(x_1z_2 - x_2z_1) \\ x_1y_2 - x_2y_1 \end{pmatrix} =: \begin{pmatrix} x_{12} \\ y_{12} \\ z_{12} \end{pmatrix}$$

---

[190]Auch dies gehört zum Charakteristikum mathematischer Forschungstätigkeit. So kam etwa der deutsche Mathematiker Georg CANTOR (1845 − 1918) erst dadurch zur Beschäftigung bzw. Schöpfung der Mengenlehre, dass er das Konvergenzverhalten bestimmter Ausnahmestellen bezüglich FOURIER-Reihen genauer untersuchte und auf diese Weise grob gesagt auf verschiedene Stufen der Unendlichkeit stieß, der Rest ist (Mathematik-)Geschichte!

kann man $\mathfrak{k}$ also auch in der Form

$$\begin{pmatrix} k_1 \\ k_2 \\ k_3 \end{pmatrix} = \frac{1}{(\mathfrak{r}_1 \times \mathfrak{r}_2) \cdot \mathfrak{r}_3} \cdot \begin{pmatrix} x_{23} & y_{23} & z_{23} \\ x_{31} & y_{31} & z_{31} \\ x_{12} & y_{12} & z_{12} \end{pmatrix} \cdot \begin{pmatrix} x_P \\ y_P \\ z_P \end{pmatrix}$$

$$\text{bzw.} \begin{pmatrix} k_1 \\ k_2 \\ k_3 \end{pmatrix} = \frac{1}{(\mathfrak{r}_1 \times \mathfrak{r}_2) \cdot \mathfrak{r}_3} \cdot \begin{pmatrix} \mathfrak{r}_{23} \\ \mathfrak{r}_{31} \\ \mathfrak{r}_{12} \end{pmatrix} \cdot \begin{pmatrix} x_P \\ y_P \\ z_P \end{pmatrix}$$

anschreiben, wobei die Notation $\begin{pmatrix} \mathfrak{r}_{23} \\ \mathfrak{r}_{31} \\ \mathfrak{r}_{12} \end{pmatrix}$ als Kurzschreibweise für jene Matrix aus $\mathbb{R}^{(3,3)}$

dient, welche in ihrer $\left\{ \begin{array}{c} \text{ersten} \\ \text{zweiten} \\ \text{dritten} \end{array} \right\}$ Zeile den Vektor $\left\{ \begin{array}{c} \mathfrak{r}_{23} \\ \mathfrak{r}_{31} \\ \mathfrak{r}_{12} \end{array} \right\}$ enthält.

All dies wollen wir nun diesen Abschnitt beschließend an einem konkreten Beispiel (auf dessen Grundlage die Abbildung auf der vorletzten Seite erstellt wurde, wobei hier zusätzlich im Hintergrund der Fundamentalsatz der Axonometrie von GAUSS aus Abschnitt 2.5 zur Erstellung dieser Grafik wertvolle Dienste geleistet hat) exemplifizieren:

BEISPIEL. Der Vektor $\mathfrak{p} = (7|8|9)_{\mathcal{B}}$ (wobei das tiefgestellte Symbol $\mathcal{B}$ symbolisiert, dass $\mathfrak{p}$ bezüglich der Standardbasis $\mathcal{B}$ koordinatisiert wurde) soll bezüglich der Basis $\mathcal{B}' = \{\mathfrak{r}_1, \mathfrak{r}_2, \mathfrak{r}_3\}$ mit $\mathfrak{r}_1 = (1|3|2)$, $\mathfrak{r}_2 = (5|4|6)$ sowie $\mathfrak{r}_3 = (1|6|3)$ dargestellt werden.

Dazu bilden wir also gemäß unserer zuvor angestellten Überlegungen

$$(\mathfrak{r}_1 \times \mathfrak{r}_2) \cdot \mathfrak{r}_3 = \left[\begin{pmatrix} 1 \\ 3 \\ 2 \end{pmatrix} \times \begin{pmatrix} 5 \\ 4 \\ 6 \end{pmatrix} \right] \cdot \begin{pmatrix} 1 \\ 6 \\ 3 \end{pmatrix} = \begin{pmatrix} 10 \\ 4 \\ -11 \end{pmatrix} \cdot \begin{pmatrix} 1 \\ 6 \\ 3 \end{pmatrix} = 1,$$

$$\mathfrak{r}_2 \times \mathfrak{r}_3 = \begin{pmatrix} 5 \\ 4 \\ 6 \end{pmatrix} \times \begin{pmatrix} 1 \\ 6 \\ 3 \end{pmatrix} = \begin{pmatrix} -24 \\ -9 \\ 26 \end{pmatrix} \text{ sowie } \mathfrak{r}_3 \times \mathfrak{r}_1 = \begin{pmatrix} 1 \\ 6 \\ 3 \end{pmatrix} \times \begin{pmatrix} 1 \\ 3 \\ 2 \end{pmatrix} = \begin{pmatrix} 3 \\ 1 \\ -3 \end{pmatrix},$$

was für $(k_1|k_2|k_3)$ in $\mathfrak{p} = \sum_{n=1}^{3} k_n \cdot \mathfrak{r}_n$ also

$$\begin{pmatrix} k_1 \\ k_2 \\ k_3 \end{pmatrix} = \begin{pmatrix} -24 & -9 & 26 \\ 3 & 1 & -3 \\ 10 & 4 & -11 \end{pmatrix} \cdot \begin{pmatrix} 7 \\ 8 \\ 9 \end{pmatrix} = \begin{pmatrix} -6 \\ 2 \\ 3 \end{pmatrix}$$

liefert, was $(7|8|9)_{\mathcal{B}} = (-6|2|3)_{\mathcal{B}'}$, d.h. [wie man (zur Probe) leicht nachrechnet!] $(7|8|9) = (-6) \cdot (1|3|2) + 2 \cdot (5|4|6) + 3 \cdot (1|6|3)$, impliziert. $\square$

5.7 Quadratwurzeln von Matrizen aus $\mathbb{R}^{(2,2)}$

Ausgehend von einer Matrix

$$M = \begin{pmatrix} A & B \\ C & D \end{pmatrix} \quad \text{mit} \quad (A, B, C, D) \in \mathbb{R}^4$$

suchen wir jene Matrizen X_k ($k = 1, 2, ..., n$, wobei $n \in \mathbb{N}$ zunächst ungeklärt bleibt) aus $\mathbb{R}^{(2,2)}$, welche die Gleichung

$$X_k^2 = M \quad (1)$$

erfüllen, wozu wir den Ansatz

$$X_k = \begin{pmatrix} a & b \\ c & d \end{pmatrix}$$

in (1) einsetzen und auf diese Weise

$$\begin{pmatrix} a & b \\ c & d \end{pmatrix} \cdot \begin{pmatrix} a & b \\ c & d \end{pmatrix} = \begin{pmatrix} A & B \\ C & D \end{pmatrix}$$

bzw.

$$\begin{pmatrix} a^2 + bc & ab + bd \\ ac + cd & bc + d^2 \end{pmatrix} = \begin{pmatrix} A & B \\ C & D \end{pmatrix}$$

und somit das Gleichungssystem

$$\left\{ \begin{array}{l} \text{I.)} \ a^2 + bc = A \\ \text{II.)} \ ab + bd = B \\ \text{III.)} \ ac + cd = C \\ \text{IV.)} \ bc + d^2 = D \end{array} \right\}$$

erhalten.

Die zu II.) und III.) äquivalenten Darstellungen

II.) $b(a + d) = B$ bzw. II.) $a + d = \dfrac{B}{b}$ und III.) $c(a + d) = C$ bzw. III.) $a + d = \dfrac{C}{c}$

führen zunächst auf die Gleichung

$$\text{V.)} \ \frac{B}{b} = \frac{C}{c} \quad \text{bzw.} \quad c = \frac{C}{B} \cdot b \quad (2).$$

Ferner folgt aus II.) die Darstellung

$$d = \frac{B - ab}{b} \quad (3),$$

was zusammen in IV.) eingesetzt auf

$$\frac{C}{B} \cdot b^2 + \left(\frac{B - ab}{b} \right)^2 = D \quad \text{bzw.} \quad \frac{C}{B} \cdot b^2 + \frac{(B - ab)^2}{b^2} = D$$

resp. nach Multiplikation mit Bb^2 auf

$$Cb^4 + B(ab - B)^2 = BDb^2 \ \Leftrightarrow \ B(ab - B)^2 = b^2(BD - Cb^2) \ \Rightarrow \ ab - B = \pm \frac{b}{\sqrt{B}} \cdot \sqrt{BD - Cb^2}$$

$$\Rightarrow \quad a = \frac{B}{b} \pm \frac{1}{\sqrt{B}} \cdot \sqrt{BD - Cb^2} \quad (4)$$

führt.

Einsetzen von (2) und (4) in I.) ergibt die folgende Umformungskette:

$$\frac{B^2}{b^2} \pm \frac{2 \cdot \sqrt{B}}{b} \cdot \sqrt{BD - Cb^2} + \underbrace{\frac{BD - Cb^2}{B} + \frac{C}{B}b^2}_{D} = A$$

$$\Rightarrow \quad \pm \frac{2 \cdot \sqrt{B}}{b} \cdot \sqrt{BD - Cb^2} = A - D - \frac{B^2}{b^2}$$

$$\Rightarrow \quad \pm 2b \cdot \sqrt{B(BD - Cb^2)} = (A - D)b^2 - B^2$$

$$\Rightarrow \quad 4b^2 \cdot (B^2 D - BCb^2) = (A - D)^2 b^4 + 2B^2(D - A)b^2 + B^4$$

$$\Rightarrow \quad 4B^2 Db^2 - 4BCb^4 = (A - D)^2 b^4 + 2B^2(D - A)b^2 + B^4$$

$$\Rightarrow \quad [(A - D)^2 + 4BC]b^4 - 2B^2(D + A)b^2 + B^4 = 0$$

Unter Beachtung der Darstellungen $\mathrm{sp}M = A + D$ sowie $\det M = AD - BC$ für die Spur sowie die Determinante von M lässt sich die letzte biquadratische Gleichung in b durch die Substitution $z := b^2$ auch als

$$[(A + D)^2 - 4(AD - BC)] \cdot z^2 - 2B^2(D + A) \cdot z + B^4 = 0$$

bzw. $\boxed{(\mathrm{sp}^2 M - 4 \cdot \det M) \cdot z^2 - 2B^2 \cdot \mathrm{sp}M \cdot z + B^4 = 0 \quad (5)}$

schreiben, was somit auf

$$_1 z_2 = \frac{2B^2 \cdot \mathrm{sp}M \pm \sqrt{4B^4 \cdot \mathrm{sp}^2 M + 4B^4 \cdot (2 \cdot \det M - \mathrm{sp}^2 M)}}{4 \cdot (\mathrm{sp}^2 M - 4 \cdot \det M)}$$

bzw.

$$_1 z_2 = \frac{2B^2 \cdot \mathrm{sp}M \pm 4B^2 \cdot \sqrt{\det M}}{2 \cdot (\mathrm{sp}^2 M - 4 \cdot \det M)} = \frac{2B^2}{2} \cdot \frac{\mathrm{sp}M \pm 2 \cdot \sqrt{\det M}}{\mathrm{sp}^2 M - 4 \cdot \det M} =$$

$$= B^2 \cdot \frac{\mathrm{sp}M \pm 2 \cdot \sqrt{\det M}}{(\mathrm{sp}M \pm 2 \cdot \sqrt{\det M}) \cdot (\mathrm{sp}M \mp 2 \cdot \sqrt{\det M})} = B^2 \cdot \frac{1}{\mathrm{sp}M \mp 2 \cdot \sqrt{\det M}}$$

und durch Rücksubstitution auf die vier Lösungen

$$_{1,2}b_{3,4} = \frac{\pm B}{\sqrt{\mathrm{sp}M \mp 2 \cdot \sqrt{\det M}}} \quad (6)$$

führt, welche es nun weiter zu analysieren sowie (durch entsprechende Lösungsformeln für a, c und d) zu ergänzen gilt.

- An (6) erkennt man bereits, dass nur unter der Bedingung $\det M \geq 0$ Lösungen von (1) aus $\mathbb{R}^{(2,2)}$ (Wir wollen in diesem Zusammenhang in weiterer Folge einfach von reellen Lösungen sprechen.) existieren.[191]

---

[191]Dies folgt im Übrigen auch aus dem $\forall U, V \in \mathbb{R}^{(n,n)}$ gültigen Determinantenmultiplikationssatz $\det(U \cdot V) = \det U \cdot \det V$, vgl. etwa [31], S. 107f!

- Es gilt zu beachten, dass $\det M \geq 0$ nur eine notwendige, aber keineswegs hinreichende Bedingung für reelle Lösungen von (1) ist, da die Ausdrücke $\mathrm{sp}M \mp 2 \cdot \sqrt{\det M}$ im Radikanden des Nenners von (6) ja sowohl positive als auch negative Vorzeichen aufweisen können.

- Setzen wir (6) in (2) ein, liefert dies unmittelbar

$$_{1,2}c_{3,4} = \frac{\pm C}{\sqrt{\mathrm{sp}M \mp 2 \cdot \sqrt{\det M}}} \quad (7).$$

- (6) und (7) ergeben wiederum in I.) bzw. IV.) eingesetzt

$$a^2 + \frac{BC}{\mathrm{sp}M \mp 2 \cdot \sqrt{\det M}} = A \;\Rightarrow\; a = \sqrt{A - \frac{BC}{\mathrm{sp}M \mp 2 \cdot \sqrt{\det M}}}$$

bzw.

$$a = \sqrt{A - \frac{BC}{A + D \mp 2 \cdot \sqrt{\det M}}} = \sqrt{\frac{A^2 + AD \mp 2A \cdot \sqrt{\det M} - BC}{A + D \mp 2 \cdot \sqrt{\det M}}} =$$

$$= \sqrt{\frac{A^2 \mp 2A \cdot \sqrt{\det M} + \det M}{A + D \mp 2 \cdot \sqrt{\det M}}} = \sqrt{\frac{(A \mp \sqrt{\det M})^2}{A + D \mp 2 \cdot \sqrt{\det M}}}$$

$$\Rightarrow\; a = \frac{A \mp \sqrt{\det M}}{\sqrt{\mathrm{sp}M \mp 2 \cdot \sqrt{\det M}}} \quad (8)$$

sowie (analog)

$$d = \frac{D \mp \sqrt{\det M}}{\sqrt{\mathrm{sp}M \mp 2 \cdot \sqrt{\det M}}} \quad (9).$$

- Dadurch erhalten wir insgesamt

$$\sqrt{\begin{pmatrix} A & B \\ C & D \end{pmatrix}} = \begin{pmatrix} \frac{A \mp \sqrt{\det M}}{\sqrt{\mathrm{sp}M \mp 2 \cdot \sqrt{\det M}}} & \frac{B}{\sqrt{\mathrm{sp}M \mp 2 \cdot \sqrt{\det M}}} \\ \frac{C}{\sqrt{\mathrm{sp}M \mp 2 \cdot \sqrt{\det M}}} & \frac{D \mp \sqrt{\det M}}{\sqrt{\mathrm{sp}M \mp 2 \cdot \sqrt{\det M}}} \end{pmatrix},$$

was sich wegen

$$\begin{pmatrix} \frac{A \mp \sqrt{\det M}}{\sqrt{\mathrm{sp}M \mp 2 \cdot \sqrt{\det M}}} & \frac{B}{\sqrt{\mathrm{sp}M \mp 2 \cdot \sqrt{\det M}}} \\ \frac{C}{\sqrt{\mathrm{sp}M \mp 2 \cdot \sqrt{\det M}}} & \frac{D \mp \sqrt{\det M}}{\sqrt{\mathrm{sp}M \mp 2 \cdot \sqrt{\det M}}} \end{pmatrix} = \frac{1}{\sqrt{\mathrm{sp}M \mp 2 \cdot \sqrt{\det M}}} \cdot \begin{pmatrix} A \mp \sqrt{\det M} & B \\ C & D \mp \sqrt{\det M} \end{pmatrix}$$

und somit

$$\begin{pmatrix} \frac{A \mp \sqrt{\det M}}{\sqrt{\mathrm{sp}M \mp 2 \cdot \sqrt{\det M}}} & \frac{B}{\sqrt{\mathrm{sp}M \mp 2 \cdot \sqrt{\det M}}} \\ \frac{C}{\sqrt{\mathrm{sp}M \mp 2 \cdot \sqrt{\det M}}} & \frac{D \mp \sqrt{\det M}}{\sqrt{\mathrm{sp}M \mp 2 \cdot \sqrt{\det M}}} \end{pmatrix}^2 =$$

$$= \frac{1}{\mathrm{sp}M \mp 2 \cdot \sqrt{\det M}} \cdot \begin{pmatrix} A \mp \sqrt{\det M} & B \\ C & D \mp \sqrt{\det M} \end{pmatrix} \cdot \begin{pmatrix} A \mp \sqrt{\det M} & B \\ C & D \mp \sqrt{\det M} \end{pmatrix} =$$

$$= \frac{1}{\mathrm{sp}M \mp 2 \cdot \sqrt{\det M}} \cdot \begin{pmatrix} (A \mp \sqrt{\det M})^2 + BC & B \cdot (A + D \mp 2 \cdot \sqrt{\det M}) \\ C \cdot (A + D \mp 2 \cdot \sqrt{\det M}) & (D \mp \sqrt{\det M})^2 + BC \end{pmatrix} =$$

$$= \frac{1}{\mathrm{sp}M \mp 2 \cdot \sqrt{\det M}} \cdot \begin{pmatrix} A^2 \mp 2A \cdot \sqrt{\det M} + \det M + BC & B \cdot (\mathrm{sp}M \mp 2 \cdot \sqrt{\det M}) \\ C \cdot (\mathrm{sp}M \mp 2 \cdot \sqrt{\det M}) & D^2 \mp 2D \cdot \sqrt{\det M} + \det M + BC \end{pmatrix} =$$

$$= \frac{1}{\mathrm{sp}M \mp 2 \cdot \sqrt{\det M}} \cdot \begin{pmatrix} A^2 \mp 2A \cdot \sqrt{\det M} + AD - BC + BC & B \cdot (\mathrm{sp}M \mp 2 \cdot \sqrt{\det M}) \\ C \cdot (\mathrm{sp}M \mp 2 \cdot \sqrt{\det M}) & D^2 \mp 2D \cdot \sqrt{\det M} + AD - BC + BC \end{pmatrix} =$$

$$= \frac{1}{\mathrm{sp}M \mp 2 \cdot \sqrt{\det M}} \cdot \begin{pmatrix} A(A \mp 2 \cdot \sqrt{\det M} + D) & B \cdot (\mathrm{sp}M \mp 2 \cdot \sqrt{\det M}) \\ C \cdot (\mathrm{sp}M \mp 2 \cdot \sqrt{\det M}) & D(D \mp 2 \cdot \sqrt{\det M} + A) \end{pmatrix} =$$

$$= \frac{1}{\mathrm{sp}M \mp 2 \cdot \sqrt{\det M}} \cdot \begin{pmatrix} A(\mathrm{sp}M \mp 2 \cdot \sqrt{\det M}) & B \cdot (\mathrm{sp}M \mp 2 \cdot \sqrt{\det M}) \\ C \cdot (\mathrm{sp}M \mp 2 \cdot \sqrt{\det M}) & D(\mathrm{sp}M \mp 2 \cdot \sqrt{\det M}) \end{pmatrix} =$$

$$= \begin{pmatrix} A & B \\ C & D \end{pmatrix}$$

als richtig herausstellt. $\square$

- Ferner ergibt sich (wie aufgrund der letzten Fußnote auch nicht anders zu erwarten war)

$$\det \sqrt{\begin{pmatrix} A & B \\ C & D \end{pmatrix}} = \det \begin{pmatrix} \frac{A \mp \sqrt{\det M}}{\sqrt{\mathrm{sp}M \mp 2 \cdot \sqrt{\det M}}} & \frac{B}{\sqrt{\mathrm{sp}M \mp 2 \cdot \sqrt{\det M}}} \\ \frac{C}{\sqrt{\mathrm{sp}M \mp 2 \cdot \sqrt{\det M}}} & \frac{D \mp \sqrt{\det M}}{\sqrt{\mathrm{sp}M \mp 2 \cdot \sqrt{\det M}}} \end{pmatrix} =$$

$$= \frac{1}{\mathrm{sp}M \mp 2 \cdot \sqrt{\det M}} \cdot \det \begin{pmatrix} A \mp \sqrt{\det M} & B \\ C & D \mp \sqrt{\det M} \end{pmatrix} =$$

$$= \frac{1}{\mathrm{sp}M \mp 2 \cdot \sqrt{\det M}} \cdot \left(AD \mp (A + D) \cdot \sqrt{\det M} + \det M - BC \right) =$$

$$= \frac{1}{\mathrm{sp}M \mp 2 \cdot \sqrt{\det M}} \cdot \left(2 \cdot \det M \mp \mathrm{sp}M \cdot \sqrt{\det M} \right) =$$

$$= \frac{1}{\mathrm{sp}M \mp 2 \cdot \sqrt{\det M}} \cdot \sqrt{\det M} \cdot \left(2 \cdot \sqrt{\det M} \mp \mathrm{sp}M \right) =$$

$$= \mp \sqrt{\det M} = \mp \sqrt{\det \begin{pmatrix} A & B \\ C & D \end{pmatrix}}. \ \square$$

- Schließlich ergibt sich für singuläre Matrizen (d.h. $\det M = 0$) aufgrund von (6), (7), (8) und (9), dass sie nur im Fall positiver Spuren[192] Quadratwurzeln besitzen, welche dann dem $(\mathrm{sp}M)^{-1/2}$-fachen von M entspricht.[193]

---

[192]Somit besitzen zueinander ähnliche Matrizen beide (keine) Quadratwurzeln.

[193]Diesbezüglich möge der werte Lëser umgekehrt als Übungsaufgabe zeigen,

dass für die singuläre Matrix $S = \begin{pmatrix} a & ka \\ b & kb \end{pmatrix}$ die Gleichung $S^2 = \mathrm{sp}S \cdot S$ gilt.

5.8   Harmonische Punkte im vollständigen Vierseit

In [38] wird auf synthetischer Basis der folgende Satz bewiesen, welcher in Ergänzung zu unseren Abschnitten 2.4 sowie 4.15.6 (und auch 4.15.5) das vollständige Vierseit und die harmonische Teilung in eine äußerst interessante Beziehung zueinander setzt:

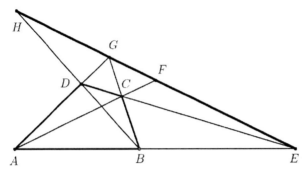

$\boxed{\text{SATZ.}}$ Sei $ABCDEG$ das zum Viereck $ABCD$ zugehörige *vollständige Vierseit* (siehe Abbildung) sowie F bzw. H der Schnittpunkt von g_{AC} mit g_{EG} bzw. von g_{BD} mit g_{EG}. Dann gilt $DV(E, F, G, H) = -1$, d.h. die Punkte E, F, G und H liegen *zueinander harmonisch*.

$\boxed{\text{BEWEIS.}}$ Da wir aus Abschnitt 4.15.5 wissen, dass perspektive Kollineationen das Doppelverhältnis vierer Punkte invariant lassen, können wir o.B.d.A. (was wir im Anschluss freilich noch legitimieren werden) von der links unten abgebildeten Lage des Vierecks $A_0B_0C_0D_0$ (welches wir durch eine geeignete perspektive Kollineation in ein beliebiges allgemeines Viereck $ABCD$ transformieren können, was aber $DV(E_0, F_0, G_0, H_0)$ nicht ändert), ergo von $A_0(0|0)$, $B_0(a|0)$, $C_0(b|c)$ sowie $D_0(0|c)$ ausgehen, womit sich E_0 auf-

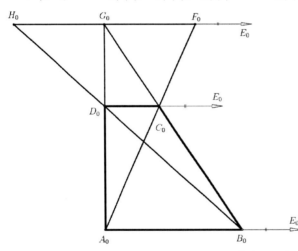

grund der Parallelität von $g_{A_0B_0}$ und $g_{C_0D_0}$ als Fernpunkt (dementsprechend wie in der **darstellenden   Geometrie** üblich durch einen hübschen schlanken Pfeil mit nicht ausgefüllter Pfeilspitze symbolisiert) der entsprechenden Parallelenschar ergibt. Wegen

$$\overrightarrow{B_0C_0} = \begin{pmatrix} b - a \\ c \end{pmatrix} \perp \begin{pmatrix} c \\ a - b \end{pmatrix}$$

ergibt sich die Geradengleichung
$$g_{B_0C_0} : cx + (a - b)y = ac$$

und deshalb wegen $x_{G_0} = 0$ schließlich $G_0\left(0 \left| \dfrac{ac}{a-b}\right.\right)$. Da $g_{E_0G_0}$ freilich E_0 enthält und somit auch zur obigen Parallelenschar gehört, gilt somit $y_{F_0} = y_{H_0} = y_{G_0}$, womit nur noch Gleichungen der Trägergeraden der Diagonalen A_0C_0 sowie B_0D_0 aufgestellt werden müssen und dann durch Einsetzen dieser konstanten $y-$Koordinate die entsprechenden $x-$Koordinaten berechnet werden:

$$\overrightarrow{A_0C_0} = \begin{pmatrix} b \\ c \end{pmatrix} \perp \begin{pmatrix} c \\ -b \end{pmatrix} \;\Rightarrow\; g_{A_0C_0} : cx - by = 0 \;\Rightarrow\; F_0\left(\dfrac{ab}{a-b} \left| \dfrac{ac}{a-b}\right.\right)$$

Greifen wir jetzt noch auf die Konstruktion harmonischer Punktequadrupel aus 4.15.5 zurück, so ergibt sich, dass für vier kollinear liegende Punkte, von denen einer ein Fernpunkt ist, die verbleibenden drei so liegen müssen, dass einer genau in der Mitte zwischen den beiden anderen liegt. Für unsere Situation läuft dies darauf hinaus zu zeigen, dass H_0 der Spiegelpunkt von F_0 an G_0 ist, ergo $H_0\left(\frac{-ab}{a-b}\Big|\frac{ac}{a-b}\right)$ gilt, wozu wir eine Gleichung von $g_{B_0D_0}$ aufstellen ...

$$\overrightarrow{B_0D_0} = \begin{pmatrix} -a \\ c \end{pmatrix} \perp \begin{pmatrix} c \\ a \end{pmatrix} \quad \Rightarrow \quad g_{B_0D_0} : \; cx + ay = ac$$

... und durch Einsetzen zeigen, dass H_0 wegen

$$\frac{-abc}{a-b} + \frac{a^2c}{a-b} = \frac{ac(a-b)}{a-b} = ac$$

in der Tat auf $g_{B_0D_0}$ liegt, $\square$.

Doch wie lässt sich jetzt begründen, dass der obige Satz somit für alle Vierecke bewiesen ist? Nunja, dazu konstatieren wir zunächst, dass eine Rotation sowie eine Translation $DV(E_0, F_0, G_0, H_0)$ ebenso nicht ändert und die Trägergeraden des gedrehten sowie verschobenen Vierecks dadurch via

$$g_1' : \; px + qy = r, \quad g_2' : \; sx + ty = u, \quad g_3' : \; px + qy = v \;\; \text{sowie} \;\; g_4' : \; qx - py = w$$

beschrieben werden können (da sich an der Parallelität sowie der Orthogonalität dadurch ja nichts ändert). Wird auf das durch diese vier Trägergeraden erzeugte Viereck jetzt noch eine perspektive Kollineation κ angewandt, wie wir sie ja in 4.15.1 eingehend analysiert haben, so lauten die Gleichungen der Bildgeraden unter κ gemäß der Darstellung von κ^{-1} aus 4.15.1 somit (wobei die Parameter b und c jetzt nicht mehr die Bedeutung wie im Viereck $A_0B_0C_0D_0$ haben, da wir uns ja mittlerweile auf das gedrehte und verschobene Viereck konzentrieren)

$$g_1 : \; \frac{p(bd-c)}{(d-1)y+d(b-c)} \cdot x + \frac{q(bd-c)}{(d-1)y+d(b-c)} \cdot y = r$$

bzw.

$$g_1 : \; p(bd-c) \cdot x + q(bd-c) \cdot y = r(d-1)y + dr(b-c)$$

resp.

$$g_1 : \; p(bd-c) \cdot x + [q(bd-c) + r(1-d)] \cdot y = dr(b-c),$$
$$g_2 : \; s(bd-c) \cdot x + [t(bd-c) + u(1-d)] \cdot y = du(b-c),$$
$$g_3 : \; p(bd-c) \cdot x + [q(bd-c) + v(1-d)] \cdot y = dv(b-c)$$

und

$$g_4 : \; -q(bd-c) \cdot x + [p(bd-c) + w(1-d)] \cdot y = dw(b-c).$$

Aus den ablesbaren Normalvektoren

$$\overrightarrow{n_1} = \begin{pmatrix} p(bd-c) \\ q(bd-c) + r(1-d) \end{pmatrix}, \; \overrightarrow{n_3} = \begin{pmatrix} p(bd-c) \\ q(bd-c) + v(1-d) \end{pmatrix},$$

$$\vec{n_2} = \begin{pmatrix} s(bd - c) \\ t(bd - c) + u(1 - d) \end{pmatrix} \text{ und } \vec{n_4} = \begin{pmatrix} -q(bd - c) \\ p(bd - c) + w(1 - d) \end{pmatrix}$$

ergibt sich nun, dass

$$g_1 \parallel g_3 \ \Leftrightarrow \ \det(\vec{n_1}, \vec{n_3}) = p(bd - c) \cdot \det \begin{pmatrix} 1 & 1 \\ q(bd - c) + r(1 - d) & q(bd - c) + v(1 - d) \end{pmatrix} = 0$$

$\Updownarrow$

$$p(bd - c)(v - r)(1 - d) = 0$$

gilt. Da $bd - c \neq 0$ und auch $1 - d \neq 0$ (vgl. 4.15.1!) sowie $p \neq 0$ (sonst wäre keine echte Drehung durchgeführt worden!) und überdies $v - r \neq 0$ (sonst wären g_1' und g_3' ident) gilt, ist durch Anwendung von κ die Parallelität somit aufgehoben, womit es jetzt noch die Orthogonalität zu analysieren gilt:

$$g_3 \perp g_4 \ \Leftrightarrow \ \vec{n_3} \cdot \vec{n_4} = 0 \ \Leftrightarrow \ -pq(bd - c)^2 + [q(bd - c) + v(1 - d)] \cdot [p(bd - c) + w(1 - d)] = 0$$

$\Updownarrow$ (wobei wiederum $1 - d \neq 0$ zu beachten ist)

$$(1 - d) \cdot [(pv + qw)(bd - c) + vw(1 - d)] = 0 \ \Leftrightarrow \ \frac{bd - c}{d - 1} = \frac{vw}{pv + qw}$$

$$\Rightarrow \ \angle(g_3, g_4) \neq 90° \ \Leftrightarrow \ \frac{bd - c}{d - 1} \neq \frac{vw}{pv + qw}$$

Detto:

$$\Rightarrow \ \angle(g_1, g_4) \neq 90° \ \Leftrightarrow \ \frac{bd - c}{d - 1} \neq \frac{rw}{pr + qw}$$

Wählt man nun also die κ festlegenden Parameter derart, dass weder

$$\frac{bd - c}{d - 1} = \frac{vw}{pv + qw}, \text{ noch } \frac{bd - c}{d - 1} = \frac{rw}{pr + qw}$$

gilt, so wird aus dem *speziellen* Trapez $A_0B_0C_0D_0$ (*mit einem zu den Parallelseiten normalen Schenkel*) via κ jedes beliebige Viereck, indem man den Quotient $\frac{bd-c}{d-1}$ beliebig (jedoch ungleich der beiden nicht gewünschten Werte) wählt und ferner noch zwei weitere Bedingungen an b, c und d knüpft, um zu einem eindeutigen (κ generierenden) Tripel $(b|c|d)$ zu gelangen, was über das Verhältnis der Seitenlängen eines Teildreiecks von $ABCD$ sowie über das Verhältnis der verbleibenden beiden Seiten erfolgen kann. Damit kann also (bis auf Ähnlichkeiten, die aber am nicht einmal an Teilverhältnissen und damit erst recht an Doppelverhältnissen nichts verändern) jedes beliebige Viereck via κ erzeugt werden, $\square$.

ABSCHLIESZENDE ÜBUNG für den werten L $\overset{\text{e}}{\underset{\text{ö}}{}}$ ser:

Bezeichnet I (bzw. im speziellen Viereck I_0) den Schnittpunkt[194] der Diagonalen AC und BD (bzw. A_0C_0 und B_0D_0), so ist zu zeigen, dass [nebst $DV(E, F, G, H) = -1$] auch $DV(A, I, C, F) = -1$ sowie $DV(B, I, D, H) = -1$ gilt.[195]

---

[194]Man verifiziere für das spezielle Viereck $I_0 \left(\frac{ab}{a+b} \Big| \frac{ac}{a+b} \right)$, wo bemerkenswerterweise $x_{I_0} = \frac{1}{2} \cdot H(a, b)$ gilt, wobei $H(a, b)$ das **harmonische Mittel**(!) von a und b bezeichnet!

[195]In [36], S. 80 wird dies mit einem bemerkenswerten Formalismus (welcher ebenda bis hin zu einem Beweis des Satzes von PASCAL in seiner allgemeinen Form für Kurven zweiter Ordnung reicht!) bewiesen!

Literatur

[1] ANDERSON, John R. (1996^2): Kognitive Psychologie. Spektrum, Heidelberg.

[2] ANDREESCU, Titu und Razvan GELCA (2000):
Mathematical Olympiad Challenges. Birkhäuser, Boston.

[3] ANTON, Howard (1998): Lineare Algebra. Spektrum, Heidelberg.

[4] ARTIN, Emil (1988^3): Galoissche Theorie. Harri Deutsch, Frankfurt.

[5] ARTIN, Michael (1993): Algebra. Birkhäuser, Basel.

[6] ASPERL, Andreas (2005): GZ-Handbuch. R. Oldenbourg Verlag, Wien.

[7] BALLIK, Thomas (2012): Mathematik-Olympiade. ikon, Brunn am Gebirge.

[8] BAPTIST, Peter (1992): Die Entwicklung der neueren Dreiecksgeometrie. BI-Verlag, Mannheim.

[9] BAPTIST, Peter (1998): Pythagoras und kein Ende? Klett, Stuttgart.

[10] BERG, Lothar (1972): Operatorenrechnung I: Algebraische Methoden. VEB Deutscher Verlag der Wissenschaften, Berlin.

[11] BERG, Lothar (1974): Operatorenrechnung II: Funktionentheoretische Methoden. VEB Deutscher Verlag der Wissenschaften, Berlin.

[12] BERNHARD, Arnold (1984): Projektive Geometrie aus der Raumanschauung zeichnend entwickelt. Freies Geistesleben, Stuttgart.

[13] BEWERSDORFF, Jörg (2007^3): Algebra für Einsteiger. Vieweg, Braunschweig.

[14] BLANKENAGEL, Jürgen (1994): Elemente der Angewandten Mathematik. BI-Verlag, Mannheim.

[15] BRAUNER, Heinrich (1986): Lehrbuch der Konstruktiven Geometrie. Springer, Berlin

[16] BRÖCKER, Theodor (2003): Lineare und Algebra und Analytische Geometrie. Birkhäuser, Basel.

[17] BRUNNER, Helmut und Norbert BRUNNER (2012): Komplexe Nullstellen von reellen Gleichungen vierten Grades. In: Wissenschaftliche Nachrichten, Heft 141, S. 23−26.

[18] BÜRKER, Michael, Dieter KOLLER, Karl MÜTZ, Harald SCHEID und August SCHMID (1989): Lambacher Schweizer: Analytische Geometrie. Klett, Stuttgart.

[19] CIGLER, Johann (1995): Körper, Ringe, Gleichungen. Spektrum, Heidelberg.

[20] COFMAN, Judita (2001): Einblicke in die Geschichte der Mathematik II. Spektrum, Heidelberg.

[21] COURANT, Richard und Herbert ROBBINS (1992[4]):
Was ist Mathematik? Springer, Berlin.

[22] EBBINGHAUS, Heinz-Dieter et al. (1992[3]): Zahlen. Springer, Berlin.

[23] FELZMANN, Reinhold, Walter WEIDINGER und Manfred BLÜMEL (1989): Geometrisches Zeichnen (4. Klasse). öbv&hpt, Wien.

[24] FORST, Wilhelm und Dieter HOFFMANN (2002): Funktionentheorie erkunden mit Maple. Springer, Berlin.

[25] GABRIEL, Peter (1996): Matrizen, Geometrie, Lineare Algebra. Birkhäuser, Boston.

[26] GLAESER, Georg (2006[2]): Der mathematische Werkzeugkasten. Elsevier, München.

[27] GLAESER, Georg (2007[2]): Geometrie und ihre Anwendungen. Elsevier, München.

[28] GÖTZ, Stefan (1997): Bayes-Statistik − ein alternativer Zugang zur beurteilenden Statistik in der siebenten und achten Klasse AHS. Dissertation, Universität Wien.

[29] HARTMANN, Erich (2006): Projektive Geometrie. Kurzskript, TU Darmstadt.

[30] HAUSSNER, Robert (1908): Darstellende Geometrie II. G. J. Göschen´sche Verlagshandlung, Leipzig.

[31] HELLUS, Michael (2013[3]): Lineare Algebra nicht-vertieft. Logos, Berlin.

[32] HUMENBERGER, Johann und Hans-Christian REICHEL (1995): Fundamentale Ideen der Angewandten Mathematik und ihre Umsetzung im Unterricht. BI-Verlag, Mannheim.

[33] JORDAN, Dominic W. und Peter SMITH (1996): Mathematische Methoden für die Praxis. Spektrum, Heidelberg.

[34] KAPLAN, Robert und Ellen (2003): Das unendliche denken. Econ, München.

[35] KOECHER, Max (1992[3]): Lineare und Algebra und Analytische Geometrie. Springer, Berlin.

[36] KOECHER, Max und Aloys KRIEG (2000[2]): Ebene Geometrie. Springer, Berlin.

[37] KOWOL, Gerhard (1990): Gleichungen. Freies Geistesleben, Stuttgart.

[38] KOWOL, Gerhard (2009): Projektive Geometrie und Cayley-Klein Geometrien der Ebene. Birkhäuser, Boston.

[39] KRANZER, Walter (1984): Elementarer Beweis der Formel $e^{ix} = \cos x + i \cdot \sin x$. In: Wissenschaftliche Nachrichten, Heft 66, S. 24−25.

[40] KRANZER, Walter (1989): So interessant ist Mathematik. Aulis Verlag Deubner, Köln.

[41] KWISDA, Hanna (2011): Euklidische Dreiecksgeometrie. Fachbereichsarbeit, Wien.

[42] LIND, Detlef (1997): Koordinaten, Vektoren, Matrizen. Spektrum, Heidelberg.

[43] LOOMIS, E. S. (1972²): The Pythagorean Proportion. NCTM Classics, Washington.

[44] MAOR, Eli (1996): Die Zahl e − Geschichte und Geschichten. Birkhäuser, Basel.

[45] MAOR, Eli (2007): The Pythagorean Theorem. Princeton University Press, Princeton.

[46] MEYBERG, Kurt und Peter VACHENAUER (1995³):
Höhere Mathematik 1. Springer, Berlin.

[47] PERRON, Oskar (1933): Algebra II. De Gruyter, Berlin.

[48] PILLWEIN, Gerhard, Robert MÜLLNER und Kurt KOLLARS (1991):
DG7 - Darstellende Geometrie für die 7. Klasse AHS. öbv&hpt, Wien.

[49] PILLWEIN, Gerhard, Robert MÜLLNER und Kurt KOLLARS (1992):
DG8 - Darstellende Geometrie für die 8. Klasse AHS. öbv&hpt, Wien.

[50] PINTER, Anton (1997): Überlegung zur Euler-Gleichung. In: Wissenschaftliche Nachrichten, Heft 104, S. 35−37.

[51] POGORELOV, Aleksei Vasil´evich (1980): Analytical geometry. Mir Publishers, Moscow.

[52] REDL, Oswald (2014): Grassmann, sein Produkt und die Schulmathematik - ein Versuch. Unveröffentlichtes Manuskript, Triesenberg.

[53] REHBOCK, Fritz (1980²): Geometrische Perspektive. Springer, Berlin.

[54] REICHEL, Hans-Christian, Robert MÜLLER, Günter HANISCH und Josef LAUB (1992²): Lehrbuch der Mathematik 7. öbv&hpt, Wien.

[55] REICHEL, Hans-Christian, Robert MÜLLER und Günter HANISCH (1993²): Lehrbuch der Mathematik 8. öbv&hpt, Wien.

[56] REICHEL, Hans-Christian, Erich WINDISCHBACHER, Robert RESEL, Volkmar LAUTSCHAM und Stefan GÖTZ (1997):
Wege zur Mathematik - Anregungen und Vertiefungen. öbv&hpt, Wien.

[57] REISS, Kristina und Gerald SCHMIEDER (2005): Basiswissen Zahlentheorie. Springer, Berlin.

[58] RESEL, Robert (1995): Reihenentwicklungen - Potenzreihen. Fachbereichsarbeit, Wien.

[59] RESEL, Robert (1999): Ausbaumöglichkeiten der Oberstufen-Schulmathematik. Diplomarbeit, Universität Wien.

[60] RESEL, Robert (2000²): Vollständige Lösungen zum Kapitel Wiederholung, Vertiefung und Ergänzung des Lehrbuchs der Mathematik 8 von Reichel-Müller-Hanisch. öbv&hpt, Wien.

[61] RESEL, Robert (2001): Didaktisch-methodische Überlegungen zu ausgewählten Kapiteln des Geometrieunterrichts der AHS-Oberstufe. Dissertation, Universität Wien.

[62] RICHTER-GEBERT, Jürgen und Thorsten ORENDT (2009): Geometriekalküle. Springer, Berlin.

[63] SCHEID, Harald (1997): Folgen und Funktionen. Spektrum, Heidelberg.

[64] SCHIKIN, J. (1994): Lineare Räume und Abbildungen. Spektrum, Heidelberg.

[65] SPEISER, Andreas (1937): Die Theorie der Gruppen von endlicher Ordnung. Springer, Berlin.

[66] STACHEL, Hellmuth (1982): Eine Ortsaufgabe und der Satz von Ivory. In: Elemente der Mathematik, Band 37, Nr. 4 (S.97.-103). Birkhäuser, Basel.

[67] STILLWELL, John (1994): Galois theory for beginners. In: Amer. Math. Monthly (101), S. 22-27.

[68] STILLWELL, John (1994): Elements of Algebra. Geometry, Numbers, Equations. Springer, Berlin.

[69] STILLWELL, John (2002): Mathematics and its history. Springer, Berlin.

[70] STRANG, Gilbert (2003): Lineare Algebra. Springer, Berlin.

[71] STRUBECKER, Karl (1967^2): Vorlesungen über Darstellende Geometrie. Vandenhoeck & Ruprecht, Göttingen.

[72] TASCHNER, Rudolf (1998): Mathematik 1. Übungs- und Lehrbuch für die 5. Klasse AHS. Oldenbourg, Wien.

[73] TASCHNER, Rudolf (1999): Mathematik 2. Übungs- und Lehrbuch für die 6. Klasse AHS. Oldenbourg, Wien.

[74] TASCHNER, Rudolf (2000): Mathematik 3. Übungs- und Lehrbuch für die 7. Klasse AHS. Oldenbourg, Wien.

[75] TASCHNER, Rudolf (2014): Anwendungsorientierte Mathematik für ingenieurwissenschaftliche Fachrichtungen. Carl Hanser, München.

[76] VAN DER WAERDEN, B.L. (1993^9): Algebra I. Springer, Berlin.

[77] WALLNER, Johannes und Wolfgang RATH (2004): Geometrie für den Mathematikunterricht. Unterlagen zur gleichnamigen Lehrveranstaltung, TU Wien.

[78] WICKMANN, Dieter (1990): Bayes-Statistik. BI-Verlag, Mannheim.

[79] WUNDERLICH, Walter (1966): Darstellende Geometrie I. BI-Verlag, Mannheim.

[80] WUNDERLICH, Walter (1967): Darstellende Geometrie II. BI-Verlag, Mannheim.

[81] WÜSTHOLZ, Gisbert (2004): Algebra. Vieweg, Braunschweig.